油气生产信息化运维技术

刘长松　曹　峰　章　胜
祖钦先　方前程　张　靖　编著

中国石化出版社

图书在版编目(CIP)数据

油气生产信息化运维技术/刘长松等编著. —北京:
中国石化出版社,2022.5
ISBN 978-7-5114-6610-5

Ⅰ. ①油… Ⅱ. ①刘… Ⅲ. ①信息技术-应用-
油气开采-研究 Ⅳ. ①TE3-39

中国版本图书馆 CIP 数据核字(2022)第 044627 号

中国石化出版社出版发行

地址:北京市东城区安定门外大街 58 号
邮编:100011 电话:(010)57512500
发行部电话:(010)57512575
http://www.sinopec-press.com
E-mail:press@sinopec.com
北京科信印刷有限公司印刷
全国各地新华书店经销

*

787×1092 毫米 16 开本 27.5 印张 670 千字
2022 年 6 月第 1 版 2022 年 6 月第 1 次印刷
定价:198.00 元

编 委 会

前　言

　　以信息化带动工业化、以工业化促进信息化，推进"两化"深度融合，推动传统工业转型升级已发展为国家战略。石油企业作为传统经济的代表，加快推进"两化"深度融合是顺应时代发展要求的迫切需要，是落实党中央战略部署的迫切需要，是转方式、调结构、促发展的迫切需要。

　　生产信息化建设是落实中国石化对信息化建设的总体要求，打破传统思维定势、突破传统思维方式建立的一套全新管理理念的变革体系，这种变革将会对劳动组织架构、生产运行方式和生产组织方式进行全面转变，以达到科学决策、优化用工、降低成本、提升效率、提高效益、保障安全的目的。从2012年中原油田建立生产信息化先行示范区到2019年东濮老区全面完成生产信息化建设，经过几年的探索与实践，已基本形成一套较为完整的生产信息化管理、技术架构体系。

　　为了让油田广大员工深入了解生产信息化，掌握生产信息化软硬件系统，达到建设好、管理好、维护好的目标，油田组织相关专家编纂了本书。本书通过概述、整体部署、数据采集与处理、网络传输系统、视频监控系统、软件平台、电气系统和工程施工方法要求等八部分内容，详细介绍了油田信息化建设的体系结构、基本知识、建设内容以及油田信息化管理实践的相关知识。本书可作为广大生产信息化技术、管理人员工具书及生产信息化运维教材使用。

本书在编写过程中得到了中原油田工程技术管理部、人力资源部、信息化管理中心、石油工程技术研究院、信息通信技术有限公司及各采油（气）厂的大力支持，在此表示衷心感谢。

由于认识有限，书中难免有不妥之处，敬请广大读者和专家批评指正。

目　　录

第一章　油气生产信息化概述

为实现"世界一流能源化工公司"的战略目标，2014 年中国石化总部提出了"大力推广油公司模式"的举措，并下发了《关于推进油公司体制机制建设的指导意见》。在《指导意见》中要求："在推进油公司体制的同时，有针对性、有重点推进油气生产信息化建设。充分发挥信息化提升对油公司体制机制建设的促进作用。分类分批实施信息化提升，新建产能区块一步到位，老区随技术改造和采油(气)管理区建设同步推进，全面推行现场可视化，分类实施自动化、智能化。"

中原油田是开发近 40 年的老油田，面临后备资源接替不足、经济可采储量减少、固定资产折旧多、人工成本高等矛盾。人工成本占生产成本比重达 46%，占现金操作成本的比重达 61%；人工、折耗、折旧等固定成本占生产成本的 72%，如何降低人工成本是提高效益的主控因素。多年来传统的采油管理与生产组织运行方式，采用站场固定值班、人工定期巡检进行资料录取、设备检查、故障处理及油区治保等工作，劳动生产率低。

从"十二五"以来中原油田的实践经验看，抓好信息化和传统产业的融合，实施油气生产信息化(以下简称生产信息化)改造、推进低成本创新技术规模应用，是消除制约老油田持续发展瓶颈的有效途径。

第一节　数字化、自动化、信息化与智能化的不同内涵

随着科学技术特别是电子信息技术的迅猛发展，以"化"作为后缀的词语，诸如"数字化""自动化""信息化""智能化"等词语被广泛使用，更加体现了时代的特征，尤其对油田生产信息化的认知及发展具有重要意义。现结合普遍认知对数字化、自动化、信息化和智能化四个词语进行解释。

一、数字化

数字化 (Digitalization) 概念起源于信息高速公路崛起的 20 世纪 90 年代。标志事件就是在 1998 年美国提出了数字地球(Digital Earth)的概念。

数字化是指利用计算机信息处理技术把声、光、电和磁等许多复杂多变的信息转变为可以度量的数字、数据，再以这些数字、数据建立起适当的数字化模型，把它们转变为一系列二进制代码，引入计算机内部，进行统一处理的一系列过程。与非数字信号(信息)相比，数字信号具有传输速度快、容量大、放大时不失真、抗干扰能力强、保密性好、便于计算机操作和处理等优点。

数字化是计算机技术、多媒体技术、人工智能技术的基础，也是信息化的技术基础。可以说，没有数字化技术，就没有今天的计算机、互联网，也没有今天的信息化。

二、自动化

自动化（Automatization）是紧密围绕着生产、军事装备的控制以及航空航天事业的需要而形成和发展起来的。换句话说，社会的需要是自动化技术的发展动力。自动化是工业、农业、国防和科学技术现代化的重要条件和显著标志。早在公元前 14 世纪—公元前 11 世纪，中国、古埃及和古巴比伦就出现了自动计时装置——漏壶，这可以说是人类研制和使用自动装置之始。美国人 D S Harde 于 1946 年提出了"自动化"的概念。

自动化是指机器或装置在无人干预的情况下按规定的程序或指令自动进行操作或控制的过程。采用自动化技术不仅可以把人从繁重的体力劳动、部分脑力劳动以及恶劣、危险的工作环境中解放出来，而且能扩展人的器官功能，极大地提高劳动生产率，增强人类认识世界和改造世界的能力，它包含了设备、过程或系统的自动化等。

三、信息化

信息化（Informatization）的出现则比"自动化"要晚一些，它是随着"信息科学与技术"的发展而提出来的。信息化的概念起源于 20 世纪 60 年代，西方社会普遍使用"信息社会"和"信息化"的概念是 70 年代后期才开始的。

信息技术经历了五次变革：第一次是语言的产生和使用；第二次是符号和文字的创造；第三次是造纸术和印刷术的发明；第四次是电信技术的普及；第五次是电子计算机的应用及同现代通信技术的结合。

每一次信息技术的进步都对人类社会的发展产生了巨大的推动力。从 20 世纪 90 年代以来，伴随着信息技术，特别是网络技术的飞速发展，信息化成为各国普遍关注的一个焦点。根据我国公布的《2006—2020 年国家信息化发展战略》，信息化定义为：信息化是充分利用信息技术，开发利用信息资源，促进信息交流和知识共享，提高经济增长质量，推动经济社会发展转型的历史进程。

四、智能化

智能化（Intelligence）是自动化技术今后的发展方向之一，它已经成为自动化领域的各种新技术、新方法及新产品的发展趋势和标志。

智能一般具有以下特点：

一是具有感知能力，即具有能够感知外部世界、获取外部信息的能力，是产生智能活动的前提条件和必要条件。

二是具有记忆和思维能力，即能够存储感知到的外部信息及由思维产生的知识，同时能够利用已有的知识对信息进行分析、计算、比较、判断、联想。

三是具有学习和自适应能力，即通过与环境的相互作用，不断学习积累知识，使自己能够适应环境变化。

四是具有行为决策能力，即对外界的刺激做出反应，形成决策并传达相应的信息。

具有上述特点的系统则为智能化系统。智能化应具有两方面的含义：首先，采用"人工智能"的理论、方法和技术处理信息与问题；其次，具有"拟人智能"的特性或功能，例如自适应、自学习、自校正、自协调、自组织、自诊断及自修复等。

五、油田板块的可视化、自动化和智能化

中国石化总部提出生产信息化分类建设意见：按照老油（气）田可视化，新建区块配套

自动化，海上油气田、高含硫气田实施智能化的标准开展油气生产信息化建设，到"十三五"末全面完成老油(气)田的可视化改造。

可视化：是数字化与信息化的高度概括，指通过远程数据采集实现对生产状态实时感知，通过视频监控实现对重要生产现场的安全防范。

自动化：在可视化的基础上增加自动控制功能。

智能化：以油气藏智能分析、生产过程智能控制为核心，实现油气田智能化。

第二节　生产信息化的总体设计

一、设计原则

油田生产信息化工作坚持"统一规划，统一标准，统一设计，统一投资，统一建设，统一管理"(以下简称六统一)的原则。按照"统一归口，分工负责"的方针，健全生产信息化管理体系，建立生产信息化建设、运行、维护、应用等管理制度，对生产信息化工作进行全方位管理。

二、总体结构

生产信息化建设包括视频监控、数据采集、数据传输、自动报警、监控指挥、巡护运维六大功能模块，实现数字巡检、中心值守、人机联动、快速响应，形成以生产运行中心为核心，注、采、输一体化管理的信息化采油管理区运行模式。

三、主要内容

生产信息化建设基本目标是实现视频全覆盖、生产数据按需采集，对具备自动化条件的设备实现远程控制。

1. 网络

网络传输突出安全、快速、稳定，充分利用已建成的光纤主干网络，采用有线、无线相结合组网，完善通信链路。

①满足工控网、视频网、办公网三网信息传输和网络安全的需要。

②油井井场采用无线组网技术，数据经 RTU、井场交换机，由无线网络汇入主干网络。站场内数据传输优先选用有线方式。

③受地域环境、社会环境等因素限制时，个别偏远井场或站点可以选择使用运营商提供的专用链路。

2. 视频监控

①视频监控全面覆盖井、站库、管线重要节点等油气生产设施。

②对油区安保范围内的重要出入路口、安防重要节点实施视频监控。

③视频监控一般采用定点监控方式，监控范围较大时可采用区域监控。

3. 油井

①油井采集压力、温度、电参数以及示功图等数据。

②产液量计算采用非承载式示功图测量装置计产，各单位根据实际情况配备相应数量的移动计量标定设备。

③已安装变频控制柜的井可按照操作规程实现远程启停、远程调参。

4. 小型站场

小型站场包括集油阀组、配水(气)阀组、增压站、接转站、注入站、集气站、输气站等。数据采集内容包括温度、压力、流量、液位、设备运行状态等。

5. 大型站场

大型站场包括联合站、污水站等。数据采集内容包括温度、压力、流量、液位、设备运行状态、可燃气体报警等数据，并根据已有条件和需要，实现设备远程控制，在控制室集中监控。

第三节　中原油田生产信息化的应用成效

中原油田生产信息化建设涉及六个采油(气)厂、24 个采油(气)管理区，生产信息化应用成效显著，主要体现在以下五个方面。

1. 人员配置更优化

优化管理区的人力资源。对于申请留在管理区的员工，必须参加岗位竞聘，统一采取双向选择、公开公示的方式，确保岗位竞聘的公正；对富余人员通过技术培训拓展外部市场。

2. 生产运行更高效

生产信息化建设全面完成后，生产一线由原固定值班点值班转变成区域流动巡护，实现了井、站无人值守，应急处理反应速度大幅提高，管理效率和运行效率明显提高，劳动生产率大幅提升。

通过视频监控，生产要素自动采集远传、后台处理分析、远程指挥，形成了"电子巡井、中心值守、人机联动、快速响应"的组织形式，生产管控更全面，管理运行更高效。一是巡查周期由 4 小时人工巡检转变为实时巡查；二是重要路口由人工蹲守转变成 24 小时视频监控；三是油井工况、生产异常及时掌控，井站施工、生产动态及时跟踪；四是应急处理反应速度大幅提高，15 分钟内抵达现场处置，并视频取证。

3. 生产管控更精准

示功图、压力、温度等资料的在线实时获取，使得分析需要的基础资料更快捷、更全面，历史、实时数据更丰富，提高了分析能力、精准度，调整对策更有针对性；同时工况参数、设备运行、流程调整等情况也更迅捷地展现出来，使得管控更加精准。

4. 安全管控更到位

变人工看守为数字监控，变单人巡井为集体巡护，变现场监督为远程多级监督，"三个转变"使生产管理安全高效，"参数监测、异常报警"使设备运行更安全平稳。同时，员工工作环境得到改善，安全系数得到提高，劳动强度明显下降，劳动效率显著提高。

5. 开发效益更提升

通过优化人力资源配置、变革生产组织运行方式，进一步降低主营业务生产成本和人工成本，增加经济可采储量，提升储量价值。

管理区在油价大幅下跌、油气收入下降的情况下，生产成本及人工成本大幅下降，主营业务全部实现扭亏为盈。同时，采油单耗由 206kW·h/t 下降到 190kW·h/t，降低了 16kW·h/t，多项经济技术指标呈现良好态势，生产信息化在"战寒冬、创效益"的攻坚战中起到了关键的支撑作用。

第二章　生产信息化整体部署

生产信息化建设是一个系统工程，对部署区域、设备、技术指标、系统功能均应统一标准。生产信息化建设的范围涵盖井场、小型站场、大型站场、生产指挥中心等区域，在进行整体部署时根据建设对象的不同，部署相应的设备、匹配相应的技术指标，以满足视频监控、数据采集、数据传输、自动报警以及生产指挥系统的功能要求。

第一节　井场

一、生产工艺

油田生产井别主要包括油井、气井、注水井等，因生产形式不同，生产工艺也不尽相同。

（一）油井

油井按照生产方式可分为自喷井、抽油机井、电潜泵井和螺杆泵井等。

1. 自喷井

自喷井依靠油层本身能力或依靠气体在油管中膨胀的能量作用下，在举油过程中克服了各种摩擦力、液柱压力以及滑脱损失等，把原油源源不断地举升到地面。自喷井井口采油树通常由四通、悬挂器、生产闸门、套管闸门、总闸门、清蜡闸门和油嘴套组成，部分井口配套了小型加热炉装置。

2. 抽油机井

抽油机的工作原理是由电机供给动力，经减速装置将马达的高速旋转变为抽油机的低速运动，并由曲柄－连杆－游梁机构将旋转运动变为抽油杆的往复运动，带动深井泵工作，将井下原油抽到地面。抽油机井由抽油机和采油树组成。其中采油树主要由套管闸门、生产闸门、回压闸门、油套连通闸门、胶皮闸门（盘根密封器）和取样阀门组成，部分井口配套了小型加热炉装置。

3. 电潜泵井

电潜泵是一种排量较高的抽油装置，主要由潜油电机、电机保护器、油气分离器、潜油泵、潜油电缆、控制屏、变压器等组成。其工作原理是通过电缆将电能传输至井下电机，电机带动多级离心泵旋转，将井液举升到地面。

4. 螺杆泵井

螺杆泵又叫渐进容积式泵，由定子和转子组成，两者螺旋状配合形成连续密封的腔体，以液体产生的旋转位移为泵送基础。螺杆泵井分为顶驱螺杆泵和井下潜油螺杆泵，油田主要采用顶驱螺杆泵。顶驱螺杆泵主要由螺杆泵、扭矩杆、减速装置、地面电机及电气系统组成。其工作原理是地面电机带动扭矩杆旋转，扭矩杆带动螺杆泵转子转动，转子与定子间的密封腔体旋转发生位移变化来连续吸入和排出液体。

（二）气井

气井是开采天然气的生产井。气井生产时依靠气藏内天然气天然能量从储层进入井筒，从而进入地面，通过采气树完成天然气的开采。井口采气树与自喷井采油树结构基本相同。

（三）注水井

注水井是用来向油层注水的井。在油田开发过程中，通过注水井将水注入油藏，保持或恢复油层压力，使油藏有较强的驱动力，以提高油藏的开采速度和采收率。注水井井口装置与自喷井相似。

（四）长停井

长停井是指关停超过三个月的油、气、水井。其风险根据压力、是否含硫化氢、井筒状况、距敏感区域距离等分为一、二、三类。三类属较高风险。

二、数据采集点设置

油、气、水井在生产过程中需要采集油压、回压、套压、温度、示示功图、电参数等生产数据，以满足生产管理对压力、温度、产状、电量等数据进行监控的需求。根据不同的采集需求，配套相应的采集仪表设备。

（一）自喷井、气井、注水（气）井

自喷井、气井、注水（气）井采油树结构基本相似。在油管阀门、套管阀门、回压阀门取压口处安装压力变送器，采集油压、套压、回压。变送器安装示意图如图2-1所示。

（二）电泵井、螺杆泵井

电泵井、螺杆泵井在油管阀门、套管阀门、回压阀门取压口处安装压力变送器采集油压、套压、回压；电泵井、螺杆泵井在控制柜上安装电参采集装置采集电压、电流等电参数。

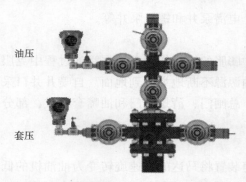

油压

套压

图2-1　自喷井、气井、注水（气）井
变送器安装示意图

（三）抽油机井

抽油机井在套管阀门取压口处安装压力变送器采集套压；在回压阀门取压口（取温口）处或扫线堵头上安装温度、压力变送器采集回压、温度；抽油机示示功图采集装置的安装可按照承载或非承载方式，安装于悬绳器上或游梁中部采集示示功图；在数据采集箱内安装电参采集模块，在抽油机底座上配套霍尔开关，采集电压、电流等电参数。

（四）长停井

长停井在油管阀门、套管阀门取压口处安装压力变送器进行油压、套压数据监控，对于部分简易井口（或空井筒井）可根据现场实际流程布置采集部位。

三、RTU 数据采集柜设置

(一)RTU 数据采集柜安装

RTU 数据采集柜安装应采取就近原则,宜安装在便于接收井场各采集单元无线信号的位置。抽油机井一般安装在抽油机尾部土基础上,横向距抽油机控制柜 0.5~1m 左右;电泵井、螺杆泵井应结合电气控制柜位置合理选择数据采集柜安装部位。

RTU 数据采集柜在保证安全距离的情况下就近取电,并根据井场 380V、660V、1140V 等供电电压等级,给数据采集柜配备相应变压器;自喷井、气井、长停井等无供电电源井场,可采用太阳能供电或风光互补系统供电。

(二)RTU 数据采集柜组成

RTU 数据采集柜柜内设备主要有 RTU 模块、无线接收天线、示示功图接收模块、一体化电参采集模块、工业交换机、变压器、24V 开关电源、防浪涌模块、塑壳断路器及配套电气元器件等,主要功能是安装数据采集设备,并为数据采集设备、无线通信设备等提供电源。安装示意图如图 2 – 2 所示。

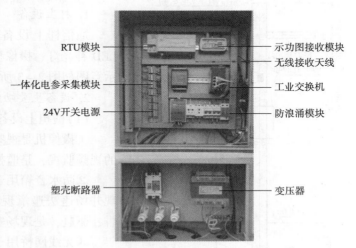

图 2 – 2　RTU 数据采集柜内设备安装示意图

(三)RTU 数据采集柜柜内主要设备功能介绍

①RTU:中文全称为远程终端单元,它是一个独立的数据获取、通信与控制单元,它的作用是在远端控制现场设备、获得设备数据,并提供数据上传接口,同时还具有报警等功能。

②工业交换机:是用于数字信号转发的网络设备,其主要功能是负责将前端采集数据的电信号与网络设备进行交互,实现数据的传输。

③防浪涌模块:是为各种电子设备、仪器仪表、通信线路提供安全防护的电子装置。当电气回路或者通信线路中因为外界的干扰突然产生尖峰电流或者电压时,浪涌保护模块能在极短的时间内导通分流,从而避免浪涌对回路中其他设备的损害。

④24V 开关电源:将输入的交流电整流滤波成直流,通过高频信号控制开关将直流加到开关变压器初级上,开关变压器次级感应出高频电压,经二次整流滤波供给负载。主要为数据采集箱内设备进行供电。

⑤塑壳断路器:是用塑料绝缘体来作为装置的外壳,用来隔离导体之间以及接地金属部分的设备,能够在电流超出额定值后自动切断电气回路。其主要作用是切断变压器下端输出电压,便于在数据采集柜内进行设备维护安全操作。

⑥变压器:是一种用于电能转换的电器设备,它可以将井场的交流电转换成开关电源需要的交流电,为数据采集箱内设备提供电能。

四、视频监控点设置

视频监控设备一般安装在井场通信杆上，通信杆设置包括立杆位置及杆上设备。

(一)立杆位置

应根据井场实际情况合理布置通信杆安装位置。推荐安装在井口东南方向，避开井场道路 3m 以上；距井口距离要充分考虑各类井场施工距井口距离；通信杆杆顶距井场附近高压线路平行距离应大于倒杆长度，倒杆长度包括杆顶避雷针长度。

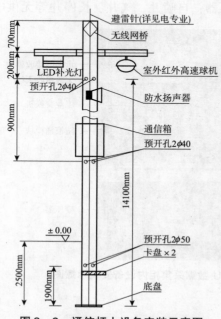

图 2-3　通信杆上设备安装示意图

④补光灯用于井场夜间补充照明；提高环境照度，用于提高摄像机在夜间环境下的成像效果。

(二)杆上设备及功能

1. 杆上设备

通信杆上设备自上而下依次为：无线网桥、LED 补光灯、摄像机、通信箱、防水扬声器。安装示意图如图 2-3 所示(以 15m 通信杆为例)。

2. 设备主要功能

(1)横担上设备：

①摄像机是视频捕捉设备，主要用于部署区域的视频监视，是监控系统的重要组成部分。

②防水音箱用于实现井场警示驱赶功能，当发现井场违法违章现象时，实现对现场人员进行警告、驱赶，是现场安全防护的配套设备。

③无线网桥用于桥接多个无线网络。无线网桥是为使用无线进行远距离点对点或点对多点网间互联而设计的，用于数字设备间的远距离、高速、无线组网。

(2)通信箱内设备包括电源、防浪涌模块及 POE 电源。

①电源通常为双开关电源，可输出 DC12V、DC24V 电源，主要为摄像机、无线网桥、防水音箱提供电源转换。

②防浪涌模块为摄像机、无线网桥提供浪涌防护。

③POE 供电模块是通过以太网的传输电缆输送电能到 POE 兼容的设备。

第二节　小型站场

一、生产工艺

(一)计量站

油气集输过程中，计量站的任务是对所辖范围内的油井集油、集气，并对各油井产出的气、液产量进行计量。计量数据对于了解地层油气含量及产能的变化，进行油藏动态分析、优化生产参数、提高采收率具有重要作用。

目前，随着生产信息化水平的不断提升，油田已广泛采用示功图计产代替计量站量油，计量站计量功能逐步弱化。

(二)注水站

注水站的主要作用是将来水升压，满足注水井的压力要求。站内流程主要考虑满足注水水质、计量、操作管理要求。

1. 常压注水

联合站来水直接分配到各条注水干线或配水流程，再分配至每口注水井，并对注水井的日注水量与压力进行测量，根据需要调节、控制每口注水井注水量，其主要设施是配水流程。

2. 增压注水

注水站内工艺流程以注水泵为中心，主要考虑满足注水水质、计量、操作管理及分层注水等方面的要求。

联合站常压水进入注水泵升压，泵进口前后设置压力仪表，泵出口设置止回阀和控制阀，控制阀后设有高压阀组。经升压后的水由高压阀组分配到各注水井，并对注水井的日注水量与压力进行测量。

增压注水的核心设备是增注泵，泵型一般为柱塞式，多为并联运行的大型机泵组。有些注水泵在入口要设置前级泵，以提高注水泵进口压力，满足增注泵吸入特性要求。此外，这种大型机泵组还要求润滑系统及冷却系统，以保证其正常工作。

(三)集气站

集气站是收集气井所生产天然气的站场，在集气站内一般对天然气进行加热、节流降压、气液分离、调压计量等。

天然气中含有一定数量的水，在一定条件下会形成水合物，堵塞管路、设备、影响集输生产的正常进行，在集气站中需加热防止水合物生成。气井井口压力较高，进集气站各气井的压力均有差异，同时各井场来气压力与集气站外输压力也不相同，为使其与要求的管网压力相适应，常采用节流阀降低压力；从井场来的天然气中含有凝析油、水、泥沙等杂质，为了不影响天然气的输送和生产需要对天然气在集气站进行气液分离；为掌握天然气的生产动态在集气站需要设置计量仪表。

集气站将井场来气经过加热炉加热之后，进入分离器分离天然气中的液体。分离出的天然气进入集输管线，分离出的液体采用车运或管输方式，送至加工厂进行统一处理。

二、数据采集点设置

(一)计量站数据采集点设置

计量站主要采集单井进站温度、汇管压力温度、水套炉压力温度、分离器压力、外输压力等数据参数。

具体安装位置：

①单井进站温度：安装在计量站单井进站入口流程处。

②汇管压力、温度：安装在入口流程汇管处。

③水套炉进、出口压力、温度：安装在水套炉进、出口处。

④分离器进、出口压力：安装在分离器进、出口处。

⑤外输压力：安装在外输管线出口处。

（二）注水站数据采集点设置

注水站主要采集增注泵相关压力、温度及注水井压力、流量等参数。

具体安装位置：

①增注泵进、出口压力：安装在注水泵进、出口取压点。

②增注泵温度：安装在曲轴箱机油测温孔处。

③注水汇管压力：安装在进站流程汇管处。

④单井注水压力：安装在单井注水流程出口处。

⑤高压流量自控仪：安装在单井注水流程进口闸门与出口闸门之间。

（三）集气站数据采集点设置

集气站主要实现气井进站后，在水套炉、分离器、污水罐、计量装置等设备上的主要运行参数的自动采集传输。如图2-4所示。

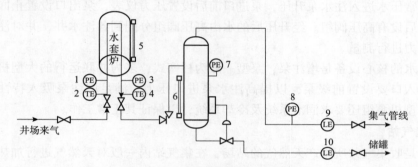

图2-4　集气站数据采集点示意图

1—水套炉进口压力；2—水套炉进口温度；3—水套炉出口压力；4—水套炉出口温度；

5—水套炉液位；6—分离器液位；7—分离器压力；8—计量压力；

9—气体流量计；10—液体流量计

具体安装位置：

①水套炉进、出口压力、温度：安装在水套炉进、出口管线处。

②水套炉液位计检测：安装在水套炉侧方液位检测口。

③进站压力：安装在进站阀上。

④分离器本体压力：安装在分离器测点。

⑤分离器液位高度：安装在分离器液位检测点。

⑥出站阀组压力：安装在出站流程汇管处。

⑦流量计：安装在出站流程出口处。

三、数据采集设备部署

RTU采集柜优先安装在值班室内，应背靠墙安装，门前应预留空间保证柜门可完全打开。RTU采集柜室外安装时，应远离高温、腐蚀区域，与站内流程、设备保持一定距离以预留足够作业空间，地面固定应安装底座，柜体底面距地面30cm以上。站内视频、传感器数据统一汇聚至RTU采集柜。电源取自站内配电区220V电源，柜内配备RTU、交换机、光纤收发器、直流电源等生产信息化采集和辅助设备。

四、视频监控点设置及设备部署

小型站场包括计量站、注水站、集气站等站场，布局大同小异，视频监控及采集设备安装设置可按统一规范实施。视频采集覆盖主要流程、主要设备，并在站内视频监控杆上安装球机覆盖站点全貌。通信杆安装位置应避开站内设备和流程，不影响站内施工和抢险，在较空旷的墙边或墙角处栽设，距墙的距离应大于0.7m，杆顶距离附近高压线路的平行距离应大于倒杆长度，倒杆长度包括杆顶避雷针长度。站内不具备安装条件时，可选择站外安装。在保证覆盖监控区域的前提下，线杆立在监控区域的东南方向。水泥杆上安装摄像头、防水音箱、网桥、补光灯、通信箱设备等信息化设备。视频监控点示意图如图2-5所示。

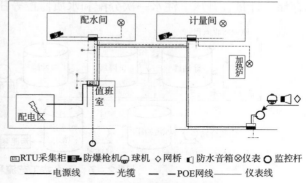

图2-5 视频监控点示意图

第三节 大型站场

一、生产工艺

(一)联合站

联合站是油田原油集输和处理的中枢，其功能较多，在油田主要生产区域均有部署。联合站设有输油、脱水、化验、变电、锅炉等生产装置，主要作用是通过对原油的处理，达到三脱(原油脱水、脱盐、脱硫；天然气脱水、脱油；污水脱油)、三回收(回收污油、污水、轻烃)，出四种合格产品(天然气、净化油、净化污水、轻烃)以及进行商品原油的外输。联合站是高温、高压、易燃、易爆的场所，是油田一级要害场所。联合站工艺流程示意图如图2-6所示。

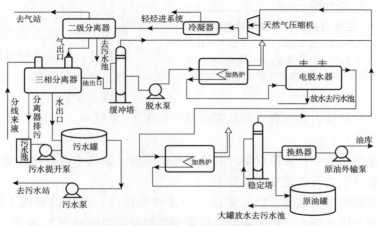

图2-6 联合站工艺流程示意图

（二）污水站

污水站是油田污水集输和处理的中枢，联合站油水分离后产生大量的含油污水，含油污水如果不经处理直接注入井底，会加剧注水管网、设备的腐蚀损坏，对地层造成伤害。污水站主要通过物理化学方法除去污水中的油、污泥、细菌、氧气等，确保注入水水质稳定达标。注水站是将水源或处理后的水升压，满足注水井压力要求的站场，担负着注水量的存储、计量、升压、注水一次分配和水质监控等任务。污水站工艺流程如图 2-7 所示。

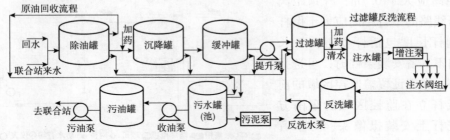

图 2-7　污水站工艺流程示意图

二、数据采集点设置及仪表部署

1. 油气水三相分离器

油气水三相分离器是油田开发生产过程中最常用的设备之一。各分线来液流入三相分离器后，天然气通过旋流分离及重力作用脱出，进入二级分离器；二级分离器脱去天然气中少量水和杂质，油水混合物经导流管进入分配器与水洗室；在分离室内进行沉降分离，脱气原油通过导流板进入油室，并经流量计计量、控制后流出分离器，水相靠压力平衡经导管进入水室，从而达到油气水三相分离的目的。

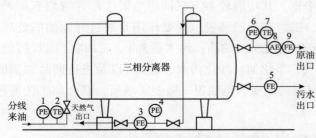

图 2-8　三相分离器仪表安装位置示意图

1—进站压力；2—进站温度；3—天然气流量；
4—天然气压力；5—污水流量；6—原油出口压力；
7—原油出口温度；8—原油含水；9—原油流量

油气水三相分离器分线来液管线上安装温度变送器和压力变送器，以采集来油温度和压力；气出口管线上安装压力变送器和流量计，以采集天然气分线压力和流量；水出口管线上安装流量计，以采集污水量；油出口管线上安装温度变送器、压力变送器、含水仪和流量计，以采集分线油的温度、压力、含水和流量。二级分离器出口管线上安装压力变送器，以采集二级分离器出口管线的压力。仪表安装位置示意图如图 2-8 所示。

2. 加热炉

加热炉是联合站的一种常用设备，其作用是将原油、油气水混合物加热至工艺所需温度，满足油气集输工艺及加工工艺的要求。

加热炉需安装温度变送器，以采集加热炉本体的温度；进出口管线上安装温度变送器，以采集加热介质进出水套炉的温度。仪表安装位置示意图如图 2-9 所示。

3. 脱水泵

脱水泵一般使用离心泵，其在联合站的作用是给油水混合物提升压力，满足集输工艺要求。

脱水泵进、出口管线上安装压力变送器，以采集脱水泵进、出口的压力。仪表安装位置示意图如图 2-10 所示。

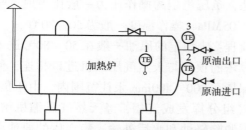

图 2-9　加热炉仪表安装位置示意图
1—加热炉本体温度；2—加热炉进口温度；
3—加热炉出口温度

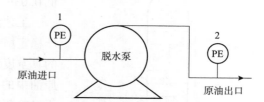

图 2-10　脱水泵仪表安装位置示意图
1—脱水泵进口压力；2—脱水泵出口压力

4. 脱水器

在联合站中，原油脱水是一个重要环节，脱水器是原油脱水的核心装置。从地层中开采出的原油不可避免地含有大量的水，给之后的储运、加工环节带来了很多不利影响，因此必须对采出油进行脱水处理，以保证外输前原油的含水低于 0.5%。采出油中水主要以溶解水、乳化水和悬浮水为主，其中乳化水最为稳定，很难利用常规的重力沉降法将其除去。脱水器是利用电场将乳化水聚结成尺寸较大的水滴，使其便于分离，从原油中脱出。

脱水器的油水界面高度及压力是保证其正常运行的重要参数，脱水器需安装压力变送器和油水界面传感器，以采集脱水器的压力和油水界面；原油出口管线上安装温度变送器，以采集原油的温度。仪表安装位置示意图如图 2-11 所示。

5. 储罐

联合站内的储罐一般是拱顶储罐。拱顶储罐的罐顶为球冠状，罐体为圆柱形，常用的容积为 1000~5000m³。联合站储罐按作用分为原油罐、消防水罐、缓冲罐、回收罐、污水罐等。

储罐一般需安装液位计，以采集储罐的液位；有些储罐还应安装温度变送器，以采集储罐的温度，例如原油储罐。仪表安装位置具体如图 2-12 所示。

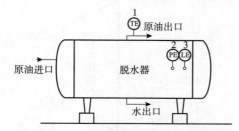

图 2-11　脱水器仪表安装位置示意图
1—原油温度；2—脱水器压力；3—油水界面

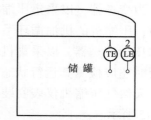

图 2-12　储罐仪表安装位置示意图
1—储罐温度；2—液位

6. 原油稳定区

原油中含有的轻质烃类($C_1 \sim C_4$)挥发性很强，常温常压下是气体，从原油中挥发时会带走大量的戊烷、己烷等组分，造成原油大量损失。将原油中挥发性强的轻组分脱出，降低原油在常温常压下的蒸气压，这一工艺过程称为原油稳定。原油稳定有较高的经济效益，能够回收大量的轻烃，同时，可使原油安全储运，并减少对环境的污染。

油田原油稳定多采用负压闪蒸法。原油稳定的闪蒸压力(绝对压力)比当地大气压低即在负压条件下闪蒸，以脱除其中易挥发的轻烃组分，这种方法称为原油负压稳定法，又称

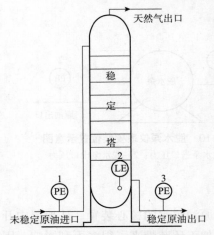

图 2 - 13　稳定塔仪表安装位置示意图
1—稳定塔进口压力；2—稳定塔液位；
3—稳定塔出口压力

负压闪蒸法。负压稳定的操作压力一般比当地大气压低 0.03 ~ 0.05MPa，操作温度一般为 50 ~ 80℃。

工艺流程：未稳定的原油一般在 50 ~ 80℃进入负压稳定塔，塔的顶部与天然气压缩机进口相连，使塔的真空度保持在 200 ~ 400mm 汞柱范围内，由于负压，原油中的轻组分挥发成气相，经天然气压缩机增压，再经冷凝器脱除轻油和水后外输。稳定后的原油由塔底流出，经泵增压后输送至油库。

原油稳定塔需安装液位计，以采集稳定塔的液位；进出口管线上安装压力变送器，以采集稳定塔进出口的压力。稳定塔仪表安装位置示意图如图 2 - 13 所示。

冷凝器气相及冷却水相进出口安装温度变送器，以采集冷凝器气相及冷却水相进、出口的温度。冷凝器仪表安装位置示意图如图 2 - 14 所示。

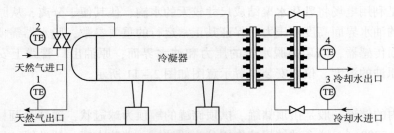

图 2 - 14　冷凝器仪表安装位置示意图
1—天然气出口温度；2—天然气进口温度；3—冷却水进口温度；4—冷却水出口温度

压缩机的进口安装压力变送器，以采集压缩机进口的压力；压缩机的出口安装温度变送器和压力变送器，以采集压缩机出口的温度和压力；压缩机的机油循环系统安装温度变送器和压力变送器，以采集机油的温度和压力；同时还应检测其运行状态，异常停机报警等。天然气压缩机仪表安装位置示意图如图 2 - 15 所示。

7. 换热器

换热器是将热流体的部分热量传递给冷流体的设备，又称热交换器。换热器在联合

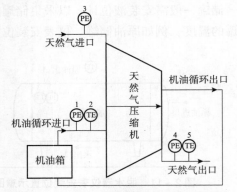

图 2 - 15　天然气压缩机仪表安装位置示意图
1—机油进口压力；2—机油进口温度；
3—天然气进口压力；4—天然气出口压力；
5—天然气出口温度

站中应用广泛，锅炉烧出的高温水蒸气循环至换热器与流入换热器的原油进行热交换，提高原油的外输温度，满足原油外输温度要求。

换热器油（水）进、出口安装温度变送器和压力变送器，以采集换热器油（水）进、出口的温度和压力。仪表安装位置示意图如图 2－16 所示。

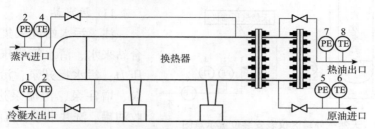

图 2－16　换热器仪表安装位置示意图

1—冷凝水出口压力；2—冷凝水出口温度；3—蒸汽进口压力；4—蒸汽进口温度；
5—原油进口压力；6—原油进口温度；7—热油出口压力；8—热油出口温度

8. 外输泵房

处理合格的原油经外输泵加压后输送至油库。外输泵房内一般含有多台并联的外输泵，原油通过外输泵进入汇管，经计量后外输。

外输泵的进、出口安装压力变送器，以采集外输泵的进、出口压力，原油外输汇管上安装温度变送器、压力变送器、流量计和含水仪，以采集外输原油的温度、压力、流量和含水。外输泵房仪表安装位置示意图如图 2－17 所示。

9. 卸油台

某些井位置偏远或因其他原因无集输管线，所产原油无法直接进系统，需采用油罐车拉运至联合站

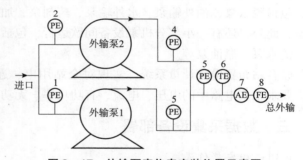

图 2－17　外输泵房仪表安装位置示意图

1—外输泵 1 进口压力；2—外输泵 2 进口压力；3—外输泵 1 出口压力；
4—外输泵 2 出口压力；5—总外输压力；6—总外输温度；
7—总外输含水；8—总外输流量

卸油台，通过卸油台将原油输送至集输系统，对原油进行处理。

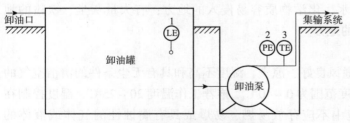

图 2－18　卸油台仪表安装位置示意图

1—卸油罐液位；2—卸油泵出口压力；3—卸油泵出口温度

卸油泵出口安装温度变送器和压力变送器，以采集卸油泵出口的温度和压力；卸油罐安装液位计，以采集卸油罐的液位。卸油台仪表安装位置示意图如图 2－18 所示。

10. 天然气外输区

天然气外输区主要承担天然气的净化、计量和外输工作，常用设备有立式分离器、天然气压缩机和流量计等。

立式分离器的进、出口安装压力变送器，以采集分离器进出口的压力；天然气压缩机参数采集安装设备已在本节 2.6 部分介绍；天然气外输管线上安装温度变送器、压力变送

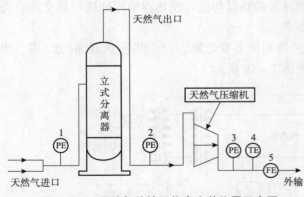

图 2-19 天然气外输区仪表安装位置示意图
1—分离器进口压力；2—分离器出口压力；
3—外输压力；4—外输温度；5—外输流量

器和天然气流量计，以采集外输天然气的温度、压力和气量。天然气外输区仪表安装位置示意图如图 2-19 所示。

11. 污水站

注、污水站应采集各路回水、联合站来水、清水管线压力；污水出站压力；污水提升泵、污油泵、回收水泵、增注泵、污泥泵进、出口压力；收油罐、洗井水罐、沉降罐、缓冲罐、反洗水罐、污水罐（池）、药剂罐液位；过滤罐进出口压力等工艺参数。

12. 高耗能设备及站场电量计量

联合站的特点是设备多、流程复杂。联合站生产过程中需要消耗大量的能源，在采油生产过程中占有一定能耗比例。

联合站的能耗包括热能和电能两部分。联合站用电设备除脱水器外还包含各种机泵设备，包括脱水泵、油外输泵、水外输泵、药剂泵、加热炉风机、天然气压缩机等连续运转设备。此外，还有一小部分机泵设备间歇运行，包括污油回收泵、事故泵、消防泵、卸油泵、清水泵、燃油泵等。

联合站布置电量计量系统，实现对全站用电、连续运转机泵电参数的实时采集与监测，要求采集电路中的电压、电流、有功功率、无功功率、功率因数和电量。

三、数据采集设备部署

1. PLC 柜安装位置

PLC 柜是数据采集设备的主要保护设施，PLC 柜的使用环境与电子元件的使用温度有关，通常保持在 5~40℃ 的范围内；且为了保持 PLC 的绝缘特性，通常在相对湿度为 35%~85% 的范围内使用。

PLC 柜不能安装的场所包括：含有腐蚀性气体的场所；阳光直接照射到的地方；温度在短时间内变化大的地方；油、水、化学物质容易侵入的地方；有大量灰尘、铁粉的地方；振动大且会造成安装件移位的地方。

2. UPS 安装位置

UPS 供电系统应安装在具有通风良好、凉爽、湿度不高和具有无尘条件的清洁空气的运行环境中。常用 UPS 允许的温度范围为 0~40℃。推荐工作温度 20~25℃，湿度控制在 50% 左右为宜，且 UPS 运行环境中不应存放易燃、易爆或具有腐蚀性的气体或液体的物品。

综上，PLC 柜、UPS 应安装在远离生产区域的办公区域内，不得露天使用，房屋要求不漏雨，无尘土、铁屑，通风良好，并配备空调保障房屋内温度和湿度在允许范围内，确保 PLC 柜、UPS 正常安全使用。如果条件允许，应尽量选择 35℃ 以下的环境。

四、视频监控点设置及设备部署

1. 监控点设置

联合站监控点应覆盖站内关键设备、设施和要害生产环节，如油(气、污水)罐区、轻烃装置、加热炉、分离器、混输泵、注水泵、锅炉、来油阀组、外输泵房、污水泵房、卸油台、站库大门等。因联合站为一级要害场所，监控摄像机应使用防爆型摄像机，且连接线路应穿防爆钢管。

2. 立杆位置

通信杆安装位置应避开站内设备和流程，不得影响站内施工和抢险，在较空旷的墙边或墙角处埋设，距墙的距离应大于 0.7m，杆顶距离附近高压线路的平行距离应大于倒杆长度，倒杆长度包括杆顶避雷针长度。站内不具备安装条件时，可选择站外安装。在保证多覆盖监控区域的前提下，线杆立在监控区域的东南方向。

3. 杆上设备及功能

通信杆设备安装自上至下为：避雷针、无线网桥(站场采用无线布置时)、横担支架、防爆摄像机、防爆接线箱。

①避雷针：是指引雷针，可将周围的雷电引入并提前放电，将雷电电流通过自身的接地导体传向地面，避免保护对象遭受雷电直击。

②无线网桥：无线网络的桥接设备，利用无线传输方式实现在两个或多个网络之间搭起通信的桥梁。

③横担支架：作为摄像机、网桥、泛光灯等杆上设备的安装支架，为保证设备的安装稳定，应将其牢固地固定于线杆。

④防爆摄像机：对监控区域全貌、重点设备和重点施工进行实时监控。

⑤防爆接线箱：给杆上设备提供模块化集成空间及良好的工作和维护环境，并提供安全、统一的供电系统。箱内包含断路器、防雷器、摄像机电源等设备。

4. 硬盘录像机

联合站为一级要害场所，流程复杂、重点设备较多，监控点多，宜增加硬盘录像机就地进行视频采集及保存。数字硬盘录像机的主要功能包括监视、录像、回放、报警、控制和网络等。如图 2-20、图 2-21 所示。还包含以下功能：

①视频管理：硬盘录像机支持远程集中管理，实现多个数字硬盘录像机的视频图像与视频统一存储等功能。

②远传访问：硬盘录像机通过网络设置，实现远程访问、手机访问。使监控设施在网络支持下，实现随时随地查看。

图 2-20　海康威视 DS-8864N-K8 正视图

图 2-21　海康威视 DS-8864N

第三章 数据采集与处理

数据采集是信息处理的一个重要组成部分，是通过传感器、变送器等设备将压力、温度等非电量信号转化为计算机能够识别的电量信号，将模拟信号转化为数字信号，即 A/D（Analog/Digital）转换。在生产过程中，对工艺参数进行采集，能够提高产品质量、提升工作效率、降低生产成本、降低安全风险，在石油、汽车、航空航天、机械制造等各个行业都有着广泛的应用。

数据处理是从大量的原始数据中抽取出有价值的信息，即数据转换成信息的过程。包含对数据的收集、存储、加工、分类、归并、计算、排序、转换、检索和传播的演变与推导全过程。数据处理是系统工程和自动控制的基本环节。

人们通过外部设备对需要的信号进行数据采集、处理、控制及管理，进而对各种生产活动进行综合的一体化管控。

第一节 数据采集基础

我们时时刻刻被各种各样的信号包围，信号的本质是表示消息的物理量，如常见的正弦电信号，不同的幅度、不同的频率或不同的相位则表示不同的消息。以信号为载体的数据可表示现实物理世界中的任何信息，如文字符号、语音图像等，从其特定的表现形式来看，信号可以分为模拟信号和数字信号。

模拟信号和数字信号的最主要的区别是，一个是连续的，一个是离散的。不同的数据必须转换为相应的信号才能进行传输。

模拟数据一般采用模拟信号，例如用一系列连续变化的电磁波（如广播中的电磁波）、电压信号（如电话传输中的音频电压信号）、电流信号（如两线制压力变送器中的 4~20mA 信号）。当模拟信号采用连续变化的电磁波来表示时，电磁波本身既是信号载体，也是传输介质；当模拟信号采用连续变化的电压信号来表示时，它一般通过传统的模拟信号传输线路（例如电话网、有线电视网）来传输。

数字数据则采用数字信号，例如用一系列断续变化的电压脉冲（如可用恒定的正电压表示二进制数 1，用恒定的负电压表示二进制数 0），或光脉冲来表示。当数字信号采用断续变化的电压或光脉冲来表示时，一般则需要用双绞线、光纤介质等将通信双方连接起来，才能将信号从一个节点传到另一个节点。

一、模拟信号

模拟信号是与数字信号相对的连续信号，模拟信号分布于自然界的各个角落，如气温的变化。电学上的模拟信号主要是指幅度和相位都连续的电信号，此信号可以被模拟电路进行各种运算，如放大、相加、相乘等。

基本原理：模拟信号传输过程中，先把信息信号转换成几乎"一模一样"的波动电信号（因此叫"模拟"），再通过有线或无线的方式传输出去，电信号被接收下来后，通过接收设备还原成信息信号。

（一）模拟信号的定义

模拟信号是指用连续变化的物理量所表达的信息，如温度、湿度、压力、长度、电流、电压等，又称连续信号，它在一定的时间范围内可以有无限多个不同的取值。

在信号分析中，按时间和幅值的连续性和离散性把模拟信号分为四类：

①时间连续、数值连续信号。

②时间离散、数值连续信号。

③时间离散、数值离散信号。

④时间连续、数值离散信号。

（二）模拟信号的应用

传输信号要考虑导线存在电阻，用电压传输会产生一定压降，接收端的信号就会存在一定误差，而电流信号不受导线电阻的影响，所以在工业仪表现场应用时，一般使用电流信号作为变送器的标准传输。

目前，主流的仪器仪表的信号电流为 4~20mA，指在正常使用过程中，最小电流为 4mA，最大电流为 20mA。也就是用 4mA 表示零信号，用 20mA 表示信号的满刻度。

信号最大电流选择 20mA 的原因有：主要是基于安全、实用、功耗、成本的考虑。安全火花仪表只能采用低电压、低电流，20mA 的电流通断引起的火花能量不足以引燃瓦斯，非常安全；综合考虑生产现场仪表之间的连接距离，所带负载等因素；功耗及成本问题，对电子元件的要求，供电功率的要求等因素。

信号起点电流选择 4mA 的原因有：4~20mA 变送器两线制的居多，两线制即电源、负载串联在一起，而现场变送器与控制室二次仪表、PLC 等信号处理设备之间的信号联络及供电仅用两根电线。变送器电路没有静态工作电流将无法工作，将信号起点电流规定为 4mA.DC，就是变送器的静态工作电流。同时仪表电气零点为 4mA.DC，不与机械零点重合，这种"活零点"有利于识别断电和断线等故障。

4~20mA 电流信号有两种主要的应用类型：二线制和三线制。当数据采集系统需要通过长线驱动现场的阀门等驱动器件时，一般采用三线制变送器，由系统直接供电用于驱动执行器，供电电源采用二根电流传输线以外的第三根线。二线制系统是传感器位于现场端，为现场供电的便利，一般是接收端利用 4~20mA 的电流环向远端供电，并通过 4~20mA 来反映信号的变化。

4~20mA 产品的典型应用是传感和测量应用。在工业现场有许多种类的传感器通过功能电路（如电压激励源、电流激励流、稳压电路、放大器等），将传感器的源信号转换为 4~20mA 的标准信号，实现了仪表信号的统一标准化。

（三）优缺点

1. 优点

（1）精确的分辨率。在理想情况下，模拟信号具有无穷大的分辨率。与数字信号相比，模拟信号的信息密度更高。由于不存在量化误差，它可以对自然界物理量的真实值进行尽可能接近的描述。

（2）信号处理简单。模拟信号的处理可以直接通过模拟电路组件（例如运算放大器等）实现，而数字信号处理往往涉及复杂的算法，甚至需要专门的数字信号处理器。

2. 缺点

（1）保密性差。模拟信号在通信过程中很容易被截获，只要收到模拟信号，就容易得到通信内容。

（2）抗干扰能力弱。模拟信号在传输过程中会受到外界的和通信系统内部的各种干扰，干扰信号和源信号混合后难以分离，从而使得通信质量下降。通信节点越多，距离越长，干扰信号的积累也就越多，分离难度越大。

二、数字信号

数字信号是自变量、因变量均离散的信号，这种信号的自变量用整数表示，因变量用有限数字中的一个数字来表示。

（一）数字信号定义

数字信号采用特殊的状态来描述信号，典型的就是当前用最为常见的二进制数字来表示的信号，之所以采用二进制数字表示信号，其根本原因是数字电路只能表示两种状态，即电路的通与断。在实际传输应用中，通常是将一定范围的信息变化归类为状态 0 或状态 1，这种状态的设置大大提高了数字信号的抗噪声能力。不仅如此，在保密性、抗干扰、传输质量等方面，数字信号都优于模拟信号，且更加节约传输资源。

（二）数字信号应用

随着数字信号处理技术的发展和使用，在实践中，不断地将数字信号处理技术的效率和性能提升。数字信号处理技术以自身特有的优点，在电子产品领域大量替代了以往的模拟信号技术，并进一步得到了发展和提升。数字信号处理技术目前尚处于初级使用阶段，在未来的发展中，数字信号处理技术的水平会在应用过程中不断进步。根据数字信号处理技术的特点、优势和目前已经进入和发展的领域来看，数字信号处理技术的未来发展将主要体现在以下几个方面：一是数字信号处理技术将更加注重速度，减少电子设备功能和资源的损失，减小几何尺寸，使数字信号处理技术能够满足现代社会和工业的需要；二是市场需求的持续增长；三是数字信号处理技术的发展将侧重于核心结构的改进和改变，更侧重于数字信号处理器核心微体系结构的应用。

（三）优缺点

（1）优点：①加强了通信的保密性；②提高了抗干扰能力。

（2）缺点：①占用频带宽；②技术要求复杂。

三、数模转换

模拟信号与数字信号都是用来传递信息的。在一定条件下，模拟信号可以转换为数字信号，数字信号也可以转换为模拟信号。

计算机、计算机局域网与城域网中均使用二进制数字信号，在计算机广域网中传送的既有二进制数字信号，也有由数字信号转换的模拟信号，但是更具应用发展前景的是数字信号。

模拟信号转换为数字信号需要经过信号的采样、信号的保持、信号的量化与信号的编码四个基本步骤，一般通过 PCM 脉码调制量化为数字信号，即让模拟信号的不同幅度分别对应不同的二进制值。例如，采用 8 位编码可将模拟信号量化为 $2^8 = 256$ 个量级，实用中常采取 24 位或 30 位编码。

数字信号转换为模拟信号更为简单易懂，它可以看成是对数字信号的译码，其输入的二进制数按实际权值转换成对应的模拟量，然后将各个位数对应得到的模拟量相加，得到的总模拟量就与输入的数字量成正比，这就实现了数字信号到模拟信号的转换。数字信号一般通过对载波进行移相的方法转换为模拟信号。

四、串行通信接口电气标准特性

在数据通信、计算机网络以及分布式工业控制系统中，经常采用串行通信来交换数据和信息。串行通信由于接线少、成本低，在数据采集和控制系统中得到了广泛的应用。

串行通信接口按国际标准化组织提供的电气标准及协议分为 RS－232、RS－485、USB、IEEE 1394 等。RS－232 和 RS－485 标准只对接口的电气特性做出规定，不涉及插件、电缆或协议。USB 和 IEEE 1394 是近几年发展起来的新型接口标准，主要应用于高速数据传输领域。

1969 年，美国电子工业协会（EIA）公布了 RS－232C 作为串行通信接口的电气标准，该标准定义了数据终端设备（DTE）和数据通信设备（DCE）间按位串行传输的接口信息，合理安排了接口的电气信号和机械要求，在世界范围内得到了广泛的应用。

1977 年，EIA 制定了 RS－449，与 RS－449 同时推出的还有 RS－422 和 RS－423，采用全双工，它们是 RS－449 的标准子集。另外，RS－422 的变形 RS－485，采用半双工。

（一）RS－232 串行接口标准

目前 RS－232 是 PC 机与通信工业中应用最广泛的一种串行接口。RS－232 被定义为一种在低速率串行通信中增加通信距离的单端标准。

RS－232 采取不平衡传输方式，即所谓单端通信。由于其发送电平与接收电平的差仅为 2 ~ 3V，所以其共模抑制能力差，再加上双绞线上的分布电容，其传送距离较短，最高速率为 20kbit。RS－232 是为点对点（即只用一对收、发设备）通信而设计的，其驱动器负载为 3 ~ 7kΩ，所以 RS－232 适合本地设备之间的通信。

1. 传输速率

RS－232－C 标准规定的数据传输速率为 50、75、100、150、300、600、1200、2400、4800、9600、19200、38400 波特，一般不超过 19200 波特。

2. 电平类型及范围

①在 TxD 和 RxD 上：逻辑 1（MARK）＝ －3 ~ －15V，逻辑 0（SPACE）＝ ＋3 ~ ＋15V；

②在 RTS、CTS、DSR、DTR 和 DCD 等控制线上：信号有效（接通，ON 状态，正电压）＝ ＋3 ~ ＋15V；信号无效（断开，OFF 状态，负电压）＝ －3 ~ －15V。

3. 传输线阻抗

无要求。

4. 允许并联电容

驱动器允许有 2500pF 的电容负载，通信距离将受此电容限制，采用 150pF/m 的通信电缆时，最大通信距离为15m，若每米电缆的电容量减小，通信距离可以增加。具体通信距离还与通信速率有关，例如，在9600pbs时，普通双绞屏蔽线时，距离可达30～35m。

（二）RS-485/422 串行接口标准

RS-422、RS-485 与 RS-232 不同，数据信号采用差分传输方式，也称作平衡传输，它使用一对双绞线，将其中一线定义为A，另一线定义为B，通常情况下，发送驱动器A、B之间的正电平在+2～+6V，是一个逻辑状态；负电平在-2～-6V，是另一个逻辑状态。另有一个信号地C，在RS-485中还有一"使能"端，而在RS-422中是可用可不用的。"使能"端是用于控制发送驱动器与传输线的切断与连接。当"使能"端起作用时，发送驱动器处于高阻状态，称作"第三态"，即它是有别于逻辑"1"与"0"的第三态。

接收器也作与发送端相对的规定，收、发端通过平衡双绞线将AA与BB对应相连，当在收端AB之间有大于+200mV的电平时，输出正逻辑电平；小于-200mV时，输出负逻辑电平。接收器接收平衡线上的电平范围通常在200mV～6V之间。

RS-485 和 RS-422 只对电气特性进行定义，规定协议、接口类型、传输线缆。常用DB9接口或RJ45接口，传输线常用网络双绞线或同轴电缆，协议一般采用与RS-232匹配的异步串行通信方式。

RS-422 也称 EIA-422，全称是"平衡电压数字接口电路的电气特性"，规定采用4线，采用全双工，差分传输，实际上还有一根信号地线，共5根线。

RS-485 相当于简化版的 RS-422，采用两线制，只能工作在半双工，即收和发不能同时进行。在RS-485器件中，一般还有一个"使能"控制信号，"使能"信号用于控制"发送器"与传输线的切断和连接，当使能端起作用时，发送发送器处于高阻状态，称作"第三态"，它是有别于逻辑"1"和"0"的第三种状态。任何时候只能有一点处于发送状态，因此，发送电路须由使能信号加以控制。

传输速率：RS-422 和 RS-485 的最大传输距离为4000′（约1219m），最大传输速率为10Mb/s。平衡双绞线的长度与传输速率成反比。在100kb/s速率以下，才可能达到最大传输距离。只有在很短的距离下才能获得最高速率传输。一般100m长的双绞线上所能获得的最大传输速率仅为1Mb/s。

传输类型：RS-422 全双工，RS-485 半双工。

电平范围及逻辑关系：

发送端间 T+ 与 T- 的电压差+2～+6V为逻辑1；-2～-6V为逻辑0。

接收端 R+ 与 R- 间的电压差大于+200mV为逻辑1，小于-200mV为逻辑0。

定义逻辑1为 D+＞D- 或 R+＞R- 的状态，定义逻辑0为 D+＜D- 或 R+＜R- 的状态。

接收端 R+、R- 间的电压差不小于200mV。

收发器共模电压为-7～+12V，超出此范围时就会影响通信的稳定可靠，甚至损坏接口。

传输线阻抗：若采用双绞线，则传输阻抗为120Ω。

允许并联电容要求：无。

支持设备数量：RS-422 采用平衡传输采用单向/非可逆，有"使能端"或没有"使能端"的传输线。由于接收器采用高输入阻抗和发送驱动器比RS232更强的驱动能力，故允许在相同传输线上连接多个接收节点，最多可接 10 个节点。一个主设备(Master)，其余为从设备(Slave)，从设备之间不能通信，所以 RS－422 支持点对多的双向通信。

RS－485 接口在总线上是允许连接多达 128 个收发器，即具有多站能力，这样可以利用单一的 RS－485 接口方便地建立起设备网络。但是任何时候只能有一点处于发送状态，因此，发送电路须由使能信号加以控制。

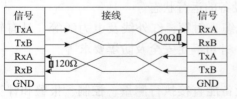

图 3－1　终端电阻配置示意图

RS－422 和 RS－485 需要配置终端电阻，要求其阻值约等于传输电缆的特性阻抗。在短距离传输时可不需终端电阻，即一般在 300m 以下不需终端电阻。终端电阻接在传输电缆的最远端，如图 3－1 所示。

五、现场总线协议

现场总线是近年来迅速发展起来的一种工业数据总线，它主要解决工业现场的智能化仪器仪表、控制器、执行机构等现场设备间的数字通信以及这些现场控制设备和高级控制系统之间的信息传递问题。具有简单、可靠、经济实用等一系列突出的优点。

它是一种工业数据总线，是自动化领域中底层数据通信网络。简单说，现场总线就是以数字通信替代了传统 4～20mA 模拟信号及普通开关量信号的传输，是连接智能现场设备和自动化系统的全数字、双向、多站的通信系统。

(一)常用现场总线协议简介

世界上存在着大约 40 余种现场总线，这些现场总线大都用于过程自动化、医药、加工制造、交通运输、国防等领域，如施耐德公司的 Modbus、西门子公司的 PROFIBUS、罗斯蒙特公司的 HART 以及博世公司的 CAN 等。

工业现场总线网络可归为三类：RS－485 网络、HART 网络、FieldBus 现场总线网络。

RS－485 网络：基于 RS－485 总线的应用以 PROFIBUS、Modbus 最为广泛，各有优势，它们在利用 RS－485 组网时，部署简单快捷。其中，Modbus 协议开放免费，深受各仪表厂商和终端用户的欢迎。因此支持基于 RS－485 组网的 Modbus 通信仪表非常多，是目前最主要的工业现场组网方式之一。

HART 网络：HART 是由艾默生提出的一个过渡性总线标准，主要特征是在 4～20mA 电流信号上面叠加数字信号，但该协议并未真正开放，要付费加入他的基金会才能获取协议并使用。从长远来看，由于 HART 通信速率低、组网困难等原因，其应用呈下滑趋势。

FieldBus 现场总线网络：是连接控制仪表与控制装置的数字化、串行、多站通信的一种网络。其关键标志是能支持双向、多节点、总线式的全数字化通信。

现场总线技术是目前国际上自动化和仪器仪表发展的热点。它的出现使传统的控制系统结构产生了革命性的变化，使自控系统朝着"智能化、数字化、信息化、网络化"的方向进一步迈进，形成新型的全分布式网络通信控制系统——现场总线控制系统 FCS(Fieldbus Control System)。各种总线标准并行存在，并且都有自己的生存空间。

1. 现场总线主要特点

(1)开放性：用户可按自己的需要和对象，将来自不同供应商的产品组成大小随意的系统。

（2）可靠性：在选用相同的通信协议情况下，只要选择合适的总线卡件、插口与适配器即可实现设备间、系统间的互连信息传输与沟通，大大减少接线与查线的工作量，有效提高控制的可靠性。

（3）智能化与自治性：采用双向数字通信，可将传感测量、补偿计算、工程量处理与控制等功能分散到现场设备中完成，可随时诊断设备的运行状态。

（4）环境适应性：支持双绞线、同轴电缆、光缆、射频、红外线及电力线等，具有较强的抗干扰能力，能采用两线制实现供电与通信，并可满足安全及防爆要求等。

2. 优点

（1）缩减硬件数量。由于分散在现场的智能设备能直接执行测量、控制、报警和计算等多种功能，因而可减少变送器的数量，不再需要单独的调节器、计算单元等，也不再需要 DCS 系统的信号调理、转换、隔离等功能单元及其复杂接线，还可以用工控 PC 机作为操作站，节省硬件投资。

（2）降低施工成本。接线简单，通常一对双绞线或一条电缆上可挂接多个设备，因而电缆、端子、槽盒、桥架的用量大大减少，连线设计与接头校对的工作量也大大减少。当需要增加现场控制设备时，无须增设新的电缆，可就近连接在原有的电缆上，减少了设计、安装工作量。

（3）提高运维效率。具有自诊断与简单故障处理的能力，用户可以查询所有设备的运行，诊断维护信息，分析故障原因并快速排除，缩短了维护停工时间；同时由于系统结构简化、连线简单而减少了维护工作量。

3. 缺点

网络通信中数据包的传输延迟、通信系统的瞬时错误和发送与到达次序的不一致等，都会破坏传统控制系统原本具有的确定性，使得控制系统的分析与综合变得更复杂，从而影响控制系统的性能。

（二）目前主流的现场总线协议

目前油田主流的现场总线协议有 Modbus RTU、PROFIBUS 和 HART。

1. Modbus RTU

Modbus 通信协议是由施耐德旗下的莫迪康公司在 1979 年发明的，是全球第一个真正用于工业现场的总线协议。为更好地普及和推动 Modbus 在基于以太网上的分布式应用，目前施耐德公司已将 Modbus 协议的所有权移交给 IDA（Interface for Distributed Automation，分布式自动化接口）组织，并成立了 Modbus – IDA 组织，为 Modbus 今后的发展奠定了基础。在中国，Modbus 已经成为国家标准（GB/T 19582—2008），许多工业设备，包括 PLC、DCS、智能仪表等都在使用。

目前 Modbus 协议版本主要为 ASCⅡ、RTU、TCP 等。其中 RTU 为基于串口的现场总线协议。

Modbus RTU 是一种主/从架构的开放式串行协议，即 Master 端发出数据请求消息，Slave 端接收到正确消息后就可以发送数据到 Master 端以响应请求；Master 端也可以直接发消息修改 Slave 端的数据，实现双向读写。它的消息是一个简单的 16 位结构，带有 CRC（循环冗余校验和），可用于打包浮点、表格、ASCII 文本、队列和其他不相关的数据传递，由于其结构简单，通信效率较高。

① Modbus 通信：任何使用 Modbus RTU 协议的应用程序都将具有 Modbus 主站和至少一个 Modbus 从站。主站通常是运行软件的主机监控计算机，它将与一个或多个从站设备通信，如图 3 - 2 所示。

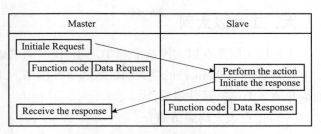

图 3 - 2 主从站通信示意图

在 OSI 模型上，Modbus 位于第七层，旨在作为请求/回复协议并提供由功能代码指定的服务。Modbus 的功能代码是用以区分请求/回复 PDU（协议数据单元）的数据类型的元素。

由 Master 发起的请求格式由应用协议建立，然后将功能代码字段编码为 1 ~ 255 内的一个字节。其中，128 ~ 255 被用于异常响应。当主设备收到从设备响应时，从设备使用功能能代码字段来指示无错误响应或异常响应。

②数据表示：与 Modbus 的其他所有内容一样，数据表示非常简单。Modbus 中只有两种数据类型：单个位和 16 位无符号数。

单个位，可以是 ON(1)，也可以是 OFF(0)。用以标识离散量输入或输出信号的状态。

寄存器是 16 位无符号寄存器数据。寄存器的值可以是 0 到 65535（0 到 FFFF 十六进制），分为输入寄存器和保持寄存器。输入寄存器将某些外部输入的状态报告为 0 到 65535 之间的值。输入寄存器的原始意图是反映某些模拟输入的值，它是模拟信号（如电压或电流）的数字表示。目前许多 Modbus 设备都不是 I/O 设备，输入寄存器的功能与保持寄存器的功能区别并不严格。保持寄存器最初设计为 Modbus 控制器等设备的临时程序存储，现在多用作数据存储。

2. PROFIBUS

PROFIBUS 是德国标准（DIN 19245）和欧洲标准（EN50170 V. 2）的现场总线标准，由 PROFIBUS—DP、PROFIBUS—FMS、PROFIBUS—PA 三个兼容部分组成。DP 用于分散外设间高速数据传输，适用于加工自动化领域；FMS 适用于纺织、楼宇自动化、可编程控制器、低压开关等；PA 用于过程自动化的总线类型，服从 IEC1158—2 标准。PROFIBUS 支持主 - 从系统、纯主站系统、多主多从混合系统等几种传输方式。PROFIBUS 的传输速率为 9.6kb/s 至 12Mb/s，最大传输距离在 9.6kb/s 下为 1200m，在 12Mb/s 下为 200m，可采用中继器延长至 10km，传输介质为双绞线或者光缆，最多可挂接 127 个站点。

3. HART

HART(Highway Addressable Remote Transducer)最早由罗斯蒙特公司开发，其特点是在现有模拟信号传输线上实现数字信号通信，属于模拟系统向数字系统转变的过渡产品。其通信模型采用物理层、数据链路层和应用层三层，支持点对点主从应答方式和多点广播方式。由于它采用模拟数字信号混合，难以开发通用的通信接口芯片。HART 能利用总线供电，可满足本质安全防爆的要求，并可用于由手持编程器与管理系统主机作为主设备的双主设备系统。

六、工业以太网

工业以太网是在以太网技术和 TCP/IP 技术的基础上开发出来的一种工业网络。是基于 IEEE 802.3(Ethernet)的强大的区域和单元网络。工业以太网由网络部件、连接部件和通信介质三类网络器件组成。

(一)工业以太网通信简介

当以太网用于信息技术时,应用层包括 HTTP、FTP、SNMP 等常用协议,但当它用于工业控制时,体现在应用层的是实时通信、用于系统组态的对象以及工程模型的应用协议。到目前还没有统一的应用层协议,但受到广泛支持并已经开发出相应产品的有 4 种主要协议:HSE(High Speed Ethernet)、Modbus TCP/IP、ProfINet 和 Ethernet/IP。

(二)工业以太网设备环境适应性和可靠性要求

工业商业以太网设备环境适应性和可靠性对比见表 3 - 1。

表 3 - 1　工业商业以太网设备环境适应性和可靠性对比

项目	工业以太网设备	商用以太网设备
元器件	工业级	商业级
接插件	耐腐蚀、防尘、防水,如加固型 RJ45、 DB - 9、航空接头等	RJ45
工作电压	24VDC	220VAC
电源冗余	双电源	一般无
安装方式	DIN 导轨或其他固定安装	桌面、机架
工作温度	宽温,- 40 ~ 80℃ 或 - 20 ~ 70℃	5 ~ 40℃
电磁兼容标准	EN 50081 - 2 工业级 EMC EN 50082 - 2 工业级 EMC	EN 50081 - 2 办公室用 EMC EN 50082 - 2 办公室用 EMC
MTBF 值	至少 10 年	3 ~ 5 年

可靠连接如图 3 - 3、图 3 - 4 所示。

图 3 - 3　航空插头　　　　　　　　　　　　图 3 - 4　航空插座

(三)工业以太网常用通信协议简介

1. HSE

基金会现场总线 FF 于 2000 年发布 Ethernet 规范,称为 HSE(High Speed Ethernet)。HSE 是以太网协议 IEEE802.3、TCP/IP 协议族与 FF 的结合体,明确将 HSE 定位于实现控制网络与 Internet 的集成。

HSE 技术的一个核心部分就是链接设备,它是 HSE 体系结构将 H1(31.25kb/s)设备连接至 100Mb/s 的 HSE 主干网的关键组成部分,同时也具有网桥和网关的功能。网桥功能能够用于连接多个 H1 总线网段，使同 H1 网段上的 H1 设备之间能够进行对等通信而无须主机系统的干涉。

网关功能允许将 HSE 网络连接到其他的工厂控制网络和信息网络，HSE 链接设备不需要为 H1 子系统作报文解释，而是将来自 H1 总线网段的报文数据集合起来并且将 H1 地址转化为 IP 地址。

2. Modbus TCP/IP

该协议由施耐德公司推出，以一种非常简单的方式将 Modbus 帧嵌入到 TCP 帧中，使 Modbus 与以太网和 TCP/IP 结合，成为 Modbus TCP/IP。这是一种面向连接的方式，每一个呼叫都要求一个应答，这种呼叫/应答的机制与 Modbus 的主/从机制相互配合，使交换式以太网具有很高的确定性。利用 TCP/IP 协议，通过网页的形式也使用户界面变得更加友好。施耐德公司已经为 Modbus TCP/IP 注册了 502 端口，这样就可以将实时数据嵌入到网页中，通过在设备中嵌入 Web 服务器，就可以将 Web 浏览器作为设备的操作终端非常方便地查看企业网内部设备运行情况。

Modbus TCP/IP 与前述的 Modbus RTU 都是 Modbus 协议，就传递数据的功能来说，两者都能实现。主要区别在于，Modbus TCP/IP 协议是一个运行在 TCP/IP 网络连接中的一种协议，在以太网物理层上运行，还使用 6 字节标头来允许路由。使用 Modbus TCP 允许多个客户端，控制器可以更有效地利用以太网上的带宽成为数百个 Modbus TCP 设备的主服务器。而 Modbus RTU 则是基于现场串行总线，它由单个的主站向总线上的从站发送消息并由从站响应并获取信息，在同一时刻，RS－485 链路上一次只能由单个 RTU 主站或其中的一个 RTU 从站发送数据。

（四）Modbus TCP/IP 协议详解

目前，我国已把 Modbus TCP 作为工业网络标准之一，越来越多的行业把 Modbus TCP 作为标准来使用。

Modbus TCP/IP 是运行在 TCP/IP 上的 Modbus 报文传输协议。通过此协议，控制器相互之间通过网络和其他设备之间进行通信。Modbus TCP 是开放的协议，IANA（互联网编号分配管理机构）给 Modbus 协议赋予 TCP 编口号为 502，这是目前在仪表与自动化行业中唯一分配到的端口号。如图 3－5 所示。

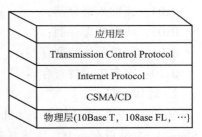

图 3－5　Modbus TCP/IP 协议模型

1. 数据帧

ModbusTCP 的数据帧可分为两部分：MBAP + PDU。简单的理解 Modbus TCP/IP 数据帧，就是去掉了 Modbus 协议本身的 CRC 校验，增加了 MBAP 报文头。如图 3－6 所示。

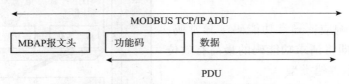

图 3－6　TCP/IP 上的 Modbus 请求/相应

（1）MBAP 报文。MBAP 为报文头，长度为 7 字节，组成如下：

事务处理标识	协议标识	长度	单元标识符
2 字节	2 字节	2 字节	1 字节

①事务处理标识：可以理解为报文的序列号，一般每次通信之后就要加 1 以区别不同的通信数据报文。

②协议标识符：00 00 表示 ModbusTCP 协议。

③长度：表示接下来的数据长度，单位为字节。

④单元标识符：表示设备地址(ID)，用以区分不同的设备。

(2)PDU(Protocol Data Unit，表示协议数据单元，是指对等层次之间传递的数据单位)。由功能码 + 数据组成。其中功能码为 1 字节，数据长度则由具体功能决定。

①Modbus 的操作对象有四种：线圈、离散量、输入寄存器、保持寄存器。

线圈：开关量输出位，在 Modbus 中可读可写。

离散量：开关量输入位，在 Modbus 中只读。

输入寄存器：只能从模拟量输入端改变的寄存器，在 Modbus 中只读。

保持寄存器：用于输出模拟量信号的寄存器，在 Modbus 中可读可写。

②根据对象的不同，Modbus 的功能码有：

0x01：读线圈；

0x05：写单个线圈；

0x0F：写多个线圈；

0x02：读离散量输入；

0x04：读输入寄存器；

0x03：读保持寄存器；

0x06：写单个保持寄存器；

0x10：写多个保持寄存器。

2. 通信过程

Modbus 设备可分为主站(Master)和从站(Slave)。主站只有一个，从站有多个，主站向各从站发送请求帧，从站给予响应。在使用 TCP 通信时，主站为客户端(Client)，主动建立连接；从站为服务端(Server)，等待连接。

①主站请求：功能码 + 数据；

②从站正常响应：请求功能码 + 响应数据；

③从站异常响应：异常功能码 + 异常码，其中异常功能码即将请求功能码的最高有效位置 1，异常码指示差错类型。

3. Modbus TCP 报文传输服务结构

Modbus TCP 报文传输服务结构如图 3 - 7 所示。

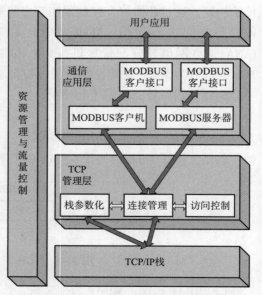

图 3 - 7　Modbus TCP 报文传输服务结构

①Modbus 客户机：允许用户应用控制与远程设备的信息交换。客户机根据用户应用向客户机接口的发送要求中所包含的参数来建立一个 Modbus 请求。

②Modbus 客户机接口：客户机接口提供一个接口，使得用户应用能够生成各类 Modbus 服务的请求，该服务包括对 Modbus 应用对象的访问。

③Modbus 服务器：在收到一个 Modbus 请求以后，模块激活一个本地操作进行读、写或完成其他操作。

④TCP 管理层：管理通信的建立、结束过程，并管理所建立 TCP 连接的数据流。

⑤连接管理：管理客户机和服务器的 Modbus 模块之间的 TCP 通信连接，包括报文传输。

⑥访问控制：在需要时，禁止无关的主机对设备内部数据的访问。

⑦TCP/IP 栈层：可以对 TCP/IP 的栈进行参数配置，以适用于不同的产品或系统特定的约束条件，进行数据流控制、地址管理和连接管理，使用 BSD 套接字接口来管理 TCP 连接。

完整的 Modbus TCP 通信过程，是客户机建立一个连接，向服务器发送三个 Modbus 请求，而不等待第一个请求的应答到来。在收到所有的应答后，客户机正常关闭连接。

4. ProfiNet

针对工业应用需求，德国西门子公司于 2001 年发布了该协议，它是将原有的 Profibus 与互联网技术结合，形成了 ProfiNet 的网络方案，主要包括：

①基于组件对象模型（COM）的分布式自动化系统；

②规定了 ProfiNet 现场总线和标准以太网之间的开放、透明通信；

③提供了一个独立于制造商，包括设备层和系统层的系统模型。

ProfiNet 采用标准的 TCP/IP 以太网作为连接介质，并采用标准 TCP/IP 协议 + 应用层 RPC/DCOM 来完成节点间的通信和网络寻址。现有的 Profibus 网络可以通过一个代理设备连接到 ProfiNet 当中，使 Profibus 设备和协议能够原封不动地使用。

5. Ethernet/IP

Ethernet/IP 是适合工业环境应用的协议体系。它是由 ODVA（Open Devicenet Vendors Asso – cation）和 Control Net International 两大工业组织推出的最新成员，与 Device Net 和 Control Net 一样，它们都是基于 CIP（Controland Information Proto – Col）协议的网络。它是一种面向对象的协议，能够保证网络上隐式（控制）的实时 I/O 信息和显式信息（包括用于组态、参数设置、诊断等）的有效传输。

Ethernet/IP 采用和 Devicenet 以及 ControlNet 相同的应用层协议 CIP 及对象库，具有较好的一致性。Ethernet/IP 采用标准的 Ethernet 和 TCP/IP 技术传送 CIP 通信包，通用且开放的应用层协议 CIP 加上已经被广泛使用的 Ethernet 和 TCP/IP 协议，就构成 Ethernet/IP 协议的体系结构。

七、无线通信协议 ZigBee

ZigBee 通信协议是基于蜜蜂相互间联系的方式而研发的一种低速短距离无线网络协议。与传统的网络通信技术相比，ZigBee 无线通信技术表现出更为高效、便捷的特点。其关于组网、安全及应用软件方面的技术是基于 IEEE 批准的 802.15.4 无线标准，使用了

2.4GHz 频段。该项技术尤为适用于数据流量偏小的业务，可便捷地在固定式、便携式终端中进行安装。

ZigBee 技术使用网状拓扑结构，自动路由，动态组网，直序扩频的方式，满足了工业自动化对低数据量、低成本、低功耗、高可靠性的无线数据通信需求。

1. 特点

①低功耗：在低耗电待机模式下，两节 5 号干电池可支持一个节点工作 6～24 个月，甚至更长，与蓝牙可以工作数周、WiFi 可以工作数小时相比，优势突出。

②低成本：通过大幅简化协议，降低了对通信控制器的要求，代码减少，且协议专利免费。

③低速率：工作在 250kbps 的通信速率，能够满足大多数低速率传输数据的应用需求。

④近距离：传输范围一般为 10～100m，在增加 RF 发射功率后，亦可增加到 1～3km。如果通过路由和节点间通信的接力，传输距离可以更远。

⑤短时延：响应速度较快，一般从睡眠转入工作状态只需 15ms，节点连接进入网络只需 30ms，进一步节省了电能。相比较，蓝牙需要 3～10s、WiFi 需要 3s。

⑥高容量：可采用星状、片状和网状网络结构，由一个主节点管理若干子节点，最多一个主节点可管理 254 个子节点；同时主节点还可由上一层网络节点管理，最多可组成 65000 个节点。

⑦高安全：提供无安全设定、使用接入控制清单（ACL）防止非法获取数据，以及采用高级加密标准（AES128）的对称密码三级安全模式。

⑧免执照频段：使用工业科学医疗（ISM）频段，915MHz（美国），868MHz（欧洲），2.4GHz（全球）。

2. 自组织网

ZigBee 技术所采用的是自组织网结构。举一个简单的例子说明：当一队伞兵空降后，每人持有一个 ZigBee 网络模块终端，降落到地面后，只要他们彼此间在网络模块的通信范围内，彼此可自动寻找，很快就可以形成一个互联互通的 ZigBee 网络。而且，由于人员的移动，彼此间的联络发生变化。模块还可以通过重新寻找通信对象，确定彼此间的联络，对原有网络进行刷新，这就是自组织网。

建立一个 ZigBee 网络，除了必须要有协调器之外，仅需加上路由器或终端节点即可组成一个标准的网络。它只需要两个步骤就可以进行工作：网络初始化、节点通过协调器加入网络。流程如下：

（1）网络初始化。确定网络协调器→进行信道扫描过程→设置网络 ID。

（2）节点通过协调器加入网络。查找网络协调器→发送关联请求命令→等待协调器处理→发送数据请求命令→回复。

第二节　数据采集设备

一、概述

数据采集设备是指将生产过程中各种变化的物理量，例如温度、压力、震动等，通过相应的传感器转换成模拟电信号，再将这些模拟电信号转换为数字信号存储起来，进行预处理的设备。

（一）发展历史与现状

数据采集系统起始于20世纪50年代，1956年美国首先研究了用在军事上的测试系统，目标是不依靠相关的测试文件，任务由测试设备自动完成。该系统具有高速性和一定的灵活性，完成了众多传统方法不能完成的数据采集和测试任务，得到了初步的认可。大约在60年代后期，国外就有成套的数据采集设备产品进入市场，此阶段的数据采集设备和系统多属于专业的系统。

20世纪70年代中后期，随着微型计算机的发展，诞生了采集器、仪表与计算机结合在一起的数据采集系统。由于性能优良，超过了传统的自动监测仪表和专用数据采集系统。

20世纪80年代，随着计算机的普及应用，开始出现通用的数据采集与自动测试系统。该阶段数据采集系统分为两类：一类以仪器仪表和采集器、并行总线和计算机构成，主要用于实验室；另一类以数据采集卡、串行总线和计算机构成，主要用于工业现场。到了80年代后期，工业计算机、单片机和大规模集成电路的组合，使数据处理能力大大增强。

20世纪90年代后，数据采集技术已经在军事、航空和工业等领域广泛应用。该阶段数据采集系统采用更先进的模块结构，通过模块的增加和更改，迅速组成一个新的系统，满足不同的应用需求。该阶段并行总线数据采集系统向高速、模块化和即插即用方向发展，典型的系统有VXI总线系统、PCI总线系统等。串行总线数据采集系统向分布式系统结构和智能化方向发展，物理层通信采用RS485、双绞线、无线等，技术得到不断发展和完善。

目前在工业数据采集领域，多种工业协议标准并存，各种工业协议标准不统一、互不兼容，导致协议解析、数据格式转换和数据互联互通困难。通过协议转换技术将不同的工业通信协议用协议解析、数据转换和地址空间重映射等技术手段转换成统一协议，实现数据采集设备的信息交互以及信息系统的互联互通，降低了设备组网的难度，实现了访问的统一性。

（二）油田数据采集设备

油田数据采集设备主要有压力变送器、温度变送器、温压一体变送器、差压变送器、液位变送器、示功图测量仪、流量计、高压流量自控仪、一体化电参等。

二、压力变送器

压力变送器是工业实践中最为常用的一种数据采集设备，广泛应用于油田生产过程中压力数据的采集。

（一）基本概念

压力变送器是一种将压力变量转换为可传送标准化输出信号的仪表，其输出信号与压力变化量之间有一给定的连续函数关系。它能将压力传感器感受到的气体、液体等物理压力参数转换为标准信号（如4~20mA. DC电信号等），以供给PLC、RTU、指示报警仪、记录仪、调节器等进行指示和过程调节。

(二)结构与原理

压力变送器主要由测压元件传感器(也称作压力传感器)、测量电路和过程连接件三部分组成。

压力传感器是压力检测系统的重要组成部分,由各种压力敏感元件将被测压力信号转换成容易测量的电信号输出。如图3-8所示。

压力变送器通过测量电路将压力传感器转换成可供电子板模块处理的数字信号,再经电子线路输出液晶屏显示、处理转化为二线制4~20mA. DC模拟量输出叠加HART信号或RS485数字信号。如图3-9所示。

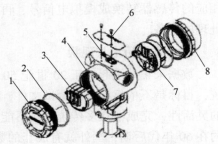

图3-8 压力传感器的结构

1—表盖;2—表盖O形环;3—端子块;
4—外壳;5—量程与零点调整;
6—认证标牌;7—电子线路板;8—液晶显示器

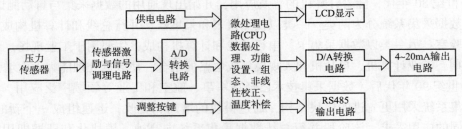

图3-9 压力变送器工作原理框图

(三)分类

1. 按照输出信号分类

压力变送器有电动式和气动式两大类。电动式的统一输出信号为0~10mA、4~20mA或1~5V等直流电信号;气动式的统一输出信号为20~100Pa的气体压力。

2. 按照工作原理分类

可分为压阻式、电容式、谐振式、力平衡式等。常见的压力变送器主要有压阻式压力变送器和电容式压力变送器。

(1)压阻式压力变送器:通过应变片感受压力变化来采集压力数据。压阻应变片应用最多的是金属电阻应变片和半导体应变片两种。金属电阻应变片又有丝状应变片和金属箔状应变片两种。应变片背面印有厚膜电阻,进而形成一个惠斯通电桥。当压力作用到应变片的前表面时,在压力作用下应变片会出现一定的形变,使应变片的阻值发生改变,从而使加在电阻上的电压发生变化,电桥会产生相应的电压信号,该信号与激励电压成正比例关系,通过变送输出电路的作用,整定成标准信号输出。如图3-10所示。

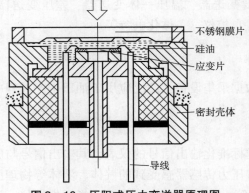

不锈钢膜片
硅油
应变片

密封壳体

导线

图3-10 压阻式压力变送器原理图

(2)电容式压力变送器:是利用电容敏感元件将被测压力转换成与之成一定关系的电

量输出的压力传感器。它一般采用圆形金属薄膜或镀金属薄膜作为电容器的一个电极，当薄膜感受压力而变形时，薄膜与固定电极之间形成的电容量发生变化，通过测量电路即可输出与电压成一定关系的电信号。

电容式压力变送器属于极距变化型电容式传感器，可分为单电容式压力传感器和差动电容式压力传感器。

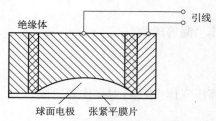

图 3-11 单电容式压力传感器原理图

①单电容式压力传感器。它由圆形薄膜与固定电极构成。薄膜在压力的作用下变形，从而改变电容器的容量，其灵敏度大致与薄膜的面积和压力成正比，而与薄膜的张力和薄膜到固定电极的距离成反比。如图 3-11 所示。

②差动电容式压力传感器。它的受压膜片电极位于两个固定电极之间，构成两个电容器。在压力的作用下，一个电容器的容量增大而另一个则相应减小，测量结果由差动式电路输出。它的固定电极是在凹曲的玻璃表面上镀金属层而制成。过载时膜片受到凹面的保护而不致破裂。差动电容式压力传感器比单电容式的灵敏度高、线性度好，但不能实现对被测气体或液体的隔离，因此不适于工作在有腐蚀性或杂质的流体中。

差动电容式压力传感器根据压力类型(表压、绝压、差压)将待测介质接入不同的压力室(P_1、P_2)，压力作用于两侧隔离膜片上，通过隔离膜片和元件内的填充液传送到测量膜片两侧。测量膜片与两侧绝缘片上的电极组成电容器，当两侧压力不一致时，测量膜片产生位移，其位移量和压力差成正比，故两侧电容量就不等，通过振荡和解调环节，转换成与压力成正比的信号。如图 3-12 所示。

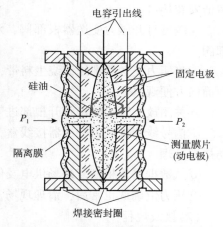

图 3-12 差动电容式传感器原理图

(四)选型依据

根据油田现场生产环境，油田所使用压力变送器基本为电动式变送器。

在精度要求较高、温度变化较大的场合宜采用电容式压力变送器，但成本略高。油田现场普遍选用压阻式压力变送器。选型的主要依据是被测介质、量程范围、精确度等级等。

1. 被测介质

如果测量的是相对清洁的流体，直接采用标准压力变送器就可以；如果被测介质黏度高、易结晶、强腐蚀，则必须选用隔离型变送器。

在选型时要考虑介质对膜盒金属的腐蚀，变送器的膜盒材质有 304、316L、钽等材质。

2. 量程范围

一般压力变送器都具有一定的量程可调范围，选用的量程范围宜设在它量程的 1/4 ~ 3/4 段。

3. 精确度等级

在工业测量中，通常用精确度等级来表示仪表的准确程度。精确度等级就是最大引用误差去掉正、负号及百分号。

根据《工业过程测量和控制用检测仪表和显示仪表精确度等级》(GB/T 13283—2008)，工业过程测量和控制用检测仪表及显示仪表的精确度等级有：0.01、0.02、0.05、0.1、0.2、0.5、1.0、1.5、2.5、4.0、5.0。

（五）安装

1. 操作前的检查

①检查确认压力变送器及其取压口处无跑、冒、滴、漏等现象。

②检查确认压力变送器供电状态。

③检查确认准备操作的压力变送器系统状态。

④操作人员站立点不能正对放压口，防止放空时高压气体(液体)对操作者造成伤害。

2. 压力变送器的安装

（1）仪表安装：

①检查压力变送器取压阀、表体等部位是否有气体泄漏。

②检查、确认压力变送器管道安装接口根部阀为关闭状态，检测、确认放空阀为开启状态。

③确认无压力后卸掉接口丝堵，确认压力变送器及安装附件螺纹平滑无坏道，检查、清洁安装接口。

④缓慢打开压力变送器根部阀，对压力变送器引压管线进行吹扫，吹扫完毕关闭根部阀。

⑤将压力变送器螺纹缠绕生料带，对口安装，丝扣吻合，紧固工具正确使用，示数面板面向方便观察侧。

⑥关闭放空阀，缓慢打开根部进气阀，对接口验漏，确认连接口不漏气。

⑦信号线穿进压力变送器接线盒，并按接线要求接线，安装接线盒端盖，穿线接口用防爆泥处理。

⑧从数据采集柜恢复现场供电及信号传输，检查采集数据是否正常。

⑨压力值确认正常后，清理现场，收拾工具。

（2）接线规程：

①拆下接线端子端的表盖。

②将电源正极引线与"＋"接线端子相连，电源负极引线与"－"接线端子相连。

③将电线导管接口密封。

④装好仪表表盖。

（六）运行维护

1. 投用

①按端子接线图检查信号线连接是否正确。

②接通供电电源。

③如有必要，进行零点和满度调校。

④缓慢打开取压阀，变送器投入使用。

⑤检查过程接口等连接处是否泄漏。

⑥对示值进行必要的观察和比对。

2. 停用

①缓慢地关闭取压阀。

②打开放空阀，进行放空并确认。

③关闭供电电源。

3. 参数调整

不同类型的压力变送器(无线、RS-485 通信等)，参数调整方法有较大差异，现以常用的现场量程及零点修正为例，说明其调整方法。

(1)零点修正及量程调整操作。

①打开盖板，找到零点和量程按钮。

②利用精度为 3~10 倍于所需校验精度的压力源，向压力变送器加载下限量程值相同的压力。

③按下零点按钮 2s 以上，确认输出电流为 4mA，即完成零点修正。如果安装了表头，则表头将显示零点通过提示。

④加载上限量程值相同的压力。

⑤按下量程按钮 2s 以上，确认输出电流为 20mA，即完成量程调整。如果安装了表头，则表头将显示量程通过提示。

(2)参数调整实例。

以胜利豪威 HW10P 压力变送器参数调整为例，如图 3-13 所示。

①通过面板按键设置。正常测量状态下，短按 M，进入密码输入状态。按 Z 键选择位数，S 改变数字，将密码设为"00016"，按 M 确认。菜单显示"Adr"，按 M 修改，按 Z 或 S 改变地址值，再按 M 确认。按 Z 直到菜单显示"END"，按 M 退出，设置完成。

②通过专用软件设置，如图 3-14 所示。

图 3-13　胜利豪威 HW10P
压力变送器前面板

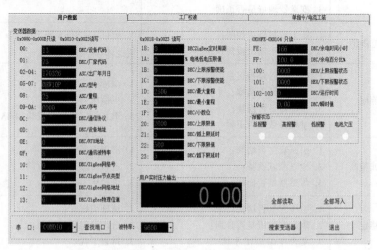

图 3-14　软件设置

在"用户数据"页面中依次点击"查找端口""搜索变送器",搜索到变送器后软件会自动读取仪表配置信息。在"OE"(DEC/RTU 地址)框内写入所需要维护的 RTU 地址数值,点击"全部写入"确认。

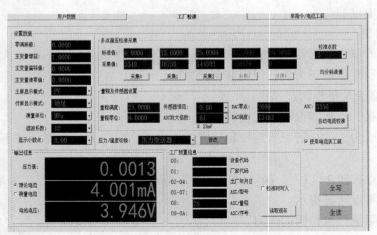

在"工厂标准"页面中副屏显示模式有"地址"和"温度"两种选择模式,选择"地址"模式,则仪表显示屏左下角显示当前 RTU 地址,选择"温度"模式,则仪表显示屏左下角显示当前电路主板温度。

(七)常见故障处理

压力变送器常见故障及处理方法见表 3-2。

表 3-2　压力变送器常见故障及处理方法

故障现象	检查内容	处理方法
电流读数为零	1. 电源极性是否接反; 2. 供电是否异常	1. 核实接线端子处的电压(应为 24V. DC); 2. 更换变送器端子块
变送器与手操器通信失败	1. 变送器的电源电压是否正常; 2. 负载电阻是否在 250Ω 以上; 3. 变送器地址是否正确	更换线路板
电流读数超出范围值	1. 压力读数是否超限; 2. 是否处于输出报警状态	1. 进行 4~20mA 输出微调; 2. 更换线路板
压力变化无响应	1. 测试设备是否正常; 2. 引压管是否堵塞; 3. 传感器是否损坏; 4. 量程参数是否正确	1. 清理引压管; 2. 更换压力变送器; 3. 重新设定参数并校验(4mA 和 20mA 点)
压力读数偏低或偏高	1. 引压管是否堵塞; 2. 检查测试设备; 3. 传感器是否损坏	1. 清理引压管; 2. 进行传感器完全微调; 3. 更换压力变送器
压力读数不稳定	1. 引压管是否堵塞; 2. 阻尼参数值是否合理; 3. 是否存在 EMF 干扰	1. 清理引压管; 2. 合理设定阻尼时间; 3. 排查干扰

三、温度变送器

温度变送器广泛应用于油田生产关键工艺过程、设备温度变化情况的监控。

(一)基本概念

温度变送器采用热电偶、热电阻等作为测温元件，测温元件输出信号至变送器模块，经过稳压滤波、运算放大、非线性校正、V/I 转换、恒流及反向保护等电路处理后，转换成与温度成线性关系的电流、电压或数字信号输出至二次仪表，显示出对应的温度。

(二)分类、结构与原理

温度变送器主要包含温度传感器和变送器两部分。

1. 分类

温度变送器的传感器部分按与被测介质的接触方式分为两大类：接触式和非接触式。

接触式温度传感器需要与被测介质保持热接触，使两者进行充分的热交换而达到同一温度。接触式温度传感器主要有热电阻和热电偶等，它们的区别在于测温范围不同，热电阻是测量低温的温度传感器，一般测量温度在 $-200 \sim 800℃$；而热电偶是测量中高温的温度传感器，一般测量温度在 $400 \sim 1800℃$。

非接触式温度传感器无须与被测介质接触，而是通过被测介质的热辐射或对流传到温度传感器，以达到测温的目的。非接触式温度传感器主要有红外线传感器。这类传感器还可以测量运动状态物质的温度(如慢速行驶的火车的轴承温度)及热容量小的物体(如集成电路中的温度分布)。

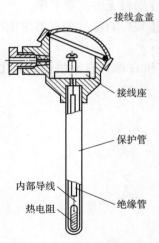

图 3-15　温度传感器结构

油田生产信息化采用接触式温度传感器，使用的温度测量仪表主要有铂热电阻、一体化温度变送器两种。铂热电阻是将感温元件与引线焊接好，一起装入金属小套管中，再添装绝缘材料，最后密封。一体化温度变送器主要由铂热电阻和用于转换电阻信号的变送器组成。

2. 结构

铂热电阻主要由热电阻、内部导线、绝缘管及保护管等组成。如图 3-15 所示。

3. 工作原理

铂热电阻是利用其内的导体或者半导体的电阻值与温度变化成一定比例来测量温度值的，当温度增加，电阻增大，温度降低，电阻减小。一体化的温度变送器是通过变送器读取铂热电阻的电阻信号，通过不平衡电桥将电阻信号转换为 $4 \sim 20mA$ 的电流信号上传或者就地显示温度。

(三)安装

1. 安装前检查

①确认待装的温度变送器符合现场技术要求。

②确认温度变送器外观完好；配线接头齐备，处于断电状态。

③确认温度变送器套管无穿孔、刺漏等现象。

2. 安装操作

①将温度变送器固定至套管的接口位置。

②卸下接线盒盖，将电源线和信号线按照线标分别接至对应的接线柱上。

③向温度变送器供电。

④确认液晶面板示值显示正常。

⑤确认就地示值与远传数据一致。

⑥做好记录，清理现场。

3. 技术要求

①为了使温度变送器的测量端与被测介质之间有充分的热交换，应合理选择测量位置，尽量避免在阀门、弯头及管道或设备的死角附近安装。

②带有保护套管的温度变送器有传热和散热损失。为了减少测量误差，测量端应倾斜迎向介质流动方向安装或垂直安装，并插入至管道内的中心处。

③安装位置应便于检修和维护。

4. 注意事项

①隔爆型变送器的修理必须断电后在安全场所进行。通电情况下，严禁打开接线盒盖，允许进行外观检查：检查变送器、配管配线的腐蚀、损坏程度以及其他机械结构件的检查。

②如果变送器需要更换部件，应先切断主电源，将仪表从管线拆下后移至仪表间进行更换或者维修。

③严格按照正确的操作规程进行操作，避免因操作失误使变送器无法正常工作。

④严禁未经允许擅自更改站控机上温度变送器的设定值，按规定对温度变送器定期维护检测。

⑤温度变送器为防水、防尘结构，使用中应确认密封压盖和 O 形环有无损伤和老化，防止雨水进入变送器造成短路。

（四）运行维护

1. 投用

①投运工作前，关闭主电源，防止电冲击。

②按端子接线图检查信号线连接是否正确。

③紧固接线盒盖，确认接线盒盖及线路接口密封完好。

④接通变送器电源。

⑤上位机观测参数，确认正常后完成启运。

2. 停用

①关闭变送器供电电源。

②检查接线盒盖是否紧固，接口是否密封完好。

③做好停运记录。

3. 更换

①确认变送器在上位机系统处于维护状态。

②卸开接线盒盖，抽出电源线信号线，标示线序并进行绝缘处理。

③用防爆扳手将温度变送器从套管接口处拆下。

④安装校检合格的温度变送器。

⑤将电源线和信号线按照线标分别接至对应的接线柱上，确认无误后拧紧接线盒盖，恢复供电。

⑥在上位机上取消维护，对比确认温度显示正常。

⑦做好记录，清理现场。

（五）常见故障处理

温度变送器常见故障处理见表3－3。

表3－3　常见故障处理

故障现象	检查内容	处理方法
读数为零	1. 读数是否与实际相符； 2. 是否无电源输入； 3. 电压是否不足； 4. 端子是否接触不良	1. 电源极性是否接反； 2. 核实接线端子处的电压(应该为24V. DC)； 3. 检查端子块内的二极管是否损坏； 4. 更换变送器端子块
变送器与 手操器通信失败	1. 电压是否不足； 2. 未挂载负载电阻或电阻坏； 3. 变送器地址不正确； 4. 线路板损坏	1. 调整变送器的电源电压； 2. 挂载或更换负载电阻(最小为250Ω)； 3. 调整变送器地址； 4. 更换电子线路板
读数偏低或偏高	1. 现场温度是否超过量程范围； 2. 是否处于输出报警状态； 3. 是否未按要求定期标定； 4. 线路板故障	1. 更换合适量程变送器； 2. 处理报警状态； 3. 进行标定； 4. 更换线路板

四、液位变送器

油田在生产过程中有大量罐、池等容器，需要对其内部水、油及糊状物等介质的液位进行准确测量和传送，实时获取液位数据，对工艺过程监控具有重要意义。

液位变送器按照不同的工作原理主要可分为静压式液位变送器、差压式液位变送器、雷达液位变送器、超声波液位变送器和磁翻板液位变送器等，如图3－16所示。结构设计多采用投入式、直杆式、法兰式、螺纹式、电感式、旋入式、浮球式等。

(a)静压式　　　　(b)差压式　　　　(c)雷达式　　　　(d)超声波式　　　　(e)磁翻板式

图3－16　液位变送器

(一)静压式液位变送器

1. 结构

静压式液位变送器通常由传感器(液位探头)、变送器、防水导线组成。传感器采用扩散硅或陶瓷敏感元件。具有稳定性好、精度高、高可靠性、使用寿命长、安装简单方便等特点。固态结构，无可动部件，从水、油到黏度较大的糊状都可以进行高精度测量，不受被测介质起泡、沉积、电气特性的影响。主要用于水处理厂、石油、化工等领域的液位测量。如图 3-17 所示。

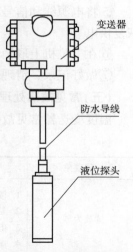

图 3-17 静压式液位变送器结构示意图

(1)优点：①测量精度高。②设备安装便利、简单。③适用于防爆场所。④价格适中。

(2)缺点：①测量信号需换算。②无法测量超过 125℃ 的高温介质。③测量介质密度需均匀。

2. 原理

静压式液位变送器采用压力传感器作为测量元件，经过放大处理电路及精密温度补偿，将被测介质的液柱压力转换为标准的电信号。

静压测量原理：当液柱压力作用于传感器时，其受力公式为：

$$P = \rho g H$$

由此可得液位高度

$$H = \frac{P}{\rho g}$$

式中，P 为传感器所受压力；ρ 为被测液体密度；g 为当地重力加速度；H 为液柱高度。

3. 安装

(1)安装前检查：

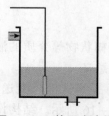

图 3-18 静压式液位变送器安装示意图

①应按设计位号核对其型号、规格及材质。

②外观是否完好，液位探头及导线连接处密封是否完好。

③容器底部是否有污泥等杂物，并及时清理。

(2)安装要求：

在敞口容器中测量液位时，可将传感器部分直接放入到罐、池的底部(如图 3-18 所示)，变送器部分可用法兰或支架固定。

①防水导线需垂直 90° 向下，连接处注意防水。

②在介质波动较大的场合，应采取固定措施，如采用孔 $\phi 12$ 的防波管。

③由于罐(池)底易沉积污泥、油渣等物，应将传感器离开罐(池)底一定高度，以免杂物堵塞探头。

④现场仪表安装时，其位置不得影响工艺操作。显示仪表应安装在便于观察、维修的位置。

(3)接线。静压式液位变送器接线多为二线制、三线制电流或四线制 RS-485，接线图如图 3-19 所示。

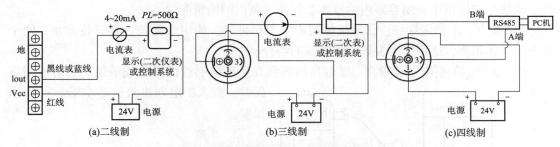

图 3-19 静压式液位变送器接线示意图

（4）参数配置与压力变送器基本相似，具体可参照技术说明书。

（5）运行维护：

①投用：a. 投用前应检查电源供电电压是否符合供电要求。b. 检查电缆、防水导线是否有划伤。c. 送电，检查示值是否正确。

②停用：a. 断电，检查并清理探头底部或进压口。b. 长期不用时切断供电电源。

③日常维护：a. 认真确认仪表使用工况是否合适，注意供电电压为直流 24V。b. 变送器与引压管暴露于空气中，所以强腐蚀场合不宜使用。c. 被测液体比量改变需重新校表。d. 组装完的装置必须垂直插入液体。e. 引压管和集气器管与变送器的接口处要用四氟带或 567 密封胶密封。在浸入前应让胶先干 1h，以形成一个气密的整体。f. 定期清理罐底、变送器探头或进压口，防止进压口阻塞。

4. 常见故障处理

常见故障及处理方法见表 3-4。

表 3-4 静压式液位变送器故障及处理方法

故障现象	检查内容	处理方法
静压式液位变送器现场没有指示	1. 变送器供电电源是否正常； 2. 接线是否正确	1. 变送器供电恢复正常； 2. 正确接线
变送器输出总是 4mA	1. 浮体、引压管、连接体是否存在泄漏； 2. 变送器是否存在故障	1. 解决部件连接处的密封问题，根据所测介质使用四氟带或 567 胶进行密封； 2. 维修或更换变送器
输出总是大于 20mA	1. 仪表是否设置补偿气口； 2. 变送器是否存在故障	1. 联系供应商处理； 2. 维修或更换变送器
输出缓慢变化或根本不变	引压管是否阻塞	疏通引压管
输出与容量不符	仪表是否进行标定	重新标定

（二）差压式液位变送器

1. 结构

差压式液位变送器主要由测量部件、转换电路、放大电路三部分构成。根据容器的不同，可选用单法兰式、双法兰式差压液位变送器。单法兰式适用于敞口容器液位测量、双法兰式应用于密封容器液位测量。单法兰式由于隔离膜片直接与液体介质相接触，无须将正压侧用导压管引出，因此可以测量高温、高黏度、易结晶、易沉淀和强腐蚀等介质的液位。双法兰式适用于密闭容器内的液体、气体、蒸汽的液位测量。

（1）优点：①稳定性好。②无机械磨损，工作可靠，使用寿命长。③安装方便，便于操作。④体积小，适用于大多数常温常压的场合。

（2）缺点：①精度不是很高。②容器内蒸汽在负压向引管内冷凝成液体，易造成测量误差，需人工定期排液，冬季需进行伴热保温。

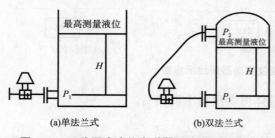

(a)单法兰式　　　　(b)双法兰式

图 3-20　差压式液位变送器工作原理示意图

2. 原理

差压式液位变送器是利用液柱上下部压力差来测量液位高度，当液位发生变化后，差压变送器的压差也会随之发生变化，它们之间成线性关系。如图 3-20 所示。

差压式测量原理：当液柱作用于传感器时，其受力公式为：

$$\Delta P = \rho g H$$
$$\Delta P = P_1 - P_2$$

由此可得液位高度 $H = \dfrac{P_1 - P_2}{\rho g}$

式中，P_1 为高压侧压力；P_2 为低压侧压力。

3. 安装

（1）安装前检查：

①按设计位号核对其型号、规格及材质。

②外观是否完好，法兰垫片及膜盒是否完好。

③法兰连接处是否有污泥等杂物，并及时清理。

（2）安装要求：

差压式液位变送器通过法兰与容器取压部位水平连接。单法兰式高压侧与过程法兰连接，低压侧与大气相通。双法兰式安装时正压法兰装在低处，负压法兰装在高处。安装示意图如图 3-21 所示。

①变送器安装位置应易于维护、便于观察，且靠近取压部件。

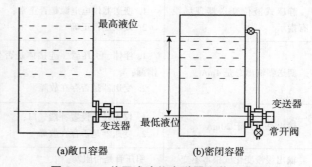

(a)敞口容器　　　　(b)密闭容器

图 3-21　差压式液位变送器安装示意图

②安装时应注意导压管要采取保护固定，避免管路晃动引起信号波动。

③导压管的弯曲半径不应小于 50mm，避免管截面变小阻塞压力传播。

④安装过程中要注意法兰垫片与膜盒之间不能出现挤压，以免影响压力正常测量和传递。

⑤容器上的法兰与液位变送器所配法兰尺寸一致，否则影响安装。

⑥低压侧安装在气相，高压侧安装在液相，不得反装。

（3）接线：接线方法一般采用二线制，接线方法如图 3 - 22 所示。

（4）参数设置：差压式液位变送器安装完毕后，需将排空阀打开，进行零位校正。一般变送器表头会有标零按钮，按下后屏幕会有对应显示，如"ZERO PASS"等；也可用手操器进行标零操作。

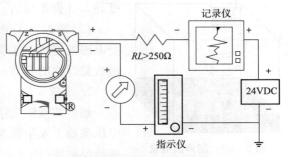

图 3 - 22　差压式液位变送器接线示意图

差压式液位变送器若要获得准确的液位高度，需定期进行密度校正，此时应当采用手操器根据手册进行操作。

其他参数设置参见说明书。

4. 运行维护

（1）投用：①将容器冲洗结束后方可进行投运，避免杂物堵死管路。②确认高低压管路无交叉，排污阀关闭。③首先投用低压（负压）侧，再投用高压侧。④投用后注意检查管路是否泄漏。

（2）停用：①关闭电源。②关闭法兰连接闸阀，打开放空阀放空排污。③长期不用时切断供电电源。

（3）日常维护：①禁止用硬物碰触液位变送器的膜片。②低温时引压管内的液体容易凝固，需注意保温措施。

5. 常见故障处理

差压式液位变送器故障及处理方法见表 3 - 5。

表 3 - 5　差压式液位变送器故障及处理方法

故障现象	检查内容	处理方法
无指示	1. 信号线是否脱落或电源故障； 2. 安全栅是否坏； 3. 线路板是否损坏	1. 重新接线或处理电源故障； 2. 更换安全栅； 3. 更换线路板
示值溢出	1. 回路连接是否发生短路或多点接地； 2. 管道连接是否正确； 3. 低压侧（高压侧）引压阀是否打开或堵塞； 4. 变送器线路板是否存在故障	1. 正确连接回路； 2. 正确连接管道； 3. 打开低压侧（高压侧）引压阀，并清理堵塞； 4. 更换线路板
示值有偏差	1. 导压管是否泄漏或堵塞； 2. 电源输出是否符合所需电压值； 3. 线路板是否有故障	1. 紧固放空堵头，打开引压阀，清理堵塞； 2. 调整输出电压所需范围； 3. 更换线路板
示值无变化	1. 线路板是否损坏； 2. 高、低压侧膜片或毛细管是否同时损坏	1. 更换线路板； 2. 更换变送器

（三）超声波液位变送器

1. 结构

超声波液位变送器主要由超声波收发器、温度传感器、驱动电路等组成。超声波具有频率高、波长短、绕射现象小，特别是方向性好等特点。超声波液位变送器广泛应用于各种常压储罐、小型罐和小型容器等。

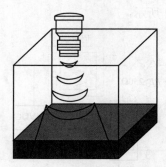

图 3-23 超声波液位
变送器测试原理图

（1）优点：①与介质无直接接触，耐腐蚀性强。②测量精度高。③设备简洁。

（2）缺点：①价格高。②受容器布局和材料特性影响。③受电磁波搅扰。④受传输气体成分影响较大，不适用于有气泡或悬浮物的介质。

2. 原理

超声波液位变送器的工作原理是：利用超声波收发器在电压激励下发生振动产生超声波，超声波遇到障碍物反射后接收反射波（图 3-23）。根据测量在特定温度条件下的超声波运动时间差，由驱动电路对超声波信号进行处理，最终转化成与液位相关的电信号，从而确定液（物）位变化情况。

3. 安装

（1）安装前检查：①按设计位号核对其型号、规格及材质。②外观是否完好，法兰片或螺圈尺寸是否与仪表配套。③供电电压是否满足需求。

（2）安装要求：超声波液位变送器一般采用支架安装方式，用仪表自带法兰或螺圈固定。或直接在罐顶、盖子顶部安装位置上开一个直径 60mm 的圆孔，将变送器与螺圈旋紧。安装位置距离罐壁最小距离应为 200mm（图 3-24）。

在有泡沫、强气流的环境，会衰减超声波信号的反射能力，需安装导波管（图 3-25）。

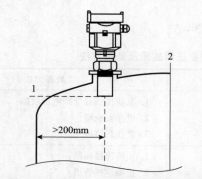

图 3-24 超声波液位变送器安装示意图
1—基准面；2—容器中央或对称轴

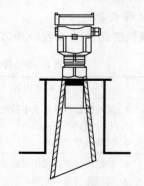

图 3-25 导波管安装示意图

①应保证发射声波与液面垂直。②收发器应尽量避开进、出料口等液面剧烈波动的位置安装。③应拧紧电缆密封套，且在进线口处做避水弯处理（图 3-26）。

（3）接线：超声波液位变送器接线方式如图 3-27 所示。

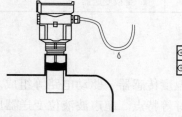

图 3-26 避水弯示意图

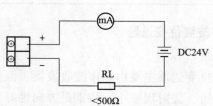

图 3-27 超声波液位变送器接线示意图

（4）参数设置以超声波液位变送器显示/按键调试方法为例。

①按键说明：超声波液位变送器显示屏上有四个按键：菜单键、下翻键和数字键、移位键和上翻键、确认键，如图3-28所示。

图3-28　超声波液位变送器按键示意图

密码说明：按"Mode"键，出现密码界面："——"，按"▲"键将第一位改为1，按"OK"键即可进入参数设置菜单界面。

②参数设置：

a. 液位标定（P01）。仪表安装完毕、上电后，液晶上会显示液位数值，而该数据往往与实际液位不符，故需要液位标定。

液位标定步骤如下：按"Mode"键，输入密码，再按"OK"键进入参数设置菜单。P01为液位标定菜单，按"OK"键进行P01液位标定，用移位键和数字键将数字改为实际液位值（如2.100），按"OK"键确认，再按"Mode"键退出参数设置菜单，此时液晶将显示2.100。

b. 20mA设置（P02）。在仪表正常工作时按"Mode"键进入参数设置菜单，按移位键选择P02菜单，第二行数字即为20mA对应液位，按"OK"键进行设置。

c. 继电器1设置（P03）。当编辑继电器逻辑时，闪动的数字为当前可更改的数字。按数字键，数字会变化，如图3-29所示。

d. 继电器2设置（P04）。继电器2设置同上。

e. 显示模式设置（P05）。P05菜单可更改显示模式，共有3种显示模式可供选择："H-"显示液位和继电器状态；"H"显示液位和温度；"d"显示空间距离（数字前显示P）和继电器状态。

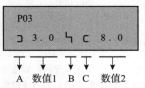

**图3-29　超声波液位变送器
继电器设置示意图**

按移位键选择所需模式然后按"OK"键确认。

f. 探头高度（P06）。P06菜单可以显示探头高度，可查看探头高度是否符合现场情况，也可用于液位标定。直接按照现场情况更改探头高度值。

g. ID号设置（P07）。通信时用，特别是多机通信时，缺省为01。

h. 波特率设置（P08）。通信时用，有2400、4800、9600三种选择。

i. 盲区设置（P09）。可更改仪表盲区以适应现场一些复杂工况。例如可以避开探头附近凸起物对仪表的影响。一般情况不用修改出厂设置。

j. 反应速度设置（P10）。P10反应速度设置。"FAFA"最快；"FA"较快；"SL"中速；"SLSL"慢速。液位变化速度越快，相应要求仪表反应的速度越快，仪表显示数据跳动也越大；反之反应速度慢，数据稳定。如果液位变化不是特别快，一般不用修改出厂设置。

k. 设置完毕后，按"Mode"键退出菜单设置。

（5）运行维护：

①投用：a. 检查电源是否与铭牌上数据一致，在接线前应切断电源。b. 检查接线端

子位置是否正确、电缆密封塞是否拧紧、外壳盖是否拧紧。c. 送电，投入使用后检查示值是否正常。

②停用：长期不用时切断供电电源。

③日常维护

a. 日常维护要从外观上检查仪表有无明显损坏，线缆、接头是否有损伤、裸露。

b. 检查是否符合测量点的技术要求，如过程温度、压力、环境温度、测量范围等。

c. 检查测量值是否与实际值一致。

4. 常见故障处理

常见故障及处理方法见表3-6。

表3-6 超声波液位变送器故障及处理方法

故障现象	检查内容	处理方法
变送器无液位显示	1. 接线是否正确，电源是否供电； 2. 液面和超声波探头间是否有障碍物阻断声波的发射与接收； 3. 液位变送器探头安装倾斜，则回波偏离法线使仪表无法收到； 4. 变送器安装架探头处是否松动； 5. 液面是否正常，或液面太高，进入盲区，致使仪表没有回波信号	1. 正确接线，供电电压与设备要求一致； 2. 清除液面和超声波探头间障碍物； 3. 检查液位计探头安装是否垂直； 4. 检查变送器安装架探头处有否松动，并紧固； 5. 检查液面
显示时有时无	1. 液面是否不稳定、变化太快，表面有气泡或翻滚； 2. 探头是否使用时间太长老化，低液位时回波弱	1. 待液面稳定，或消除气泡； 2. 更换老化探头
数值不准	探头安装位置是否小于反射角覆盖区，探头安装位置和容器壁有些太近，液位稍有不平稳，使容器壁回波和液面回波之间的差异较小，产生干扰叠加现象，从而使变送器指示不准	将探头的安装位置移至罐顶中部

（四）雷达液位变送器

1. 结构

雷达液位变送器主要由发射和接收装置、信号处理装置、天线、操作面板、显示等几部分组成。雷达液位变送器测量范围大，测量精度高，没有活动部件，可靠性高，安装方便。雷达液位变送器与超声波变送器原理基本相同，但雷达波的穿透力强，不受泡沫、烟雾、水蒸气的干扰，不受介质的黏度、密度和腐蚀性影响，可测量高黏度、易结晶、强腐蚀及易燃易爆介质，适用于大型立罐和球罐等液位的计量。

（1）优点：①可以测量压力容器的内液位，可以忽略高温、高压、结垢和冷凝物的影响。②设备简单，精度高。③与测量介质无直接接触，耐腐蚀性强。④可在真空环境中使用。

（2）缺点：①价格昂贵。②受容器布局和材料特性影响。③受电磁波扰搅。

2. 原理

在测量过程中发射电磁波，经被测对象表面反射后，被天线接收，由于电磁波的传输速度为常数，通过测量发射某一频率和接收到该频率的时间，就可以计算出罐的液面空高距离 h，其原理公式如下：

$$h = H - \frac{vt}{2}$$

式中，h 为液位，m；H 为罐高，m；v 为雷达波速度，m/s；t 为雷达波从发射到接收的时间，s。

3. 安装

（1）安装：雷达液位变送器安装方法与超声波液位变送器基本相同。

（2）安装要求：①当变送器的探测部分接触的工艺介质为加热器、凝气器中的饱和水蒸气时，导波杆应采用蒸汽专用型。导波杆穿出顶部法兰后的外露长度应不小于 150mm，以确保变送器的温度降至满足其电子部件安全可靠运行的温度范围。

②安装时应使雷达波波束辐射区内不得有障碍物，如管道、加强杆、搅拌器及物料的入口等。

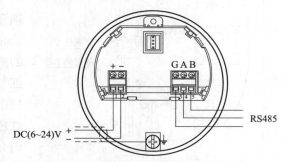

（3）接线：雷达液位变送器供电电源和 RS－485 信号线分开各自使用一组屏蔽电缆线。接线示意图如图 3－30 所示。

（4）参数设置：雷达液位变送器参数设定可参考技术说明书，本文不再赘述。投用前需输入空管高度（零点）、满罐高度（满量程）参数。

图 3－30　雷达液位变送器接线示意图

4. 运行维护

①投用、停用：要求与超声波液位变送器一致，不再赘述。

②日常维护：

a. 罐中有些易挥发的有机物会在变送器的喇叭口或天线上结晶，需要定期检查和清理。

b. 电线、电缆保护管，要注意密封防止积水，防止被老鼠等啮齿类动物撕咬。

c. 在隔爆或防燃环境安装时，在装置通电情况下严禁拆除变送器上的封盖。

d. 维护时，应尽量避免与引线和端子接触，引线上可能存在的高压可导致电击事故。

5. 常见故障处理

雷达液位变送器故障及处理方法见表 3－7。

表 3－7　雷达液位变送器故障及处理方法

故障现象	检查内容	处理方法
无液位读数	1. 电源是否正常； 2. 通信电缆接口是否松或接触不良	1. 检查电源并提供正确电压； 2. 检查串行数据通信电缆
不正确的读数	1. 变送器是否未标定； 2. 变送器附近是否有干扰物体； 3. 变送器是否安装错误	1. 重新标定； 2. 清除变送器附近干扰物体； 3. 正确机械安装变送器
串行通信故障	1. 通信端口是否设置错误； 2. 串行地址是否设置错误； 3. 电缆连接是否错误	1. 在雷达主机程序中检查通信端口设置； 2. 正确设置串行地址； 3. 正确连接电缆
显示板窗口显示空白	电源是否未供电或插口松	检查电源

（五）磁翻板液位变送器

1. 结构

磁翻板液位变送器主要由磁浮子、主导管、指示器等组成，如图 3−31 所示。

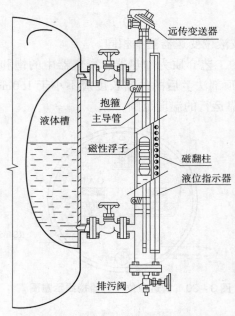

图 3−31　磁翻板液位变送器结构示意图

（1）优点：①可以迅速直观地读数。②价格低。

（2）缺点：①精度低。②设备复杂。③受量程约束。④设备体积大。

2. 原理

磁翻板液位变送器是根据浮力原理和磁性耦合作用原理工作的。当被测容器中的液位升降时，主导管中的磁浮子也随之升降，浮子内的磁钢通过磁耦合传递到现场指示器，驱动红、白磁翻柱翻转180°。当液位上升时，磁翻柱由白色转为红色，当液位下降时，磁翻柱由红色转为白色。指示器的红、白界位处为容器内介质液位的实际高度，从而实现液位的指示。

在浮子液位计上安装变送器，通过浮子上下移动，经磁耦合作用使导杆内测量元件依次动作，获得电阻信号变化，转换成 0~10mA 或 4~20mA 的标准信号输出，与显示仪表或计算机连接，达到远传目的。

3. 安装

（1）安装前检查：①确认被测介质名称、介质密度、介质温度是否与铭牌相符。②设备选型、量程是否与现场实际需求一致。③部件是否齐全。④变送器法兰与容器安装部位法兰是否匹配。⑤使用备用工具磁钢吸引浮子室内磁浮子运动，模拟液位变化，来检测液位变送器工作是否正常。⑥打开排污阀并排除主导管内沉淀物。

（2）安装要求：根据现场工况的不同、不同容器开口方式等实际情况，采取侧装、顶装、软管隔离或其他安装方式，油田通常采用侧装方式。通过法兰连接将磁翻板液位变送器安装在容器外部。①远传配套仪表上感应面应面向和紧贴主导管，并用不锈钢抱箍固定。②安装前先用磁浮子沿主导管自上向下引导，确保磁翻板翻为白色。③磁翻板液位计安装必须垂直，以保证磁浮子在主导管内上下运动自如。④液位计安装完毕后，需用磁钢进行校正，保证示值正确。⑤磁翻板调试时先打开上部引管阀门，然后缓慢开启下部阀门，让介质平稳进入主导管（运行中应避免介质急速冲击浮子，引起浮子剧烈波动，影响显示准确性），观察磁性红白翻柱翻转是否正常；然后关闭下引管阀门，打开排污阀，让主导管内液位下降。⑥对爆炸危险区域的线路进行接线时，必须在防爆接线箱内接线。线缆保护管与接线箱、拉线盒之间的连接、密封严格按照防爆规定执行。

（3）接线：磁翻板液位变送器接线采用二线制、四线制。二线制电源跟信号线是同组线，拆下接线盖板，电缆接头两端连接 24VDC（图 3−32），连接接地端子后拧紧接线盖板。四线制变送器的电源正负级接供电电源正负极，4～20mA 正负级分别接仪表的 4～20mA 输入端的正负级。

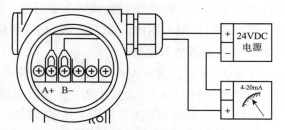

（4）参数设置：出厂时厂家已设置好相应参数，现场使用一般不需进行参数设置。

（5）运行维护

图 3－32　磁翻板液位变送器二线制接线示意图

①投用：a. 检查电路连接及供电电压是否正常。b. 关闭排污阀，打开连通阀门，检查连接法兰等部位是否存在渗漏。c. 观察磁浮子翻转情况。d. 查看远传数据是否与现场一致。

②停用：a. 关闭连通闸门，打开排污闸门进行排污。b. 长期停用时应切断电源。

③日常维护：a. 磁翻板液位变送器周围不允许有导磁体靠近，否则会造成液位变送器工作异常。b. 磁翻板液位变送器在使用一段时间后，如介质有沉淀物时，应经常排污；清洗室关闭上下阀门放空介质，排除液体，拆下法兰取出浮子进行清洗。c. 磁翻板液位变送器在使用过程中，由于液位突变或其他原因造成个别翻柱不能翻转时，可用校正磁钢或浮子校正。

4. 常见故障处理

磁翻板液位变送器故障及处理方法见表 3－8。

表 3－8　磁翻板液位变送器故障及处理方法

故障现象	检查内容	处理方法
色片不会翻转或色片混乱	本体管周遭及内部是否有磁性体存在	清除之后用磁铁扫过一次，使颜色归于一致
色片 360°翻转	浮球磁场是否过强	更换浮球
近接开关不动作	近接开关是否坏	用电表检查开关动作是否正常，磁铁靠近时接点应导通且电阻应低于 300MΩ 以下，磁铁移除后开关应开路且电阻应达 10MΩ 以上，若未达应更换新的近接开关
浮子难以浮起或上下移动不灵活	1. 安装是否正确；2. 磁性浮子上是否沾有铁屑或其他污物	1. 调整上下法兰的中心在一条线上，与水平面垂直，与水平面夹角不小于 87°；2. 排空介质，再取出浮子，消除磁性浮子上沾有的铁屑或其他污物
输出信号产生频繁扰动或有干扰脉冲	信号电缆屏蔽层接地电阻是否达标	1. 确保信号电缆屏蔽层可靠接地，工作接地电阻满足要求；2. 安装信号隔离器

五、流量计

流量计英文名称是 Flowmeter，全国科学技术名词审定委员会把它定义为：指示被测流量和（或）在选定的时间间隔内流体总量的仪表。可分为瞬时流量（Flow Rate）和累计流量（Total Flow），瞬时流量即单位时间内流过封闭管道或明渠有效截面的量，流过的物质可以是气体、液体、固体；累计流量即为在某一段时间间隔内（一天、一周、一月、一年）

流体流过封闭管道或明渠有效截面的累计量。通过瞬时流量对时间积分亦可求得累计流量，所以瞬时流量和累计流量之间可以相互转化。

（一）发展历史与现状

早在1738年，瑞士人丹尼尔伯努利以第一伯努利方程为基础，利用差压法测量水流量。后来意大利人G. B. 文丘里研究用文丘里管测量流量，并于1791年发表了研究结果。

1886年，美国人赫谢尔应用文丘里管制成了测量水流量的实用测量装置。

20世纪初期到中期，原有的测量技术逐渐走向成熟，人们不再将思路局限在原有的测量方法上，而是开始了新的探索。

到了20世纪30年代，又出现了用声波测量液体和气体的流速的方法，但到第二次世界大战为止未获得很大进展，直到1955年才有了应用声循环法的马克森流量计的问世，用于测量航空燃料的流量。

20世纪60年代以后，流量测量设备开始向精密化、小型化方向发展。

随着集成电路技术的迅速发展，具有锁相环路技术的超声（波）流量计也得到了普遍应用，微型计算机的广泛应用，进一步提高了流量测量的能力，如激光多普勒流速计应用微型计算机后，可处理较为复杂的信号。

现代流量计量是光、机、电、计算机和许多基础学科高度综合的产物，随着科学技术的高速发展，每年都会有新的流量计量产品推出。我国在该领域起步较晚，大型和高档的流量设备进口比例较高，目前正处在快速发展的阶段。

（二）分类

流量计按照原理分类有容积式流量计、差压式流量计、速度式流量计、电磁流量计、质量流量计、超声波流量计等；按介质分类有液体流量计和气体流量计等。

油田的生产过程较为复杂，不同场景对流量计的技术需求不同，因此实际应用中的流量计种类较多。油田常用的容积式流量计有双转子流量计、椭圆齿轮流量计、腰轮流量计、刮板流量计等；速度式流量计有涡轮流量计；差压式流量计有孔板流量计等。

（三）双转子流量计

在油田生产中，原油流量的准确计量具有重要的生产指导作用。综合考虑原油的温度、压力、黏度、杂质含量等物性因素及其经济性，长时间以来主要采用双转子流量计进行原油计量。如图3-33所示。

图3-33　双转子流量计

（1）结构：双转子流量计主要由计量室、运动、传动和显示部件组成。

①计量室：双转子流量计是以螺旋转子（测量元件）的空槽部分和壳体弧形内壁组成一封闭空腔作为计量室（也叫测量室），计量室与外壳一并铸造，壳体多采用304或316不锈钢材质，其内壁光滑，热膨胀系数小，机械强度高。

②运动部件：双转子流量计的运动部件主要由一对特殊齿形的螺旋转子组成，无相对滑动，不需要同步齿轮。如图3-34所示。

③传动部件：双转子流量计是靠进出口间的流体压差推动转子转动，通过测量转子的转速实现流量测量。安装于转子轴上的齿轮传动部件将转子的运动传递给显示部件，随着

使用时间的延长，流量计会出现一定的误差，通过调整齿轮齿数，可以达到矫正误差的目的。如图3-35所示。

图3-34 螺旋转子图

图3-35 传动部件

④显示部件：俗称表头，主要由累计计数器和旋转指针构成，螺旋转子的运动经传动部件传递至显示部件，显示部件的机械计数累加器自动累加并就地显示，可以通过脉冲发讯器、RS-485通信器等附件将数据远传至上位机。现在有许多厂商已经采用电子显示部件进行配套，它采用霍尔传感器采集其计数齿轮的转动情况，或者直接采集螺旋转子的运动情况，进行计数和累加，比起前者，减少了机械构件磨损造成的误差，其显示更加直观，同时还标配了多种信号输出功能，可以直接为上位机提供数据。如图3-36所示。

图3-36 流量计显示部件

（2）优缺点：

①优点：a. 计量精度高。b. 安装管道条件对计量精度没有影响。c. 可用于高黏度液体的测量。d. 范围度宽。e. 无须外部辅助设备可直接获得累计总量，操作简便。

②缺点：a. 结构复杂，体积庞大。b. 被测介质种类、口径、介质工作状态局限性较大。c. 不适用于高、低温场合。d. 不适用于杂质含量过高的原油。e. 产生噪声及振动。

（3）原理：双转子流量计测量是采用固定的小容积来反复计量通过流量计的流体体积的方法来获取累计值。所以，在双转子流量计内部具有构成一个标准体积的空间，称为"计量室"，也叫"计量空间"或"测量室"。这个空间由流量计壳体壁和流量计转动部件空槽一起构成。流体通过流量计，就会在流量计进出口之间产生一定的压力差。流量计的转动部件（螺旋转子）在这个压力差作用下产生旋转，并将流体由入口排向出口。在这个过程中，流体一次次地充满流量计的"计量空间"，然后又不断地被送往出口。在给定条件下，该计量空间的体积是确定的，只要测得转子的转动次数，就可以得到通过流量计的流体体积累积值。工作过程如图3-37所示。

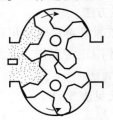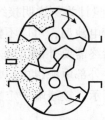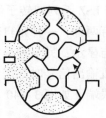

图3-37 螺旋转子运动过程图

4. 安装

（1）安装前检查：

①检查法兰、壳体、显示部件和接线盒（如带有远传功能）有无损伤。

②打开盒盖检查接线电路板有无松动或损坏（如带有远传功能）。

③检查铭牌中型号与订货产品是否相符。

④管道内焊渣等杂物是否已彻底吹扫干净。

（2）安装要求：双转子流量计有垂直、水平两种安装方式，无直管段要求，如图3－38、图3－39所示。

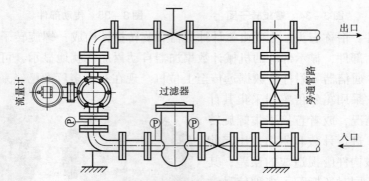

图3－38　双转子流量计垂直安装

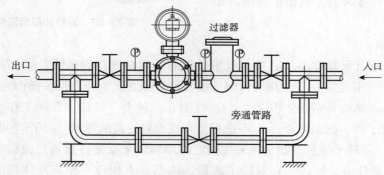

图3－39　双转子流量计水平安装

（3）技术要求：①最大流量应选在流量计量程的70%～80%。②被测液体应尽量减少杂质含量，一般应当在进液端安装过滤器。③管路中的气体应当完全排除干净。④流体的流动方向和流量计的箭头方向要一致。⑤定期进行校验，及时消除误差。⑥调节流量的阀门应处在流程下游。⑦流量计的使用场所应避开高温、强电磁干扰的环境。⑧严格按照技术要求进行安装，避免机械应力。

（4）接线：以上海一诺LSZ系列双转子流量计为例说明接线方法。

该流量计的显示部件有两种：一种是自带电池型，可以不依靠外部供电就可以进行累计流量和瞬时流量的计算与显示；另一种是始终需要外部供电才能正常工作。但无论是哪种类型，如果需要向上位机输出信号时都需要外部电源供电。

打开接线盒端盖，接线端子如图3－40所示，接线端子定义见表3－9。

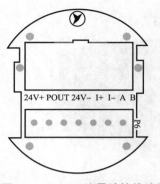

图3-40 LSZ流量计接线端子

表3-9 接线端子定义

端子	注解
24V+	DC24V 输入正
POUT	脉冲输出信号线
24V-	DC24V 输入负
I+	4~20mA 电流输出正
I-	4~20mA 电流输出负
A	RS485 通信 A
B	RS485 通信 B

①使用脉冲信号输出时，采用三线制接法：按照接线图将直流电源接到24V+、24V-两端子，供电电压为DC(24±5%)V，POUT与24V-两端子接脉冲信号，24V-端子为公用端子。脉冲信号高电平VH≥20V，低电平VL<1V，输出负载<200Ω，脉冲当量值(单位体积下的脉冲数)可通过设置功能进行配置。

②使用电流信号输出时(选配)，采用两线制接法：流量计可以选配4~20mA电流信号输出，20mA对应的流量值可通过设置功能进行配置。采用电流信号输出时，上位机需对电流回路提供24V电源。

③使用RS485通信输出时，采用四线制接法：按照接线图将直流电源接到24V+、24V-两端子，将与上位机进行数字通信的RS485总线按照极性接在A、B端子上，即可实现数字通信。通信协议采用MODBUS RTU协议，寄存器地址参考说明书提供的寄存器表，波特率等参数可通过设置功能进行配置。如图3-41所示。

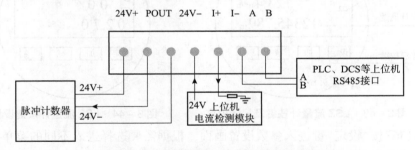

图3-41 各种输出信号的标准接线方法

(5)参数配置如下：

①机械式显示部件：双转子流量计在出厂前检定时采用的液体一般为柴油、机油、水，而实际使用过程中原油的黏度与检定时的流体黏度有较大差异，造成流量计的误差曲线偏移。长时间的运行、原油杂质含量较高等原因也会造成流量计的误差增大，因此对流量计进行必要的误差修正是保证高精度计量的必要手段。

机械式显示部件的误差修正主要靠更换调整齿轮来完成，实际操作过程中要以检定报告为依据，根据不同流量计厂家提供的修正算法来选择合适规格的替换齿轮。LSZ型双转子流量计，共有两个调整齿轮可供调整使用，如图3-42所示。

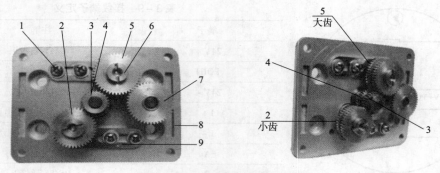

图 3 -42　LSZ 齿轮调整机构图

1—调整板固定螺钉；2—调整齿轮 1；3—输出齿轮；4—过桥齿轮；5—调整齿轮 2；
6—调整齿轮锁紧螺钉；7—输入齿轮；8—齿轮安装底版；9—调整板

②电子式显示部件：电子式显示器可以实现更多的功能，如：可以进行温压补偿以提高计量的精度、一定时间以内的历史数据存储和调阅、向上位机提供标准的数字通信信号等。下面以 LZS 型电子显示器为例说明其配置方法与步骤。

a. 键盘部分：操作面板上共有"设定""加""减""快/慢"四个按键。

b. 显示部分：LSZ 流量计的液晶显示面板，正常工作时可以显示瞬时流量、累计流量，也可以通过按键切换为当前输出的脉冲值、电流值等数据。如图 3 -43 所示。

c. 设置："快/慢"与"设定"键同时按下显示内容，如图 3 -44 所示。

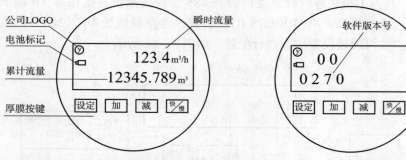

图 3 -43　LSZ 流量计按键及显示内容　　　**图 3 -44　LSZ 流量计按键设置**

输入"5136"按"设定"键进入参数设置画面，根据需要选择进入不同的菜单进行设定，确认参数无误后，再次按"设定"键保存当前菜单项数据。修改完成后同时按下"快/慢"与"设定"键，退出参数设置画面。

该流量计菜单功能较丰富，仅列举常用功能如下：

菜单 1 ~ 5，流量输入信号分段系数。

菜单 6 ~ 10，流量输入信号分段点。

菜单 11，整体线性修正系数。

菜单 12，瞬时流量小数点选择。

菜单 16，电流输出时 20mA 对应的瞬时流量值。

菜单 19，Modbus 通信地址。

菜单 20，通信波特率。

菜单 25，脉冲当量(L/P)。

（6）运行维护：

①投用：a. 外观有无损伤，进线口处是否密闭良好。b. 供电电源电压同铭牌电压是否相符。c. 内置电池是否电压正常。d. 电源（AC220V 或 DC24V）、通信（4～20mA、脉冲、标准 Modbus RTU 协议）连接是否按标识正确接线。e. 是否正确可靠接地。f. 检查无误后接通电源，观察流量计屏幕是否有正确的显示。g. 量程、管径设定是否正确。h. 采用 RS485 通信时，要检查是否与上位机配置相同的速率、校验方式等通信参数，同一条 RS485 线路与多台仪表通信时，其 ID 号是否按照软件设计的顺序进行设定。i. 分别缓慢打开进出液阀，液体应充满管线，残留气体已排出，法兰连接部位紧密无渗漏。j. 流量计显示数据与生产实际吻合。

②停用：a. 关闭进出液阀。b. 排净流量计腔体内原油，采用60℃以下热水或轻柴油进行清洗作业（或参考说明书的要求），严禁采用蒸汽吹扫。c. 长期不用时应切断流量计供电电源。d. 悬挂停运牌并做好记录。

4. 常见故障处理

双转子流量计常见故障及处理方法见表3－10。

表3－10　双转子流量计常见故障及处理方法

故障现象	检查内容	处理方法
流量计液晶正常显示但无流量数据输出	流量计供电是否正常	检修电源，恢复供电
	电缆连接是否正常	可调至备用线路或重新敷设电缆
	管道上下游阀门是否已开启	打开流程阀门
	表头参数是否正确	对照说明书检查表头参数
	转换器是否损坏	更换转换器
表体振动大并伴有噪声	转子轴承是否损坏	更换转子轴承
	转子是否附着杂质	清理转子杂质
	被测介质是否有大量气体窜入	检查流程，必要时可增加消气器
机械式显示器转盘指针和计数器无动作	流量计是否正常过液	1. 检查上下游阀门是否正常开启并处理；2. 检查过滤器是否堵塞并清理；3. 检查转子是否被大颗粒杂质卡住并清理；4. 确无来液，需逐级检查流程
	传动机构是否损坏	检查并更换损坏的齿轮，调整调节螺丝
	计数器损坏	更换计数器
流量计电子液晶屏不显示	电源是否正常送电	向仪表送电
	电池型表头检测电池电量是否正常	更换有效的电池
	接线端子是否锈蚀、松动、接触不良	对端子除锈、重新压紧
	电源电压是否正常	对照设备铭牌标注的电压等级进行送电，必要时更换供电电源模块
	电源引线是否短路或断路	将电源线从仪表端子、供电单元端子断开，测试线路状况，如电缆故障，可调至备用线路或重新敷设电缆
	直流供电型流量计需检查电源极性是否接反	采用正确的电源极性接线
	电子显示器是否损坏	更换电子显示器

故障现象	检查内容	处理方法
流量数值大幅波动	被测介质是否为不均匀混合物	将混合点向上游迁移，保证在流量计位置可均匀混合
	被测介质是否夹杂大量气体	在上游增加消气器、分离器等设备
	被测介质是否充满管道	打开排气阀排气或优化流程
	流量计附近是否有强磁场	移走强磁场设备或对流量计做隔离措施
	电子表头内插接板是否松动	打开电子表头固定电路板
	转子是否附着杂质	清理转子并恢复安装
测量数据与实际数据不符	被测介质是否夹杂大量气体	在上游增加消气器、分离器等设备
	被测介质流量是否在流量计最高和最低界限范围之内	调整工艺措施或更换合适口径的流量计
	检查接线端子是否锈蚀、接触不良	仔细检查接线盒内各端子情况，排除连接不好或电缆绝缘性能下降故障
	参数设定不正确	参照说明书重新设定参数
无脉冲信号输出或输出不准确	接线是否正确	按照接线图重新接线
	脉冲当量是否设置正确	重新设置脉冲当量值，使上位机与流量计一致
	脉冲输出波形是否正常	用示波器检测幅值及高低电平，联系厂家维修
无 4~20mA 电流输出或输出不准确	接线是否正确	按照接线图重新接线
	20mA 对应值是否设置正确	重新设置 20mA 对应值，使上位机与流量计一致
	电子表头损坏	联系厂家维修或更换
RS485 通信不正常	接线是否正确	按照接线图重新接线
	通信参数是否设置正确	重新设置波特率、ID 地址，使上位机与流量计通信参数一致
	访问的寄存器地址及格式是否正确	对照手册修改寄存器地址及数据格式

（四）质量流量计

近年来，油田尝试使用质量流量计进行原油计量并获得成功，逐步开始推广应用。与传统的原油流量计相比，具有压损小、测量参数丰富、性能稳定等优势，但因价格昂贵，目前仍处于小规模应用阶段。

质量流量计有直接式、间接式，直接式流量计又分为科里奥利式、量热式、角动量式等。目前，油田现场在用的质量流量计均为科里奥利（简称科氏）质量流量计，本节内容也以此类流量计为例，阐述其工作原理及应用情况。如图 3 - 45 所示。

1. 结构

科氏质量流量计主要分为两个部分：一是流量传感器，它是一种基于科里奥利力效应的相位敏感型谐振传感器，该传感器由过程接头、流量管（检测管）、检测线圈、驱动线圈、温度检测器、核心处理器和壳体组成；二是流量变送器，它是以微处理器（参见附录 名词解释）为核心的电子系统，用来将传感器的信号转化为质量流量信号或其他一些有意义的信号，可以输出标准电流或频率信号，并可按照一定的通信协议实现与上位机的交互通信。

（1）流量传感器部分如图 3 - 46 所示。

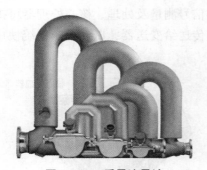

图 3-45　质量流量计

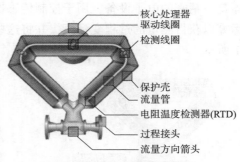

图 3-46　流量传感器

①流量管：又叫测量管，由特殊的恒弹合金（参见附录 名词解释）材料制造，其内壁光滑，具有耐腐蚀性，与驱动线圈、检测线圈等共同实现质量、密度检测功能。流量管总体来讲分为直管和弯管两类，在实际应用中，弯管比直管具有更大的相位差与信号灵敏度、更好的密度精度、更大的量程比及更小的温度、压力影响和更小的安装影响，但是其相比直管来讲压损略大且自排空性能略差。如图 3-47 所示。

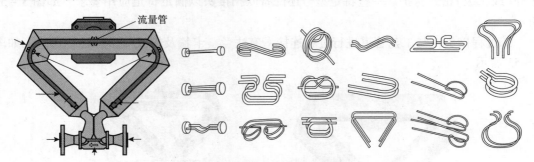

图 3-47　各种类型的流量管

②驱动线圈：驱动线圈与磁铁配合使用，使科里奥利传感器流量管发生振动。经线圈驱动，会使流量管以其谐振频率进行振动。如图 3-48 所示。

③检测线圈：流量管的两侧安装有检测线圈及磁铁构成的电磁检测器，电磁检测器会产生一个振动管在该位置上的流量正比信号。如图 3-49 所示。

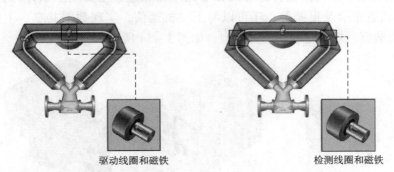

图 3-48　流量传感器（驱动线圈和磁铁）　　图 3-49　检测线圈

④温度检测器：一般由一个 PT100 的铂电阻温度检测元件（RTD），提供流量管温度传感器信号。如图 3-50 所示。

⑤核心处理器：传感器内的驱动线圈、检测线圈、RTD 元件都连接到核心处理器。核

心处理器是一精密的电子设备，用于控制传感器和信号测量及处理。核心处理器可执行所有必要运算以获得测量的过程变量值，并将这些值传送给变送器，以供控制系统使用。如图 3 – 51 所示。

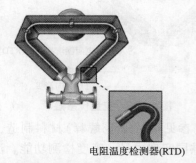

图 3 – 50　流量传感器（电阻温度检测器）

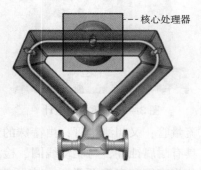

图 3 – 51　流量传感器（核心处理器）

⑥外壳：传感器的外壳可保护内部电子元件和引线不受外界的侵蚀，并可为介质提供额外（或二级）密封保护。一些特定型号还配备吹扫接头以满足特定应用要求。如图 3 – 52 所示。

⑦过程接头：与工艺管道进行过程连接，有法兰、卡箍及螺纹等多种连接形式。如图 3 – 53 所示。

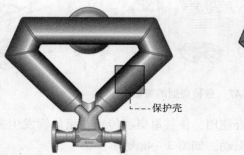

图 3 – 52　流量传感器（保护壳）

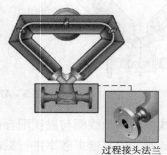

图 3 – 53　过程接头法兰

（2）流量变送器：与流量传感器的核心处理器相连，主要用于累计计算、纯油计算、流量计工作状态显示及报警等，还可以与上位机通信，实现数据共享。主要有导轨安装型、盘装/架装型、现场安装型三种类型。如图 3 – 54 所示。

(a)DIN导轴安装式　　　　(b)支架或面板安装式　　　　(c)现场安装式

图 3 – 54　常用流量变送器

2. 原理

质量流量计可直接测量的量有三个，分别是密度、质量、温度，其检测原理如下。

（1）密度测量：流量管采用恒弹合金制成，它的两端被固定在基座上，在流量计工作时，流量管在激振线圈的作用下做简单振动，又在反馈电路的作用下使之总是振动在谐振频率上，其原理类似于单自由度理想的质量－弹簧－阻尼系统，无阻尼的自由振动频率只与振动元件的刚度和质量有关。被测介质流经流量管时，随着流量管一起振动，由于振动质量的有效部分附加了介质的质量，因此使振动系统的总质量发生变化，从而改变了系统的固有振动频率。此频率由拾振器检测、放大器放大并输出至激振器，激振器据此产生激振力以平衡阻尼力，使流量管在其谐振频率上做等幅振动。不同的介质密度将产生不同的系统固有振动频率，测出系统的固有振动频率，即可确定被测介质的密度值。如图3－55所示。

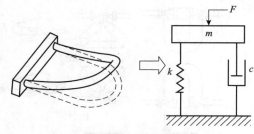

图3－55　密度测量力学示意图

（2）质量测量：当流量管内充满流体而流速为零时，在激振器的作用下，流量管要绕Z轴偏转，按其本身的性质和流体的质量所决定的固有频率做简单的等幅振动（图3－56）。当流体的流速为u时，流体质点在旋转参照系中做直线运动，由力学理论可知，此时流体质点要同时受到旋转角速度ω和直线速度u的作用，对管壁产生一个反作用力F，即科里奥利力。由于入口侧和出口侧流体的流向相反，由右手定则可知，在流量管向上振动时，流体作用于入口侧管端的向下力为F，作用于出口侧管端的向上力亦为F（向下振动时，受力方向正好相反，如图3－57所示）。由于在流量管的两侧受到大小相等、方向相反的作用力，使流量管在等幅振动上叠加了扭曲运动，由于扭曲变形是伴随着流量管的振动运动发生的，使得在振动过程中，入口端先于出口端越过中心线，其时间差Δt随着流量的增大而增大，因而流过科氏质量流量计的质量流量q与时间差Δt成正比。这个时间差由核心处理器检测并整形放大，然后通过对时间积分得出与质量流量成比例的信号，据此，即可得到精确的质量值。

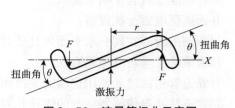

图3－56　流量管扭曲示意图

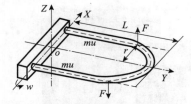

图3－57　流量管受力示意图

（3）温度测量：质量流量计的温度测量较为简单，由贴附在流量管进口处的三线铂金热电阻完成，主要用来对由于温度造成的测量管刚性变化进行补偿；同时还可以反映当前管道内流体的温度。

3. 安装

（1）安装前检查：①检查法兰、变送器、壳体和接线盒等外观有无损伤。②打开盒盖检查接线电路板有无进水、松动和损坏。③检查铭牌中型号与订货产品是否相符。

（2）安装要求：

①安装方式：科氏质量流量计无直管段需求，可以因地制宜进行安装，典型的安装朝

向如图 3 - 58 所示。

②不适宜安装的位置：管道的相对高点位置；靠近下行管线或敞口处；其他易导致不满管的位置。

（3）技术要求：质量流量计安装施工示意图如图 3 - 59 所示。

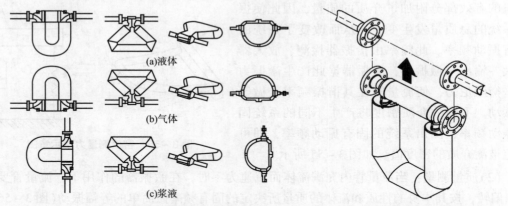

(a)液体

(b)气体

(c)浆液

图 3 - 58　质量流量计典型安装方式　　　图 3 - 59　质量流量计安装施工示意图

①液体介质：要保证能够始终充满传感器流量管。

②气体介质：要保证在传感器流量管内不产生积液。

③浆液介质：要易于从传感器流量管中排空。

④流量调节阀应安装在流量传感器的下游。

⑤流量传感器的两侧宜安装截止阀，便于调零。

⑥新建管线应在完成管线吹扫后再安装传感器。

⑦避免在临近流量传感器的位置进行电焊作业，必要时拆下流量传感器再进行作业。

⑧对于小口径的流量计（1/10in，1/4in），应安装过滤器，避免管道杂质堵塞仪表。

⑨避免阳光直射。

图 3 - 60　Micro Motion3700 型变送器

⑩环境温度符合说明书要求。

⑪远离强电磁干扰设备。

⑫两侧的管道在同一水平面内且要对中。

⑬管道法兰应与管道垂直。

⑭临近管道法兰处使用稳固的支撑固定管道。

⑮管道法兰与传感器法兰的螺栓孔对齐。

⑯不得使用流量传感器对中管线；不得使用流量传感器支撑管线；不得直接支撑在流量传感器上。

（4）接线：以油田常见的 Micro Motion3700 型变送器为例说明接线方法。如图 3 - 60 所示。

首先要对 3700 型变送器的结构进行了解，如图 3 - 61 所示，变送器开启后，可以看到两部分接线盒，其中蓝色接线盒为本安传感器接线端子，用于与流量传感器的核心处理器连接；灰色接线盒为非本安传感器接线端子，用于与上位机和供电电源进行连接。

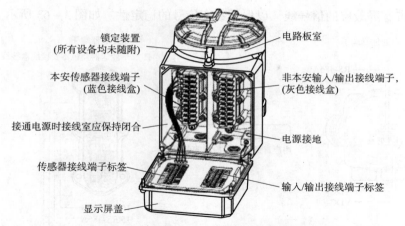

图 3-61　Micro Motion3700 型变送器结构图

锁定装置
(所有设备均未随附)

本安传感器接线端子
(蓝色接线盒)

接通电源时接线室应保持闭合

传感器接线端子标签

显示屏盖

电路板室

非本安输入/输出接线端子,
(灰色接线盒)

电源接地

输入/输出接线端子标签

①变送器与上位机和供电电源接线：变送器非本安端子定义见表 3-11，可以同时提供频率、电流、RS-485 等方式的输出信号。同时，还具有丰富离散、脉冲输入输出功能，每个端子的定义都可以组态为不同的配置，用以实现丰富的控制及报警功能。

表 3-11　变送器非本安端子定义

端子号		定义
1 -	2 +	初级 4~20mA 输出 / HART
3 -	4 +	次级 4~20mA 输出
5 -	6 +	频率输入
7 -	8 +	离散输入 1
9(正极或相线 L)	10(负极或中性线 N)	直流或交流供电电源输入(与订购参数相关)
11(B 线)	12(A 线)	RS-485 输出
20 -	16 +	离散输出 3
20 -	17 +	离散输出 2
20 -	18 +	离散输出 1
20 -	19 +	频率输出

　　质量流量计电源主要为 DC24V 与 AC220V 两种，接线时应确认订货信息与铭牌内容一致，送电前务必检查电源电压并确保满足负载电流的要求，两种电源的供电接线端子位置相同。如图 3-62 所示。

　　②变送器与流量传感器的接线：将变送器连接至流量传感器，需要自变送器的本安接线盒接线至传感器的核心处理器接线盒，共有两种接线类型，分别为 4 线式与 9 线式，目前油田均采用 4 线式方式连

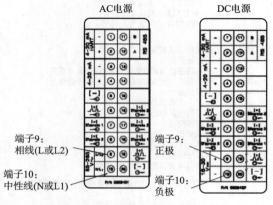

AC电源　　　　DC电源

端子9:
相线(L或L2)

端子10:
中性线(N或L1)

端子9:
正极

端子10:
负极

图 3-62　变送器非本安端子接线图

接。需采用带有屏蔽层的信号线，以保证数字信号的稳定性。如图 3-63 所示。

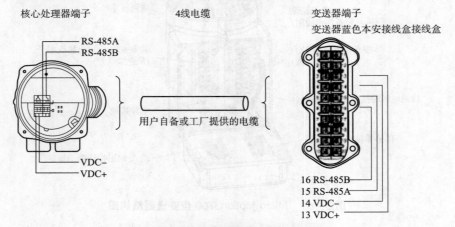

图 3-63　变送器与流量传感器接线图

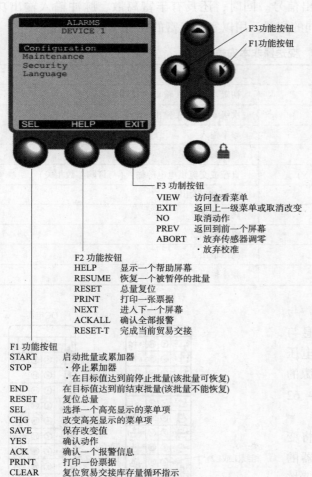

图 3-64　功能按钮介绍示意图

（5）参数配置：新采购的质量流量计在出厂和检定时已确定正确的参数，初次投用一般不需调整。但是在开展传感器维修或更换变送器、与计算机进行数字式通信、校正流量系数等工作时，需要对其内部参数进行调整。下面以 Micro Motion 3700 型变送器为例说明参数的设置方法。

①键盘分布：操作面板上共有 7 个按钮，在不同的模式和界面下，具有不同的功能，在使用过程中要注意区分。如图 3-64 所示。

②显示部分：接线正确，变送器上电后，会自动开始流量计自检，屏幕变暗约 5s，自检完成后显示过程数据（可组态不同的显示内容），如图 3-65 所示。

图 3-65　过程监视器屏幕

③菜单系统：大部分的质量流量计功能组态在两大菜单系统中。

a. 管理菜单（Management）：管理菜单主要用于完成组态和维护工作，如图3－66所示。

图3－66　管理菜单结构

b. 查看菜单（View）：菜单结构主要用于监视和控制生产过程，如图3－67所示。

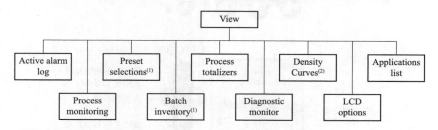

(1) 仅在离散批量应用被安装时才显示。
(2)仅在增强密度应用被安装时才显示。

图3－67　查看菜单结构

④设置：进入管理菜单(安全锁未启用)。

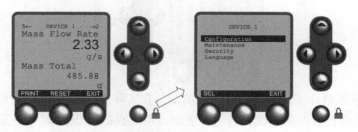

进入管理菜单(安全锁已启用)，需要输入密码：

位于显示器底部的按钮是功能按钮。具体功能根据按钮不同，取决于所在屏幕以及应用的当前状态。当前分配给按钮的功能显示在屏幕上，就在按钮的上方。这些按钮有时也用 F1、F2 和 F3 表示。左右光标控制按钮也有功能按钮作用，如果一个光标出现在显示器上，光标所在的就是该项功能按钮的执行动作。

光标控制按钮的使用：用光标控制按钮可在显示菜单内移动光标。在菜单中，光标是一个反白显示的高亮栏。用上下光标控制按钮将光标定位在要选择或要改变的菜单项上。将光标定位在希望的菜单项后，按选择（SEL）或改变（CHG）按钮，或右键按钮来选择或改变该项。

光标控制举例如下：

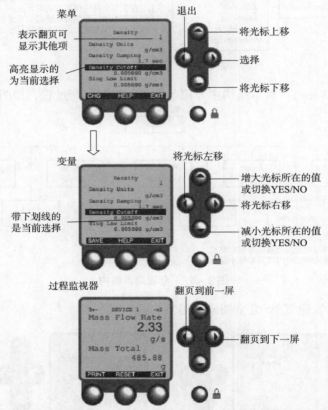

3700 型质量流量计变送器具有较多的功能，在实际使用过程中，要注意合理组态其功能，主要的组态项目有：安全设置与语言组态、系统数据组态、输入组态、输出组态、石油测量应用组态、离散量事件组态、过程监视器组态、数字通信组态、贸易交接组态等，由于其篇幅过长，具体操作时请参考厂方提供的随机手册。

4. 运行维护

（1）投用：①检查流量计外观有无损伤，仪表进线口处是否密闭良好。②检查使用电源电压同铭牌电压是否相符。③分别检查变送器与传感器、上位机之间的接线是否正确。④检查是否可靠接地。⑤接通电源，变送器屏幕正常显示。⑥如果此时流量管内为空，可以感觉到流量计本体有轻微的振动。⑦打开进出液阀，确保液体充满管线，法兰连接部位紧密无渗漏。

（2）停用：①关闭进出液阀。②排净流量计腔体内原油，采用60℃以下热水或轻柴油进行清洗作业，严禁采用蒸汽吹扫。③长期不用时应切断流量计供电电源。④悬挂停运牌并做好记录。

5. 常见故障处理

质量流量计常见故障及处理方法见表3-12。

表3-12　质量流量计常见故障及处理方法

故障现象	检查内容	处理方法
变送器液晶屏不显示	电源是否送电	闭合电源开关，向仪表送电
	接线端子是否锈蚀、松动、接触不良	对端子除锈，重新压紧
	电源电压是否正常	对照设备铭牌标注的电压等级进行送电，必要时更换电源模块
	电源引线是否短路或断路	将电源线从仪表端子、供电单元端子断开，测试线路状况，如电缆故障，可调至备用线路或重新敷设电缆
	直流供电型变送器需检查电源极性是否接反	采用正确的电源极性接线
	变送器是否损坏	更换变送器
变送器液晶显示正常但无流量数据输出	变送器供电是否正常	检修电源，恢复供电
	变送器至流量管核心传感器电缆连接是否正常	可调至备用线路或重新敷设电缆
	管道上下游阀门是否已开启	打开流程阀门
	被测介质是否充满管道	打开排气阀排气或优化流程
	流量管及检测器件或核心传感器是否损坏	返厂维修
	变送器是否损坏	更换变送器
	变送器是否显示报警信息	查阅手册并处理报警信息
流量数值大幅波动	变送器是否显示报警信息	查阅手册并处理报警信息
	被测介质是否夹杂大量气泡	在上游增加消气器、分离器等设备
	被测介质是否充满管道	打开排气阀排出气或优化流程
	流量计附近是否有强磁场	移走强磁场设备或对流量计做隔离措施
	变送器内插接板是否松动	打开变送器固定电路板
	查看驱动增益值是否过大	驱动器故障，返厂维修
		清除流量管内附物
		查找其他原因
测量数据与实际数据不符	被测介质是否夹杂大量气泡	在上游增加消气器、分离器等设备
	被测介质流量是否在流量计最高和最低界限范围之内	调整工艺措施或更换合适口径的流量计
	检查接线端子是否锈蚀、接触不良	仔细检查接线盒内各端子情况，排除连接不好或电缆绝缘性能下降故障
	核心处理器性能下降	更换核心处理器
	流量管失弹、损坏等	返厂维修
	驱动器、检测器、热电阻故障	返厂维修
	参数设定不正确	参照说明书重新设定参数

（五）涡轮式流量计

涡轮式流量计，非常适用于液体、气体、蒸汽等流体的流量计量，故又称为通用电子流量计。广泛应用于石油、化工、冶金、轻纺、造纸、环保、食品等工业部门及市政管理及水利建设、河流疏浚等领域。在油田生产过程中，清水、注水、回水等流量计量大量采用此类流量计，因此归类于水流量计。

涡轮流量计是一种典型的速度式流量计，主要采用多叶片的转子(涡轮)感受流体平均流速，从而推导出流体累计流量和瞬时流量。涡轮流量计具有结构简单、轻巧、测量精度高、反应灵敏以及耐压高等特点，是流量计量的理想仪表。它和容积式流量计、科里奥利质量流量计被称为流量计中三类重复性、精度最佳的产品。如图 3 – 68 所示。

图 3 – 68　各种涡轮流量计实物图

1. 结构

涡轮流量计一般由流体传感器和显示仪表两部分组成，也可做成整体式。

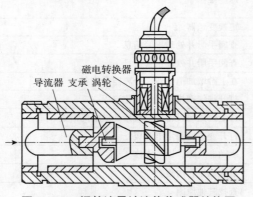

图 3 – 69　涡轮流量计流体传感器结构图

（1）流体传感器主要由壳体、导流器、支承、涡轮和磁电转换器组成，结构如图 3 – 69 所示。

①导流器：由导向片及导向座组成，用以导直流体并支承涡轮，以免因流体的漩涡而改变流体与涡轮叶片的作用角，从而保证流量计的精度。

②涡轮(叶轮)：测量元件，由导磁性较好的不锈钢制成，装有螺旋形叶片，叶片数量根据流量计直径的不同而不同，支承在摩擦力很小的轴承上。为提高流速变化的响应性，涡轮的质量要尽可能小。

③磁电转换器：由线圈和磁钢组成，安装在流量计壳体上，可分为磁阻式和感应式两种。磁阻式是将磁钢放在感应线圈内，涡轮叶片由导磁材料制成。当涡轮叶片旋转通过磁钢下面时，磁路中的磁阻改变，使得通过线圈的磁通量发生周期性变化，因而在线圈中感应出电脉冲信号，其频率就是叶片转动的频率。感应式是在涡轮内腔放置磁钢，涡轮叶片由非导磁材料制成。磁钢随涡轮旋转，在线圈内感应出电脉冲信号。由于磁阻式比较简单、可靠，应用较为广泛。除磁电转换方式外，也可用光电元件、霍尔元件、同位素等方式进行转换。

④壳体：由不锈钢、碳钢等坚固可靠的材质制成，用于给流体提供通道及承载和安装传感器各个部件。

（2）显示仪表：主要用于采集和处理来自传感器的流量信号，进行放大、整形以及各种运算，在本地提供数据显示。根据需要还可以提供与上位机的脉冲、电流、电压、RS-485等输出信号。多数的应用情况下，显示仪表与流体传感器为一体化安装，根据应用情况，也可以选择分体安装。

2. 原理

涡轮流量计流体传感器是基于流体动量矩守恒原理工作的。其工作原理示意图如图3-70所示。当流体通过管道时，由于叶轮的叶片与流向有一定的角度，流体冲击涡轮叶片，对涡轮产生驱动力矩，使涡轮克服摩擦力矩和流体阻力矩开始旋转，在力矩平衡后转速达到稳定。在一定的流量范围内，对一定的流体介质黏度，涡轮的旋转角速度与流体流速成正比。由此，流体流速可以通过涡轮的旋转角速度得到，从而计算出通过管道的流体流量。

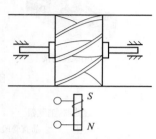

图3-70　涡轮流量计的结构原理示意图

涡轮的转速通过装在机壳外的传感线圈来检测。当涡轮叶片切割由壳体内永久磁钢产生的磁力线时，就会引起传感线圈中的磁通变化。传感线圈将检测到的磁通周期变化信号送入前置放大器，对信号进行放大、整形，产生与流速成正比的脉冲信号，送入单位换算与流量积算电路得到并显示累积流量值；同时亦将脉冲信号送入频率电流转换电路，将脉冲信号转换成模拟电流量，进而指示瞬时流量值。

涡轮流量计原理框图如图3-71所示。

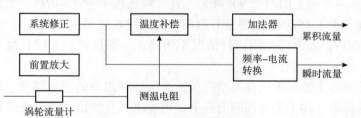

图3-71　涡轮流量计总体原理框图

3. 安装

（1）安装前检查：

①检查两端管路，是否已清除焊渣、铁锈和其他碎屑，必要时进行吹扫。

②流量计投入使用前，应按相应的国家标准、规程进行检定或实流校准。

③长期停用的涡轮流量计，投用前应加注润滑油。

④对于口径小于50mm的涡轮流量计，可用嘴吹动叶轮，转动应当灵活，不应有明显的不规则噪声；对于口径80mm以上的流量计，可用手轻轻拨动叶轮或用嘴对准入口方向一侧的导流件孔吹气，吹气时叶轮应当浮起来，否则应检查构件，并排除故障。

⑤投运前要先进行仪表系数的设定，检查确定流量计接线无误、供电电压正常、接地良好后方可送电。

⑥检查所有法兰连接处是否连接紧密。

（2）安装要求：传感器的安装方式根据规格不同，可采用螺纹或法兰连接等。如图3-72所示。

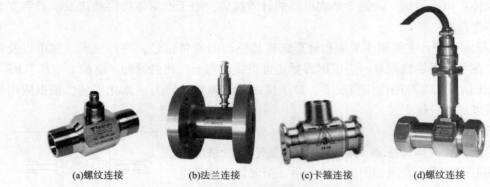

(a)螺纹连接 (b)法兰连接 (c)卡箍连接 (d)螺纹连接

图 3 -72   涡轮流量计传感器的连接方式

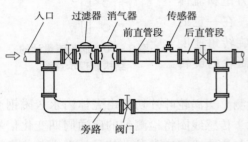

图 3 -73   涡轮流量计典型管道安装示意图

涡轮流量计上游阀门、泵、弯头等阻力件产生的流体涡流和断向流速不均匀都会影响流量计的特性，这是仪表测量产生误差的重要原因，因此必须设置必要的直管段。流量计可水平安装或垂直安装，但与安装管道倾斜角度不能大于 5°，前后直管的口径要和流量计口径一样且同轴安装。典型安装管路系统如图 3 -73 所示，其中，消气器适用于液体测量。

①上游单个 90°弯头，直管段长度不少于 20DN；上游在同一平面上的两个 90°弯头，直管段不少于 25DN；上游在不同平面上的两个 90°弯头，直管段长度不少于 40DN；上游存在同心减缩管，直管段长度不少于 15DN；上游全开阀门，直管段长度不少于 20DN；上游半开阀门，直管段不少于 50DN；若上游侧阻流件情况不明确，一般推荐直管段长度不少于 20DN。

②上游直管段长度根据传感器上游侧阻流件类型配备，产生各种阻力的因素越多、通径越小的情况下，为保证流速稳定，在工艺允许的前提下，则要求其直管段长度越长。如图 3 -74 所示。

③若工艺不允许由上述公式计算的直管段长度，可以在流量计上游安装整流器。整流器为排列均匀、对称并平行于轴线的一束管子或直片，起到梳理流速的作用。安装整流器后，上游直管段长度保持 10D 即可。如图 3 -75 所示。

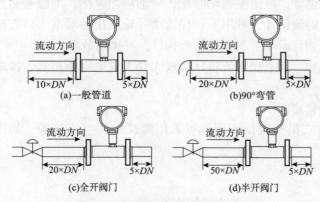

(a)一般管道   (b)90°弯管

(c)全开阀门   (d)半开阀门

图 3 -74   直管段安装要求(部分)

图 3 -75   涡轮流量计整流器

④流量计下游直管段长度至少为5D。

（3）技术要求：

①为保证流体流态稳定，流量调节阀应安装在流量计的下游。

②安装流量计时，应考虑到管线的膨胀和收缩，以免使流量计变形或损坏。

③焊接流量计入口法兰盘时，应注意使管内无突出部分；连接法兰时，两法兰的外周要完全吻合，垫片不能突出在管内。

④过滤器和消气器的排污口和消气口要通向安全的场所并对排出物妥善处理。

⑤流量计应安装在便于维修且避开振动、电磁干扰与热辐射的部位。

⑥室外安装时，需避免阳光直射和防雨淋。

⑦不宜用在强烈脉动流或压力波动的工况。

⑧短时间过载不得超过产品说明所提出的时间范围。

⑨根据工艺情况安装过滤器、消气器和整流器，有利于流量计的正常运行，提高流量计的计量精度。

⑩流量计应有可靠的接地，防爆接地不应与强电系统的保护接地共用。

⑪流量计可水平、垂直安装，流体流向必须与传感器外壳上指示流向的箭头方向一致，垂直安装时流体方向必须向上。

⑫对于腐蚀性介质，应垂直安装，被测介质自下往上流动，避免固体颗粒在流量计管道中沉积，使衬里腐蚀均匀，延长使用寿命。

⑬对易凝结流体要对传感器及前后管道采取保温措施。

（4）接线：

①信号线敷设：为保证显示仪表对涡轮传感器输出的脉冲信号有足够的灵敏度，就要提高信噪比。在安装时应防止各种电干扰现象，即电磁感应、静电及电容耦合。

a. 信号的传输采用屏蔽和绝缘保护层的信号电缆。传输电缆的屏蔽只能一端接地，以防止形成接地回路，最好在仪表端屏蔽接地。

b. 传输线的长度不超过制造厂的规定。

c. 尽可能采用一条完整的传输电缆，当有电缆接头时应连接良好，屏蔽层亦应接通并用绝缘带包扎。

d. 传输线应安装在金属导管内。备用电缆和运行电缆安装在同一根管里时，两者应在同点屏蔽接地。

e. 传输线或导管不能靠近马达、启动器等电器设备，不能与动力线并行并敷设在一个线管内。

②端子接线：以LTD通用电子流量计为例，共有三种远传输出方式：RS-485串行通信、两线制4~20mA电流输出和三线制脉冲输出。如图3-76所示。

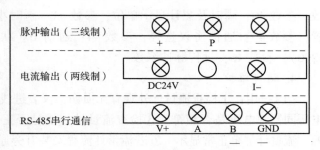

图3-76 接线端子示意图

a. 流量计通过RS-485串行接口与上位机直接进行数字通信，可直接获取瞬时流量、累计流量等多项数据，并可通过MODEM或GPRS与远程用户进行通信。如图3-77所示。

b. 对于两线制 4~20mA 电流输出，需要外部提供 24V 电源，此类接法仅可提供指定的数据，如瞬时流量等。接线方法如图 3-78 所示。

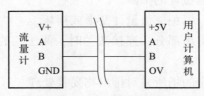

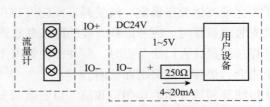

图 3-77　RS-485 通信方式　　　图 3-78　两线制 4~20mA 电流输出接线示意图

c. 通过脉冲输出的方式，可以向上位机提供精确的流量数据，此方法在现场应用较为广泛，接线方法如图 3-79 所示。

（5）参数配置：面板分布如图 3-80 所示。除系数修正、通信参数设定外，通常情况下无须修改参数。

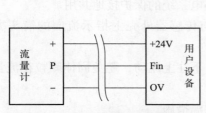

图 3-79　脉冲输出接线示意图　　　图 3-80　LTD 流量计面板分布示意图

按钮从左到右依次为：设置●、增加◢、减少◣、确认■，需要特别说明的是：

①"设置"与"确认"两键同时按下可进入数据设置。

②"增加""减少"键分别与"设置"键同时按下可移动光标位置。

③参数设置完成后，调整至参数第 49 项，连续按两次"设置"键，即可保存并退出数据设置。

④设置过程中不小心出现错误后，调整至参数第 48 项，连续按两次"设置"，即可不保存并退出数据设置。

⑤常用的参数设置下如下：

参数 0~7：标定用 8 点系数；参数 8~15：标定点的百分比；参数 39：基本流量系数；参数 40：瞬时及累计显示单位；参数 41：瞬时小数点位置；参数 42：累计小数点位置；参数 43：通信协议选择；参数 44：通信 ID（默认 0）；参数 45：通信波特率（默认 1200）；参数 46：远传脉冲系数。

4. 运行维护

（1）投用：①检查流量计外观有无损伤，仪表进线口处是否密闭良好。②检查使用电源电压同铭牌电压是否相符。③检查流量计接线是否正确。④检查是否可靠接地。⑤接通电源，流量计屏幕正常显示。⑥若流量计流程安装有旁通阀门，则应先打开旁通阀门，然后再缓慢打开进口阀门。若无旁通阀门，则缓慢打开进口阀门，逐步增加流速，保持流量计以较小流量运行几分钟，待压力平稳后，再缓慢全开进口阀。突然增压的冲击力将损坏涡轮叶片。⑦缓慢打开涡轮流量计下游出口阀门。⑧如旁通阀门处于开启状态，待流量显示稳定后，缓慢关闭旁通阀。⑨检查流量数值是否处于流量计测量范围，并通过流量调节阀控制流量。

（2）停用：①若流量计流程安装有旁路阀门，则应先打开旁路阀门。②缓慢关闭下游出口阀门。③缓慢关闭上游进口阀门。④缓慢关闭旁通阀门。⑤流量计瞬时流量为0，仪表正常停运。⑥长期不用时应切断流量计供电电源。⑦悬挂停运牌并做好记录。

（3）检修保养：①定期对流量计进行检查和复校，应结合实际运行情况或按照规定确定适当的检定周期。②有润滑油或清洗液注入口的流量计，应按说明书的要求定期注入润滑油或清洗液，以维护叶轮良好运行。③若管路杂质较多，导致流量计涡轮运转失常时应清洗管路，将流量计涡轮拆除，彻底清洗后重新安装。④定期检查流量计法兰密封情况。

涡轮式流量计检修周期、内容及方式见表3－13；维护保养周期、内容及方式见表3－14。

表3－13　检修周期、内容及方式

检修类别	小修	大修
检修周期	根据实际	一年
检修内容	1. 监听叶轮旋转情况，如有异常声音及时排除； 2. 检查两端法兰密封面并进行修复	1. 清理涡轮内部叶片的杂物； 2. 对电源线、开关、信号线等断路或接触不良情况进行检查，发现情况进行维修更换； 3. 检查流量计上下游管道是否存在污物并进行清理； 4. 更换流量计内部电池

表3－14　维护保养周期、内容及方式

周期	维护保养内容	保养标准
差压判断	清洗前置过滤器内的污物	过滤器无污物
每季	加润滑油保养仪表轴承等部件	仪表轴承运转良好
每半年	检查、清洗、保养涡轮流量计内部轴承、叶轮各部件是否运转良好，如磨损或损伤较严重进行更换	内部轴承、叶轮运转良好

（4）涡轮流量计内构件的清洗。①旋出前导流器线圈，取出前导流器和叶轮。②旋出后导流器线圈，取出后导流器。③将导流器、叶轮放入苯（或四氯化碳）中清洗，用小毛刷将轴承内污物清洗干净。④检查轴承磨损情况。轴承和转轴间隙一般在$0.02\sim0.03mm$，间隙太大应当更换。清洗时，应注意保持感应线圈干燥、清洁。⑤清洗后晾干，按照拆卸时逆向的步骤装配各个部件。⑥检查涡轮运转情况，应转动自如，若不能达到要求，可将前导流器取出，旋转一个角度后，再装入检查，直到达到要求为止。

5. 常见故障处理

涡轮流量计常见故障及处理方法见表3－15。

表3－15　涡轮流量计常见故障及处理方法

故障现象	检查内容	处理方法
流体正常流动，没有信号输出	接线错误	按接线图调整为正确的接线
	叶轮卡死	清除杂物，检修叶轮轴承等附件
	1. 检测线圈短路或断路； 2. 前置放大器故障	1. 更换检查线圈； 2. 检修或更换前置放大器
	电源电压异常	检查供电模块，必要时进行更换
	显示仪表本身有故障	检修或更换显示仪表

续表

故障现象	检查内容	处理方法
流量显示逐渐下降	来气量是否减少	检查上下游阀门等工艺设备
	过滤器压差增大，过滤器堵塞	清除过滤器
	传感器叶轮受杂物阻碍或轴承间隙进入异物，阻力增加而减速减慢	卸下传感器清除，必要时重新校验
上下游阀门已关闭但仍有信号输出	外界强电磁场干扰	检查屏蔽线接地是否良好并排除干扰
	管道振动引起叶轮摆动	消除管道振动
	截止阀关闭不严	检修或更换阀门
	显示仪内部线路板之间或电子元件变质损坏，产生干扰	采取"短路法"或逐项逐个检查，判断干扰源，查出故障点
指示流量与实际流量不符	前置放大器不良	检修放大器
	出口压力过低	增加压力或控制下游阀门
	轴承磨损	更换轴承
	叶轮附着杂质、脏物	进行必要的清洗
	显示仪表故障	检修或更换显示仪表
	实际流量超出额定流量范围	更换合适量程的传感器

（六）电磁流量计

电磁流量计（Electromagnetic Flowmeters，简称 EMF）是 20 世纪 50～60 年代随着电子技术的发展而迅速发展起来的新型流量测量仪表。电磁流量计是应用电磁感应原理，根据导电流体通过外加磁场时感生的电动势来测量导电流体流量的一种仪器，由于其测量精度不受流体密度、黏度、压力和电导率变化的影响；测量管道内无阻流件，不会造成附加的压力损失；测量管道内无可动部件，传感器寿命较长等优点，在油田污水测量中被大量应用，同时还广泛地应用于工业上各种导电液体的测量，如化工、造纸、食品、纺织、冶金、环保、给排水等行业，与计算机配套可实现系统控制。电磁流量计主要有管道式电磁流量计、插入式电磁流量计，本文仅阐述油田常见的管道式电磁流量计的技术内容。如图 3－81、图 3－82 所示。

图 3－81　分体式电磁流量计　　　图 3－82　一体式电磁流量计

1. 结构

电磁流量计的结构主要由磁路系统、测量导管、电极、外壳、衬里和转换器等部分组成。

（1）磁路系统：其作用是产生均匀的直流或交流磁场。直流磁路用永久磁铁来实现，其优点是结构比较简单，抗干扰能力强，但它易使通过测量导管内的电解质液体极化，使正电极被负离子包围，负电极被正离子包围，即电极的极化现象，并导致两电极之间内阻增大，因而严重影响仪表正常工作。此外，当管道直径较大时，永久磁铁相应体积也很大，笨重且不经济，所以电磁流量计一般采用交变磁场，且是 50Hz 工频电源激励产生的。

（2）测量导管：其作用是让被测导电性液体通过。为了使磁力线通过测量导管时磁通量被分流或短路，测量导管必须采用不导磁、低导电率、低导热率和具有一定机械强度的材料制成，可选用不导磁的不锈钢、玻璃钢、高强度塑料、铝等。

（3）电极：其作用是引出和被测量成正比的感应电势信号。电极一般用非导磁的不锈钢制成，且被要求与衬里齐平，以便流体通过时不受阻碍。它的安装位置宜在管道的垂直方向，以防止沉淀物堆积在其上而影响测量精度。

（4）外壳：应用铁磁材料制成，是保护励磁线圈的外罩，隔离外磁场的干扰。

（5）衬里：在测量导管的内侧及法兰密封面上，有一层完整的电绝缘衬里。它直接接触被测液体，其作用是增加测量导管的耐腐蚀性，防止感应电势被金属测量导管管壁短路。衬里材料多为耐腐蚀、耐高温、耐磨的聚四氟乙烯塑料、陶瓷等。

（6）转换器：由液体流动产生的感应电势信号十分微弱，受各种干扰因素的影响很大，转换器的主要作用就是将感应电势信号放大并转换成统一的标准信号并抑制主要的干扰信号。转换器同时还具有数据计算、显示、通信功能，可在现场方便地直接读取数据，以及通过模拟信号或数字信号向自动化系统提供当前流量数据。

2．原理

（1）电磁传感器的测量原理：基于法拉第电磁感应规律。测量导管是一内衬绝缘材料的非导磁合金短管。两只电极沿管径方向穿通管壁固定在测量导管上。其电极头与衬里内表面基本齐平。励磁线圈由双向方波脉冲励磁时，将在与测量导管轴线垂直的方向上产生一磁通量密度为 B 的工作磁场。此时，如果具有一定电导率的流体流经测量导管，将切割磁力线感应出电动势 E。电动势 E 正比于磁通量密度 B，测量导管内径 d 与平均流速 $\overline{V}$ 的乘积、电动势 E（流量信号）由电极检出并通过电缆送至转换器。如图 3－83 所示。

$$E = KBd\,\overline{V}$$

式中，E 为电极间的信号电压，V；B 为磁通密度，T；d 为测量管内径，m；$\overline{V}$ 为平均流速，m/s；K 为常数。

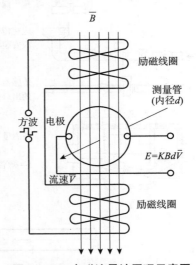

图 3－83　电磁流量计原理示意图

（2）流量转换器原理：流量转换器向电磁传感器励磁线圈提供稳定的励磁电流，前置放大器将传感器感应的电动势放大并经过运算后进行显示。同时，还可以转换成标准的电流、频率和数字信号，与上位系统共同完成流量的控制和调节。如图 3－84 所示。

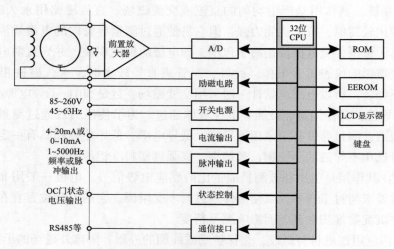

图3-84 转换器基本工作原理

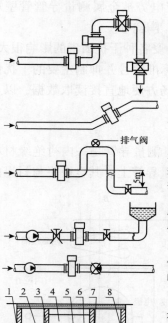

应安装在水平管道较低处和垂直向上处，避免安装在管道的最高点和垂直向下处。

应安装在管道的上升处。

在开口排放的管道安装，应安装在管道较低处。若管道落差超过5m，在传感器的下游高处安装排气阀且传感器的下游应有一定的背压。

应在传感器的下游安装控制阀和切断阀，而不应安装在传感器上游。

传感器不能安装在泵的进口处，应安装在泵的出口处。

在测量井内安装流量计的方式：
1—入口；2—溢流管；3—清洗孔；4—入口栅；5—短管；6—流量计；7—出口；8—排放阀

3. 安装

（1）安装前检查：①检查法兰、衬里、壳体和出线套有无损伤。②打开盒盖检查接线印刷电路板有无松动和损坏。③检查铭牌中型号与订货产品是否相符。

（2）安装要求：①电磁流量计应安装在水平管道较低处和垂直向上处，避免安装在管道的最高点和垂直向下处。②通常情况下，流量计入口直管段至少5D（被测量管道内径），出口直管段至少2D（具体值以电磁流量计说明书为准）。

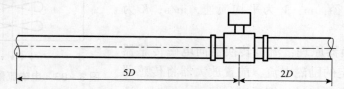

（3）技术要求：①被测液体介质必须具有导电性。②被测液体介质必须充满管道。③流体的流动方向和流量计的箭头方向要一致。④测量电极的轴线必须近似于水平方向（与水平线夹角一般为10°以内）。⑤被测液体介质必须均匀，以保证避免电导率的不均匀性

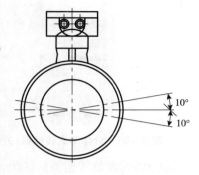

（会产生严重干扰）。如需动态加入化学物质，应尽量在仪表下游处注入；如必须在流量计上游加入，则混合点与流量计之间的距离最少要有 $30D$（测量管道内径）。⑥安装 PTFE 内衬流量计时连接两法兰的螺栓应均匀拧紧，法兰间垫圈不得伸入管道内，电磁流量计系统必须良好接地。⑦流量计安装场所的磁场强度应小于 400A/m，避免安装在大型电机或变压器等设备附近。⑧外供电源（AC220V 或 DC24V）、通信（4~20mA、脉冲、标准 Modbus RTU 协议）连接严格按转换器内标识接线。⑨采用 RS485 通信时，要与上位机配置相同的速率、校验方式等通信参数，同一条 RS485 线路与多台仪表通信时，注意区分其 ID 号。⑩电磁流量计的接地是非常重要的，如不按照规范接地，仪表无法正常运行。其中，传感器部分应有良好的单独接地线（铜芯截面积为 $1.6mm^2$）。

a. 接地环：若与传感器连接的管道是绝缘性的，则需用接地环，应选择其材质和电极的材质一样；若被测介质是磨损性的，应选择带颈接地环。

一般接地环样式如下图所示：

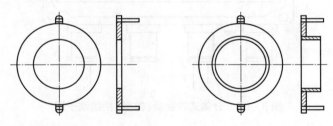

b. 接地方式：如下图所示。

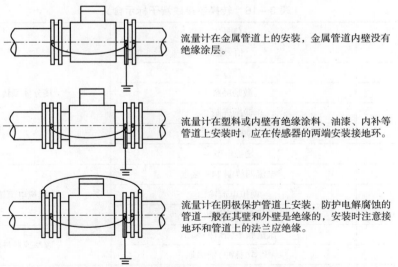

流量计在金属管道上的安装，金属管道内壁没有绝缘涂层。

流量计在塑料或内壁有绝缘涂料、油漆、内补等管道上安装时，应在传感器的两端安装接地环。

流量计在阴极保护管道上安装，防护电解腐蚀的管道一般在其壁和外壁是绝缘的，安装时注意接地环和管道上的法兰应绝缘。

（4）接线：油田现场常见的 MAGYN 系列电磁流量计多采用两种转换器，一种为分体式（方形）转换器，一种是一体式（圆形）转换器，电磁流量计的接线全部在转换器接线盒内完成。如图 3-85、图 3-86 所示。

图 3–85　分体体式转换器（方形）

图 3–86　一体式转换器（圆形）

①分体式流量转换器的接线，如图 3–87 所示。

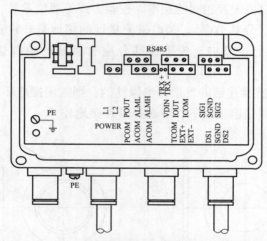

图 3–87　分体式转换器（方形）接线端子图

分体式流量转换器接线端子标示含义见表 3–16。

表 3–16　转换器接线端子标示含义

SIG1	信号 1	
SGHD	信号地	
SIG2	信号 2	
DS1	激励屏蔽 1	接分体型传感器
DS2	激励屏蔽 2	
EXT +	励磁电流 +	
EXT –	励磁电流 –	
VDIN	电流两线制 24V 接点	
IOT	模拟电流输出	模拟电流输出
ICOM	模拟电流输出地	
POUT	流量频率（脉冲）输出	频率或脉冲输出
PCOM	频率（脉冲）输出地	
ALMH	上限报警输出	
ALML	下限报警输出	两路报警输出
ACOM	报警输出地	

TRX +	通信输入	通信输入
TRX −	通信输入	
TCOM	232 通信地	

②一体式流量转换器的接线，如图 3-88 所示。

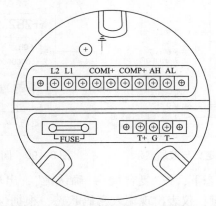

图 3-88 一体式转换器(圆形)接线端子图

一体式转换器接线端子标示含义见表 3-17。

表 3-17 一体式转换器接线端子标示

I +	流量电流输出
COM	电流输出地
P +	双向流量频率(脉冲)输出
COM	频率(脉冲)输出地
AL	下限报警输出
AH	上限报警输出
COM	报警输出地
FUSE	输入电源保险丝
T +	通信输入 +
T −	通信输入 −
G	RS232 通信地
L₁	220V(24V)电源输入
L₂	220V(24V)电源输入

注：①电磁流量计电源主要为 DC24V 与 AC220V 两种，接线时应确认订货信息与铭牌内容一致，送电前务必检查电源电压并确保满足负载电流的要求。

②当接线端子旁边的 DIP 开关拨向"ON"的位置时，由转换器内部向隔离的频率输出(POUT)、报警输出(ALMH、ALML)提供 +28V 电源。因此，在使用频率输出与传感器配套试验时，可将 DIP 开关拨至"ON"，从 POUT 和 PCOM 接线引出频率信号。

(5)参数调整：新采购的电磁流量计在出厂检定时已确定正确的参数，初次投用一般不需调整。但是在进行传感器维修、更换转换器、与计算机进行数字式通信、校正流量系数等操作时，需要对其内部参数进行调整。以下以 MAGYN 电磁流量计为例说明参数的调整方法。

①流量计键盘与显示，如图 3-89、图 3-90 所示。

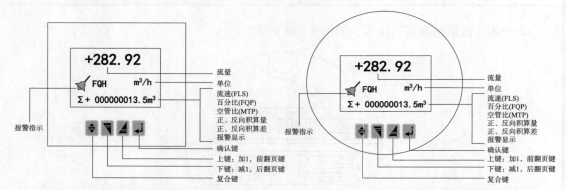

图 3-89　分体式方表键盘定义与液晶显示　　图 3-90　圆表键盘定义与液晶显示

②基本操作：在测量状态下，按"复合键 + 确认键"，出现转换器功能选择画面"参数设置"，此时按一下确认键，仪表出现输入密码状态，根据保密级别，按提供的密码对应修改。再按"复合键 + 确认键"后，则进入需要的参数设置状态。如果想返回运行状态，按住确认键 2s 以上即可返回。在参数设置状态下，不进行任何操作，3min 后会自动返回至测量状态。需要注意的是：

a. 复合键 + 下键：光标左移。

b. 复合键 + 上键：光标右移。

c. 在测量状态下，可以通过"复合键 + 上键"或"复合键 + 下键"来调节 LCD 显示器对比度。

d. 仪表参数设置功能设有 6 级密码。其中，1～5 级为用户密码，第 6 级为制造商密码。用户可使用第 5 级密码来重新设置第 1～4 级密码。无论使用哪级密码，均可以察看仪表参数。但若想改变仪表参数，则要使用不同级别的密码：

第 1 级密码（出厂值 00521）：只能查看仪表参数；

第 2 级密码（出厂值 03210）：能改变 1～25 仪表参数；

第 3 级密码（出厂值 06108）：能改变 1～26 仪表参数；

第 4 级密码（出厂值 07206）：能改变 1～44 仪表参数；

第 5 级密码（固定值）：能改变 1～51 仪表参数。

e. 该流量计功能较丰富，仅列举常用菜单如下：

菜单 1：选择语言种类（中文、英文）；

菜单 2：仪表通信地址；

菜单 3：仪表通信速率；

菜单 4：测量管道口径；

菜单 5：流量单位；

菜单 8：流量方向选择；

菜单 16：脉冲单位当量；

菜单19：空管报警允许；

菜单20：空管报警阀值；

菜单30：传感器系数。

③报警信息：MAGYN转换器具有自诊断功能。除了电源和硬件电路故障外，一般应用中出现的故障均能正确给出报警信息。这些信息在显示器左方提示出"◀"。在测量状态下，仪表自动显示出故障内容如下。

FQH：流量上限报警；

FQL：流量下限报警；

FGP：流体空管报警；

SYS：系统励磁报警；

UPPER ALARM：流量上限报警；

LOWER ALARM：流量下限报警；

LIQUID ALARM：流体空管报警；

SYSTEM ALARM：系统励磁报警。

4. 运行维护

（1）投用：①检查流量计外观有无损伤，仪表进线口处是否密闭良好。②检查电源电压同铭牌电压是否相符。③检查转换器接线是否正确。④检查无误后接通电源，流量计屏幕是否有正确的显示。⑤检查仪表是否正确并可靠接地。⑥分别缓慢打开进、出液阀，观察各个管件连接处是否有渗漏。⑦打开阀门后液体应充满管线，排出残留气体。⑧观察流量计显示的示值是否正确。

（2）停用：①长期不用时应切断流量计供电电源。②关闭进出液阀门后，应排净管道内液体，避免长期不用造成腐蚀；如被测介质为腐蚀性液位，应当进行清洗或置换。③悬挂停运牌并做好记录。

5. 常见故障处理

电磁流量计变送器常见故障及处理方法见表3-18。

表3-18　电磁流量计变送器常见故障及处理方法

故障现象	检查内容	处理方法
液晶屏不显示	电源是否送电	闭合电源开关，向流量计送电
	接线端子是否锈蚀、松动、接触不良	对端子除锈，重新压紧
	电源电压是否正常	对照设备铭牌标注的电压等级进行送电，必要时更换电源模块
	电源引线是否短路或断路	将电源线从流量计端子、供电单元端子断开，测试线路状况，如电缆故障，可调至备用线路或重新敷设电缆
	直流供电型流量计需检查电源极性是否接反	采用正确的电源极性接线
	转换器保险管是否熔断	更换同规格的保险管
	转换器是否损坏	更换转换器

续表

故障现象	检查内容	处理方法
液晶屏显示正常但无流量数据输出	流量计供电是否正常	检修电源，恢复供电
	电缆连接是否正常	调至备用线路或更换电缆
	流体方向与流量计标注是否一致	调整流量计使之与流体方向或调整励磁电流方向一致
	管道上下游阀门是否已开启	打开流程阀门
	被测介质是否充满管道	打开排气阀排气或优化流程
	管道内壁有附着物覆盖电极	清理附着物
	转换器是否损坏	更换转换器
流量数值大幅波动、跳变	被测介质是否为不均匀混合物	将混合点向上游迁移，保证在流量计位置可均匀混合
	被测介质是否夹杂大量气泡	在上游增加消气器、分离器等设备
	被测介质是否充满管道	打开排气阀排气或优化流程
	流量计附近是否有强磁场	移走强磁场设备或对流量计做隔离措施
	转换器内插接板是否松动	打开转换器固定电路板
测量数据与实际数据不符	被测介质是否夹杂大量气泡	在上游增加消气器、分离器等设备
	被测介质流量是否在流量计最高和最低界限范围之内	调整工艺措施或更换合适口径的流量计
	检查接线端子是否锈蚀、接触不良	仔细检查接线盒内各端子情况，排除连接不好或电缆绝缘性能下降故障
	励磁线圈受潮	将流量计移至干燥通风处除潮并做好防潮措施
	参数设定不正确	参照说明书重新设定参数

（七）孔板流量计

孔板流量计是将标准孔板与多参数差压变送器（或差压变送器、温度变送器及压力变送器）配套组成的高量程比差压流量装置，可测量气体、蒸汽、液体的流量。由于孔板装置的结构简单、牢固，性能稳定可靠，使用期限长，价格较低，是工业中常用到的流量测量仪表。在油田常用孔板流量计来作气体计量。

1. 结构

孔板流量计由一次检测件（节流元件）和二次装置（差压变送器和流量显示仪）组成。如图3－91所示。

（1）常见的节流装置。按照标准化程度分为标准节流装置和非标准节流装置。标准节流装置是指按照标准文件设计、制造、安装和使用，无须经实流校准即可确定其流量值并估算流量测量误差的节流装置，主要有标准孔板、标准喷嘴、文丘里管等；非标准节流装置是指试验数据不很充分，设计制作后必须经过个别标定才能使用的节流装置，主要有1/4圆孔板、偏心孔板、圆缺孔板等。

油田气体流量测量常采用标准孔板作为节流元件。

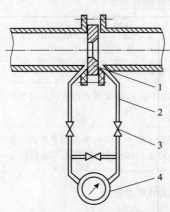

图3－91　孔板流量计结构图
1—节流元件；2—印压管路；
3—阀门；4—差压计

（2）标准孔板流量计：由节流装置、信号引线和二次仪表系统组成。如图3-92所示。

①节流装置：使管道中流动的流体产生静压力差的一套装置。整套节流装置由标准孔板、取压装置和上下游直管段组成。

图3-92　标准孔板流量计

a. 标准孔板：标准节流装置有多种规格，具有测量准确度高、安装方便、使用范围广、造价低等特点。公称通径$DN15～DN3000$mm，适用各种液体、气体、蒸汽等介质。标准孔板是由机械加工获得的一块圆形穿孔的薄板，它的节流孔圆筒形柱面与孔板上部端面垂直，其边缘是尖锐的，孔板厚与孔板直径相比是比较小的。如图3-93所示。

b. 孔板夹持器：用来输出孔板产生的静压力差并安置和定位孔板的带压管路组件。

c. 测量直管段：是指孔板上下游所规定直管段长度的一部分，各横截面面积相等、形状相同，轴线重合且临近孔板，按技术指标进行特殊加工的一段直管。

d. 取压孔：是指在孔板夹持器上沿径向加工出的一个圆孔，其内边缘光滑、无毛刺。

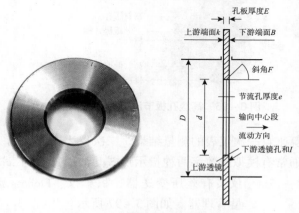

图3-93　标准孔板和孔板结构

②常见的孔板节流装置：

a. 简易可换孔板节流装置：可定期对孔板进行快速检查或更换，以确保计量过程的准确性，在检修或更换过程中无须拆开管道。除具备阀式孔板取压装置特点外，该类节流装置无孔板升降机构，必须停止介质输送才能更换孔板，但结构简单、价格低廉，通常安装在法兰取压不大于150mm的通径管道上。如图3-94所示。

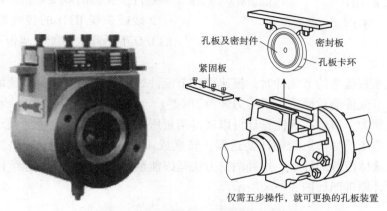

图3-94　简易可更换孔板节流装置及结构

b. 普通孔板节流装置：可定期对孔板进行检查或更换，以确保计量准确，在检修或更换过程中无须拆开管道，只需打开上盖并摇动提升机构，孔板即能平稳地取出，用于允许短暂停止或设有旁通管路的管道上。如图3-95所示。

c. 高级孔板节流装置：在流量计量的过程中不需要停止介质输送，可随时提取孔板进行检查更换，操作迅速简便，每次提取或更换孔板只需要3~5min。特别适用于主管道不允许停止介质输送的管道中，既免除了设置旁通管路，又减少了占地面积和简化了工艺流程。如图3-96所示。

压板
上导板提升轴
密封脂杯
下导板提升轴
滑阀
高、低取压口
排污口

图3-95　普通孔板节流装置　　图3-96　高级孔板节流装置

③二次仪表：用以指示、记录或积算来自一次仪表的测量结果。二次仪表安装在离工艺管线或设备较远的控制屏上的仪表。通常有模拟或数字两种指示形式。油田常见的二次仪表有差压变送器、积算仪、Floboss流量管理器。如图3-97所示。

Floboss103是为使用孔板流量计提供单表测量、监视和管理气体流量的流量管理器。Floboss103流量管理器是一体化的流量管理器，它除了具有一体化多参数测量功能外，还具有流量计算、数据归档、现场控制以及远距离通信等功能。它由核心处理器、内置电池、接线端子板、通信卡选件、完整的双变量传感器(DVS)、用于2线或3线RTD的接线端子以及可选的I/O端子和太阳能电池板等组成。

(a)Floboss S600流量计算机　(b)Floboss 103流量管理器

图3-97　二次仪表

2. 原理

当流体流经管道内的节流件时，流速将在节流件处形成局部收缩，流速增加，静压力降低，于是在节流件前后便产生了压力降(即压差)。介质流动的流量越大，在节流件前后产生的压差就越大，所以孔板流量计可以通过测量压差来衡量流体流量的大小。孔板流量计前后产生的差压信号传送给差压变送器，转换成4~20mA模拟信号输出，远传给流量积算仪，实现流体流量的计量。这种测量方法是以能量守恒定律和流动连续性定律为基准的。孔板流量计原理图如图3-98所示。

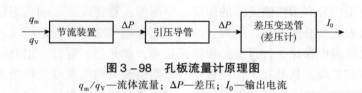

图 3-98　孔板流量计原理图

q_m/q_V—流体流量；ΔP—差压；I_0—输出电流

3. 安装

（1）安装前检查。

①孔板阀检查：a. 全开滑阀前必须先平衡上、下阀腔压力，再转动滑阀传动杆，顺时针转动为开，反时针转动为关。开关滑阀时，一定要使指针指示到位，并细致观察滑阀关闭严密情况，若有泄漏应加入密封脂。b. 反时针转动孔板导板转动杆为提升孔板导板。在转动下滑腔传动杆时，看到上阀腔传动杆同时转动时，应换为转动上阀腔传动杆，直到转不动为止。

②平衡阀检查：a. 在正常计量状态下，先用验漏液对三阀组后的接头、密封处进行验漏。若有外漏，对外漏处进行紧固或加盘根至不漏。b. 将自动计量仪表工作状态打入"补偿"，从硬件状态中观察仪表的静、差压测量值。c. 关闭三阀组正、负压阀，观察差、静压值是否下降。如差压下降到零，静压降至与负压相等时不再下降，则为平衡阀内漏；如静压慢慢降至零，则为三阀组后有外漏现象；如差压继续增大，则为三阀组后负压管路有外漏现象。

③变送器检查：a. 打开盒盖检查有无进水、松动和损坏。b. 检查铭牌中型号与订货产品是否相符。c. 检查接线是否正确。d. 检查使用电源电压同铭牌电压是否相符。

（2）安装要求（图 3-99）。①孔板密封四周、导板齿条上涂抹适量润滑脂。②压盖、密封垫应清洗干净，不能沾泥沙，平整放好密封垫后，安装压盖对称上紧顶丝。③开放空阀放空时，若气流声很快消失，则说明操作全部到位，否则应检查滑阀与平衡阀是否关到位。④注意孔板安装方向。

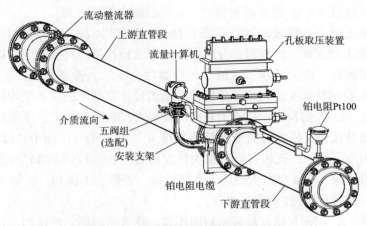

图 3-99　孔板流量计整体安装示意图

（3）技术要求。①计量装置的设计安装应符合相应标准。②消除气流中的脉动流。③杜绝孔板阀上下游取压孔串气、孔板胶圈破损或偏大。④及时处理导压管、直管段内积液、污物、冻堵、漏气。⑤保证直管段要求的长度。⑥杜绝管线弯曲变形、与孔板阀之间有错位台阶、焊接位置有未打磨清除的焊瘤、垫圈伸入直管段等影响流态稳定的因素。⑦标准孔板或二次表选型必须合适，压力、差压不允许超二次表量程运行。⑧及时清除孔板附着物。⑨二次仪表中参比条件设置必须保证正确，如孔径、管径、组分等参数。⑩确保标准孔板安装方向正确，且处在工作位置。⑪定期检测天然气密度变化情况，及时调整参数。⑫使用经过补偿的热电阻提供温度信号，避免受导线电阻影响。⑬测量时三阀组要确保平衡阀完全关闭且正、负压阀门全开。⑭上游阀门应当全开，调节气量时使用下游阀门，避免影响流态。⑮工况环境中，管线振动要及时采取缓冲、支撑等方式进行消除。

4. 运行维护

(1)投用：①检查外观有无损伤，仪表进线口处是否密闭良好。②检查使用电源电压同铭牌电压是否相符。③检查流量计接线是否正确。④检查是否可靠接地。⑤接通电源，流量计屏幕正常显示。⑥应先打开正压阀。⑦再关闭平衡阀。⑧打开负压阀。⑨检查流量数值是否处于流量计测量范围。

(2)停用：①关闭负压阀。②打开平衡阀。③最后关闭正压阀。④长期不用时应切断供电电源。

(3)检查或更换孔板：①关闭上、下游截止阀。②放空直管段内天然气。③松动紧固板上螺丝，打开孔板阀盖板。④平稳提取标准孔板。⑤检查更换标准孔板后，安装投用。

(4)高级孔板阀操作。

①取出孔板：a. 打开上下腔之间的平衡阀，使压力平衡。b. 全开滑阀。c. 将孔板从下阀腔提到上阀腔。d. 关闭滑阀。e. 关闭平衡阀。f. 开放空阀完全排除上阀腔中气体。g. 打开上阀腔顶丝，取出顶板、压板。h. 转动上阀腔导板提升轴，将孔板提出。

②安装孔板：a. 转动上阀体导板提升轴，将孔板端正、平齐地放入上阀腔。b. 清理污物后盖好压板、顶板，上好顶丝。c. 打开平衡阀，平衡上、下阀腔压力。d. 转动滑阀操作轴，打开滑阀。e. 转动下阀体导板提升轴，将孔板摇至下阀腔工作位置。f. 关闭滑阀。g. 旋转密封脂盒盖，缓慢注入密封脂。h. 关闭平衡阀。i. 打开放空阀，排除上阀腔内气体。j. 关闭放空阀。k. 检查各密封处，若有泄漏应立即处理。

③清洗检查孔板：a. 将仪表运行状态切换到"补偿"状态。b. 取出并检查清洗孔板。c. 外观检查：上下游表面、圆筒形部分边缘不应有沉积污垢、坑浊及明显缺陷；同时检查孔板上的橡胶密封脂，应无断裂、坑槽、严重腐蚀、变形，否则更换。d. 孔径测量：用0.02级游标卡尺在圆柱部4个大致等角度位置上测量，其结果的算术平均值与孔板上刻印的孔径值应一致。e. 变形检查：用适当长度的样板直尺轻靠孔板上、下游后，转动样板直尺，用塞尺测出沿孔板直径方向的最大缝隙宽度 h_A。应符合 $h_A < 0.002(D-d)$ 要求。否则判定孔板变形不合格。f. 孔板入口边缘尖锐度检查：将孔板倾斜45°，使日光或人工光源射向直角入口边缘，用4倍放大镜应无光线反射，否则为不锐利。g. 将压盖污物清理干净后装入孔板、加密封脂(注意孔板方向)。

④维护保养：a. 加密封脂，旋转密封脂压盖，注入密封脂，使滑阀保持良好密封，应根据实际情况给密封脂盒补充密封脂。b. 根据气质情况打开阀体排污阀吹扫排污。c. 每次装入孔板时，在导板齿条上和孔板密封环上涂抹适量黄油。d. 每年对孔板阀进行一次全面的检查和保养、做到表面清洁、油漆无脱落、无锈蚀。

5. 常见故障处理

孔板流量计常见故障处理见表 3 - 19。

表 3 - 19 常见故障处理

故障现象	检查内容	处理方法
压盖漏气	1. 压盖密封垫是否损坏； 2. 压盖是否未压紧	1. 更换密封垫； 2. 紧固压盖
油杯漏气	1. 密封脂是否缺少； 2. 油杯是否紧固不严	1. 加注密封脂； 2. 紧固或更换油杯
滑阀动作困难	1. 是否有污物； 2. 安装不到位	1. 拆卸清洗； 2. 拆卸重新安装

六、示功图测量设备

示功图测量设备是检测抽油机示示功图的设备。示示功图可以反映出抽油泵在井下工作中的工作状况，可结合地质情况和利用生产数据来分析解释抽油井的工作制度是否合理，机、杆、泵参数组合是否与油井产液能力相适应。实测示示功图经过诊断技术处理后，可以找出影响油井泵效的原因，然后采取相应的采油工艺技术来解决生产问题。油田抽油机井示示功图测试经历了从便携式示功仪、承载式油井工况自动测试仪到现在的非承载示功图测量设备的更替。

(一) 分类

1. 便携式示功仪

传统示功图测试主要是依靠测试人员定期完成，使用的仪器是便携式示功仪，如图 3 - 100 所示。

(1) 优点：成本低，操作简单。

(2) 缺点：①测试周期较长，不能及时反映抽油井工况变化。②每次测量至少停、启抽油机各两次，每次需对抽油机近 10t 的载荷进行卸载，操作烦琐，安全性低。③对抽油机、抽油杆柱及抽油泵产生不良冲击，影响使用寿命。④每次对

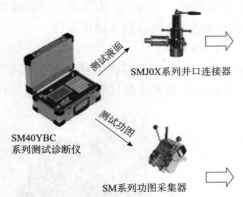

图 3 - 100 便携式示功仪示意图

抽油机的停、启操作会改变抽油系统原有的稳定工作状态，有时重新启动后 30min 以上才能进入稳定工作状态，测量过程较长，工作效率低，反映工况有一定的失真。

2. 承载式油井工况自动测试技术

承载式油井工况自动测试技术需要在抽油机驴头下的悬绳器中安装载荷传感器来测量抽油机悬点载荷，并通过检测曲柄转角获得位移信息。如图 3 - 101 所示。

(1) 优点：能定期自动测量示示功图，并通过无线发射单元将示示功图信息远程传送至示功图服

图 3 - 101 承载式示功图测量装置

务器集中显示及进行网络发布。

（2）缺点：①游梁抽油机悬绳器运动幅度较大，传感器的引线易损坏。②作业施工前、后拆、装传感器，易造成设备损坏，后期维护工作量大，维护费用高。③长期承载运行，影响载荷传感器使用寿命和测量精度。

3. 非承载式示功图测量仪

抽油机井地面示示功图测试经历了便携式示功仪和承载式油井工况自动测试仪的更替，仍然存在操作烦琐、测试周期长、易损坏等问题。自油田生产信息化大规模部署以来，开始推广使用性能更优、更可靠的非承载式示功图测量仪，它的主要性能及特点为：①载荷位移测量精度1%。②采用多种通信方式适应现场需要，传输距离不受井场位置限制。③只检测游梁应变和倾角，不直接承受载荷，寿命长。④安装于游梁位置，有防盗功能且不受油井作业影响，长期免维护运行，无须人工巡检。⑤对油井产量连续跟踪并对油井工况进行智能诊断。

（二）非承载示功图测量仪

非承载式示功图测量仪是一种新型的示功图远程测量设备，通过此设备及配套技术形成了中原油田的专有技术——游梁抽油机工况监测及智能诊断技术。该技术通过安装在抽油机游梁上的示功图检测装置进行实时、连续的测量示功图，并将示功图数据通过网络远传到服务器，由在线智能诊断系统将地面示功图转换成井下泵示功图，并根据泵示功图计算油井产液量，同时基于卷积神经网络（CNN）计算技术，对油井的工作状况进行准确有效的分析判断。节约了人力物力，使现场管理人员更易把握生产状况的发展和变化规律，可替代或简化传统计量和测试流程。

1. 结构

抽油机井非承载式示功图测量仪主要包括支架、太阳能电池板、主板盒、应变传感器、通信天线和通信接收装置。如图3-102、图3-103所示。

图3-102　非承载式示功图采集设备

图3-103　通信接收装置

①支架：用来固定主板盒与太阳能电池板。

②太阳能电池板：由多个太阳能电池片串、并联组成，用于给非承载示功图测量系统供电及内置锂电池充电。

③主板盒：用以放置主控单片机、信号调整芯片、倾角传感器、锂电池等核心电子设备，具有防日晒雨淋及保温作用。

④应变传感器：安装于游梁上表面，在抽油机运行过程中测量游梁形变数据，经单片机计算后得出载荷数值。

⑤通信接收装置：安装在抽油机旁的信息化 RTU 箱内，用以接收游梁上主机盒发出的示功图数据，并上传至示功图服务器。

2. 原理

通过对游梁的运动和受力分析，建立驴头悬点载荷与游梁应变关系以及驴头悬点位移与游梁倾角关系的数学模型。根据建立的数学模型自动计算出悬点的载荷和位移，通过一个周期内的多点数据捕捉，即得到示示功图。

安装在游梁上的检测单元通过无线方式，将检测到的载荷、位移等数据发送到接收装置，接收装置收到数据后通过网络转发到示功图服务器进行存储和分析。

（1）载荷测量。是通过对游梁应力进行检测得到的，采用电阻应变检测技术作为检测游梁应力的方法，具有技术成熟、应变输出线性好、精度高、长期使用稳定可靠、适用温度范围宽等优点。不仅能测量静态数据，对动态和冲击工况也具有优良的响应性。

（2）位移测量。是采用示功图测量设备中加速度检测传感器进行检测，根据传感器加速度测量值与游梁摆动角度之间的对应关系，确定游梁围绕抽油机中轴的摆动角度，再根据游梁围绕抽油机中轴摆动的角度与悬点位移之间的对应关系确定悬点位移值。

3. 安装

（1）安装前检查：①准备仪器并初步检验，确认仪器完好。②完整记录仪器 ID 号与对应的抽油机井井号，以备后期设置参数。③对抽油机进行停机、断电、打死刹操作并反复确认操作无误，停机时抽油机游梁尽量在水平位置。④对 RTU 柜进行断电并验电。

（2）安装要求：①游梁上示功图采集设备：a. 支架和应变传感器的固定块焊接在抽油机中央轴承处游梁的顶面，要求支架和定位方块在游梁上焊接牢固平整。b. 支架底面长边垂直于游梁顶面纵向中线，两定位方块位于游梁顶面纵向中线上且与之平行。c. 若现场焊接位置不能满足上述要求，按以下原则焊接安装：传感器定位方块焊接位置应位于中轴与驴头之间，并尽量靠近中轴；传感器两定位方块尽量靠近游梁顶面纵向中线，且与之平行焊接；支架安装位置尽量靠近中轴，且支架底面上方 150mm 内不能有障碍物；支架与传感器定位方块距离不超过 500mm。d. 主板盒固定在预先焊好的支架底面上，盒体长边与游梁顶面纵向平行。e. 在支架上安装太阳能电池板，电池片面向南方，与水平面呈 45°夹角。f. 天线与地面通信设备必须位于抽油机同侧，确保天线底座与天线 SMA 头拧紧。g. 安装完毕后要整理传感器和太阳能电池板的线路，用扎带捆绑在支架上，保持整齐；在穿线口、通信天线接线口及天线底座、传感器固定螺栓孔处用硅胶进行密封处理；用喷漆对螺丝、传感器定位铁块四周进行防锈处理。如图 3 - 104 所示。

②通信接收装置，如图 3 - 105 所示。a. 将通信模块通过弹簧卡扣

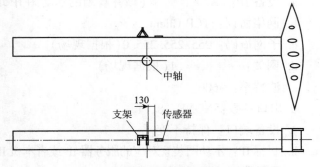

图 3 - 104　支架和传感器焊接安装位置示意图

图 3 – 105　地面通信接收装置
安装完成后的数据采集柜

卡在弱电区指定的区域内。b. 安装天线，天线方向尽量与游梁上的天线保持平行。c. 电源取自 RTU 柜内的 24VDC 开关电源，确认极性正确并连接电源线。d. 通信接收装置接入柜内交换机。e. 送电后，通信接收装置、交换机对应网口指示灯应正常闪烁。

4. 参数配置

非承载式示功图测量仪在运行前需要对地面通信模块和游梁上通信模块配置。配置软件为 "USR – VCOM" "ZIGBEE 配置工具" "标定设置"，方法如下：

(1) USR – VCOM 配置主要分为网络端调试和设备端调试，调试的正常标准是现场笔记本能收到 916 字节数据，中控室能看到正常示功图。软件调试步骤如下：

①PC 端 IP 地址设置为与现场相同网段。

②打开软件，选择搜索 "USR – TCP232 – T24"，如图 3 – 106 所示。

③选择需要设置的模块，进入参数设置界面。按如下要求进行设置：

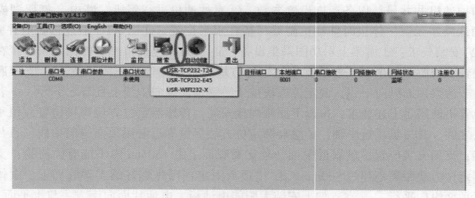

图 3 – 106　USR – VCOM 搜索界面

a. 设备 IP：＊.＊.＊.＊（该井规划的示功图 IP 地址）。

b. 网络协议：TCP Client。

c. 子网掩码：255. 255. 255. 0（根据现场）。

d. 网关：＊.＊.＊.1（根据现场）。

e. 波特率：9600。

f. 串口参数：NONE，8，1。

g. 设备端口：保持不变。

h. 目标 IP：示功图装置对应的服务器 IP 或者本机 IP（需进一步设置模块 ZIGBEE 参数时）。

i. 目标端口：8001。

j. 独立 ID：HEX 不选。

k. 特殊功能：保持不变。

l. 参数配置好后检查无误后进行写入。如果只设置通信模块的网络端参数，到此已设置完毕，如图3 – 107所示。

④若要设置通信模块的 ZIGBEE 参数，必须在上一步的设置中将"目标 IP"地址设为当前操作的 PC 端 IP 地址，其他参数不变，在界面中选择"连接虚拟串口"，并打开"添加虚拟串口"对话框做如下选择。

a. 虚拟串口：选择一个本机不存在的串口号。

b. 网络协议：TCP Server。

c. 本地端口：8001。

d. 其他参数保持不变。

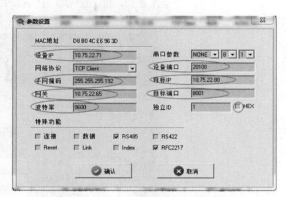

图3 – 107　USR – VCOM 参数设置界面

e. 设置好后点击"确认"，确认网络状态为"已连接"，如图3 – 108所示。

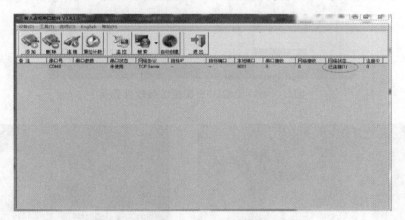

图3 – 108　USR – VCOM 连接成功界面

（2）ZIGBEE 配置。

①打开"ZIGBEE 配置助手"，选择上步设置的虚拟串口，选择"透传版本"，如图3 – 109所示。

②按住通信接收模块的黑色 CFG 按键3s，模块进入设置状态，如图3 – 110所示。

一般需要设置的参数有三个：

a. 节点类型：选择"中心节点"。

b. 网络 ID：根据给定的 ID 设置。

c. 无线频点：一般选择"4 ~ 2.425GHz"。

设置完后再次无误后即可关闭对话框。

③设置完成通信接收模块的 ZIGBEE 参数后，把目标 IP 改成示功图服务器的 IP 地址，检查无误后进行确认并退出。

④非承载示功图测量仪需通过游梁发射模块将数据发送至通信接收模块，如图3 – 111

所示。两者的频点要保持一致。按住发射模块上黑色的配置按钮建立与配置软件之间的连接，在弹出来的对话框中把"无线频点"改为需要的频点并确认。

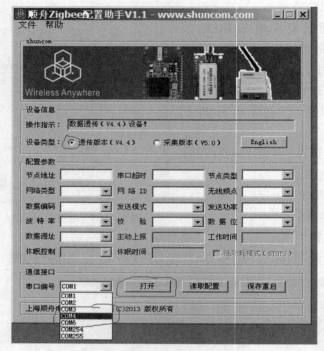

图 3 –109　ZIGBEE 配置工具软件界面

图 3 –110　ZIGBEE 设置示意图

图 3 –111　游梁发射模块设置示意图

（3）标定配置：当非承载式示功图测量仪安装完成后，显示的示功图与实际示功图有偏差时需要重新标定，配置步骤如下：

①在服务器中选择需要标定的井号。

②选择与实测示功图同时刻的系统示功图。

③将实测示功图的最大载荷、最小载荷、冲程及倾斜修正等数据填入相应的位置。

④选择"计算标定参数"功能，将实测示功图数据写入无误后，点击保存参数，即可完成示功图标定，如图 3 – 112 所示。

在服务器中重启程序，新标定的数据即可生效。

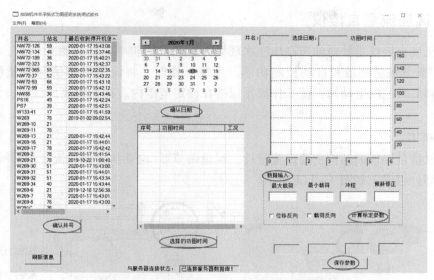

图 3-112 非承载示功图测量仪标定设置

5. 常见故障处理

非承载示功图测量仪常见故障及处理方法见表 3-20。

表 3-20 非承载示功图测量仪常见故障及处理方法

故障现象	检查内容	处理方法
服务器中无示功图数据	1. 检查供电是否正常，变压器、24V 电源是否损坏； 2. 地面通信模块是否故障	1. 检查变压器、24V 电源等故障并排除； 2. 更换地面通信模块
	通信模块指示灯是否能正常亮起	1. 地面通信模块接线错误，重新接线； 2. 地面通信模块坏，换新模块
	游梁处天线是否刮断、脱落或未与仪器盒连接	重新安装天线并紧固各处连接点
	内置锂电池性能下降或损坏	电池电压应为 4V 左右，低于 1V 则需更换
	太阳能板坏	太阳能板电压应为 4V 左右，低于 1V 则需更换
实时示功图不正常，历史示功图数量减少	服务器是否能收到 18 字节的停开井信号和 916 字节的示功图信号	1. 检查游梁处天线是否与地面控制柜在同侧，根据需要调整天线位置； 2. 更换游梁通信模块或地面通信模块
示功图畸形	应变传感器或倾角传感器是否故障或安装错误	1. 示功图呈一个点时，重新安装仪器盒，使长边垂直于太阳板支架两直边。如不能解决则需更换倾角传感器； 2. 用专用工具重新拆装应变传感器，使之达到刚好固定住应变传感器不晃动的力度，然后微调，观察传感器输出电压值为 1.6V 左右； 3. 重新插接应变传感器接线，然后微调锁紧螺丝，使传感器输出电压值为 1.6V 左右； 4. 经过对应变传感器重新拆装与接线并调整后，传感器输出电压为 3.3V 不变，应更换新的传感器

七、高压流量自控仪

高压流量自控仪是针对油田高压注水现场需求开发的机电一体化测控仪表，如图 3 – 113 所示。兼具流量测量和自动控制功能。系统工作时，将流量设定值与测量值进行比较，通过调节器控制电动阀，使工作流量保持在设定范围内。在油田高压注水、注聚现场大量应用。

（一）结构

高压流量自控仪的结构主要由流量计、流量调节器（电动执行器、流量控制阀）、智能控制器三部分组成。如图 3 – 114 所示。

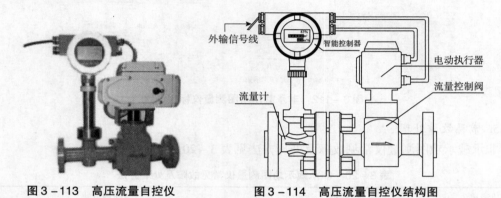

图 3 –113　高压流量自控仪　　　　　图 3 –114　高压流量自控仪结构图

（二）分类

高压流量自控仪按照连接方式可分为水平连接式流量自控仪、角式对焊式流量自控仪，如图 3 – 115、图 3 – 116 所示；按照测量元件可分为可动部件、无可动部件两种。本文仅阐述无可动部件式高压流量自控仪的技术内容。

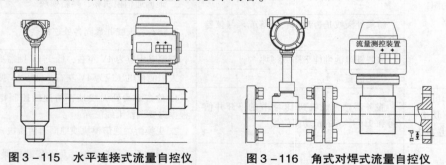

图 3 –115　水平连接式流量自控仪　　　　　图 3 –116　角式对焊式流量自控仪

（三）原理

无可动部件的高压流量自控仪，利用流体力学中的卡门涡街原理，即在流体中插入一个非流线型断面的柱体，流体流动受到影响，在一定的雷诺数范围内将在柱体两侧交替地产生有规则的旋涡，当这些旋涡排列成两排且两列旋涡的间距与同列中两相邻旋涡的间距之比满足 $\dfrac{h}{l} = 0.281$，就能得到稳定的交替排列旋涡，这种稳定而规则排列的涡列称为卡门涡街。漩涡分离频率，即单位时间内由柱体一侧分离的漩涡数目 f 与流体速度 U 成正比，与柱体迎流面的宽度 d 成反比。即：

$$f = \frac{SrU}{md}$$

式中，U 为旋涡发生体两侧平均流速，m/s；Sr 为斯特劳哈尔数；m 为旋涡发生体两侧弓形面积与管道横截面积之比；d 为柱体迎流面宽度。

管道内体积流量 Q_v 为

$$Q_v = \pi D^2 U/4 = \pi D^2 mdf/4Sr$$

智能控制器将实测流量与预设值进行比较，根据差值对流量调节器发出指令，通过自动控制阀门电机旋转，使瞬时流量值达到预设值。流量调节器是电机减速驱动装置，包括电机和阀门组件，同时还提供手动调节机构。

其优缺点如下：

(1)优点：①精度高。②操作简单，可手动、自动控制。③流量测量构件简单，使用寿命长。

(2)缺点：①安装复杂，焊接工艺要求高。②水井大排量洗井时量程受限。

(四)安装

以温州福鑫仪表有限公司的法兰式高压流量自控仪为例，介绍安装方法。现场安装采用焊接式水平安装，如图 3 – 117 所示。

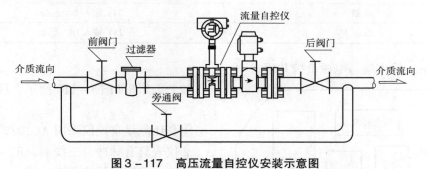

图 3 – 117 高压流量自控仪安装示意图

1. 安装前检查

①外观有无损伤，仪表进线口处是否密闭良好。

②配管是否满足现场压力需求。

③供电电源电压同铭牌电压是否相符。

④仪表是否正确并可靠接地。

⑤上下流阀门(前后阀门)是否已关闭。

2. 安装要求

①为了便于维修，不影响流体的正常输送，必须设置旁通管道，前直管段≥5D，后直管段≥1D。

②在管道施工中，不应在高压流量自控仪附近进行焊接，以免高温损坏流量计内部元件。

③按方向标志水平安装。

④应有足够的空间，便于检查和维修。当管线较长时，应在上、下游安装支撑架以减少设备受力。

⑤尽量安装在环境干燥的区域，在室外安装时，应有遮盖物以免雨水浸入和烈日曝晒而影响计量和使用寿命。

⑥应有安全可靠的接地，防爆接地不应与强电系统的保护接地共用。

⑦安装位置尽量选择在无管道振动或振动较小的位置，必要时采取减振措施。

⑧应远离电磁干扰，如大功率变频器、大功率变压器、电动机和大功率无线收发设备等。

3. 接线

(1)接线端子定义见表3-21。

表3-21　接线端子定义

接线端子	定义
RS485 +	RS-485 正极
RS485 -	RS-485 负极
脉冲	脉冲输出
二线制 I +	二线制 4~20mA 电流正极
二线制 I -	二线制 4~20mA 电流负极
三线制 I_0	4~20mA 输出端
三线制 V +	24V 输入 DC 正极
三线制 V -	24V 输入 DC 负极

4~20mA 输出端与电源负极共用。

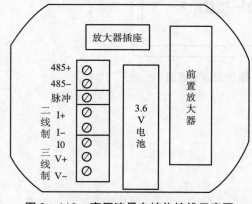

图3-118　高压流量自控仪接线示意图

(2)接线图如图3-118所示，接线说明如下：

①高压流量自控仪采用 AC220V 供电。

②仪表具有脉冲、三线制、RS-485 三种输出功能，根据需要接相应的端子。

③电流的输出对应值：$4mA-0m^3/h$，$20mA-10m^3/h$。

④RS-485 的波特率、通信编号要统一规划。

⑤当需要使用脉冲输出信号时，需接 V -、脉冲两个端子。如图3-118所示。

4. 参数配置

(1)表头按键配置：按表头"设置"键进入菜单，按"增加"或"控制/减少"键可使该参数进入编辑状态，修改参数后按"设置"键翻页显示下一个参数，在光标未闪烁时按"移位"可使菜单翻到上一页。

当所有的参数配置完毕后，菜单最后一项为存储对话界面，按"增加"键可选择 YES(保存)或 NO(不保存)，然后再按"设置"键，即可退出并返回正常计量状态。

菜单有自动退出功能，当处于设置界面而长时间(30s)未进行任何操作，将自动返回到正常状态，在操作过程中不会影响仪表的正常计量。

以波特率设置为例，步骤如图 3 - 119 所示。

（2）遥控器配置：当仪表使用外供电（AC220V 或 DC12 ~ 24V）时，可用红外遥控进行参数设置，如图 3 - 120 所示。在正常显示状态下，按"设置"键，观察表头显示，按遥控器上对应数字，进入操作。

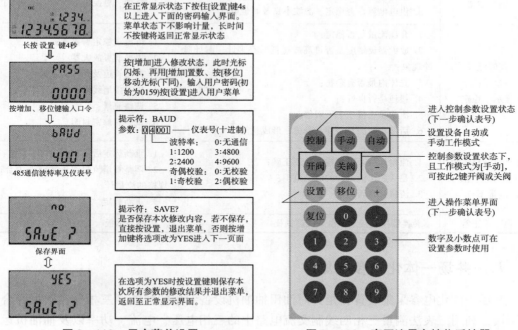

图 3 - 119　用户菜单设置　　　　　　　　图 3 - 120　高压流量自控仪遥控器

5. 运行维护

（1）投用：①缓慢打开上游来水闸门，检查是否存在泄漏。②缓慢打开下游闸门。③接通电源，检查屏幕是否正确显示。④按照配注量进行预设，完成投用。

（2）停用：①关闭上游阀门。②关闭下游阀门。③打开放空阀进行放空。④长期停用时切断电源。

（3）日常维护：①定期清扫仪表卫生。②检查连接部位是否渗漏。③检查连接线缆是否损伤、接线裸露。

6. 常见故障处理

高压流量自控仪常见故障处理方法见表 3 - 22。

表 3 - 22　高压流量自控仪常见故障处理方法

故障现象	检查内容	处理方法
接通电源后无输出信号	1. 管道内是否有焊渣等杂物堵塞管道、无介质流动或流量低于始动流量； 2. 电源与输出线连接是否正确； 3. 前置放大器是否损坏（积算仪不计数，瞬时值为"0"）； 4. 驱动放大器电路是否损坏（积算仪显数正常）	1. 清理管道内杂物；提高介质流量或换用更小通径的流量计，使其满足流量范围的要求； 2. 正确接线； 3. 更换前置放大器； 4. 更换确定放大器中损坏的元器件

续表

故障现象	检查内容	处理方法
无流量时流量计有信号输出	1. 流量计是否正常接地，或受到强电和其他地线接线受干扰； 2. 放大器是否灵敏度过高或产生自激； 3. 供电电源是否稳定、滤波不良及其他电气干扰	1. 正确接好接地线，排除干扰； 2. 调整或更换前置放大器； 3. 修理、更换供电电源，排除干扰
瞬时流量显示值显示不稳定	1. 介质流量是否稳定； 2. 放大器灵敏度是否过高或过低，有多计、漏计脉冲现象； 3. 壳体内是否有杂物； 4. 接地是否良好； 5. 流量是否低于上下限值； 6. 后部密封圈是否伸入管道，形成扰动	1. 待流量稳定后再测； 2. 更换前置放大器； 3. 排出管道及壳体内脏物； 4. 检查接地线路，使之正常； 5. 调整流量； 6. 调整后部密封圈
累积流量显示值和实际累积流量不符	1. 流量计仪表系数输入是否正确； 2. 是否超出流量计的流量范围； 3. 流量计是否标定	1. 重新标定后输入正确仪表系数； 2. 调整管道流量使正常或选用合适规格的流量计； 3. 重新标定
显示不正常	转换器按键接触不良或按键锁死	更换显示板

八、井场一体化电参采集

井场一体化电参采集装置，是针对油田抽油机设备专用的智能型三相电参数据综合采集模块；利用三表法测量三相四线制交流电路中的三相电压、电流、功率以及抽油机运行上下行最大、最小电流等参数。通过与井场RTU或其他智能设备配合使用，从而组成抽油机智能监控系统。

（一）结构

井场一体化电参采集装置主要由电参采集模块、电压测试电缆、检测器、电流互感器及通信线缆组成，如图3-121所示。

(a)电参采集模块　(b)检测器　(c)电流互感器

图3-121　井场一体化电参采集装置

（二）原理

电参数采集模块由信号取样电路、逻辑电路及其他元器件测量单元结构共同组成。利用电压互感器、电流互感器测取三相电压、电流，并通过相位差计算出功率因数、功率。通过检测器的开关信号自动获取抽油机上下行信息，并进行上下行最大电流判断。

利用外部通信接口传输采集的数据，响应外部设备的各种查询，校准数据设置操作。

（三）主要功能

（1）电示功图采集功能。电示功图分为电流图、功率图，模块能够根据设置的采集间隔、采集点数，进行电示功图采集并存入寄存器。RTU可以通过读取寄存器获取电流图、功率图。

（2）7d开井时间及用电量存储。电参采集模块自动判定当前抽油机的状态，如果当前为开井，则以min为单位进行开井时间累积，每天8：00为冻结时刻，将当前累计开井时间、日用电量存为上 1d 开井时间及日用电量。模块的历史数据存储周期为 7d。

（3）抽油机状态判断。可实时判断出抽油机的状态（开井或停井状态），并在抽油机状态发生变化时自动更新寄存器供 RTU 读取。主要采用两种方式进行判断：电流门限值法、功率门限值法。当电流或功率在 40s 的时间内有 1s 的时间大于上限值，则认为当前为开井，当在 40s 的时间内所有的采集点都低于下限值则认为当前为停井；开井的判断速度为 5s 之内，停井的判断速度为 40~80s。

（四）安装

以贵州航天凯山石油仪器有限公司产品为例介绍安装方法。

1. 安装前检查

①电参采集模块组件、线缆是否齐全、完好。

②抽油机控制柜、数据采集箱断电，且抽油机处于停机及死刹状态。

2. 安装要求

①电参采集模块安装在数据采集箱弱电区域的导轨上。

②24VDC 供电电源接入电参采集模块的 VCC 端子上，为采集装置供电。

③将三个电流互感器分别夹在电机 A、B、C 相进线电缆上，并分别将互感器信号线连接到电参采集模块的 IA +、IA -、IB +、IB -、IC +、IC - 端子上。

④将电机进线电缆按照 A、B、C 相分别与电参采集模块的 UA、UB、UC 连接。

⑤用专用屏蔽双绞线从电参采集模块的 RS - 485 接口 A/T（正极）、B/R（负极）连接到井场 RTU 的指定接口上。

⑥采用专用的支架安装检测器，并提供 24VDC 供电，其输出信号接至电参采集模块 DI 端。安装位置如图 3 - 122 所示。

3. 技术要求

①安装前应确定抽油机所使用的电压，若电压为 1140kV，则必须使用分压测试电缆组件（降压线）。

②电参采集模块所配的单相电流互感器的内径大小一般为 23mm，安装时需注意与线缆直径是否匹配。

③三相电压采集与 3 个单相电流互感器接线时要注意应一一对应。同时注意电流互感器有箭头标识的端面应安装在上方，否则电参测试值将会异常。

图 3 - 122　检测器安装示意图

4. 接线

（1）端子定义见表 3 - 23。

表 3 - 23　接线端子定义

端子	名称	说明
1	IA +	A 相电流输入正端，接到 A 相电流互感器输出正端
2	IA -	A 相电流输入负端，接到 A 相电流互感器输出负端
3	IB +	B 相电流输入正端，接到 B 相电流互感器输出正端
4	IB -	B 相电流输入负端，接到 B 相电流互感器输出负端
5	IC +	C 相电流输入正端，接到 C 相电流互感器输出正端
6	IC -	C 相电流输入负端，接到 C 相电流互感器输出负端

端子	名称	说明
7	NC	未连接
8	A/T	RS－485 接口信号正极
9	B/R	RS－485 接口信号负极
10	GND1	485 接口地
11	VCC	+10～30V 直流供电电源输入
12	GND	电源地
13	COM	开关量公共端
15	DI	开关量输入端
16	NC	未连接
17	UN	电压输入公共端
18	NC	未连接
19	UC	C 相电压输入
20	NC	未连接
21	UB	B 相电压输入
22	NC	未连接
23	UA	A 相电压输入

（2）接线说明：

①电参采集模块可应用于三相三线制或三相四线制电路。在三相三线制电路中，UN 端可不连接（UN 不接时三相电压必须为平衡电压）；在三相四线制电路中，UN 端接零线。

②电参采集模块输出电压 U_A、U_B、U_C 都是相电压（每相对 UN 端的电压）。

③电流输入采用 $*$ A/20mA 的电流互感器，（ $*$ 号表示电流变换等级，如 50A、100A、200A 等）。

接线方式如图 3－123 所示。

I_A I_B I_C 表示电流通过模块的 A、B、C 相三个电流互感器。

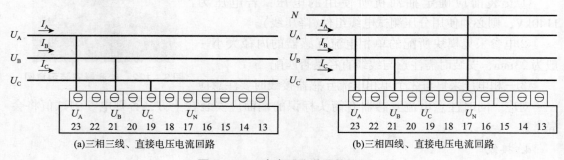

(a)三相三线、直接电压电流回路　　　　(b)三相四线、直接电压电流回路

图 3－123　电参采集装置接线图

5. 参数设置

①地址、波特率设置：电参采集装置的地址可从 1～250 任意设置，默认值为 1，其中 255 为广播地址；波特率可设置为 1200、2400、4800、9600、19200；校验方式可设置为 8N1、8E1、8O1。具体数值可根据现场实际情况进行选值，通常默认为地址 1、波特率为 19200、校验方式为 8N1。

②万年历设置：万年历内寄存器所有的参数均为 BCD 码，以年为例：2013 年则为 0X2013；注意星期设置时 0x01～0x06 分别代表周一～周六，0x00 代表周日。

③开停井判定设置：开停井可从电流法、功率法中选择一种，推荐选择功率法。需要注意上下限的设置要合理，避免产生误报。

④电示功图采集参数设置：电示功图采集前用户需要设置接近开关使能、最小冲程周期(0.1~25.5s，默认为4s，接近开关防抖处理)、采集点数为100~250个点、示功图采集时间间隔(10~720min，默认为30min)、上冲程占空比(默认为50.0%)。电流图采集项可设置为A相电流、B相电流、C相电流、三相电流平均值、三相电流和，用户可根据需要设置，默认为三相电流平均值。

⑤日时间点设置：日时间点可设置为1d中的任意时刻作为7d开停井时间及用电量的冻结时刻，默认为8:00。

⑥量程、变比及脉冲常数出厂已设置好，一般情况下无须重新设置。

6. 运行维护

(1)投用：①投用前应再次确认电源已断开，抽油机刹车及死刹装置生效。②检查来电、电参采集模块接线及相序是否正确。③检查电流互感器是否按照互感器上端面箭头指示方向安装。④检查霍尔开关安装位置是否正确。⑤松开抽油机刹车及死刹，抽油机控制柜送电启抽。⑥抽油机运行稳定后，数据采集柜送电，现场观察电参采集模块指示灯运行情况，后台查询电参数采集情况是否正常。

(2)停用：①停机、断电，拉紧刹车杆及死刹。②长期停用时切断电源。

(3)日常维护：①定期对电参采集装置进行清扫，确保在常温、常压、无粉尘、干燥环境下使用。②定期对各组件进行检查，外观无损伤，组件连接线无破损。③油井电气参数有改动时应根据实际情况更换组件及调整参数。

(五)简单故障分析与排除

一体化电参采集装置常见故障处理方法见表3-24。

表3-24　一体化电参采集装置常见故障处理方法

故障现象	检查内容	处理方法
模块运行灯不闪烁	1. 供电是否正常； 2. 电源是否接反	1. 确保供电正常； 2. 确保电源线接线没有接反，电源为12~24VDC
模块通信异常	线路是否存在故障	1. 正确接好RS-485模块A、B线； 2. 查找故障点并排除
无上下行电流	检测器是否异常、损坏	更换检测器
电流测试值不准确	电流互感器是否安装错误	按照电流互感器侧面箭头指向进行安装

九、站场多功能智能化电表

站场多功能智能化电表(图3-124)是用来测量站场电能设备电能的仪表，具有电能计量、信息储存、实时监测、主动控制、信息交互等功能。可以精确地分时计量三相电压、电流、有功功率、无功功率、功率因数、三相正反向有功电能、四象限无功电能等参数。多功能智能化电表可广泛应用于电网关口、电厂、供变电站、各企事业单位的电能综合计量和管理以及工业用户多费率电能分时计量。多功能智能化电表可按接线方式、功能、使用场所等分类，目前多数采用接线方式来分类，可分为三相四线智能电表、三相三线智能电表。

（一）结构

多功能智能化电表是以智能芯片为核心，由测量单元、数据处理单元、通信单元等组成。内部结构主要包括信号输入通道、微控制器及其外围电路、标准通信接口、人机交换通道、输出通道等。如图3－125所示。

（二）原理

对用电设备供电电压和电流的实时采样，采用专用的电能表集成电路，对采样电压和电流信号进行处理，最后通过单片机进行处理、控制，把脉冲显示为用电量并输出。如图3－126所示。

图3－124　多功能智能化电表

图3－125　多功能智能化电表内部结构示意图

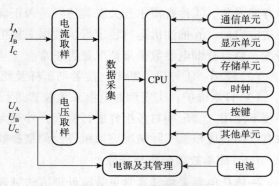

图3－126　工作原理简图

（三）主要功能

1. 电能计量功能

①具有正向有功、反向有功、四象限无功电能计量等功能，并可以灵活设置组合或分别组合有功和组合无功电能并分类记录、显示。

②支持分时计量、有功电能分相计量。

③存储最近12个结算日电量数据，结算时间可设定为每月中任何一天的整点时刻。

2. 需量测量功能

①测量双向最大需量、分时段最大需量及其出现的日期和时间，并存储带时标的数据。

②支持最大需量数据手动（或抄表器）清零。

③最大需量测量采用滑差方式，需量周期和滑差时间可设置。

④存储最近12个结算日最大需量数据。

3. 实时量测量功能

①测量、记录、显示当前电能表的总及各分相电压、电流、功率、功率因数等运行参数。

②提供越限监测功能，可对线（相）电压、电流、功率因数等参数设置限值并进行监测，当某参数超出或低于设定的限值时，将以事件方式记录相关数据。

4. 时钟、时段、费率及校时功能

①采用具有温度补偿功能的内置硬件时钟电路，具有日历、计时和闰年自动切换功能。内部时钟端子输出频率为 1Hz。

②具有两套费率时段，可通过预先设置时间实现两套费率时段的自动切换。每套费率时段全年至少可设置 2 个时区，24h 内至少可以设置 8 个时段，时段最小间隔为 15min。

③可通过 RS－485、红外等通信接口对电能表校时，支持广播校时。

5. 事件记录功能

①记录编程总次数，最近 10 次编程、需量清零时刻、校时时刻、失压、失流、断相、电流不平衡发生时刻等，以及操作者代码、编程项的数据标识。

②记录各相过负荷总次数、总时间。

③抄读每种事件记录总发生次数和(或)总累计时间。

④支持定时冻结、瞬时冻结、约定冻结、日冻结等方式，可以单独设置每类冻结数据的模式控制字。

⑤负荷记录内容可以从"电压、电流、频率""有无功功率""功率因数""有无功总电能""四象限无功总电能""当前需量"六类数据项中任意选择，负荷记录间隔时间可以在 1～60min 范围内设置。

⑥在停电状态下，可通过按键或红外方式唤醒电能表，抄读电能量等数据。

(四) 安装

1. 安装前检查

①智能电表外观是否完好无损。

②智能电表数据是否与选型参数一致。

2. 安装要求

多功能智能化电表安装通常为壁挂式，通过电表背部上方的金属挂扣固定，底部通过螺丝固定到计量箱内背板或支架上，螺丝孔距尺寸如图 3－127 所示。

①必须严格按照标牌上标明的电压等级接入。

②接入电能表的导线截面积应满足负载电流要求，避免因接触不良或进线太细而引起发热。建议使用铜线或铜接头引入，安装时应将接线端子拧紧。

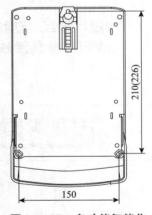

图 3－127 多功能智能化电表固定螺丝孔距示意图

3. 接线

(1)电源端子接线：三线四线、三相三线的电源端子接线如图 3－128、图 3－129 所示，不同型号的智能电表可能会存在差异，具体参考说明书并严格按照端子定义接线。

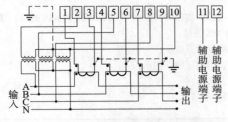

图 3－128 三相四线电源端子接线图

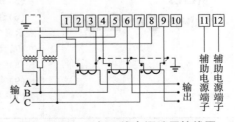

图 3－129 三相三线电源端子接线图

（2）功能端子接线：如图 3－130 所示，不同型号的智能电表可能会存在差异，具体参考说明书并严格按照端子定义接线。

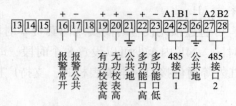

图 3－130　功能端子接线图

4. 配置

（1）液晶显示说明：液晶面板 LCD 各图形、符号说明见表 3－25。

表 3－25　液晶面板 LCD 各图形、符号说明

序号	LCD 图形	说明
1	⊿Ⅰ/Ⅱ/Ⅲ/Ⅳ	当前运行象限指示
2	当前上 XX 月组合反正向无有功ⅢⅤ总尖峰平谷 ABCNCOS阶梯剩余需电量费价失压流功率时间段	汉字字符，可指示： （1）当前、上 1 月—上 12 月的正反向有功电量，组合有功或无功电量，Ⅰ、Ⅱ、Ⅲ、Ⅴ象限无功电量，最大需量，最大需量发生时间； （2）时间、时段； （3）分相电压、电流、功率、功率因数； （4）失压、失流事件纪录； （5）阶梯电价、电量1234； （6）剩余电量(费)，尖、峰、平、谷、电价
3	-8888.8888 万元 kWAh kvarh	数据显示及对应的单位符号
4	888888 888888	上排显示轮显/键显数据对应的数据标识，下排显示轮显/键显数据在对应数据标识的子项序号
5	①② 无线 载波 红外 ⏻🔒🏠⚠	从左向右依次为： （1）①②代表第 1、2 套时段； （2）时钟电池欠压指示； （3）停电抄表电池欠压指示； （4）无线通信在线及信号强弱指示； （5）载波通信； （6）红外通信，如果同时显示"1"表示第 1 路 485 通信，显示"2"表示第 2 路 485 通信； （7）允许编程状态指示； （8）三次密码验证错误指示； （9）实验室状态； （10）报警指示

序号	LCD 图形	说明
6	**囤积** **读卡中成功失败请购电透支拉闸**	(1) IC 卡"读卡中"提示符； (2) IC 卡读卡"成功"提示符； (3) IC 卡读卡"失败"提示符； (4)"请购电"剩余金额偏低时闪烁； (5) 透支状态指示； (6) 继电器拉闸状态指示； (7) IC 卡金额超过最大费控金额时的状态指示 (囤积)
7	$U_A U_B U_C$ 逆相序-I_A-I_B-I_C	从左到右依次为： (1) 三相实时电压状态指示，U_A、U_B、U_C 分别对于 A、B、C 相电压，某相失压时，该相对应的字符闪烁；某相断相时则不显示； (2) 电压电流逆相序指示； (3) 三相实时电流状态指示，I_A、I_B、I_C 分别对于 A、B、C 相电流。某相失流时，该相对应的字符闪烁；某相电流小于启动电流时则不显示。某相功率反向时，显示该相对应符号前的" – "
8	①②③④	指示当前运行第"1、2、3、4"阶梯电价
9	⚠⚠ 尖峰 平谷	(1) 指示当前费率状态 (尖峰平谷)； (2)" ⚠ ⚠ "指示当前使用第 1、2 套阶梯电价

(2) 按钮使用。电表在投入运行之前必须进行设置，否则电表将按照出厂时的默认值运行，以下为基本操作方法。

①上下翻按钮的使用：按下上下翻按钮，液晶进入按键显示状态，可通过上下翻按钮前后翻查设定的显示数据项内容。当无按键操作时间超过设定的停显时间时，电表将重新进入循环显示状态。

②编程按键的使用：在需要向电能表设置参数或清除电能表数据时，按下编程按键，可切换至编程状态 (液晶上的编程状态标志点亮)。

③手动最大需量清零：在编程状态下，同时按住上下翻按钮达 3s 以上，可以手动将表内的最大需量数据清零，此时在 LCD 上将会显示"—CLr—"。

智能化电表的设置参数项目较多，具体菜单内容请参考使用手册。

5. 运行维护

(1) 投用：①投用前检查接线是否正确。②接线后应将端子盖打上铅封，建议将电表的透明翻盖处也加上铅封。③接通电源，查看示值是否正确。

(2) 停用：长期停用时需切断电源。

(3) 日常维护：①定期清扫电表卫生。②查看接线端子是否存在虚接造成发热或烧糊现象。③注意观察时钟电池的欠压指示，并根据需要及时更换电池。

(五)常见故障处理

电表在通电之后，首先进行自检。如果出现异常，则液晶屏上显示异常提示信息"Err – ××"，但此时按键显示仍可正常使用。常见故障及异常事件见表 3 – 26。

第一类是故障类异常，表示严重的硬件错误，此时电表将停止正常的自动轮显，而是固定显示此信息。

第二类是事件类异常，表示电表运行过程中发生了某些非正常事件，此类提示在自动循环显示的首项前显示。

表3-26　常见故障及异常事件

故障类别	故障代码	故障原因	处理办法
硬件故障	Err-03	内卡初始化错误	联系厂家处理
	Err-04	时钟电池电压低	更换锂电池
	Err-05	内部程序错误	联系厂家处理
	Err-06	存储器故障或损坏	联系厂家处理
	Err-08	时钟故障	联系厂家处理
事件故障	Err-51	过载，超负荷用电	合理匹配用电负荷
	Err-52	电流严重不平衡	检查用电设备电流
	Err-53	过压	检查供电电压
	显示屏不显示	电容击穿或稳压管损坏	更换电容或稳压管
		外部供电电路故障	恢复外部电路正常供电
	数据丢失	锂电池电量耗尽或电池接头接触不良	更换电池，重新毗连电池

十、含水分析仪

图3-131　含水分析仪

原油含水率是采油生产、原油计量交接过程中的重要参数之一，原油含水率的变化对于油井动态分析、工作状况及生产管理至关重要。长期以来，油田单井主要采用人工取样、蒸馏化验的方法获取含水参数。由于采样频度小、化验时间长、员工劳动强度大，无法满足现场需要。

随着石油行业科学管理水平和自动化程度的提高，含水分析仪得到了广泛的应用。含水分析仪是利用原油和水的介电常数不同、密度差异以及对射线的吸收能力不同等特性而进行原油含水率测量的仪表。含水分析仪（图3-131）可以快速、安全、准确地检测出原油含水率，可实现自动连续监测，产品模块化，有完善的监测功能，运行安全可靠。

（一）分类

含水分析仪按照检测方法可分为离心法、微波法、射频法、电容法。

1. 离心法

主要是利用物质的密度差异，在高速离心力作用下，实现试样的油、水彻底分离。离心法通常在破乳剂的作用下将乳化水破乳分离，现场需要人工操作对试样加温、破乳。

2. 微波法

是利用油、水吸收波的能量不同，通过测量波峰的谐振频率来判断含水的方法。微波法测量原油含水率，尽管测量灵敏度较高，但由于微波器件，特别是固体信号源的稳定性较差，使仪表的稳定性难以达到理想状态。

3. 电容法

是根据油和水的介电常数差异较大的特点，油水比例发生变化时导致电容的变化引起振荡频率的变化，通过测量振荡频率就可以测量管道中介质的含水值。电容法易受到传感器固有电容的影响，无法测量"水包油"状态的高含水原油。

4. 放射性法

是基于原油和水对于射线吸收能力的不同而设计的同位素监测仪表。由于中子源的不稳定性，在测量低含水原油时，测量精度不能满足需要。

5. 射频法

是根据油、水对电磁波的阻抗相差较大的特性，通过发射器对测量介质发射高频电磁波，介质中含水量不同，所产生的电磁频率也不同，就可以测量出介质中的含水率。射频法具有测量范围宽、测量精度高、稳定可靠，安装操作方便简单等特点。

油田生产信息化建设中，推广普及了一批射频式含水分析仪，现场实用情况良好。本文也以此类含水分析仪为例进行介绍。

（二）结构

含水分析仪主要由检测探棒、分析单元、数据显示单元组成。检测探棒功能为测量管道中的介质含水比例，并转换为电信号输出；分析单元负责数据处理，将检测探棒的电信号放大并转换为标准信号输出；数据显示单元可以安装在就地表头内，通过液晶屏进行现场显示，可以远传至上位机通过软件在客户端上进行展示。在实际应用中，分析单元与现场数据显示单元大多共同安装在表头内。如图 3 – 132 所示。

其优点是体积小、精度高；缺点是价格高、受测量介质特性影响，探头需定期清理。

（三）测量原理

由于水和油两种液体之间分子结构存在差异，导致介电常数不同，因而呈现射频阻抗特性的差异。检测探棒插入到原油输送管道中，因含水量不同而吸收不同的电能信号并传送到分析单元，经处理、放大后得到一个和含水率对应变化的电信号，从而测出原油的含水率。如图 3 – 133 所示。

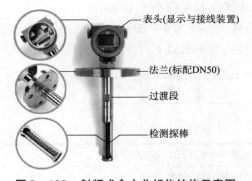

图 3 – 132　射频式含水分析仪结构示意图

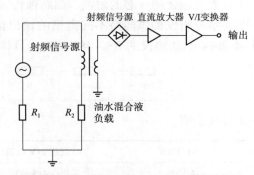

图 3 – 133　射频式含水分析仪测量原理

分析单元将与含水率对应变化的电信号输出至显示单元即可显示出实时的含水数据。通过通信电缆连接至上位机，即可实现存储、曲线、分析、报警等功能。

（四）安装

1. 安装前检查

①检查仪表外观是否完好无损，探棒保护套是否已去除。

②接线盒内部是否有受潮、氧化等现象。

③供电电压是否与仪表铭牌一致。

2. 安装要求

根据管道水平、垂直流向，相应选择管段式或插入式安装方式。

①宜将需进行安装的管道从流程中拆除，在安全区域将含水分析仪安装组件焊接好以后再恢复原流程。

②焊接前请务必将仪表所带的探头拆下，待配管焊接完成后再将仪表安装到相应的螺纹或法兰上，以免焊接时高温将检测探棒损毁；并且要避免将探棒表面的涂层碰、刮伤，一但损伤将影响检测效果。

③管段式仪表安装示意图如图 3-134 所示，安装时应保证探测器管段水平，表头向上。

④插入式仪表安装要注意流体方向按照箭头所指方向。如图 3-135 所示。

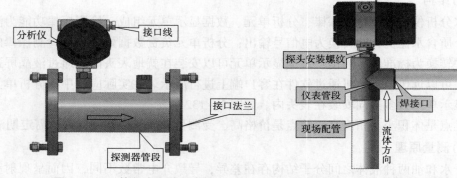

图 3-134 管段式安装示意图　　图 3-135 插入式安装示意图

⑤爆炸危险区域使用含水分析仪时，要严格按照防爆要求订货与施工。

3. 接线

①仪表传输使用 6 芯的耐油、耐腐蚀传输电缆，长度应小于 1000m。

②含水分析仪提供两路不同类型的输出信号，一路为 4~20mA 电流信号，另一路为标准 Modbus RTU 协议的 RS-485 接口。具体接线端子图如下：

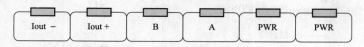

③接线说明：

PWR PWR	直流 24V 电源（电流不小于 0.5A，不区分正负）
A　B	RS-485 通信（波特率：默认 9600）
Iout+ Iout-	4~20mA 电流输出

4. 参数设置

含水分析仪现场调试、参数调整一般使用红外遥控器（如图 3-136 所示），对准仪表面板接收孔进行操作。红外遥控器各个按键的功能如下：

图 3 – 136　含水分析仪
红外遥控器外观图

　　——确定、保存数据

　　——返回

　　——添加小数点、符号、e 指数

　　——向下移动光标

　　——向上移动光标、数值清零

　　——进入当前光标指向的菜单

100 + 、200 + ——无作用

0 – 9——输入数字 0 到 9

　　（1）系统设置：在测试界面按"EQ"按钮进入系统设置界面，按"＋""－"键选择不同的光标项，按"EQ"进入不同操作项。系统设置主要有参数设置、红外设定、背光控制、修改时间、本机地址修改等。

　　（2）参数设置：进入参数设置项，有四项内容可选：量程设定、标定数据、温度补偿、温度修正，按"EQ"按钮进入不同操作项。

　　①量程设定：设置含水值的上下限，选择"量程上限"或"量程下限"进行设置。量程设定为 0 ~ 100%，允许输入小数。设置过程中如果输入错误可以使用"＋"清除当前输入数值，输入完成按"返回键"保存并退出，输入过程中按"确定键"退出修改。量程的"%"符号在仪表显示屏上省略。

　　②标定数据：在实验室对混合液的含水率进行测定，并通过手持含水分析仪测量不同含水率下的采样值，并按顺序一次输入到标定 0 至标定 10 中。标定方法可采用两点标定后进行线性计算，也可使用多点标定的防范，标定 0 至标定 10 时所设置的量程范围平均分成 11 个点，相邻两个点之间通过线性计算来获得含水值。

　　③温度补偿：补偿基准是制定标定数据时的温度值，一般建议以 25℃为基准温度（基准值为 – 40 ~ 120℃）；增益应通过试验确定，增益值为温度变化 1℃时采样值的变化量（增益可输入 – 10000 ~ 10000），通过温度补偿基准和温度补偿增益对含水率进行综合补偿。

　　④温度修正：该值可以修正当前温度的误差。首先将该值设置为 1，然后通过公式计算，温度系数 = 实际温度 × 1000/显示温度，将计算结果输入并保存。

　　5. 运行维护

　　（1）投用：①检查接线是否正确，供电电压是否正常，旋紧接线盖板。②投用前关闭放空闸门，缓慢打开上游阀门，观察无泄漏等其他问题后，再缓慢打开下游阀门。③送电，检查显示情况，对比示值是否正常。

　　（2）停用：①先缓慢关闭下游阀门，再缓慢关闭上游阀门，最后打开放空闸门。②长期停用时需切断电源。

　　（3）日常维护：①根据使用过程中仪表灵敏度及误差情况，定期用热水或轻柴油清洗检测棒。②清洗过程中要轻拿轻放，避免磕碰、刮花仪表。③检测棒禁止接触强腐蚀性液体。④确保含水分析仪工作在额定压力范围内。

（五）常见故障处理

含水分析仪常见故障处理方法见表 3 – 27。

表 3 – 27　含水分析仪常见故障处理方法

故障现象	检查内容	处理方法
仪表不显示 或无电流输出	1. 含水分析仪的探头是否未浸泡在被测介质中； 2. 供电是否正常，电源线接线错误； 3. 显示部分是否损坏	1. 检查并确认探头浸泡在被测介质中； 2. 正确接好电源线； 3. 更换仪表显示器
含水分析仪产生 误差，或显示与 实际取样误差大	1. 安装是否符合要求； 2. 温度补偿是否合理； 3. 管道内是否有杂质等脏物覆盖检测探棒； 4. 含气量过大	1. 按照要求正确安装； 2. 确认是否进行温度补偿； 3. 人工取样校准； 4. 清除检测探棒上的杂质； 5. 采取消气措施
示值不随实际 含水率变化	1. 管道内是否有杂质覆盖检测探棒； 2. 分析单元故障	1. 清除检测探棒上的杂质； 2. 检修或更换分析单元
上位机无法接收 前端数据	1. PLC、RTU 柜内保险是否正常； 2. 含水分析仪连接线接线是否错误或线路接地短路	1. 更换保险； 2. 排查线路故障
示值为 0	1. 零点没有设置好； 2. 分析单元故障	1. 重新设定零点； 2. 检修或更换分析单元

第三节　数据汇聚处理设备

一、RTU 设备

油田井场、小型站场采用 RTU 设备将区域内的压力、温度、流量等变送器及智能仪表的模拟、数字信号进行汇聚、数模转换及计算，通过通信接口向上位机传递数据。

（一）基本概念

远程终端单元（Remote Terminal Unit，RTU），是一种针对通信距离较长和工业现场环境恶劣而设计的、具有模块化结构的、特殊的计算机测控单元，它将末端检测仪表和执行机构与远程调控中心的主计算机连接起来，具有远程数据采集、控制和通信功能，达到受主站监视或监控（GB/T 14429—2005）的目的。

针对使用现场的性质、环境条件、系统的复杂性、对数据通信的差异性、报警反馈的方式、信号测量精度的需求以及各种各样的控制要求，RTU 可以用各种不同的硬件和软件来实现。由于各制造商采用的数据传输协议、信息结构和检错技术不同，形成了各自的产品体系，但总的来说其实现的过程原理是相近的。

（二）RTU 的特点

（1）同时提供多种通信端口，以适应分布式应用的不同通信要求。

（2）CPU 计算能力强，提供大容量程序和数据存储空间，适合就地运算和大量数据安全存储。

（3）适应恶劣的温度和湿度环境，工作环境温度为 $-40 \sim +85℃$。

（4）模块结构化设计，便于扩展。

（三）RTU 的软件构成

RTU 的软件体系由操作系统、监控软件、功能应用软件构成。

1. 操作系统

一般 RTU 采用实时多任务操作系统（RTOS）、RTOS 是嵌入式应用软件的基础和开发平台，国内大多数嵌入式软件开发还是基于处理器直接编写，没有采用商品化的 RTOS，不能将系统软件和应用软件分开处理。RTOS 是一段嵌入在目标代码中的软件，用户的其他应用程序都建立在 RTOS 之上。RTOS 还是一个可靠性很高的实时内核，将 CPU 时间、中断、I/O、定时器等资源都包装起来，留给用户一个标准 API，并根据各个任务的优先级，合理地在不同任务之间分配 CPU 时间。在 RTOS 基础上可以编写出各种硬件驱动程序、专家库函数、行业库函数、产品库函数。高效率地进行多任务支持是 RTOS 设计从始至终的一条主线，采用 RTOS 管理系统可以统一协调各个任务，优化 CPU 时间和系统资源的分配。

2. 监控软件

监控软件包括设备驱动、数据采集与控制、数据库管理、通信、故障诊断和人机接口等程序模块，主要完成以下功能：

（1）连接到 SCADA 调控中心的通信系统的通信接口驱动。

（2）连接现场 I/O 设备的设备驱动。

（3）扫描、处理（滤波与定标计算等）、存储现场数据。

（4）与 SCADA 系统调控中心或与其他 RTU 交换信息。

（5）响应从通信网络传过来的 SCADA 调控中心命令。

（6）现场调节系统控制，如 PID 调节。

（7）逻辑顺序控制，如泵的启停控制、油罐倒换流程切换等。

（8）设备自诊断，程序自恢复，故障诊断。

（9）提供人机接口，如键盘、按钮、显示屏等。

（10）报警与自动保护处理。

（11）一些 RTU 支持包括用户程序和设定文件。

（四）功能应用软件

根据 RTU 应用生产对象的不同，生产厂家开发与之配套的应用程序，来实现组态与编程功能。油田在生产信息化建设中使用两款 RTU，分别是南大傲拓科技江苏有限公司生产的 CPU401 - 1101 和北京安控科技股份有限公司生产的 RTU - SL304。下文中将对软件的使用进行详细的介绍。

1. CPU401 - 1101 型 RTU（以下简称 CPU401 - 1101）

（1）外观：CPU401 - 1101 的外观和尺寸严格按照中原油田《RTU 技术规格书》要求进行设计。如图 3 - 137、图 3 - 138 所示。

（2）安装：

①散热要求：CPU401 – 1101 采用自然对流散热方式，所以对其摆放方式及安放空间有一定的要求。为了具有良好的通风散热效果，须按照如图 3 – 139 所示的方式来安放。

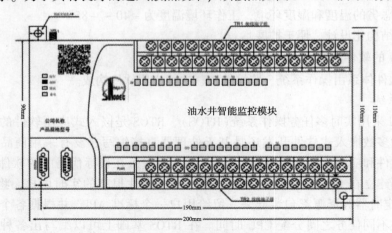

图 3 – 137　CPU401 – 1101 模块正视图的尺寸印字样式图

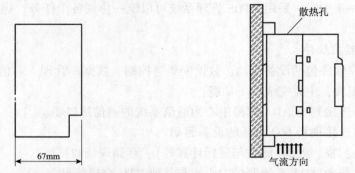

图 3 – 138　CPU401 – 1101 模块侧视图尺寸及印字样式图　　图 3 – 139　正确的散热方式

同时，在每个模块的上方和下方应至少留有 50mm 空间，以便正常散热。在有前挡板的情况下，必须使前面板间的深度保持在 100mm，如图 3 – 140 所示。

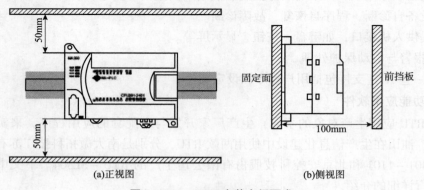

(a)正视图　　　　　　　　　　　　　(b)侧视图

图 3 – 140　RTU 安装空间要求

②安装方式：CPU401 – 1101 提供了两种安装方式供用户选择。依据工程环境的不同，既可以安装到平面面板上，也可以安装到 DIN 标准导轨上，如图 3 – 141 所示。

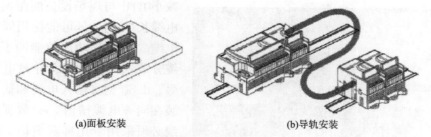

(a)面板安装 (b)导轨安装

图 3-141 安装方式

A. 面板安装：a. 依据模块尺寸及模块的安装定位孔，在面板上设置固定孔，如图 3-142 所示。b. 用螺钉将 CPU401-1101 固定在安装面板上。c. 若有扩展模块，则把扩展模块依次放到相邻模块的侧面，并固定好。d. 扩展电缆连接到相邻模块右侧的连接器上，并确保正确的电缆方向。e. 连接电缆。

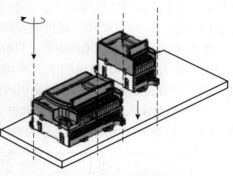

图 3-142 面板安装

B. 导轨安装：标准 DIN 导轨与 DIN 导轨卡销 RTU 可以安装到标准 35mmDIN 导轨上，PLC 模块可沿着导轨水平滑动。图 3-143 为较常用的两种 DIN 导轨尺寸、卡销示意图。图 3-144 为安装过程。a. 松开 CPU401-1101 模块底部的 DIN 卡销，将模块放置在 DIN 导轨上。b. 合上 DIN 卡销，确认 CPU 模块与导轨固定紧密。c. 若有扩展模块，则紧靠相邻模块把所需的扩展模块固定到导轨上。d. 把扩展模块的电缆插到相邻模块右侧连接器上，并确保正确的电缆方向。

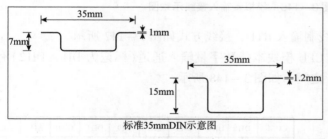

标准35mmDIN示意图

DIN卡槽（闭合状态） DIN卡槽（开启状态）

图 3-143 DIN 导轨卡销示意图

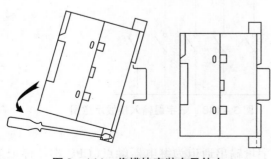

图 3-144 将模块安装在导轨上

C. 模块间连线：在 CPU 本体的输入、输出通道不能满足现场需求时，可以通过扩展模块来增加通道容量，扩展模块的数量应控制在说明书要求的数量之内。扩展模块的连接应该确保扩展电缆的插头与相邻模块扩展接口的插座缺口方向相一致，如图 3-145 所示。

③接线

A. RTU 配线的一般性原则：a. 尽量

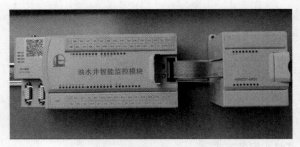

图3-145　模块间扩展电缆的连接

减小 RTU 与现场设备的距离，以缩短电缆长度。b. 尽可能使用同等长度的电缆。c. 根据功用效能的不同，将电缆分成不同的类型，并对电缆进行编号。d. 避免将输入电缆和输出电缆安装在同一电缆槽内。e. 数据线和信号线必须采用专用屏蔽电缆。f. 将供电线路、高能量线路(如高电压、大电流线路)与低能量的信号线隔开。g. 不要直接连接外部的大功率负载，以免导致反向电流冲击输出回路。h. 所有模块不能带电接线。

B. 供电输入接线：CPU401-1101 供电方式主要采用 220VAC，备选供电方式为24VDC。在 220VAC 不稳定的工业环境下，建议只接入 24VDC 以确保电源的稳定性。同时，RTU 带有接地标记的端子与机柜内接地排进行可靠连接。

C. 模拟量输入(AI)接线：CPU401-1101 的 CPU 模块(本节内简称 CPU 模块)提供5路 AI 输入通道，现场接线可以分为两线和三线制两种方式，如图3-146所示。

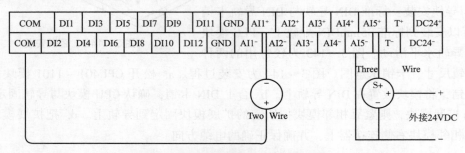

图3-146　模拟量输入接线示意图

CPU 模块还提供了 1 路二线制输入 RTD，接线方式如图3-147所示。

D. 数字量输入(DI)接线：CPU 模块本体数字量输入通道(标记为 DI1~DI12)有效高电平输入电压应保证在 8~32V 之间。如图3-148所示。

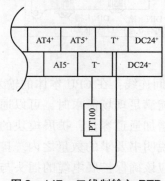

图3-147　二线制输入 RTD
　　　　　接线示意图

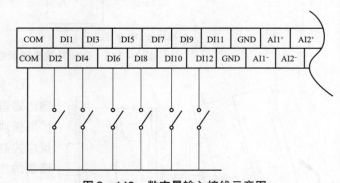

图3-148　数字量输入接线示意图

E. 数字量输出(DO)接线：CPU 模块数字量输出通道为继电器触点(CPU 本体标记为K1~K10)，容量为 250VAC 5A，在需要控制高压、大电流的场合，应外接中间继电器、接触器等，禁止直接用 RTU 本体的继电器触点进行控制。如图 3 – 149 所示。

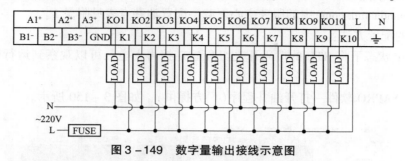

图 3 – 149　数字量输出接线示意图

F. RS – 485 总线接线：CPU 模块的 RS – 485 端口用来与现场的智能仪表进行数字式通信，采用 2 位端子连接。需要注意的是，在同一个 RS – 485 网络的起端与终端需各连接一个 120Ω 电阻，防止信号反射，提高信号质量。

CPU401 – 1101 除上述 CPU 模块本体的各种通道外，还可以通过扩展功能模块来增加系统容量，其接线方法与上述基本相同。

G. 油井通信接口定义：CPU401 – 1101 油井通信接口定义见表 3 – 28。

表 3 – 28　油井通信接口定义

通信接口	连接要求	
以太网 RJ45	与监控中心 SCADA 系统通信，上行通信接口	
COM1		
COM2（A1/B1）	温压一体变送器	
COM3（A2/B2）	一体化智能电参模块	
COM4（A3/B3）	预留接口	
无线 Zigbee 通信接口	一体化载荷位移传感器	1
	一体化温度压力传感器	2
	水套炉出口温度传感器	3
	井口套压传感器	4
	多功能罐压力传感器	5

H. 油站、气站、计量间配水间的通信接口定义：油站、气站、计量间、配水间等的应用主要以模拟量为主，RS – 485 设备尚未完全统一，下面以温压一体变送器为例。

CPU401 – 1101 油站、气站、计量间配水间的通信接口定义见表 3 – 29。

表 3 – 29　油站、气站、计量间配水间的通信接口定义

通信接口	连接要求
以太网 RJ45	与监控中心 SCADA 系统通信，上行通信接口
COM1	
COM2（A1/B1）	温压一体变送器
COM3（A2/B2）	温压一体变送器
COM4（A3/B3）	预留接口
无线 Zigbee 通信接口	预留接口
AIM201 – 0801 模块	接各温度表压力表

（3）配置：CPU401 - 1101 使用的配置软件为 NAPRO，可在南大傲拓科技官网（ht-tp：//www.nandaauto.com）中的服务中心下载。配置油井点表见附录1。

①油井的配置方法：

a. 在断电状态下将 RTU 的拨码开关切换至 D 挡再上电，可以观察到运行灯与故障灯同时闪烁。

b. 打开 NAPRO 软件→打开油井程序（厂方提供），如图3 - 150 所示。

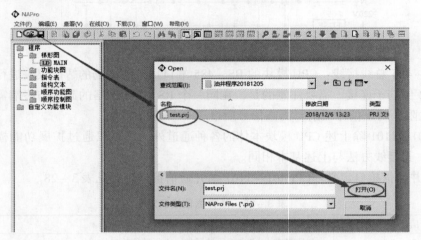

图3 - 150　NAPRO 调试程序油井调用页面

c. 选择手动下载后，会弹出对话框，此时选择复位功能。如图3 - 151 所示。

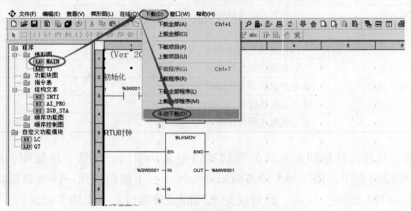

图3 - 151　NAPRO 调试程序下载页面

d. 待进度条完成后表示执行完毕，完成后将 RTU 的拨码开关切换至 R 挡，此时运行灯闪烁。

e. 选择 PLC 联机功能，可观察到数据在 RTU 内处理的过程，便于调试。如图3 - 152 所示。

f. 现场无线压力（温度）有两种应用形式，一种是通过 Zigbee 直接无线传输到 RTU 内嵌的接收模块，另一种是无线传输至仪表自带的通信接收模块后，再通过 RS485 网络传输至 RTU 的 485 接口，在应用中要加以区分和选择。通过 RS485 网络连接仪表自带的无线接收模块时，将%N1 置1。如图3 - 153 所示。

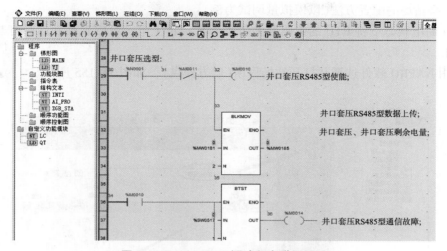

图 3-152　NAPRO 调试程序联机页面

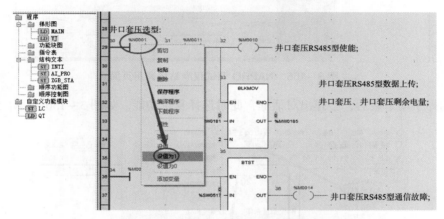

图 3-153　NAPRO 调试程序设备配置页面

g. 根据实际需求更改可编程 RTU 运行时的 IP 地址，如图 3-154 所示。

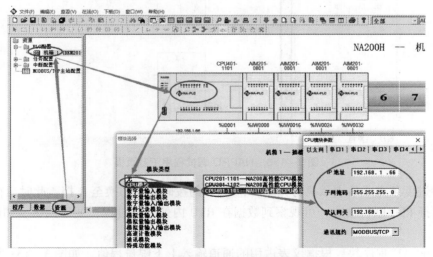

图 3-154　NAPRO 调试程序网络配置页面

②小型站场的配置方法(以模拟量调试为例):

a. 在断电状态下将 RTU 的拨码开关切换至 D 挡再上电,可以观察到运行灯与故障灯同时闪烁。

b. 用 NAPRO 软件选择并打开站场程序(厂方提供),如图 3 – 155 所示。

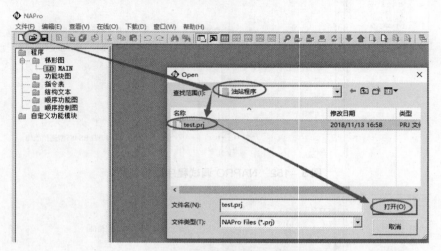

图 3 – 155　NAPRO 调试程序站场调用页面

c. 选择手动下载后,会弹出对话框,此时选择复位功能。如图 3 – 156 所示。

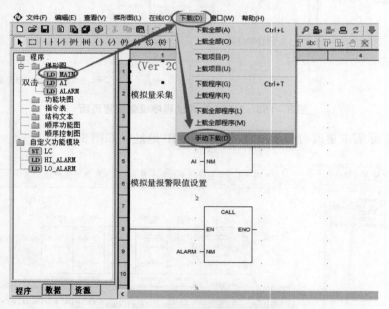

图 3 – 156　NAPRO 调试程序下载页面

d. 待进度条完成后表示执行完毕,将 RTU 的拨码开关切换至 R 挡,此时运行灯闪烁。

e. 选择 PLC 联机功能,可观察到数据在 RTU 内处理的过程,便于调试。如图 3 – 157 所示。

f. 打开"AI"程序块,根据仪表占用的通道输入上下限量程值。如图 3 – 158 所示。

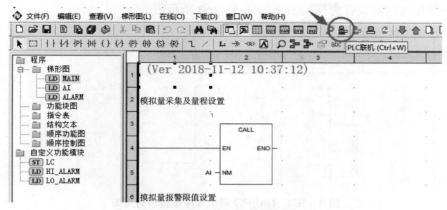

图 3 –157 NAPRO 调试程序联机页面

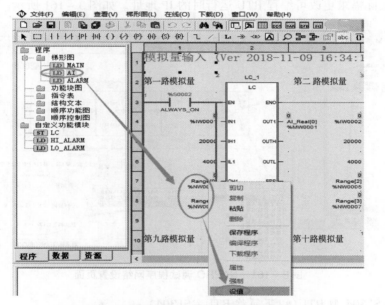

图 3 –158 NAPRO 调试程序设置页面

g. 打开"ALARM"程序块，输入上、下限报警值。如图 3 –159 所示。

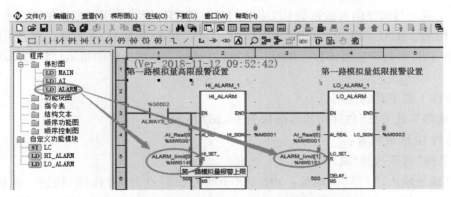

图 3 –159 NAPRO 调试程序上下限设置页面

h. 报警生效时间设置为持续 5s。如图 3-160 所示。

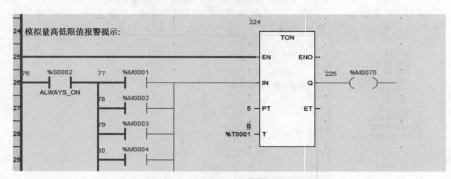

图 3-160　NAPRO 调试程序报警设置页面

i. 根据实际需求更改可编程 RTU 运行时的 IP 地址。如图 3-161 所示。

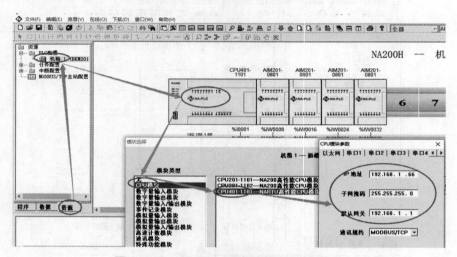

图 3-161　NAPRO 调试程序网络设置页面

2. RTU - SL304 型 RTU(以下简称 RTU - SL304)

(1)外观：与前述南大傲拓的 CPU401 - 1101 型 RTU 外观和尺寸相同，均严格按照中原油田《RTU 技术规格书》要求进行设计。

(2)安装：与前述南大傲拓的 CPU401 - 1101 型 RTU 安装及接线方法相同，不再赘述。

(3)配置：RTU - SL304 采用"远程下载工具"进行初始软件下载，并使用专用的"RTU304"软件进行设置及调试。RTU - SL304 在运行、调试过程中指示灯状态及功能见附录2。

1)软件下载工具的使用

①"远程下载工具"软件初始界面如图 3-162 所示。

②进行 IP 地址配置：

a. "名称"选项选择"SL304"。

b. IP 地址输入出厂默认地址：192. 168. 100. 75，后点击"未连接"按钮，出现图 3-163 中的界面后表示已成功连接(注意：调试用电脑的 IP 地址改为与 RTU 同网段)。

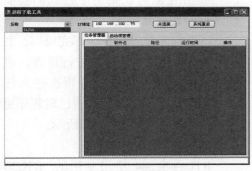
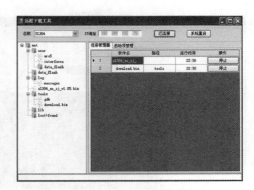

图 3 –162　软件初始界面　　　　　　图 3 –163　IP 地址配置

③程序下载：

a. 在"MNT"上点击右键选择下载选项。如图 3 –164 所示。

b. 在弹出对话框中选中厂方提供的程序进行下载。如图 3 –165 所示。

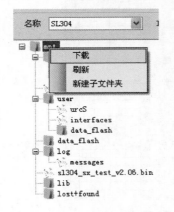

图 3 –164　程序下载选项　　　　　　图 3 –165　程序下载

c. 下载完成后提示"下载成功"。如图 3 –166 所示。

④替换程序：

a. 在启动项中将新下载的程序进行添加，并将原同功能程序进行移除。如图 3 –167 所示。

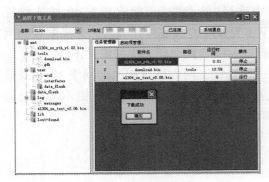
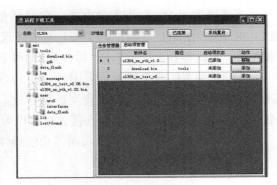

图 3 –166　程序下载完成　　　　　　图 3 –167　程序替换

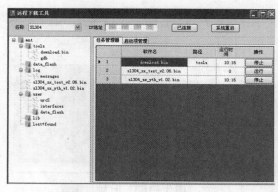

图 3-168　重启 RTU 系统

b. 在左侧树状菜单中将原同功能程序进行彻底删除。

⑤重启系统：操作全部完成后，利用软件的"系统重启"功能进行重置。重置成功后断电重启 RTU，并再次进入任务管理器对话窗口，观察是否已对程序更新或替换成功。如图 3-168 所示。

2）RTU 调试工具

RTU-SL304 使用专用的"RTU304"软件进行设置及调试，可以选择使用以太网接口或选择 RS-485 接口进行连接。

软件与 RTU 建立连接后界面如图 3-169 所示。

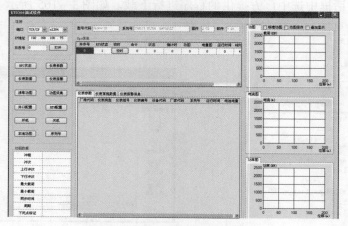

图 3-169　RTU 调试工具

①RPC 信息：成功连接上 RTU 后，可以进行状态查看，界面显示 RPC 状态信息。RTU 状态为"1"表示 RTU 处于停止状态，状态为"2"表示 RTU 正在运行。校时功能按钮是将 RTU 系统时间和 PC 机时间进行同步时操作。

②RTU 配置：

a. 选择进入"RTU 配置"功能，在对话框中选择"读参数"，即将指定 IP 或连接好 RS-485接口的 RTU 参数读取上来。一般情况下需要修改的参数为井场名、无线配置和网络数据，确认参数无误后选择"写参数"即可下载进 RTU，此时即完成配置工作。

b. RTU SL304 与无线设备采用 ZigBee 协议进行连接，两方设置相同的网络 ID 号及信道号后，就自动开始寻找信号直至连接建立。若 600s 之内不能连接成功，则不会再自动重连，可以利用软件再次发起连接，也可以可断电复位后再次尝试连接。

c. 其他仪表数据、读取示功图等功能操作方法雷同，不再一一列举。

二、PLC 设备

油田联合站、污水站等大型站场采用 PLC 设备将区域内的压力、温度、液位、流量等变送器及智能仪表的模拟、数字信号进行汇聚、数模转换及计算，通过通信接口向上位机传递数据。如图 3 - 170 所示。

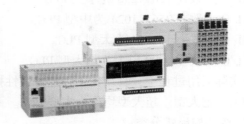

图 3 - 170 各种类型的 PLC

(一)基本概念

1968 年，美国最大的汽车制造厂家——通用汽车公司(GM)为了适应汽车型号不断更新的需要，提出了研制可编程序控制器的基本设想：能用于工业现场；能改变其控制"逻辑"，而不需要变动组成它的元件和修改内部接线；出现故障时易于诊断和维修。同时，提出了 10 条技术指标在社会上公开招标，制造一种新型的工业控制装置：①编程方便，要现场修改程序。②维修方便，采用插件式结构。③可靠性高于继电器控制装置。④体积小于继电器控制盘。⑤数据可以直接送入管理计算机。⑥成本可与继电器控制盘竞争。⑦输入可为市电。⑧输出可为市电，容量在 2A 以上，可驱动接触器等。⑨扩展时原系统改变最少。⑩用户存储器大于 4kb。

1969 年，美国数字设备公司(DEC)根据招标的要求，研制出世界上第一台可编程序控制器，并在 GM 公司汽车生产线上首次应用成功。由于当时主要用于顺序控制，只能做逻辑运算，故称为可编程逻辑控制器(Programmable Logic Controller，PLC)。1980 年，美国电气制造商协会(NEMA)正式将其命名为可编程序控制器(Programmable Controller)，简称 PC。但由于容易与个人计算机 PC(Personal Computer)混淆，所以还是沿用了 PLC 的名称。

IEC(国际电工委员会)于 1987 年对可编程序控制器下的定义是：可编程序控制器是一种数字运算操作的电子系统，专为在工业环境下应用而设计；它采用可编程的存储器，用于其内部存储程序，执行逻辑运算、顺序控制、定时、计数和算术操作等面向用户的指令；通过数字或模拟式输入/输出控制各种类型的机械或生产过程。

时至今日，PLC 的应用范围已经非常广泛了，在国内外大量应用于钢铁、石化、机械制造、汽车装配、电力系统等各行业的自动化控制领域。全球 PLC 制造厂家有上百家，比较有名的有法国的施耐德(Schneider)公司、德国的西门子(Siemens)公司、美国 Rockwell 自动化公司、日本的三菱公司和欧姆龙公司等。我国在 PLC 方面的研发起步较晚，但也展现了蓬勃的生命力，尤其是近年来我国科技领域取得举世瞩目的成绩，也助推了 PLC 产业的进步。目前在油田信息化改造的过程中，主要应用的是施耐德公司的 PLC 系列产品，本文以现场实际为例，阐述其结构及用法。

(二)PLC 的分类

PLC 的分类方法总体上有 3 种，分别是按照点数、结构形式和功能进行分类。

(1)按 PLC 的点数分类：

①I/O 点数小于 32 为微型 PLC。

②I/O 点数在 32～128 为微小型 PLC。

③I/O 点数在 128～256 为小型 PLC。

④I/O 点数在 256～1024 为中型 PLC。

⑤I/O 点数大于 1024 为大型 PLC。

⑥I/O 点数在 4000 以上为超大型 PLC。

在实际运用过程中，自动化工程师习惯性把上述分类中的微型、微小型、小型均称为小型 PLC，把大型、超大型均称为大型 PLC。

（2）按结构形式分类：

①整体式 PLC：又称单元式、单体式或箱体式。整体式 PLC 是将电源、CPU、I/O 部件都集中装在一个机箱内。早期的许多小型 PLC 采用这种结构形式，如图 3–171 所示。

②模块式 PLC：将 PLC 各部分分成若干个单独的模块，如 CPU 模块、I/O 模块、电源模块和各种功能模块。模块式 PLC 由底板（插座）和各种模块组成。模块插在底板上或用插座首尾连接起来。一般大、中型 PLC 采用模块式结构，有的小型 PLC 也采用这种结构。这种结构形式组配灵活，维修方便，扩展能力强，是目前 PLC 的主流应用形式，如图 3–172 所示。

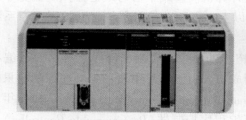

图 3–171　整体式 PLC

图 3–172　模块式 PLC

（3）按功能分类：

①低档 PLC：具有逻辑运算、定时、计数、移位以及自诊断、监控等基本功能，还可有少量模拟量输入/输出、算术运算、数据传送和比较、通信等功能。主要用于逻辑控制、顺序控制或少量模拟量控制的单机系统。

②中档 PLC：除具有低档 PLC 功能外，还具有较强的模拟量输入/输出、算术运算、数据传送和比较、数制转换、远程 I/O、子程序、通信联网等功能。有些还增设中断、PID 控制等功能。

③高档 PLC：除具有中档机功能外，还增加带符号算术运算、矩阵运算、位逻辑运算、平方根运算及其他特殊功能如函数运算、制表及表格传送等。高档 PLC 机具有更强的通信联网功能，可用于大规模过程控制或构成分布式网络控制系统，实现工厂自动化。

随着科学技术的不断发展，现代 PLC 的制作水平不断提高，对于低、中、高三个档次的 PLC 界限越来越不清晰，很多以往高档、中档 PLC 才有的功能分别在中档、低档 PLC 上也能够顺利地实现。

（三）PLC 系统的组成

PLC 由硬件系统组成，由软件系统支持，硬件和软件共同构成了 PLC 系统。

　1. 硬件系统

　PLC 的硬件主要由中央处理器（CPU）、存储器（EPROM、RAM）、输入/输出接口、I/O 扩展接口、外部设备通信接口及电源组成。如图 3-173 所示。

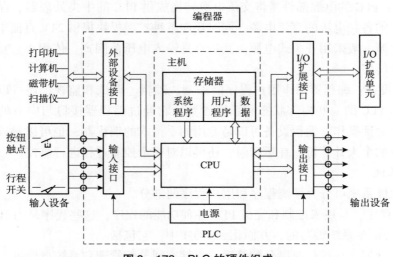

图 3-173　PLC 的硬件组成

　（1）中央处理器（CPU）：CPU 作为整个 PLC 的核心，起着总指挥的作用。是 PLC 的运算和控制中心，它从存储器读取程序指令，编译、执行这些指令，读取各种输入信号并经过运算后把结果送到输出端，同时还要响应各种外部设备的请求。

　（2）存储器 RAM/ROM：存储器是具有记忆功能的半导体电路，用来存放系统程序、用户程序、逻辑变量和其他一些数据等信息。

　（3）系统程序：决定 PLC 的基本功能，由厂家设计，并存入 ROM、EEPROM。用户不可修改。

　（4）用户程序：根据需求，用 PLC 的编程语言编制的程序，用户用编程器写入 RAM 或 EEPROM。

　（5）输入输出接口：一般由数据输入寄存器、选通电路和中断请求逻辑电路构成，负责 CPU 及存储器与外部设备的信息交换。这是 PLC 与被控设备相连接的接口电路，用户设备需输入 PLC 的各种控制信号，如限位开关、操作按钮、选择开关、行程开关以及其他一些传感器输出的开关量或模拟量（要通过模数变换进入机内）等，通过输入接口电路将这些信号转换成中央处理单元能够接收和处理的信号。输出接口电路则是将 CPU 送出的弱电控制信号转换成现场需要的强电信号输出，以驱动电磁阀、接触器、电机等被控设备的执行元件。

　（6）外设 I/O 接口：中小型的 PLC 输入输出接口都是与中央处理单元 CPU 制造在一起的，为了满足被控设备输入输出点数较多的要求，常需要扩展数字量输入输出模块；为了满足模拟量控制的需要，常需要扩展模拟量输入输出模块，如 A/D、D/A 转换模块等；I/O 扩展接口就是为连接各种扩展模块而设计的。

　（7）外部设备接口：是 PLC 实现人机对话、机机对话的通道。通过它，可编程控制器可以和编程器、彩色图形显示器、打印机等设备相连，也可以与其他可编程控制器或上位计算机连接。外部设备接口一般是 RS – 232C 或 RS – 422A（或 RS – 485）串行通信接口，该接口的功能是串行/并行数据的转换、通信格式的识别、数据传输的出错校验、信号电平的转换等。对于很多 PLC，与编程器连接的并行/串行数据接口是专用的、独立的通道。

（8）电源：PLC 的电源部件是将交流电源转换成供 PLC 的中央处理器、存储器等电子电路工作所需的各种电压的直流电源，同时还向各种扩展模块提供 24V 直流电源。可编程序控制器的电源一般采用开关式电源，其特点是输入电压范围宽、体积小、重量轻、效率高、抗干扰性能好。

（9）编程设备：编程器用作用户程序的编制、编辑、调试和监视，还可以通过其键盘去调用和显示 PLC 的一些内部状态和系统参数，它经过编程器接口与中央处理器单元联系，完成人机对话操作。编程设备可以是专用的手持式的编程器，也可以是安装了专门的编程通信软件的个人计算机。在运行时，还可以对整个控制过程进行监控。

2. 软件系统

PLC 的软件系统可分为系统程序和用户程序两部分。

（1）系统程序：是用来控制和完成 PLC 各种功能的程序，这些程序是由 PLC 制造厂家用相应 CPU 的指令系统编写的，并固化到 ROM 中。它包括：

①系统管理程序：运行时序分配管理、存储空间分配管理和系统自检等。

②用户指令解释程序：将用户编制的应用程序翻译成机器指令供 CPU 执行。

③供系统调用的标准程序模块：具有独立的功能，使系统只需调用输入、输出、特殊运算等程序模块即可完成相应的具体工作。

（2）用户程序：是用户根据工程现场的生产过程和工艺要求，使用 PLC 生产厂家提供的专门编程语言而自行编制的应用程序。它包括：

①开关量逻辑控制程序：一般采用 PLC 生产厂商提供的如梯形图、语句表等编程语言编制。

②模拟量运算控制和闭环控制程序：早期是大中型 PLC 系统的高级应用程序，通常采用 PLC 厂商提供的相应程序模块及主机的汇编语言或高级语言编制。现在随着处理器技术的进步，很多小型的 PLC 也能实现此类运算。

③工作站初始化程序：是用户为 PLC 系统网络进行数据交换和信息管理而编制的初始化程序，在 PLC 厂商提供的通信程序的基础上进行参数设定，一般采用高级语言实现。

1994 年 5 月发布的 PLC 标准（IEC1131）中要求：可编程控制器的编程软件组成为通用信息、设备与测试要求、编程语言、用户指南和通信。共制定了五种标准的编程语言（IEC1131 – 3），分别是顺序功能图（Sequential Function Chart）、梯形图（Ladder Diagram）、功能块图（Function Block Diagram）、指令表（Instruction List）、结构文本（structured Text）。其中结构文本实现功能最为丰富与便捷，但需要一定的计算机编程基础；顺序功能图与功能块图逻辑步骤最为直观；梯形图则是因其易学易用使用得最为广泛。

（四）PLC 的工作原理

PLC 执行一次任务需要经过五个阶段的工作过程，称为一个扫描周期。完成一个扫描周期后，又重新执行上述过程，扫描周而复始地进行。PLC 就是在这样的扫描过程中，不断地根据输入条件的变化并依照所编制的程序来更新输出的结果，来达到自动化控制的目的。如图 3 – 174 所示。

（1）自诊断：每次扫描用户程序之前，都先执行故障自诊断程序。自诊断内容为 I/O 部分、存储器、CPU 等，发现异常停机显示出错，若自诊断正常，继续向下扫描。

（2）通信处理：PLC 检查是否有与编程器、计算机等的通信请求，若有则进行相应处理，如接收由编程器送来的程序、命令和各种数据，并把要显示的状态、数据、出错信息等发送给编程器进行显示。如果有与计算机等的通信请求，也在这段时间完成数据的接收和发送任务。

（3）扫描输入：PLC 的中央处理器对各个输入端进行扫描，将所有输入端的状态送到输入映象寄存器。

（4）执行程序：中央处理器 CPU 将逐条执行用户指令程序，即按程序要求对数据进行逻辑、算术运算，再将正确的结果送到输出状态寄存器中。

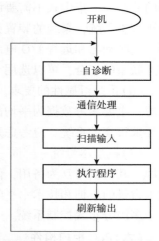

图 3-174　PLC 的工作过程

（5）刷新输出：当所有的指令执行完毕时，集中把输出映像寄存器的状态通过各种输出部件转换成被控设备所能接受的电压或电流信号，以驱动被控设备。

（五）PLC 设备选型

1. 选型原则

（1）工艺流程特点和对控制需求是设计选型的主要依据。

（2）集成的、标准的，易与工业控制系统形成一个整体，易于扩充的原则。

（3）所选的设备应是在相关领域有投运业绩、成熟可靠的。

（4）系统硬件、软件配置与装置规模和控制要求相适应。

2. PLC 设备选型方法

（1）估算输入输出（I/O）点数。I/O 点数估算应考虑适当的余量，通常根据统计的输入输出点数，再增加 10% ~ 20% 的可扩展余量后，作为输入输出点数估算数据。

（2）估算存储器容量。存储器容量是可编程序控制器本身能提供的硬件存储单元大小，程序容量是存储器中用户应用项目使用的存储单元的大小，因此程序容量要小于存储器容量。设计阶段，由于用户应用程序还未编制，因此，程序容量在设计阶段是未知的。为了设计选型时能对程序容量有一定估算，通常采用存储器容量的估算来替代。存储器内存容量的估算没有固定的公式，许多文献资料中给出了不同的方法，大体上都是按数字量 I/O 点数的 10 ~ 15 倍，加上模拟 I/O 点数的 100 倍，以此数为内存的总字数（16 位为一个字），另外再按此数的 25% 考虑余量。

（3）控制功能的选择。包括运算功能、控制功能、通信功能、编程功能、诊断功能和处理速度等，要从现场实际情况出发，进行有针对性的选择。

（4）合理的结构形式。PLC 主要有整体式和模块式两种结构形式。整体式 PLC 的每一个 I/O 点的平均价格比模块式的便宜，且体积相对较小，一般用于系统工艺过程较为固定的小型控制系统中；而模块式 PLC 的功能扩展灵活方便，在 I/O 点数、输入点数与输出点数的比例、I/O 模块的种类等方面选择余地大，且维修方便，一般用于较复杂的控制系统。

（5）部署方式的选择。PLC 系统的安装方式分为集中式、远程 I/O 式以及多台 PLC 联网的分布式。集中式不需要设置驱动远程 I/O 硬件，系统反应快、成本低；远程 I/O 式适用于大型系统，系统的装置分布范围很广，可以分散安装在现场装置附近，连线短，但需要增设驱动器和远程 I/O 电源；多台 PLC 联网的分布式适用于多台设备分别独立控制又要相互联系的场合，可以选用小型 PLC，但有可能要附加通信模块。

（6）系统可靠性的要求。这与应用场景有关，要根据企业性质和对可靠性的追求综合考虑，主要参考数据为平均故障间隔时间（MTBF）和平均故障修复时间（MTTR）。对可靠性要求很高的系统，应考虑采用热冗余系统。

（7）机型尽量统一。同一个企业，应尽量做到 PLC 的机型统一。主要考虑到三个方面问题：其模块可互为备用，便于备品备件的采购和管理；其功能和使用方法类似，有利于技术力量的培训和技术水平的提高；其外部设备通用，资源可共享，易于联网通信，形成一个多级分布式控制系统。

（六）PLC 柜内构件

1. PLC 柜内构件组成

PLC 在油田现场应用时，安装在可靠的仪表柜内，并辅以外围电气回路、接线端子、其他模块（交换机、智能网关等）、工控机（触摸屏）单元等设备共同构成 PLC 数据汇聚系统。如图 3 - 175 所示。

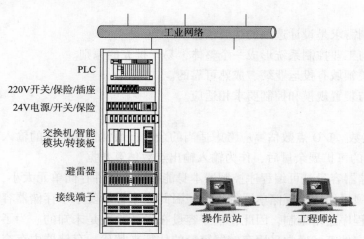

图 3 - 175　PLC 系统柜内布置示意图

其中，PLC 柜中的"智能模块"，主要是起到外围辅助作用的设备，如网关、专用协议转换器、串口服务器、串口集线器、GPRS 无线通信模块等设备。在应用过程中根据现场的实际情况，由 PLC 开发单位进行集成和调试。要重点提到的是 Modbus 网关模块，其主要作用是将符合标准 Modbus RTU 协议的各类仪表数据直接转换为 Modbus TCP/IP 协议进行上传。相比由 PLC 处理此类工业通信信号，效率更高，开发周期更短，目前的应用也越来越广泛。

操作员站、工程师站主要由工控机、触摸屏等组成，是实现人机对话的主要手段，通过直观的动画、表格、对话框等元件可对工艺过程中的重要参数进行展示和控制，让操作人员能够快速掌握和操作。

2. 中原油田 PLC 系统的主要功能要求

中原油田分公司高度重视信息化建设工作，针对中型 PLC 的应用制定了详细的技术要求，并下发《中原油田分公司生产信息化建设站场用中型 PLC 系统基本配置指导意见》供油田统一执行。其中对 PLC 系统的功能性要求如下：

（1）具有冗余型电源管理模块，实现 PLC 所属仪表统一供电。

（2）站场各采集参数如压力、温度、液位、流量仪表的 0~20mA、1~5V 等模拟信号的接入与处理；各种智能型仪表 RS485、RS422 等数字信号的接入与处理。

（3）支持 GPRS、Zigbee 等多平台设备接入。

（4）支持现场智能型仪表、兼容现有自动化系统 Modbus RTU、Modbus TCP/IP、DNP3、ProfiBus DP、DeviceNet 等多种标准通信协议，可定制开发非标准通信协议，最终以标准的 MODBUS TCP/IP 协议与上位机或上级数据中心进行数据交互。

（5）本地可实现数据异常声光报警功能。

（6）可根据过程值与目标值平稳控制执行器，实现自动化生产控制。

（7）内置工业级以太网交换机，为 PLC、第三方模块、工程师站、操作员站、厂级通信网络等提供数据交互。

（8）强弱电分区域进行布置，保证操作安全，避免电磁干扰。

（9）软件界面友好，实时显示当前值。具有工艺流程概览、设备详览、趋势曲线、历史曲线、历史记录等功能。

（10）根据现场情况可灵活实现个性化功能需求。

（七）PLC 的安装

以施耐德公司 M340 型 PLC 为例（以下简称 M340），说明其安装过程。

1. 机架的安装

PLC 的机架一般都安装在机柜内，PLC 模块则需要固定在机架上。对于在机柜内安装 PLC 设备，主要考虑的是散热问题，每个公司的每种 PLC 设备都有严格的规定，在安装时要仔细阅读技术文件。对于 M340 是这样要求的：

（1）纵向和水平方向安装机架以利于通风，各种模块（电源、处理器、输入/输出等）由自然对流进行冷却。其他位置可能导致过热或设备异常操作。

（2）在模块上方留出至少 80mm（3.15in）的空间，在模块下方留出至少 60mm（2.36in）的空间，以便于空气的流通。

（3）在模块与布线管道之间留出至少 60mm（2.36in）的空间，以便于空气的流通。

（4）如果机架固定在平板上，则机柜最小深度为 150mm（5.91in）。

（5）如果机架安装在 15mm（0.59in）深的 DIN 导轨上，则为机柜最小深度为 160mm（6.30in）。

2. 模块的安装

M340 的系统设计支持扩展模块的热插拔功能，各类模块的工作电源由机架总线供电，无须关闭机架电源即可安装和卸装模块，而不会导致任何危险，也不会对 PLC 产生任何损坏或干扰。但是模块通过前连接器与现场仪表、执行器构成外部电源的回路时，需要考虑高电压对人身构成的危害，以及对现场设备的运转可能造成的状态改变。如图 3 - 176 所示。

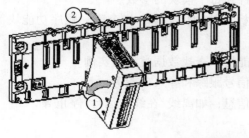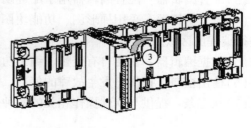

图 3 - 176　模块安装步骤图

（1）将模块背面的定位引脚（位于模块底部）插入机架中的相应插槽中。

（2）朝机架顶部转动模块，使模块与机架背部齐平。现在它已固定到位。

（3）拧紧固定螺钉以确保模块在机架上固定到位。

3. PLC 的接地

M340 的机架和电源模块必须要采取接地措施，接地电缆规格为 $1.5 \sim 2.5 \text{mm}^2$。机架和电源模块可以分别接在系统保护接地端子上（PE），也可以从电源模块接地端子至机架接地端子跨接后再接入系统保护接地端子上（PE）。如图 3-177 所示。

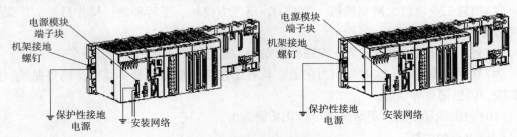

图 3-177　机架与电源的接地

对于某些输入输出模块，也会有接地的要求，在安装前要充分阅读说明书的接地要求，按照规范进行接线。

（八）PLC 的编程软件

目前，各个公司的 PLC 软件、硬件体系结构均是封闭而不是开放的，如专用总线、专用通信网络及协议、I/O 模板不通用，甚至连机柜、电源模板亦各不相同。在编程软件方面，虽然多采用梯形图语言，但组态、寻址、语言结构均不一致，因此各公司的 PLC 软硬件体系互不兼容。

施耐德的 PLC 软件系统中，市场应用较为广泛的 PREMIUM 系列、M340 系列、QUA-NTUAM 系列的中型及以上设备采用 Unity Pro 为软件平台，本节仍以油田现场应用较多的 M340 系列 PLC 为例，简要介绍其配置和编程过程。

1. Unity Pro 软件界面

如图 3-178 所示，软件主要包括菜单工具栏、应用浏览器、数据编辑器、语言编辑器等多个功能窗口。各自主要作用为：

（1）工具栏：所有功能可以通过菜单条进行操作。最经常使用的功能可以直接通过标准工具条中的图标进行操作。或定义自己的工具条以满足需要。

（2）项目浏览器：项目浏览器可以显示 Unity Pro 项目的内容和移动各种单元。

（3）配置编辑器：配置编辑器用于配置硬件和每个模块的参数。

（4）语言编辑器：采用梯形图、功能块图标、结构化文本、指令表、顺序功能块等语言进行编程的区域。

（5）数据编辑器：创建自有变量、编辑功能块、查找数据类型或实例。

（6）输出窗口：提供已发生故障的信息，信号跟踪和导入功能等。

（7）状态条：提供与软件操作相关的各种信息，如离线/在线、运行/停止等。

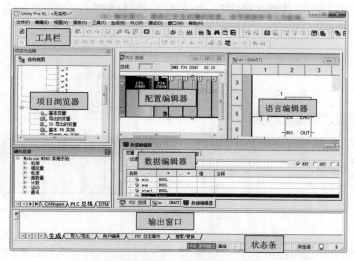

图 3 - 178　软件界面

2. Unity Pro 编程软件的使用

Unity Pro 软件的内涵十分丰富，本节仅以 M340 型 PLC 开发一个控制电机启停的小例子来示范软件的基本用法。

（1）进入界面后，点击"创建按钮"来创建一个新的项目。如图 3 - 179 所示。

（2）在弹出选择对话框中可以选择所支持的 PLC 系列，此例中选择现场常见的 M340 系列 BMX P342020 型 CPU。如图 3 - 180 所示。

（3）系统自动开始创建项目，创建完成后，从左侧的

图 3 - 179　新建项目

项目浏览器中双击"BMX XBP0800"，这是系统默认生成的 8 槽位底板型号。如图 3 - 181 所示。

PLC		最低操作系	描述
⊟ Modicon M340			
	BMX P34 1000	02.10	CPU 340-10 Modbus
	BMX P34 2000	02.10	CPU 340-20 Modbus
	BMX P34 2010	02.00	CPU 340-20 Modbus CANopen
	BMX P34 20102	02.10	CPU 340-20 Modbus CANopen2
	BMX P34 2020	02.10	CPU 340-20 Modbus 以太网
	BMX P34 2030	02.00	CPU 340-20 以太网 CANopen
	BMX P34 20302	02.10	CPU 340-20 以太网 CANopen2
	BMX PRA 0100	02.10	可编程远程 I/O 适配器
⊞ Premium			
⊞ Quantum			

图 3 - 180　选择 PLC 的 CPU 型号

（4）双击空的槽位，可以弹出选择框，用来选择所需的模块。如图 3 - 182 所示。

（5）配置完成后，可以看到整个 PLC 的布置情况，软件配置必须与实际硬件完全一致。如图 3 - 183 所示。

（6）用同样的步骤，配置 PLC 的通信通道。需要注意的是，配置完通信参数后，需要在 CPU 模块选中已建立的通信通道才能生效。如图 3 - 184 所示。

（7）在项目浏览器中选择"程序"—"任务"—"MAST"—"段"点击右键后选择"新建段"。如图 3 – 185 所示。

图 3 –181　进入硬件配置界面

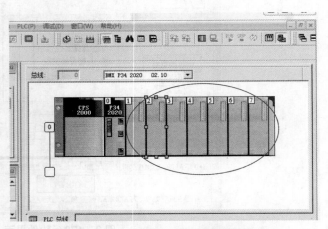

图 3 – 182　在空槽位置中选择模块类型

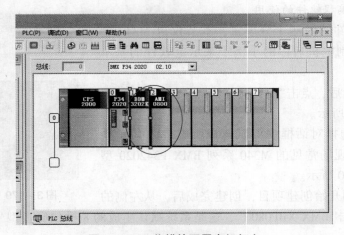

图 3 –183　将模块配置在机架上

图 3 –184　配置 PLC 通信通道

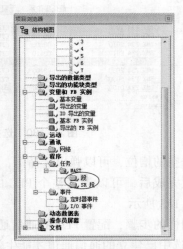

图 3 – 185　新建程序段

（8）此时弹出新建程序对话框，命名程序段为"test"，语言中选择"LD"。如图3-186所示。

（9）此时可以看到出现了名称为"test"的语言编辑器，现在就可以建立程序了。如图3-187所示。

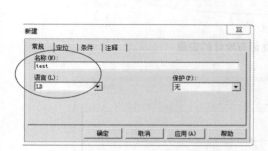

图3-186　选择语言及命名程序段

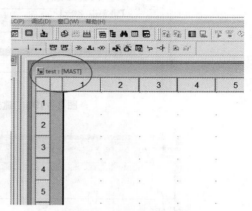

图3-187　已建好的梯形图编辑器

（10）如图3-188所示，用工具栏的梯形图元素建立一个电机启停的控制程序。在硬件配置中，配置了一个离散量混合模块，这个模块的0~15通道为输入，16~31通道为输出。启动按钮对应的地址为"%I0.1.0"，其中"%I"，表示是输入类型，"0.1.0"表示0号机架的1号槽位模块的0号通道。同理，"%Q0.1.16"的表示0号机架的1号槽位第16个类型为输出的通道。这种表示方法为设备的实际地址，用这种方法表示特定的通道，比较直观，但是编程起来比较麻烦，不便于记忆和查找。

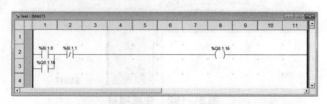

图3-188　采用实际地址的电机启停程序示例

（11）Unity Pro软件提供了对变量进行统一管理的功能，打开项目浏览器中—变量和FB实例—基本变量。如图3-189所示。

（12）在这里建立START、STOP、MOTOR三个变量，类型为EBOOL，地址分别为%I0.1.0、%I0.1.1、%Q0.1.16。如图3-190所示。

（13）打开刚才建立的程序，用定义过的变量替换刚才的实际地址，这样看起来要更加直观，这种命名后的自定义变量，在施耐德软件体系中称为"符号地址"。如图3-191所示。

（14）程序完成后，在工具栏中选择"生成"按钮，再选择"重新生成所有项目"，此时观察软件界面下方的输出窗

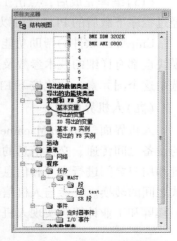

图3-189　进入变量编辑功能

口，可以看到编译的过程以及出现的错误。如图 3 – 192 所示。

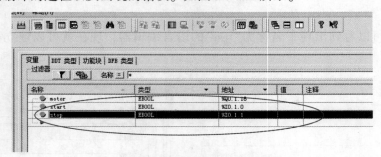

图 3 – 190　建立带有地址的变量

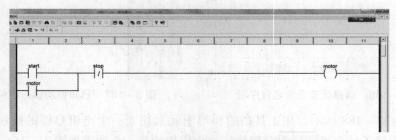

图 3 – 191　采用符号地址的电机启停程序示例

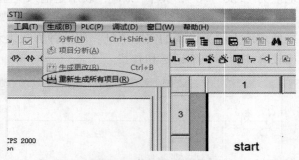

图 3 – 192　生成项目

（15）编译完成后，点击工具栏"PLC"按钮，可以进行与 PLC 的连接及程序下载工作，经过程序下载后的 PLC 就可以独立执行自动化控制任务了。

Unity Pro 软件的帮助功能十分强大，每个功能块都用多种编程语言进行了示范，每种模块也都有详细的技术参数及用法。甚至在使用过程中，对有疑问的功能块和硬件，只需选中这个图元素，软化按下 F1 即可获得准确的帮助信息。

（九）人机界面

人机界面（Human Machine Interaction，简称 HMI），又称用户界面或使用者界面，是人与设备之间传递、交换信息的媒介和对话接口，是信息自动化系统的重要组成部分，是系统和用户之间进行交互和信息交换的媒介，它实现了信息的内部形式与人类可以接受的形式之间的转换。凡参与人机信息交流的领域都存在着人机界面，工业自动化设备主要采用触摸屏和工业计算机实现人机交互。

1. 触摸屏

触摸屏（Touch Screen）又称"触控屏""触控面板"，是一种可接收触头等输入信号的感应式液晶显示装置，当接触了屏幕上的图形按钮时，屏幕上的触觉反馈系统可根据预先编程的程式驱动各种连接装置，可用以取代机械式的按钮面板，并借由液晶显示画面制造出生动的影音效果，它是目前最简单、方便、自然的一种人机交互方式。其开发周期短，多采用专用的操作系统，可靠性高、安装便捷。但是由于受其自身架构因素影响，其展示界面有限，开发内容受限，接口基本不可扩展，存储能力弱，触摸屏一般用于自成一体的自动化撬装装置、局部的、较少变量的自动化控制回路中。如图 3－193 所示。

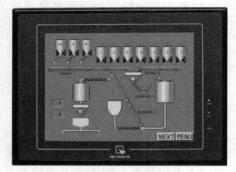

图 3－193　触摸屏

2. 工业计算机

工业计算机进行人机交互，一般采用工业计算机 + 组态软件开发的方式。组态软件，又称组态监控系统软件，是指数据采集与过程控制的专用软件，也是指在自动控制系统监控层一级的软件平台和开发环境。这些软件实际上也是一种通过灵活的组态方式，为用户提供快速构建工业自动控制系统监控功能的、通用层次的软件工具。组态软件广泛应用于机械、汽车、石油、化工、造纸、水处理以及过程控制等诸多领域。

采用工业计算机 + 组态软件的监控方式，在工业自动化控制领域十分常见，具有通用性强、二次开发效率高、可存储大量历史数据等优点。工业计算机与一般商业计算机、个人计算机的主要区别在于：主板带有大量的插槽，扩展方便，抗干扰性能、散热性能均作了特殊的设计，使其更加适用于工业现场的环境。接口丰富，如可带 4 个甚至 8 个串口、4 个以太网口等，与下位机通信方便。

组态软件简单易学，画面丰富、清晰，功能强大，深受开发人员的喜爱。目前国际上较为流行的软件主要有 Wincc、Intouch、IFIX 等，国产软件中较为常用的有力控、组态王等。组态软件的应用相比以往采用 C、Basic、Java 语言进行开发大大提高了开发效率，减少了开发时间，可以适用于大多数的工业过程自动化系统。如图 3－194 所示。

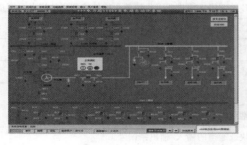

图 3－194　组态软件界面

（十）PLC 系统维护及故障诊断

1. PLC 系统的维护

PLC 本体在应用过程中，无须进行额外的维护，但需注意以下几点：

（1）保证 PLC 机柜的通风良好，及时清除机柜滤网的灰尘，有的机柜安装有温控排风扇，要保证其完好运转。

（2）及时清理 PLC 上部的灰尘。

（3）机柜进出线等位置做好防鼠措施。

（4）定期检查接地系统的完好性。

（5）有些 CPU 类型需要备用锂电池对用户程序进行掉电保持，在提示电池电量低时应当及时进行更换。

（6）保证 PLC 装置所在的控制室温湿度在手册要求的范围之内。

2. PLC 系统的故障诊断

PLC 系统集成了自动化控制、通信、仪表、电气等多种技术，在出现故障进行排查时，要根据系统在现场应用的实际情况，结合线路布局、PLC 及仪表类型进行有针对性的处理，本文以几个典型例子说明排查办法。

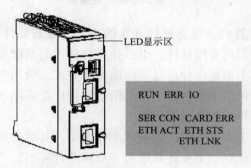

图 3－195　BMX P34 2020CPU LED 显示位置及内容

（1）PLC 模块故障：目前的中型 PLC 很多都具有自诊断功能，根据模块的各个指示灯就可以判断当前故障类型。由于 PLC 的模块种类较多，同一种模块在不同版本上也可能会有差异性，且各个公司对故障显示的指示灯定义和表达方法也不同，本文仅以 M340 型 PLC 的 CPU 模块（型号：BMX P34 2020，版本 V2）自诊断指示灯为例进行说明，如图 3－195 所示，各个 LED 指示灯状态说明见表 3－30。

由图 3－181 可以看到 CPU 的 LED 状态指示灯位置及显示内容，根据表 3－30，可快速判断该模块当前的状态及故障类型。其他的模块故障判断方法雷同。

表 3－30　各个 LED 指示灯状态说明

标签	模式	指示
RUN（绿色）： 工作状态	亮	PLC 工作正常，程序正在运行
	闪烁	PLC 处于停止模式或接收到某个软件检测到的错误而停止
	灭	PLC 未配置（应用程序缺失、无效或不兼容）
ERR（红色）： 检测到错误	亮	检测到处理器或系统错误
	闪烁	PLC 未配置（应用程序缺失、无效或不兼容）
		PLC 因接收到某个软件检测到的错误而停止
	灭	正常状态（无内部错误）
I/O（红色）： 输入/输出状态	亮	模块或通道的输入/输出错误
		检测到配置错误
	灭	正常状态（无内部错误）
SER COM（黄色）： 串行数据状态	闪烁	串行连接上正在进行数据交换（接收或发送）
	灭	串行连接上无数据交换

续表

标签	模式	指示
CARDERR(红色): 检测到存储卡错误	亮	存储卡缺失
		未识别存储卡
		存储卡内容与处理器中保存的应用程序不同
	灭	已识别存储卡
		存储卡内容与处理器中保存的应用程序相同
CAN RUN(绿色): CANopen 操作	亮	CANopen 网络正常工作
	快速闪烁(打开 50ms, 关闭 50ms,如此重复)	正在自动检测数据流或 LSS 服务(与 CAN ERR 交替进行)
	慢速闪烁(打开 200ms, 关闭 200ms,如此重复)	CANopen 网络预操作
	闪烁一次	CANopen 网络已停止
	闪烁三次	正在下载 CANopen 固件
CAN ERR(红色): 检测到 CANopen 错误	亮	CANopen 总线已停止
	快速闪烁(打开 50ms, 关闭 50ms,如此重复)	正在自动检测数据流或 LSS 服务(与 CAN RUN 交替进行)
	慢速闪烁(打开 200ms, 关闭 200ms,如此重复)	CANopen 配置无效
	闪烁一次	至少有一个检测到的错误计数器达到或超过了警报级别
	闪烁两次	发生了警戒事件(NMT 从站或 NMT 主站)或心跳事件
	闪烁三次	在通信循环周期结束前未收到 SYNC 消息
	灭	未检测到 CANopen 错误
ETH STS(绿色): 以太网通信状态	灭	无通信活动
	亮	通信正常
	闪烁两次	MAC 地址无效
	闪烁三次	以太网链接未连接
	闪烁四次	IP 地址重复
	闪烁五次	等待服务器 IP 地址
	闪烁六次	安全和可靠模式(使用缺省的 IP 地址)
	闪烁七次	旋转开关和内部配置之间存在配置冲突
CARDAC(绿色): 存储卡访问 注:此 LED 位于 存储卡门的下面	亮	对存储卡的访问已启用
	闪烁	卡上存在活动;在每次访问过程中,卡 LED 设置为"灭",然后再设置为"亮"
	灭	禁止对存储卡的访问。在通过生成位 %S65 的上升沿以禁用存储卡访问之后,可以取下存储卡

(2)数据异常:在 PLC 使用过程中,会因各种原因出现某个仪表数据不正常、几个仪表数据同时出现不正常、现场与 PLC 相连的输入按钮按下无响应、PLC 系统所有数据均不正常等问题,可以结合现场的情况进行综合判断。

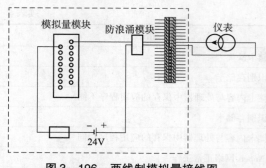

图3-196 两线制模拟量接线图

①某一通道模拟量数据不正常。如图3-196所示,虚线内为PLC机柜内的接线示意图,虚线外为常见的压力、温度等电流型两线制仪表,在该回路数据不正常时,应首先判断仪表显示是否正常,再逐级向PLC端排查。图中所示的防浪涌模块,有的回路中是不需要的,具体情况与设计有关。一路模拟量数据故障参见表3-31。

表3-31 一路模拟量数据故障

故障现象	检查内容	处理方法
某一路模拟量数据异常	仪表是否故障	检修、校准或更换仪表
	线路是否短路、断路	排查线路故障,或调整为备用线路
	浪涌保护模块是否保护熔断(如有)	更换已熔断的浪涌模块
	保险管是否熔断	排查保险管熔断的原因并更换同规格保险管
	各接线端子是否氧化、松动	紧固或更换端子
	该通道零点漂移或故障	1. 使用PLC软件工具和标准信号源校准该通道 2. 调整通道或更换模块

②一组模拟量数据不正常。如图3-197所示为8回路模拟量模块接线图,端子及浪涌模块略。如果该模块所属的数据同时出现问题,一般来说仪表同时出现故障的概率较小,应先着手公共线路部分进行检查,然后向PLC和仪表两端延伸。一组模拟量数据故障见表3-32。

③开关量输入不正常。如图3-198所示为24V输入模块接线图,现场可能会有其他电压类型,请注意区分,尤其要确保人身安全。此类故障首先从现场按钮、行程开关是否有触点氧化、弹簧失效、接线松动等故障查起,然后逐级向PLC端延伸。开关量输入故障见表3-33。

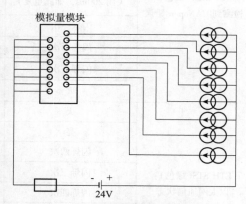

图3-197 两线制模拟量模块接线图

表3-32 一组模拟量数据故障

故障现象	检查内容	处理方法
一组模拟量数据异常	线路是否短路、断路	排查线路故障,或调整为备用线路
	浪涌保护模块是否保护熔断(如有)	更换已熔断的浪涌模块
	保险管是否熔断	排查保险管熔断的原因并更换同规格保险管
	各接线端子是否氧化、松动	紧固或更换端子
	PLC模块故障	更换同型号同版本模块
	仪表是否故障	检修、校准或更换仪表
	供电单元工作是否正常	检查供电模块并恢复

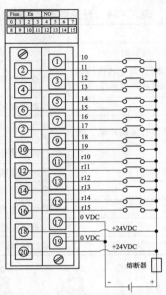

图3-198 开关量输入模块接线图

表3-33 开关量输入故障

故障现象	检查内容	处理方法
开关量输入异常	现场操作按钮、压力开关、行程开关等设备是否有问题	清除触点氧化层、紧固接线等，如不能修复及时更换
	线路是否短路、断路	排查线路故障，或调整为备用线路
	浪涌保护模块是否保护熔断(如有)	更换已熔断的浪涌模块
	保险管是否熔断	排查保险管熔断的原因并更换同规格保险管
	各接线端子是否氧化、松动	紧固或更换端子
	供电单元工作是否正常	检查供电模块并恢复
	开关量模块某通道或整个模块损坏	通过编程软件调整至空闲通道、更换开关量模块

④开关量输出不正常。如图3-199所示为开关量输出模块接线图，其中预执行器一般为中间继电器，有的开关量模块为继电器型，可能会直接接现场设备。此类故障应首先从柜内中间继电器或输出线路查起，在开关量模块有输出时看中间继电器是否能正常动作，动作后继电器的触点是否能正常闭合或开启，对应的输出线路是否电压正常，然后逐级向现场端延伸。开关量输出故障见表3-34。

⑤本站点PLC数据均异常。目前油田信息化现场常用的系统示意图如图3-200所示。若PLC系统所有数据均不正常，应首先检查PLC的电源故障，然后根据PLC与上位机的通信方式检查通信部分。PLC系统数据故障见表3-35。

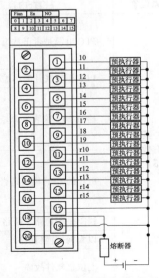

图3-199 开关量输出模块接线图

表3-34　开关量输出故障

故障现象	检查内容	处理方法
开关量输出不响应	PLC 输出模块的对应通道是否有输出指示	检查程序是否运行正常，修改程序或更换输出模块
	在 PLC 输出模块有动作指示时，对应通道的继电器是否正常动作，动作后的触点是否正常闭合	检查继电器是否损坏，维修或更换继电器
	线路是否短路、断路	排查线路故障，或调整为备用线路
	电磁阀、接触器等执行器是否有接线松动、线圈损坏等故障	断开 PLC 端来线，用万用表测量现场执行器是否正常。也可以直接在现场按照控制电压给定信号，观察执行器的动作情况，根据故障类型进行修复
	浪涌保护模块是否保护熔断(如有)	更换已熔断的浪涌模块
	保险管是否熔断	排查保险管熔断的原因并更换同规格保险管
	各接线端子是否氧化、松动	紧固或更换端子
	供电单元工作是否正常	检查供电模块并恢复
	开关量输出模块某通道或整个模块损坏	通过编程软件调整至空闲通道、更换开关量模块

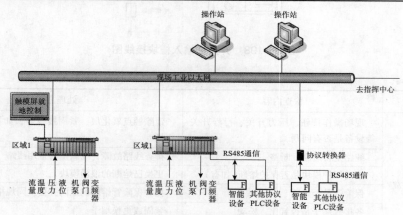

图3-200　油田信息化 PLC 系统构成示意图

表3-35　PLC 系统数据故障

故障现象	检查内容	处理方法
PLC 系统所有数据均不正常	PLC 电源是否正常工作	1. 检查 PLC 供电是否正常，按照 PLC 供电要求供电； 2. 观察 PLC 电源模块是否工作，其 LED 状态灯是否正常，检修或更换 PLC 电源
	PLC 柜空气开关保护动作	排查保护动作的原因并恢复送电
	检查24V 仪表电源是否正工作	1. 检查仪表电源模块供电是否正常，按照电源模块供电要求恢复供电； 2. 检查仪表电源是否保护动作，其 LED 状态灯是否正常，根据情况检修或更换 PLC 电源
	PLC 的 CPU 模块是否正常工作	1. 根据 CPU 状态灯判断当前 CPU 是否处于正常工作状态，必要时更换 CPU； 2. 用编程软件与 PLC 联机，判断是否用户程序丢失，更换内存卡或更换电池后重新下装程序
	线路是否短路、断路	排查线路故障，或调整为备用线路
	以太网交换机故障	更换以太网交换机
	上位机软件故障	1. 重启上位机，采用工具软件进行测试； 2. 升级或重新编译上位机软件

第四节　生产指挥中心数据处理设备

一、服务器

服务器英文名称为 Server，是在网络环境中为客户机提供各种服务的特殊计算机。主要承载生产信息化生产数据汇聚、处理和展示系统等业务。

（一）服务器特性

（1）可靠性：保持可靠且一致的特性，数据完整性和在发生之前对硬件故障做出警告，如硬件冗余、预警和 RAID 技术等。

（2）高可用性：随时存在且可以立即使用的特性，如系统故障迅速恢复、关键组件热拔插等。

（3）可扩展性：具有一定的可扩展空间和冗余件，如磁盘盘位、PCI 和内存插槽位；具体体现在硬盘是否可扩容、CPU 是否可升级或扩展、系统是否支持多种主流操作系统等。

（4）易用性：服务器具备便于操作性，如服务器是否易操作、用户导航系统是否完善、机箱设计是否人性化等。

（5）可管理性：提供更高效的管理和简单的基础架构，简化管理。

（二）主要特点和分类

不同的服务器外观包含不同的硬件配置和性能，有着体积大、内存/存储容量大、接口丰富、部件冗余和支持热拔插的特点。

服务器的种类多种多样，按结构划分为塔式服务器、机架式服务器和刀片式服务器。

1. 塔式服务器

最为普遍的一种服务器。外形与 PC 机类似，机箱大，占用空间大，有较大的扩容空间，扩展性和散热方面有优势。如图 3－201所示。

2. 机架式服务器

优化结构类型的服务器，减少服务器对空间的占用。与网络设备采用类似结构，如交换机、路由器、防火墙。因为整体空间

图 3－201　塔式服务器

缩小，热稳定性要求较高，关键组件与塔式服务器有较大区别，采取特别的散热措施。通常有 1U、2U 和 4U 的产品。如图 3－202 所示。

用于安装机架设备的机柜需符合国际通用标准，宽度为 19in，高度有不同规格，如 24U、42U 等，U 代表机柜高度，1U 就是一个基本单元高度，相当于 1.75in（约 4.4cm）高，机柜深度没有硬性要求。

图 3－202　机架式服务器

图 3-203　刀片式服务器

3. 刀片式服务器

低成本服务器平台，专用于特殊行业和高密度计算。与机架式服务器安装方式相同，可安装在标准机柜中。单一的刀片服务器直接插入到刀片服务器机柜中，组成一个刀片服务器系统，每一块刀片实际就是一块系统主板，独立运行自己的系统，相互之间没有关联。当然也可将这些独立的刀片集合成一个服务器集群，在集群模式下，所有主板连接起来提供高速的网络环境，共享资源。如图 3-203 所示。

油田生产信息化建设中多采用华为 FusionServer 系列机架式服务器。如图 3-204～图 3-206 所示。

图 3-204　华为 FusionServer
Pro RH 2288H 正视图

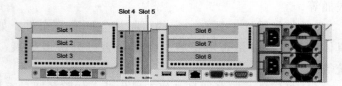

图 3-205　华为 FusionServer Pro RH 2288H 后视图

图 3-206　华为 FusionServer Pro RH5885H

(三)结构

服务器硬件主要由 CPU、内存、芯片组、I/O（RAID 卡、网卡、HBA 卡）、硬盘和机箱（电源、风扇）组成。如图 3-207、图 3-208 所示。

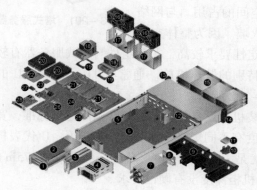

图 3-207　华为 FusionServer Pro
RH 2288H 拆解图

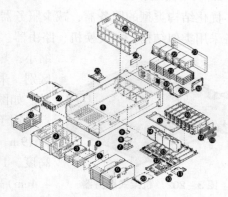

图 3-208　华为 FusionServer Pro
RH 5885H 拆解图

1. CPU

CPU 即中央处理器，它是服务器中最重要的核心，由运算器、控制器和寄存器组成。目前服务器处理器均为多核，即一个处理器中封装多个处理内核，如 8 核。

CPU 的主要指标有主频、缓存和前端总线频率。

（1）主频：也叫时钟频率，单位是 MHz 或 GHz，用来表示 CPU 的运算、处理数据的速度。

（2）缓存：就是进行高速数据交换的存储器，缓存容量大可提升 CPU 内部读取数据的命中率，而不用再到内存或硬盘上寻找，以此提高系统性能。

（3）前端总线：即连接 CPU 和北桥芯片的总线，前端总线频率由 CPU 和北桥芯片共同决定，单位也是 MHz 或 GHz。前端总线频率影响 CPU 与内存直接数据交换速度。

目前服务器常见 CPU 多为 Intel E3、E5、E7 等产品。如图 3 -209 所示。

图 3 -209 Intel 至强 E7 -4820 V3

2. 内存

内存是用来存放当前正在使用的数据和程序。所有运行的程序都需要经过内存来执行，如果执行程序过大或过多，就会导致内存消耗过高，造成系统缓慢。

内存更新换代较快，主流产品有 DDR3 和 DDR4，两者不兼容。服务器内存与普通计算机内存也不同，多采用支持 ECC 技术的 DDR3 或 DDR4 服务器内存。如图 3 -210 所示。

图 3 -210 DDR4 内存

内存条类型又分为 UDIMM、RDIMM 和 LRDIMM 3 种。

（1）UDIMM：即 Unbuffered DIMM。未使用寄存器，无须缓冲，同等频率下延迟较小。优点在于价格低廉；缺点在于容量和频率较低，容量最大支持 4GB，频率最大支持 2133MT/s。由于 UDIMM 只能在 Unbuffered 模式工作，不支持服务器内存满配（最大容量），无法最大程度发挥服务器性能。在应用场景上，UDIMM 不仅可用于服务器领域，同样广泛应用于桌面市场。

（2）RDIMM：即 Registered DIMM。支持 Buffered 模式和高性能的 Registered 模式，较 UDIMM 更为稳定，同时支持服务器内存容量最高容量。RDIMM 支持更高的容量和频率，容量支持 32GB，频率支持 3200MT/s；缺点在于由于寄存器的使用，其延迟较高，同时加大了能耗，价格也比 UDIMM 昂贵。因此，RDIMM 主要应用于服务器市场。

（3）LRDIMM：即 Load Reduced DIMM，低负载 DIMM。是 RDIMM 的替代品，一方面降低了内存总线的负载和功耗，另一方面提供了内存的最大支持容量，最高频率和 RDIMM 一样，均为 3200MT/s，但容量提高到 64GB。相比 RDIMM，Dual -Rank LRDIMM

内存功耗只有其 50%。LRDIMM 也同样应用于服务器领域，但其价格较 RDIMM 也更贵些。服务器内存类型对比见表 3 - 36。

表 3 - 36　服务器内存类型对比

类型	技术	频率 MT/s	容量	性能	价格	应用
UDIMM	DDR4/DDR3/DDR2/DDR/SDRAM	266 - 2133	32MB - 4GB	低	低	桌面、服务器
RDIMM	DDR4/DDR3/DDR2/DDR	333 - 3200	512MB - 32GB	较高	较高	服务器
LRDIMM	DDR4/DDR3	1333 - 3200	16GB - 128GB	高	高	服务器

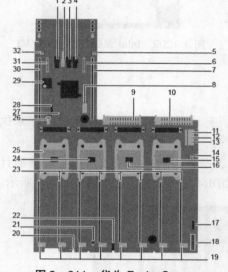

图 3 - 211　华为 FusionServer
Pro RH 5885H 主板

3. 主板

主板又叫主机板（Mainboard）或母板（Motherboard），是构成复杂电子系统的主电路板。安装在机箱内，是计算机最基本的也是最重要的部件之一。主板一般为矩形电路板，安装组成计算机的主要电路系统，一般有 BIOS 芯片、I/O 控制芯片、键盘和面板控制开关接口、指示灯插接件、扩充插槽、主板及插卡的直流电源供电接插件等元件。如图 3 - 211 所示。

芯片组是主板的核心组成部分，由一组或多组芯片组成，主要作用是在处理器、内存和 I/O 设备间提供接口，是构成主板电路的核心，芯片组性能的优劣决定了主板性能的好坏与级别的高低。

4. 硬盘

服务器硬盘在尺寸上有两种，分别是 2.5in 和 3.5in；从类型上分为三种，分别是 SATA 硬盘、SAS 硬盘和 SSD 硬盘。如图 3 - 212 ~ 图 3 - 214 所示。

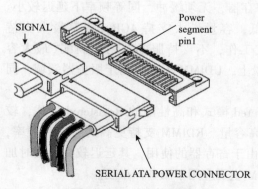

图 3 - 212　SATA 硬盘

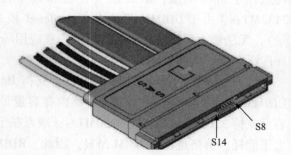

图 3 - 213　SAS 硬盘

（1）SATA 硬盘：主流硬盘，具有热拔插和非热拔插两种，非热拔插硬盘没有硬盘托架。SATA 硬盘目前主要应用在中低端服务器和海量存储上。

（2）SAS 硬盘：向下兼容 SATA，稳定性高，中高端服务器主流硬盘。

（3）SSD 硬盘：即固态硬盘，用固态电子存储芯片阵列制成，由控制单元和存储单元两部分组成。存储单元负责存储数据，控制单元负责读写数据。接口普遍采用 SATA3、PCI－E、M. 2 NVMe 等。

NAND flash 是 SSD 硬盘的主要部件，主要有 SLC（单层单元）、MLC（多层单元)和 TLC(三层单元）。

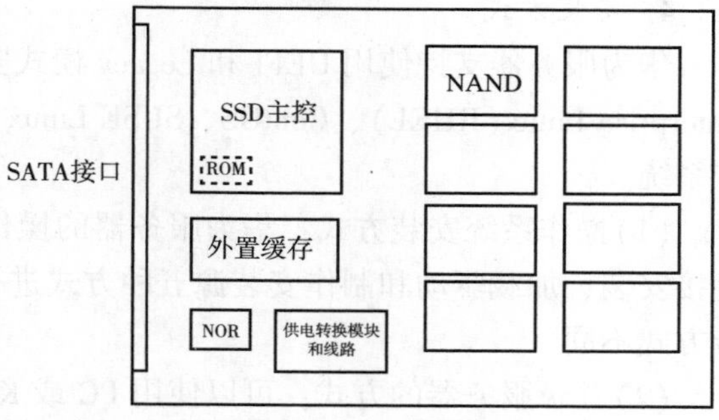

图 3 -214　SSD 硬盘

5. RAID 卡

用来实现 RAID 功能的板卡，通常由 I/O 处理器、硬盘控制器、硬盘连接器和缓存等一系列组件构成。不同 RAID 卡支持的模式不同，如 RAID0、RAID1、RAID3、RAID5、RAID10 不等。如图 3 – 215 所示。

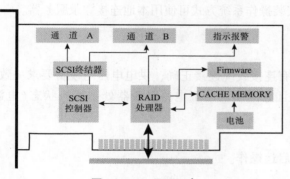

图 3 -215　RAID 卡

RAID 卡可以让很多硬盘同时传输数据，达到单硬盘几倍、几十倍甚至上百倍的速率。同时 RAID 卡还提供容错功能。

Cache 是 RAID 卡与外部总线交换数据的场所，大缓存能够大幅提升数据命中率，从而提高 RAID 卡整体性能。

（四）安装

1. 安装前检查

（1）必须使用配套的电源线缆。

（2）在接触设备前，应当佩戴防静电手套或佩戴防静电腕带，并将接地端插入机架上的 ESD 插孔，防止静电对设备造成损害。

（3）为保证设备运行可靠性，电源线需要以主备方式连接到不同的 PDU 上。

（4）在接通电源之前设备必须先接地。

2. 必要条件

（1）设备必须安装在出入受限区域。

（2）保持设备所在区域整洁。

（3）确保机柜前后有空余 800mm 空间，利于设备通风散热和便于设备维护。

（4）设备入风口处应避免有障碍物阻挡，影响正常进风和散热。

（5）设备应放置在通风良好、温度及湿度可控的环境中。

3. 接地要求

机柜内所有保护地线和机柜两侧的接地条相连，机柜的顶部和底部有接地螺柱，外部的保护地线接在顶部或底部，机柜的接地线可以用螺钉就近连接在机柜附近的接地条上。

4. 安装方式

华为服务器支持使用 UEFI 和 Legacy 模式安装操作系统，支持安装 Windows、Red Hat Enterprise Linux（RHEL）、CentOS、SUSE Linux Enterprise Server（SLES）、VMWare 等主流操作系统。

（1）操作系统安装方式：华为服务器的操作系统可通过 ServiceCD、Smart Provisioning、直接安装、加载驱动和制作安装源五种方式进行安装。不同硬件配置支持的操作系统及安装方式不同。

（2）登录服务器的方式：可以使用 PC 或 KVM 登录服务器。

①通过 PC 登录服务器虚拟控制台时，可以通过虚拟控制台挂载 PC 机的物理光驱中的系统光盘，也可以通过虚拟光驱和虚拟软驱挂载镜像文件。上述五种安装操作系统方式均可使用 PC 登录服务器，具体操作步骤请参见登录虚拟控制台。

②通过 KVM（或显示器、键盘和鼠标）登录服务器时，只能使用物理光驱。仅直接安装、通过 Smart Provisioning 和 ServiceCD 三种安装操作系统方式可使用本地连接登录服务器。

（五）运行维护

1. 投用

（1）确认电源开关处于关闭状态，所有连接线缆连接正确、供电电压与设备要求一致。

（2）确认电源模块已正确安装到位，且电源模块已上电，服务器处于待机状态（电源指示灯为黄色常亮）。

（3）短按前面板的电源按钮。

（4）待进入操作系统后登录系统完成启运操作。

2. 停用

（1）通过物理线缆连接服务器的显示终端、键盘和鼠标，关闭服务器操作系统，服务器正常关闭。

（2）服务器处于上电状态，通过短按前面板的电源按钮，可将服务器正常关闭。

（3）服务器处于上电状态，通过长按前面板的电源按钮（持续 6s），可将服务器强制关闭。

（六）常见故障处理

服务器常见故障及处理见表 3 - 37。

表 3 -37　服务器常见故障及处理

故障现象	检查内容	处理方法
服务器无法启动	市电或电源线故障	检查市电电压是否正常，电源线是否断路或接触不良
	电源模块故障	检查电源模块接入电源后指示灯是否常亮，如不亮则判断电源模块损坏（有条件可采用替换法），需更换电源模块
	内存故障	开启机箱，拔出内存，清理内存金手指并重新插入测试，如未解决，拆除或更换该内存尝试开机
	主板故障	开启机箱，加电查看主板指示灯是否常亮，如不亮则联系服务器厂商上门检修

续表

故障现象	检查内容	处理方法
服务器频繁重启或宕机	电源模块供电不足或故障	采用替换法进行判断，确认故障更换电源模块
	内存故障	开启机箱，拔出内存，清理内存金手指并重新插入测试。如未解决，则更换内存尝试
	RAID 故障	查看服务器 RAID 设置，查看是否有磁盘处于 DEAD 或离线状态，进行 REBUILD，尝试恢复。如未解决，需更换硬盘再次进行 REBUILD
	软件故障	开机按 F8 尝试进入安全模式进行测试，测试通过后检查近期安装的补丁或软件进行卸载尝试。如未解决，尝试重装系统

二、磁盘阵列

RAID(Redundant Arrays of Independent Disks，RAID)，意为独立冗余磁盘阵列，简称磁盘阵列。RAID 就是将多个独立的物理硬盘以不同的方式组合成一个逻辑硬盘，从而提高硬盘的读写性能和数据安全性的技术。它是一项最基础，同时也是应用最广泛的服务器技术。

磁盘阵列样式有三种：一是外接式磁盘阵列柜，二是内接式磁盘阵列卡，三是利用软件来仿真。油田生产信息化存储宜采用外接式磁盘阵列柜。

(一)RAID 级别

常见 RAID 级别有 RAID0、RAID1、RAID3、RAID5、RAID10 等。

1. RAID0

数据条带化，无校验。并行读写于多个硬盘上，具有很高的数据传输率，但无数据冗余，其中一个硬盘失效将影响到所有数据，可靠性差，不适用于数据安全性高的场合。如图 3 - 216 所示。

2. RAID1

数据镜像，无校验。在成对的独立硬盘上产生互为备份的数据，提供很高的数据安全性，当某个硬盘失效，系统自动切换到其对应的镜像硬盘上读写，不需重组失效数据，成本最高。如图 3 - 217 所示。

3. RAID3

数据条带化读写，校验信息存放于专用硬盘。将数据条带化分布在不同硬盘上，使用简单的奇偶校验，校验信息存放于单块硬盘。当某个硬盘失效，校验盘与其他数据盘可以重组数据，校验盘失效则不影响数据使用。如图 3 - 218 所示。

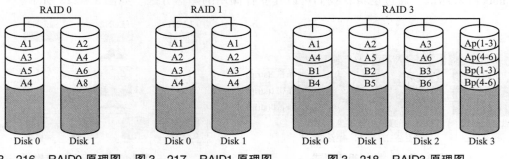

图 3 - 216　RAID0 原理图　　图 3 - 217　RAID1 原理图　　图 3 - 218　RAID3 原理图

4. RAID5

数据条带化读写，校验信息分布式存放于多个硬盘。与 RAID3 不同的是不单独指定奇偶校验盘，将校验数据和存储数据交叉存储于所有硬盘。与 RAID3 相比，最主要的区别在于 RAID3 每进行一次数据传输都要涉及所有硬盘，RAID5 大部分数据传输只对一块硬盘操作，且可并行操作。如图 3－219 所示。

5. RAID10

属于两种不同的 RAID 方式组合，先做 RAID1，后做 RAID0，同时提供数据条带化和镜像。如图 3－220 所示。

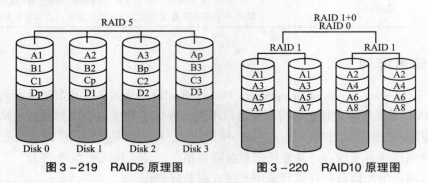

图 3－219　RAID5 原理图　　　　图 3－220　RAID10 原理图

在油田生产信息化中常用的 RAID 级别是 RAID5。

（二）基本原理

磁盘阵列使用数组方式来作磁盘组，配合数据分散排列的设计，提升数据的传输速率和安全性。通俗地讲，RAID 就是按照一定的形式和方案组织起来的存储设备。使用 RAID 如同使用一个磁盘一样，但磁盘阵列却能获取比单个存储设备更高的速度、更好的稳定性、更大的存储能力，以及一定的数据安全保护能力。

磁盘阵列将数据切割成许多区段，分别存放在各个硬盘上，通过个别磁盘提供数据所产生的加成效果来提升整个磁盘系统效能。同时，利用同位检查，在数组中任一个硬盘故障时，仍可读出数据。在数据重构后，能将数据经计算再重新置入新硬盘中。

磁盘阵列在初次使用时，需要完成初始化，将物理硬盘划分成逻辑硬盘，供服务器或应用系统使用。磁盘阵列在初始化的过程中，需要设置条带参数。如图 3－221 所示。

分块：将一个分区分成多个大小相等、地址相邻的块。是组成条带的元素。

条带：同一磁盘阵列中的多个磁盘驱动器上的相同编号的分块。

在 RAID 的基础上可以按照指定容量创建一个或多个逻辑卷，通过 LUN（Logic Unit Number）来标识。通过逻辑卷我们可以建立存储用的磁盘分区。如图 3－222 所示。

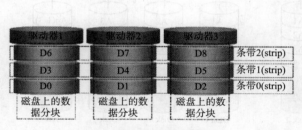

图 3－221　数据组织形式

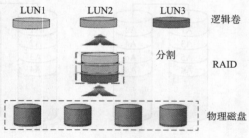

图 3－222　RAID 结构图

（三）结构与类型

1. 结 构

磁盘阵列的结构主要由磁盘阵列柜和硬盘组成。磁盘阵列柜就是装配了硬盘的外置 RAID。如图 3 - 223 所示。

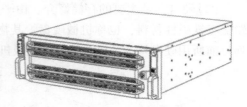

图 3 - 223 磁盘阵列柜

（1）磁盘阵列柜：装配众多硬盘的外置式磁盘阵列。具有数据存储速度快、存储容量大、热拔插等优点，所以磁盘阵列柜通常适合在企业内部的中小型中央集群网存储区域进行海量数据存储。

磁盘阵列柜作为独立系统，在主机外直连或通过网络与主机相连。常见的磁盘阵列接口有 SCSI 接口、光纤接口和网络接口，不同的端口传输速度不同。

磁盘阵列柜分为 DAS、NAS 和 SAN 三种。如图 3 - 224 所示。

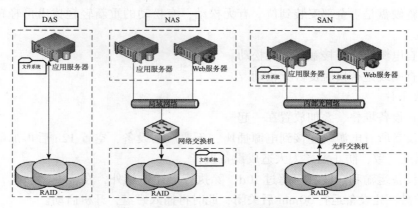

图 3 - 224 DAS/NAS/SAN 结构图

①DAS—Direct Access Storage Device 直接访问存储设备。DAS 以服务器为中心，传统的网络存储设备都是将 RAID 硬盘阵列直接连接到网络系统的服务器上，这种形式的网络存储结构称为 DAS。

②NAS—Network Attached Storage 网络附加存储设备。NAS 以数据为中心，是 Network Attached Storage 的简称，中文称为直接联网存储。在 NAS 存储结构中，存储系统不再通过 I/O 总线附属于某个特定的服务器或客户机，而是直接通过网络接口与网络直接相连，由用户通过网络访问。

③SAN—Storage Area Networks 存储区域网。SAN 以网络为中心，是一种类似于普通局域网的高速存储网络。SAN 提供了一种与现有 LAN 连接的简易方法，允许企业独立地增加它们的存储容量，并使网络性能不至于受到数据访问的影响。早期 SAN 采用光纤通道技术(FC，Fiber Channel)。这种独立的专有网络存储方式使得 SAN 具有不少优势：可扩展性高；存储硬件功能的发挥不受 LAN 的影响；易管理；集中式管理软件使得远程管理和无人值守得以实现；容错能力强。主要用于存储量大的工作环境，需求量不大且成本较高。

油田生产信息化采用 NAS 磁盘阵列柜，盘位有 12 盘位、16 盘位、24 盘位和 48 盘位，接口采用千兆网络接口，主要应用于视频监控数据存储和生产数据存储。

（2）硬盘：是主要的存储媒介，由一个或者多个铝制或者玻璃制的碟片组成，碟片外覆盖有铁磁性材料，也称机械硬盘。其物理结构包含磁头、盘片、电机和电路等。磁盘阵列目前所用硬盘均为 SATA 接口企业级机械硬盘，磁盘容量多为 4TB 或 6TB。

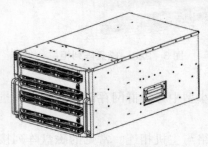

图 3 - 225　海康威视 CVR

2. 存储类型

油田生产信息化磁盘阵列柜分为视频存储和数据存储两类。

主要为海康威视 CVR 和华为磁盘阵列，下面以海康威视 CVR 为例。如图 3 - 225 所示。

（四）安装

1. 安装前检查

（1）CVR 已通过服务器机柜内的标准托盘水平放置或使用导轨机架式安装。

（2）检查硬盘是否全部安装到位、有无松动，有松动的重新轻轻拔出再轻轻插回，确保安装到位。

（3）检查电源线是否接触良好无松动。

（4）检查网线是否接触良好无松动。

2. 必要条件

（1）禁止设备堆叠、叠加放置在一起。

（2）将设备所有电源线连接到电源插座，不要启动设备，空置 12h 后再加电，确保设备和机房温度一致，防止温差太大造成设备损害。

（3）若设备运输和仓储时间超过 10d，除执行上述措施外，在第一次加电开机时不要插入任何磁盘，让设备运行 30min 后关闭，此时再插入磁盘，开机启动。

（4）机房电源系统零地之间的电压小于 1V；零线、地线连接正确。保证电源地线可靠连接，宜补充机箱接地。

3. 磁盘安装

（1）向左按压磁盘固定弹簧扣，打开拉杆，将磁盘架沿导轨从机箱中拔出。磁盘安装过程中，将磁盘放入磁盘托架后，需将磁盘拖架的四角均使用螺钉固定；螺丝应使用随机提供的硬盘安装螺丝，避免螺杆过长损伤硬盘。如图 3 - 226 所示。

（2）将固定好硬盘的硬盘架插入机箱，沿导轨推到底，并按压拉杆，以确保硬盘放到位并正常锁闭。

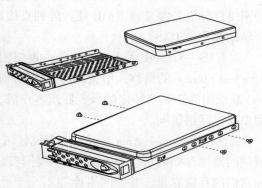

图 3 - 226　硬盘正确安装图

插入磁盘时，需尽量平稳接插到位，避免磁盘插头与机箱插座间的插接不可靠。

拔取磁盘时，需先将磁盘托架缓慢拔出约 3cm 后，将磁盘托架静置在导槽内，等待 30s 再取出（磁盘在刚断电时盘片还在高速转动，立刻拔出磁盘会对盘片造成损伤）。

（3）重复以上操作，直到所有的硬盘安装完成。

4. 注意事项

（1）设备支持磁盘热插拔，即在设备通电运行状态下，可以插拔磁盘。

（2）使用过程中尽量减少磁盘的插拔次数，频繁地插拔磁盘对磁盘的使用寿命也有一定的影响。

（3）定期查看和检验磁盘的状态，建议 2 个月至少校验一次，或者设置策略让系统自动完成。注意检验时间要尽量避开业务期。

（4）新磁盘首次插入设备后系统需要对该硬盘进行检测认证，认证该磁盘可以使用后，方可继续对该磁盘操作。

（五）软件配置

首次配置 CVR 需网络连接。为保证网络的稳定性，存储设备的 IP 地址与服务器的 IP 地址要求配置到同一网段内。如图 3 – 227 所示。

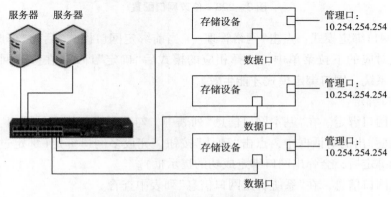

图 3 –227　网络连接示例图

1. 网络配置

存储设备网络接口分为管理网口和数据网口。管理口 IP 为 10.254.254.254，用于调试设备，一般不做连接。管理员可以通过终端设备连接管理口，对存储网络进行配置操作。

（1）网络配置：①首先为用于连接存储设备的 PC 或者笔记本电脑配置一个与 10.254.254.254 同网段的 IP 地址。②通过 PC 或者笔记本电脑，使用一根交叉网线，直接连接存储设备的管理网口。③通过 PC 或者笔记本电脑执行"ping 10.254.254.254"命令，测试验证是否与存储设备连通。④确认连通之后，通过 IE 浏览器，使用默认用户名"web_ admin"和密码"123"进入管理界面，访问存储管理系统界面（系统访问地址为 https://10.254.254.254：2004）。⑤点击"系统管理 → 网络管理"，进行网络相关配置（存储设备数据网口出厂默认 IP 地址为：192.168.0.100）。⑥假设要修改数据网口 1 的 IP 为 192.168.11.25，在如图 3 – 228 所示的"基本网口信息"菜单栏中，勾选需要进行修改的网口，点击"修改"，在弹出的"修改网口信息"页面中进行 IP 地址，网络掩码，网关地址，以及巨帧大小的设定（选择大于 1500 字节的巨帧可以有效提高传输性能；使用巨帧传输需要路由器等网络设备支持）。

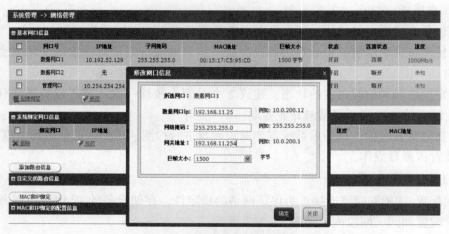

图3-228　修改网口配置

（2）设置网口绑定模式：点击"网络管理 → 当前绑定网口模式"后的"修改"按钮，在当前绑定模式对应的下拉菜单中，选择相应的模式后"确定"即可（在修改网口绑定模式后，需要重启系统，网口绑定模式才能生效）。

（3）多网口绑定：

①创建多网口绑定。在"基本网口信息"列表中，勾选要进行绑定的网口，点击"创建绑定"按钮，在弹出的对话框中，点击"确认"按钮，完成多网口绑定（绑定过程中需要等待数秒，成功绑定后，会弹出网口绑定成功的提示框）。

绑定后的网口信息，在"系统绑定网口信息"列表中查看。

②解除多网口绑定。在"系统绑定网口信息"列表中，勾选要进行解绑的网口，点击"删除"按钮，在弹出的对话框中，点击"确认"按钮，完成网口解绑（解除绑定过程需要等待数秒，成功解除绑定后，会弹出解除绑定成功的提示框）。

2. 自动配置 CVR 服务

CVR 服务的自动配置可实现一键式配置 CVR 服务，从创建 RAID 到启动 CVR 服务完全不用人工干预，当系统不满足创建 RAID 的条件时则自动使用单盘模式。目前有存储管理系统配置界面、StorOS Manager 管理工具和 4200 客户端三种实现一键配置的方式。

（1）CVR 一键配置规则：

①未认证的磁盘需要检测，坏盘和警告盘不加入存储池。

②使用的模式取决于主机头磁盘数，当主机头磁盘个数小于6h，不管扩展柜磁盘数是多少，都使用单盘模式；当主机头磁盘个数大于等于6h使用RAID模式，此种情况下，扩展柜磁盘数小于6则不加入配置。

③未初始化的磁盘需要初始化。

④16、24盘位，采用建立2组RAID5和2个全局热备盘；48盘位，采用建立4组RAID5和4个全局热备盘。

⑤存档卷默认使用一个LUN卷，RAID模式LUN卷个数小于3个时不添加存档卷，单盘模式下磁盘数小于3且LUN卷个数小于3时不添加存档卷。

注意：详细审阅判断上述规则是否满足需求，若不满足，建议手动配置。

（2）通过存储管理系统配置界面实现一键配置：

①登录到存储管理系统配置界面，若系统满足一键配置要求时，"CVR 管理 → CVR"页面中的"一键配置"按钮是激活状态，如图 3－229 所示；否则为灰色的状态。

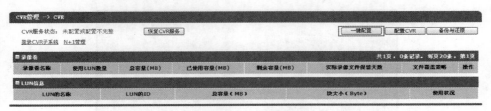

图 3－229　CVR 一键配置页面

②点击"一键配置"按钮，在弹出对话框中点击"确定"按钮后，会弹出等待对话框，如图 3－230 所示，配置 CVR 服务及录像卷、存档卷。

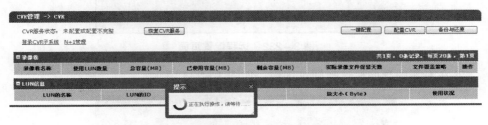

图 3－230　配置中的 CVR 一键配置页面

③等待提示成功后就可以正常使用 CVR 服务进行业务配置。

若一键配置失败，需检查系统版本是否满足要求或是否正确插入了磁盘。

（3）通过 StorOS Manager 管理工具实现一键配置：StorOS Manager 软件 CVR 一键配置，如果磁盘数量大于 6 块盘时优先创建阵列，创建阵列时非企业级的磁盘不允许创建。

①打开 StorOS Manager 软件在系统配置界面，点击"CVR 一键配置"按钮，页面显示 CVR 一键配置的过程。如图 3－231 所示，配置前，请确认存储中不存在阵列和存储池信息。

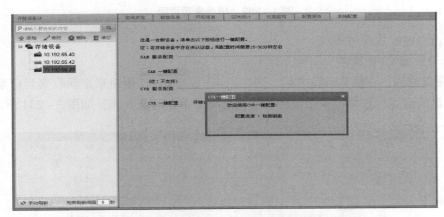

图 3－231　StorOS Manager 软件一键配置 CVR 页面

②配置完成之后，CVR 一键配置按钮显示为灰色，即不可用。

(4)通过 4200 客户端实现一键配置：

①在 4200 客户端的控制面板上点击“存储服务器管理”→选择需要配置的 CVR→点击“远程配置”出现如图 3－232 所示界面。

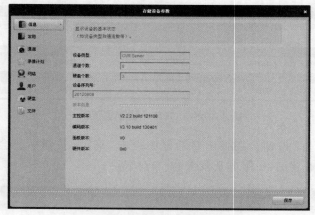

图 3－232　远程配置页面

②在左侧的导向栏选择硬盘选项，如图 3－233 所示。

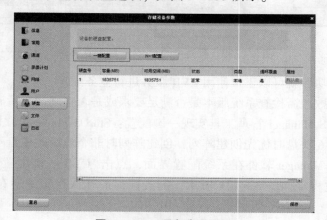

图 3－233　硬盘选项页面

③点击一键配置即可实现。

3. 手动配置 CVR 服务

(1)磁盘管理：在插入磁盘之后，通过点击“重新扫描”按钮来重新收集当前系统中所有物理磁盘的信息。正常接入系统的磁盘信息将显示在当前页面，如图 3－234 所示。

磁盘状况　重新扫描

磁盘信息　（总数：9）

□	位置	供应商	型号	容量(MB)	状态	阵组	磁盘状况
□	0/0-1	Seagate	ST32000645NS.Z1K03DGL	1,907,729	正常	空闲	查看
□	0/0-2	Seagate	ST32000645NS.9XH01HPD	1,907,729	正常	空闲	查看
□	0/0-3	Seagate	ST32000644NS.9WM6A308	1,907,729	正常	空闲	查看
□	0/0-4	Seagate	ST32000645NS.Z1K03DWV	1,907,729	正常	空闲	查看
□	0/0-5	Seagate	ST32000644NS.9WM68PQL	1,907,729	正常	空闲	查看
□	0/0-6	Seagate	ST32000645NS.9XH00J3P	1,907,729	正常	空闲	查看
□	0/0-7	Seagate	ST32000645NS.9XH00JEE	1,907,729	正常	空闲	查看
□	0/0-8	Seagate	ST32000645NS.9XH00JE5	1,907,729	正常	空闲	查看
□	0/0-9	Seagate	ST32000645NS.Z1K03F41	1,907,729	正常	空闲	查看

定位　初始化　检测

图 3－234　磁盘管理页面

磁盘检测状态有三种："未提交""等待中""检测中"，如图 3 – 235 所示。

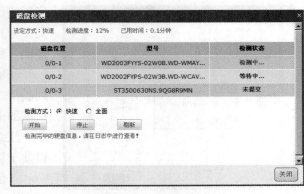

图 3 –235 磁盘检测

①未提交：当前磁盘还未进行提交检测。

②等待中：系统中已经有磁盘正在进行检测，此时选中并提交检测的磁盘，状态为"等待中"。正在检测的磁盘检测完成后，检测状态为"等待中"的磁盘才会开始进行检测。

③检测中：当前磁盘正在检测中。

检测认证方式有"快速"和"全面"两种。快速检测是对磁盘进行并行检测，检测速度快，时间短，检测结果较为准确；全面检测是对磁盘所有扇区进行串行检测，检测比较慢，周期长，检测结果最准确。

用户请根据自身需求选择使用的检测方式。首次加入存储系统中的磁盘，状态均会显示为"未认证"，如图 3 –236 所示。此类磁盘是未进行检测认证的，必须通过磁盘检测之后才能使用。

	位置	供应商	型号	容量(MB)	状态	属组	磁盘状况
□	0/0-1	WD	WD2003FYYS-02W0B.WD-WMAY...	1,907,729	未认证	空闲	查看
□	0/0-2	WD	WD2002FYPS-02W3B.WD-WCAV...	1,907,729	正常	空闲	查看
□	0/0-3	Seagate	ST3500630NS.9QG8R9MN	476,940	正常	空闲	查看
□	0/0-4	Seagate	ST31000524NS.9WK2G9D3	953,869	正常	空闲	查看
□	0/0-5	WD	WD2003FYYS-02W0B.WD-WMAY...	1,907,729	正常	空闲	查看
□	0/0-6	WD	WD2002FYPS-02W3B.WD-WCAV...	1,907,729	正常	空闲	查看
□	0/0-7	WD	WD2003FYYS-02W0B.WD-WMAY...	1,907,729	正常	空闲	查看
□	0/0-8	Seagate	ST31000524NS.9WK1C95L	953,869	正常	空闲	查看

磁盘信息 （总数：8）

图 3 –236 磁盘信息

（2）创建阵列规则：

创建阵列的时候应划分多组 RAID，如无特殊要求，应创建 RAID5，页面限制单个 RAID 最大磁盘个数为 12 个；如果只创建一个大 RAID，会出现重构时间加长，风险加大。

注意：如果使用扩展柜的情况下，机头和扩展柜的磁盘不能出现在一个 RAID 里；且机头和扩展柜的热备盘分别创建为全局热备。

对于 16 盘位创建阵列建议：（7 +8 +1）；对于 24 盘位创建阵列建议：（11 +12 +1）；对于 48 盘位创建阵列建议：（11 +11 +12 +12 +1 +1）。

（3）阵列管理：

①点击"存储管理 → 阵列管理"，进入阵列管理页面。

②点击"创建阵列"按钮，进入阵列创建页面。

③阵列名称使用数字、字母以及数字字母组合均可。阵列类型选取为下拉框方式，阵列类型有 RAID0、RAID1、RAID3、RAID5、RAID10、RAID50。具体阵列类型的选取根据

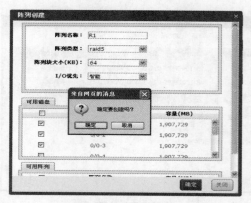

图 3 −237　创建阵列

实际应用来决定。创建阵列时，应使用同品牌、同型号且容量相同的物理盘(为了保证 RAID 的性能、稳定性以及容量的最大使用率)。

④输入要创建的阵列名称，选择相应的阵列类型、块大小及 I/O 优先，并选取阵列创建所需的磁盘，点击"确定"即可，如图3−237所示。注意：创建多组 RAID 应遵循规律命名，以便于识别和维护，例如：R1、R2、R3 等。

⑤创建成功后，阵列信息将显示在阵列信息列表中。如图3−238 所示。

存储管理 →阵列管理

创建阵列　　添加热备盘

阵列信息

	阵列名称	类型	容量(MB)	状态	晶组	维护
☐	R1	RAID5	3,815,458	初始化 进度：0.9% 余时：20小时14分钟	空闲	维护
☐	R2	RAID5	3,815,458	初始化 进度：0.9% 余时：20小时53分钟	空闲	维护
☐	R3	RAID5	3,815,458	初始化 进度：0.9% 余时：20小时14分钟	空闲	维护

✖ 删除

图3−238　阵列创建完成

(4)存储池管理：

存储池是一个物理卷列表，便于通过物理卷管理多个磁盘或 RAID 组，可将物理卷划分为多个逻辑卷提供不同存储服务。按照以下步骤添加存储池：

①当系统中存在可用的磁盘或 RAID 阵列，进入"存储管理 → 存储池管理"页面，点击"添加存储池"按钮，选择阵列，点击"确定"按钮，添加存储池成功，如图3−239 所示。

②物理卷信息显示如图3−240 所示。

③此时系统中已经有阵列"R1""R2""R3"的物理卷，可以对该卷空间进行划分，建立一些空闲的逻辑卷(LUN)。

图3−239　添加存储池

物理卷信息

	物理卷名称	设备名称	总容量(MB)	空闲容量(MB)	状态
☐	pv_ne43	R1	3,815,456	3,784,736	初始化 进度：0.9% 余时：50小时33分钟
☐	pv_ne50	R2	1,907,712	1,907,712	初始化 进度：2.1% 余时：25小时44分钟
☐	pv_ne63	R3	2,861,600	2,861,600	初始化 进度：2.0% 余时：24小时53分钟

图3−240　物理卷信息

(5)逻辑卷管理：

逻辑卷是从物理卷中划分出的用于存储服务的应用卷。按照以下步骤创建逻辑卷：

①进入"存储管理 → 逻辑卷管理"页面，点击"添加逻辑卷"，输入卷名称、卷容量，设置块大小，选择可用物理卷，点击"确定"按钮，添加逻辑成功。

注意：多组 RAID 不能跨 RAID 建立逻辑卷。如果跨 RAID 组建立逻辑卷，其中一组 RAID 状态不可用就会造成逻辑卷无法使用。

②逻辑卷创建建议遵循规则命名，有利于逻辑卷和 RAID 组间的识别和维护。例如：第一组 RAID 逻辑卷命名为 R1_ LUN1、R1_ LUN2、R1_ LUN3 等，第二组 RAID 逻辑卷命名为：R2_ LUN1、R2_ LUN2、R2_ LUN3 等。如图 3 - 241 所示。

③逻辑卷创建完成，列表如图 3 - 242 所示。

图 3 - 241　逻辑卷创建

	ID	名称	块大小(KB)	容量(MB)	物理卷	使用状况	快照数量	克隆	扩展	重命名
□	0	syj1	512	20,000	pv_ne43	空闲	0			
□	1	ylj1	512	20,000	pv_ne43	空闲	0			
□	2	syj2	512	20,000	pv_ne43	空闲	0			
□	3	ylj2	512	20,000	pv_ne43	空闲	0			
□	4	R1_lun1	512	100,000	pv_ne43	空闲	0			
□	5	R1_lun2	512	100,000	pv_ne43	空闲	0			
□	6	R1_lun3	512	100,000	pv_ne43	空闲	0			
□	7	R2_lun1	512	100,000	pv_ne52	空闲	0			
□	8	R2_lun2	512	100,000	pv_ne52	空闲	0			
□	9	R2_lun3	512	100,000	pv_ne52	空闲	0			
□	10	R3_lun1	512	100,000	pv_ne65	空闲	0			
□	11	R3_lun2	512	100,000	pv_ne65	空闲	0			
□	12	R3_lun3	512	100,000	pv_ne65	空闲	0			

图 3 - 242　逻辑卷信息列表

（6）配置 CVR 服务：

A. 配置服务要求如下：

①实现 CVR 应用需要创建私有卷和录像卷，分别实现管理和录像。

②CVR 私有卷必须建立在以企业级硬盘为基础的 RAID 所在的物理卷上，共两个私有卷；录像卷不限。

③在大容量项目中，建议配置多个录像卷，将编码器的录像压力分摊在不同的录像卷上，建议录像卷组成的单 LUN 卷的空间不大于 8TB。

④私有卷和录像卷有一定的配比关系，如果配置的多个单录像卷的合计大小超过了 60TB，那么私有卷的容量就需要配置 20GB；如果配置的多个单录像卷的合计大小超过了 120TB，那么私有卷的容量就需要配置 30GB；依次类推。

⑤分配 LUN 卷需要配置好至少 5 个空闲的逻辑卷，其中至少 4 个 LUN 需要大于等于 20GB，作为配置私有卷及其对应的私有卷预留空间使用，剩余逻辑卷作为录像卷使用。

⑥私有卷遵循规则创建，便于私有卷和录像卷间的识别。例如：建议私有卷建立在第一组 RAID 中，私有卷 1 命名为 syj1，预留卷命名为 ylj1，私有卷 2 命名为 syj2，预留卷 2 命名为 ylj2。如图 3 - 243 所示。

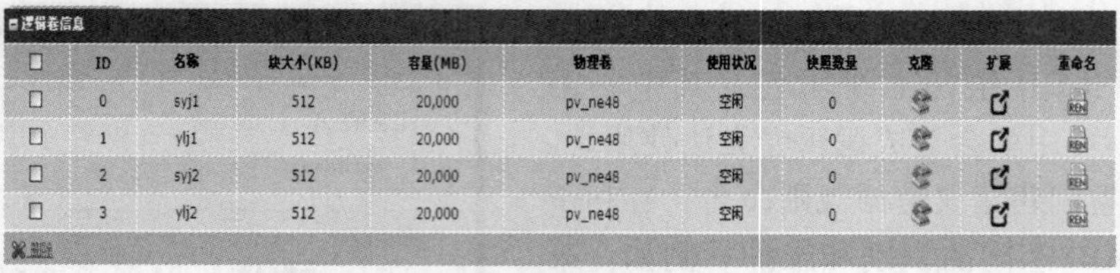

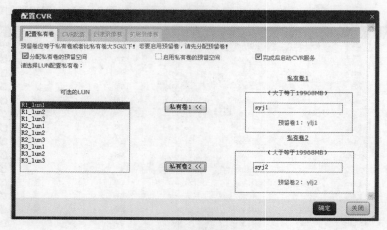

图 3 –243　创建私有卷和预留卷列表

B. 配置步骤：进入"CVR 管理 → 配置 CVR → 配置私有卷"页面，如图 3 – 244 所示，左边可选的 LUN 卷列表显示当前系统空闲的 LUN 卷，从中选择两个符合条件的 LUN 卷，分别作为私有卷 1 和私有卷 2，若存在符合条件的 LUN 卷，系统会自动将其指定为预留卷，勾选上"完成后启动 CVR 服务"，点击"确定"按钮，此时私有卷配置完成并启动 CVR 服务。

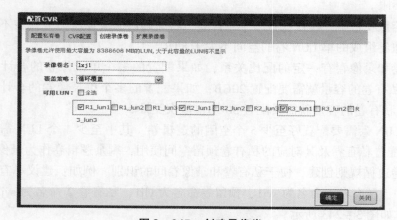

图 3 –244　配置 CVR

（7）创建录像卷：

①进入"CVR 管理 → 配置 CVR → 创建录像卷"选择可用 LUN 作为 CVR 卷进行录像卷创建，其中录像卷名称可自定义，选择覆盖策略，选择可用 LUN 后点击"确定"按钮。

②遵循规则：创建每个录像卷时使用多组 RAID 中的逻辑卷，这样可以在一组 RAID 出现问题时录像卷依然可以使用，达到分流系统压力的作用；并且采用便于识别的命名，例如 lxj1、lxj2 等。如图 3 – 245 所示。

图 3 –245　创建录像卷

（六）运行维护

1. 投用

（1）先打开电源模块开关，再打开前面板主电源开关。

（2）启动主机后，查看所有硬盘状态灯，是否全部为绿灯常亮和黄色闪烁双灯指示。

（3）确认所有硬盘运行正常后，完成启运操作。

2. 停用

（1）确认 CVR 无数据存储关联，可正常关机后登陆 CVR 的存储管理系统页面。

（2）登陆存储管理系统页面，进入"维护系统 → 系统监视"选择"关闭系统"。

（3）确认所有指示灯处于熄灭状态，完成停运操作。

3. 参数调整

CVR 存储的配置步骤如下：

（1）登陆平台，进入配置客户端的组织资源的界面，点击服务器选项，确认组织资源已添加服务器 VRM 服务后，点击添加 CVR 服务器，如图 3 − 246 所示。

图 3 −246　添加 CVR 界面

（2）配置完成后点击保存，添加成功。

（3）添加设备和监控点后，进入录像管理界面，选择监控区域，界面如图 3 − 247 所示。

图 3 −247　录像管理界面

（4）选择录像监控点打开，配置 CVR 存储，如图 3 − 248 所示。

（5）点击确定，配置成功的界面如图 3 − 249 所示。

图 3 –248　配置 CVR 存储界面

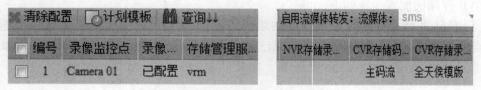

图 3 –249　CVR 存储配置成功的界面

（七）常见故障处理

磁盘阵列常见故障处理见表 3 – 38。

表 3 –38　磁盘阵列常见故障处理

故障现象	检查内容	处理方法
CVR 无法启动	市电或电源线故障	检查市电电压是否正常，电源线是否断路或接触不良
	电源模块故障	检查电源模块接入电源后指示灯是否常亮，如不亮则判断电源模块损坏(有条件可采用替换法)，需更换电源模块
	内存故障	开启机箱，拔出内存，清理内存金手指并重新插入测试，如未解决，拆除或更换该内存尝试开机
	主板故障	开启机箱，加电查看主板指示灯是否常亮，如不亮则联系 CVR 厂商上门检修
数据无法存储	磁盘掉线达到两块以上	关闭主机，联系 CVR 厂商上门检修
	CVR 异常掉电	
	RAID 板卡故障	
	系统故障	

第四章 网络传输系统

网络传输系统是利用通信设备和线路将地理位置不同的、功能独立的多个计算机系统连接起来，以功能完善的网络软件实现网络的硬件、软件及资源共享和信息传递的系统。接单地说即连接两台或多台计算机进行通信的系统。

网络传输系统在油田生产信息化中起到重要的桥梁和纽带作用。

第一节 网络技术基础

一、网络的基本概念

网络就是把分布在不同地理区域的计算机与专门的外部设备用通信线路互联成一个规模大、功能强的网络系统，从而使众多的计算机可以方便地互相传递信息，共享硬件、软件、数据信息等资源。通俗来说，网络就是通过电缆、电话线或无线通信等互联的计算机的集合。

二、网络的分类

按照计算机网络的地理覆盖范围，可分为局域网、城域网和广域网。

按照网络构成的拓扑结构，可分为总线形、星形、环形和树形等。

按照网络服务的提供方式，可分为对等网络、服务器网络。

按照介质访问协议，可分为以太网、令牌环网、令牌总线网。

分类标准还有很多，在此只介绍一些常见的分类方案，如图4－1所示。

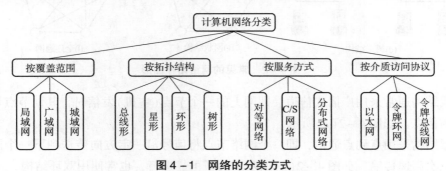

图4－1 网络的分类方式

1. 按区域规模分类

按计算机联网的区域大小，我们可以把网络分为局域网（LAN，Local Area Network）、广域网（WAN，Wide Area Network）和城域网（Metropolis Area Network）。

局域网(LAN)是指在一个较小地理范围内的各种计算机网络设备互联在一起的通信网络，可以包含一个或多个子网，通常局限在几千米的范围之内。如在一个房间、一座大楼，或是在一个校园内的网络就称为局域网。

广域网(WAN)连接地理范围较大，常常是一个国家或是一个洲。其目的是为了让分布较远的各局域网互联。我们平常讲的 Internet 就是最大、最典型的广域网。

局域网、城域网和广域网的比较见表 4−1。

表 4−1　局域网、城域网和广域网的比较

类型	覆盖范围	传输速率	误码率	终端数目	传输介质	所有者
LAN	<10km	很高	$10^{-11} \sim 10^{-8}$	$10 \sim 10^3$	双绞线、同轴电缆、光纤	专用
MAN	几百千米	高	$<10^{-9}$	$10^2 \sim 10^4$	光纤	公/专用
WAN	很广	低	$10^{-7} \sim 10^{-6}$	极多	公共传输网	公用

2. 按拓扑结构分类

网络拓扑是指由各种设备、线缆、标识构成的用来描述网络逻辑架构的图。网络拓扑结构形象地描述了网络的安排和配置方式，以及各节点之间的相互关系。设计一个网络的时候，应根据自己的实际情况选择正确的拓扑方式。

按网络拓扑结构分类，可分为星形网络、环形网络、总线形网络等形式，具体如图 4−2所示。

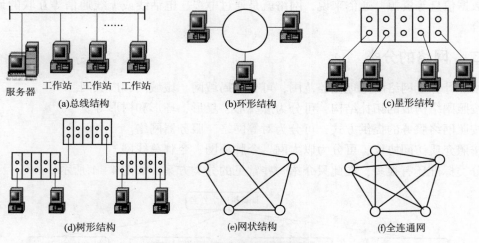

(a)总线结构　　(b)环形结构　　(c)星形结构

(d)树形结构　　(e)网状结构　　(f)全连通网

图 4−2　常见的网络拓扑图形

总线结构通常采用广播式信道，即网上的一个节点(主机)发信时，其他节点均能接收总线上的信息，如图 4−2(a)所示。

环形结构采用点到点通信，即一个网络节点将信号沿一定方向传送到下一个网络节点在环内依次高速传输，如图 4−2(b)所示。为了可靠运行，也常使用双环结构。

星形结构中有一中心节点(集线器 HUB)，执行数据交换网络控制功能。如图 4−2(c)所示，这种结构易于实现故障隔离和定位，但它存在瓶颈问题，一旦中心节点出现故障，将导致网络失效。为了增强网络可靠性，应采用容错系统，设立热备用中心节点。

树形结构类似树的分叉，从顶部开始向下逐步分层，有时也称为层形结构，如图 4−2

（d）所示。这种结构中执行网络控制功能的节点常处于树的顶点，在树枝上很容易增加节点，扩大网络，但同样存在瓶颈问题。

网状结构的特点是节点的用户数据可以选择多条路由通过网络，网络的可靠性高，但网络结构、协议复杂，如图4-2（e）所示。目前大多数复杂交换网都采用这种结构。当网络节点为交换中心时，常将交换中心互连成全连通网，如图4-2（f）所示。

3. 按传输介质分类

按传输介质分为有线网络、无线网络。

有线网络是指采用双绞线和光纤等有线传输媒介来连接的计算机网络。

无线网络是指采用电磁波等无线传输媒介来连接的计算机网络。

三、网络协议

网络上的计算机之间是如何交换信息的呢？就像我们说话用某种语言一样，在网络上的各台计算机之间也有一种语言，这就是网络协议。不同的计算机之间必须使用相同的网络协议才能进行通信。

1. OSI 模型

国际标准化组织 ISO 于 1984 年提出了 OSI RM（Open System Interconnection Reference Model，开放系统互连参考模型）。OSI 把网络按照层次分为七层，由下到上分别为物理层、数据链路层、网络层、传输层、会话层、表示层、应用层。每层的功能、协议及典型设备见表4-2。

表4-2　OSI 网络层级

名称	功能	协议	设备
应用层	为应用程序提供网络服务	FTP、Telnet、SMTP 等	
表示层	数据格式化、加密、解密	JPEG、ASCLL 等	
会话层	建立、维护、管理会话连接	SQL、NFS 等	
传输层	建立、维护、管理端到端连接	TCP、UDP 等	
网络层	IP 寻址和路由选择	IP、IPSec、ICMP、IGMP、OSPF 等	路由器
数据链路层	控制网络层与物理层之间通信	802.3、Ethernet Ⅱ、PPP 等	交换机
物理层	比特流传输	EIA/TIA-232、RJ45 等	集线器

由表4-2可以看出，集线器属于物理层，是一层设备；一般来说，常用的交换机属于数据链路层，是二层设备；路由器属于网络层，是三层设备。

2. TCP/IP 参考模型

TCP/IP 模型是在有协议后建立的模型，更适用于 TCP/IP 网络。TCP/IP（Transmission Control Protocol/Internet Protocol）是目前使用最广泛的协议，该协议灵活，支持不同种类、任意规模的网络之间的联网。TCP/IP 模型和 OSI 参考模型之间有一个对应关系，如图4-3所示。

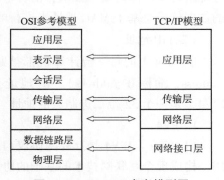

图4-3　TCP/IP 参考模型图

TCP/IP 模型将网络分为四层。该模型的核心是网络层和传输层，网络层解决网络之间的逻辑转发问题，传输层保证源端到目的端之间的可靠传输。

TCP/IP 模型中所涉及的协议称为 TCP/IP 协议簇，包含了 TCP、IP、UDP、Telnet、FTP、SMTP 等上百个互为关联的协议，其中 TCP 和 IP 是最常用的两种底层协议。

TCP/IP 协议栈各层作用如图 4 – 4 所示。

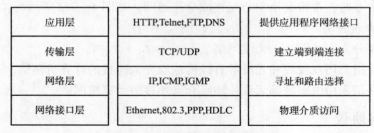

应用层	HTTP,Telnet,FTP,DNS	提供应用程序网络接口
传输层	TCP/UDP	建立端到端连接
网络层	IP,ICMP,IGMP	寻址和路由选择
网络接口层	Ethernet,802.3,PPP,HDLC	物理介质访问

图 4 – 4　TCP/IP 协议栈作用

四、网络地址

网络地址(Network Address)是互联网上的节点在网络中具有的逻辑地址。互联网络是由互相连接的带有连接节点的 LAN 组成的。

网络地址类型主要有 MAC 地址和 IP 地址。每个设备都有一个唯一的物理地址连接到具有 MAC 层地址的网络。每个设备接入网络都有一个逻辑互联网络地址(IP 地址)。因为一个网络地址可以根据逻辑分配给任意一个网络设备，所以又叫逻辑地址。

MAC 地址是指 Ethernet 协议使用的地址，用于网络通信。IP 地址是指 Internet 协议使用的地址，用于确定网络设备位置的逻辑地址。IP 地址与 MAC 地址之间没有必然的联系。

(一)物理地址

物理地址又称 MAC 地址，固化在服务器、PC 机网卡或网络设备的网络接口中，是一个网络设备的唯一标志，在一个网络中底层进行数据转发时标明源地址和目的地址。

网络设备的 MAC 地址是全球统一的，MAC 地址长度为 48bit，通常用十六进制表示。MAC 地址包含两部分：前 24bit 是组织唯一标识符，由 IEEE(Institute of Electrical and Electronics Engineers，电气和电子工程师协会)统一分配给设备制造商；后 24 位序列号是厂商分配给每个产品的唯一数值，由各个厂商自行分配。数据链路层的数据传输，也就是二层的数据传输是基于 MAC 地址来进行的。

(二)IP 地址

Internet 上的每一台计算机都被赋予一个世界上唯一的 Internet 地址(Internet Protocol Address，简称 IP Address)。IP 地址有 IPV4 和 IPV6 两种协议标准，目前常用的标准是 IPV4，是一个 32 位二进制数的地址。

1. IPV4

(1)定义：IPV4 是互联网协议(Internet Protocol，IP)的第四版，也是第一个被广泛使用，构成现今互联网技术的基础的协议。

(2)地址格式及分类：IPV4 地址用四段 8 位二进制数字表示，每组数字介于 0 ~ 255 之间。

IP 地址分为以下几类：

A 类：0.0.0.0 ~ 127.255.255.255；

B 类：128.0.0.0 ~ 191.255.255.255；

C 类：192.0.0.0 ~ 223.255.255.255；

D 类：224.0.0.0 ~ 239.255.255.255；

E 类：240.0.0.0 ~ 255.255.255.255。

A、B、C 类地址为可分配 IP 地址，D 类为组播地址，E 类保留。

IP 地址需要和子网掩码一起使用，子网掩码的作用就是区分网络部分和主机部分。子网掩码与 IP 地址的表示方法相同。每个 IP 地址和子网掩码一起可以用来唯一标识一个网段中的某台网络设备。子网掩码中的 1 表示网络位，0 表示主机位。A 类地址默认子网掩码 255.0.0.0，B 类地址默认子网掩码 255.255.0.0，C 类地址默认子网掩码 255.255.255.0。如图 4 - 5 所示。

每个网段上都有两个特殊地址不能分配给主机或网络设备。第一个是网络地址，该 IP 地址的主机位全为 0（如 *.*.*.0），表示一个网段；第二个是广播地址，广播地址的主机位全为 1（如 *.*.*.255）；除了这两个地址，网段内其他地址都可以使用。

图 4 - 5 网络与广播地址

IPV4 地址所能支持的最大地址数为 4294967296 个，现在世界上所有终端系统和网络设备总数已经超过了这个数。为了节省地址资源，A、B、C 类地址段中三个地址块被保留作专用网络。这些地址块在专用网络之外不可路由，专用网络之内的主机也不能直接与公共网络通信。但通过网络地址转换（NAT），使用这些地址的主机可以像拥有共有地址的主机在互联网上通信。

私有地址范围如下：

10.0.0.0 ~ 10.255.255.255

172.16.0.0 ~ 172.31.255.255

192.168.0.0 ~ 192.168.255.255

当前，油田生产、办公网络中普遍使用 10.0.0.0 ~ 10.255.255.255 间的私有地址。

（3）子网划分：如果企业网络中希望通过规划多个网段来隔离物理网络上的主机，使用此类 IP 会存在一定的局限性，导致网段中地址使用率低。目前多采用改变子网掩码的方式来隔离主机，通过改变子网掩码，将网络划分为多个子网，缓解使用缺省子网掩码导致的地址浪费问题，还可以使 IP 地址更加便于管理和控制。

C 类地址子网划分及相关子网掩码见表 4 - 3。

表4-3　C类地址子网划分及相关子网掩码

子网掩码	主机数	可用主机数
255.255.255.128	128	126
255.255.255.192	64	62
255.255.255.224	32	30
255.255.255.240	16	14
255.255.255.248	8	6
255.255.255.252	4	2

例如被分配了一个C类地址，网络号为192.168.10.0，因网络需要，要将其划分为三个子网使用。其中一个子网有100台主机，其余的两个子网有50台主机。我们知道一个C类地址有254个可用地址，那么如何选择子网掩码呢？我们可按照下表中的规则将地址划分为三个子网。

子网号	子网掩码	IP地址范围	默认网关	可用主机数
1	255.255.255.128	192.168.10.0 ~ 192.168.10.127	192.168.10.1	126
2	255.255.255.192	192.168.10.128 ~ 192.168.10.191	192.168.10.129	62
3	255.255.255.192	192.168.10.192 ~ 192.168.10.255	192.168.10.193	62

通过上表可看出，一个C类地址被划分为三个子网，其中一个子网有126个可用主机地址，另外两个子网各有62个可用主机地址，这样就达到了要求。

2. IPV6

当前广泛使用的IPV4以其协议简单、易于实现、互操作性好的优势而得到快速发展。然而，随着因特网的迅猛发展，IPV4地址不足等设计缺陷也日益明显。IPV4理论上仅仅能够提供的地址数量是43亿，但是由于地址分配机制等原因，实际可使用的数量还远远达不到43亿。IPV6的应用，不仅能解决网络地址资源数量的问题，而且也解决了多种接入设备连入互联网的障碍。

（1）定义：IPV6是Internet工程任务组（IETF）设计的一套规范，它是网络层协议的第二代标准协议，也是IPV4（Internet Protocol Version 4）的升级版本。IPV6与IPV4的最显著区别是，IPV4地址采用32bit标识，而IPV6地址采用128bit标识。128bit的IPV6地址可以划分更多地址层级、拥有更广阔的地址分配空间，并支持地址自动配置。IPV4与IPV6对比见表4-4。

表4-4　IPV4与IPV6对比

版本	长度	地址数量
IPV4	32bit	4294967296
IPV6	128bit	340282366920938463374607431768211456

（2）地址格式：IPV6地址长度为128bit，每16bit划分为一段，每段由4个十六进制数表示，并用冒号隔开，八组16位的无符号整数共同组成了一个128bit的IPV6地址，如下所示：

2001：xxxx：xxxx：xxxx：xxxx：xxxx：xxxx：xxxx

一个 IPV6 地址由 IPV6 地址前缀和接口标识组成，IPV6 地址前缀用来标识 IPV6 网络，相当于 IPV4 中的网络 ID；接口标识用来标识接口，相当于 IPV4 中的主机 ID。

由于 IPV6 地址长度为 128bit，书写时会非常不方便。此外，IPV6 地址的巨大地址空间使得地址中往往会包含多个 0。为了应对这种情况，提供了压缩方式来简化地址的书写。压缩规则如下：每 16bit 组中的前导 0 可以省略；地址中包含的连续两个或多个均为 0 的组，可以用双冒号"：："来代替。

需要注意的是，在一个 IPV6 地址中只能使用一次双冒号"：："，否则，设备将压缩后的地址恢复成 128 位时，无法确定每段中 0 的个数。下面示例展示了如何利用压缩规则对 IPV6 地址进行简化表示。

2001：0DB8：0000：0000：0000：0000：0346：8D58

2001：DB8：0：0：0：0：346：8D58

2001：DB8：：346：8D58

（3）IPV6 地址分类：IPV6 地址分为单播地址、任播地址、组播地址三种类型，见表4-5。

表4-5　IPV6 地址类型表

地址范围	描述
2000：：/3	全球单播地址
2001：0DB8：：/32	保留地址
FE80：：/10	链路本地地址
FF00：：/8	组播地址
：：/128	未指定地址
：：1/128	环回地址

A. IPV6 单播地址：单播地址主要包含全球单播地址和链路本地地址。全球单播地址（例如 2000：：/3）带有固定的地址前缀，即前三位为固定值 001。其地址结构是一个三层结构，依次为全球路由前缀、子网标识和接口标识。全球路由前缀由 RIR 和互联网服务供应商（ISP）组成，RIR 为 ISP 分配 IP 地址前缀。子网标识定义了网络的管理子网。

链路本地单播地址的前缀为 FE80：：/10，表示地址最高 10 位值为 1111111010。前缀后面紧跟的 64 位是接口标识，这 64 位已足够主机接口使用，因而链路本地单播地址的剩余 54 位为 0。本示例展示了上述两种单播地址类型。如图 4-6 所示。

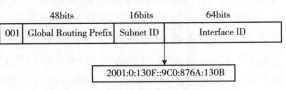

图4-6　IPV6 单播地址示例图

链路本地单播地址前缀为 FE80：：/10，类似 IPV4 中的私有地址。

B. IPV6 组播地址：IPV6 的组播与 IPV4 相同，用来标识一组接口，一般这些接口属于不同的节点。一个节点可能属于 0 到多个组播组。目的地址为组播地址的报文会被该组播地址标识的所有接口接收。

一个 IPV6 组播地址是由前缀、标志（Flag）字段、范围（Scope）字段以及组播组 ID（Group ID）4 个部分组成。如图 4-7 所示。

8bits	4bits	4bits	112bits
11111111	Flags	Scope	Group 1D

图4－7　IPV6 组播地址示例图

①前缀：IPV6 组播地址的前缀是 FF00∷/8(1111 1111)，所有 IPV6 组播地址都以 FF 开始。

②标志字段(Flag)：长度 4bit，目前只使用了最后一个比特(前三位必须置 0)，当该位值为 0 时，表示当前的组播地址是由 IANA 所分配的一个永久分配地址；当该值为 1 时，表示当前的组播地址是一个临时组播地址(非永久分配地址)。

③范围字段(Scope)：长度 4bit，用来限制组播数据流在网络中发送的范围。IPV6 组播地址范围字段表见表4－6。

表4－6　IPV6 组播地址范围字段表

地址范围	描述
FF02∷1	链路本地范围所有节点
FF02∷2	链路本地范围所有路由器

④组播组 ID(Group ID)：长度 112bit，用以标识组播组。目前，RFC2373(IPV6 寻址体系结构)并没有将所有的 112 位都定义成组标识，而是建议仅使用该 112 位的最低 32 位作为组播组 ID，将剩余的 80 位都置 0。这样，每个组播组 ID 都可以映射到一个唯一的以太网组播 MAC 地址。

C. IPV6 任播地址：任播地址标识一组网络接口(通常属于不同的节点)。目标地址是任播地址的数据包将发送给其中路由意义上最近的一个网络接口。任播过程涉及一个任播报文发起方和一个或多个响应方。任播报文的发起方通常为请求某一服务的主机或请求返还特定数据(例如，HTTP 网页信息)的主机。任播地址与单播地址在格式上无任何差异，唯一的区别是一台设备可以给多台具有相同地址的设备发送报文。

企业网络中运用任播地址有很多优势，其中一个优势是业务冗余。比如，用户可以通过多台使用相同地址的服务器获取同一个服务(例如，HTTP)，这些服务器都是任播报文的响应方。如果不是采用任播地址通信，当其中一台服务器发生故障时，用户需要获取另一台服务器的地址才能重新建立通信。如果采用的是任播地址，当一台服务器发生故障时，任播报文的发起方能够自动与使用相同地址的另一台服务器通信，从而实现业务冗余。使用多服务器接入还能够提高工作效率。例如，用户(即任播地址的发起方)浏览公司网页时，与相同的单播地址建立一条连接，连接的对端是具有相同任播地址的多个服务器。用户可以从不同的镜像服务器分别下载 html 文件和图片。用户利用多个服务器的带宽同时下载网页文件，其效率远远高于使用单播地址进行下载。如图4－8所示。

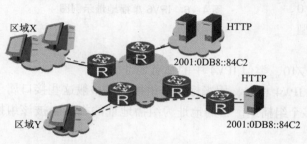

**图4－8　配置任播地址的服务器
提供冗余和负载分担示例图**

3. IPV4 与 IPV6 的主要区别

IPV4 与 IPV6 的主要区别见表 4 - 7。

表 4 - 7　IPV4 与 IPV6 的主要区别

描述	IPV4	IPV6
地址	1. 长度为 32 位(4 个字节)，地址由网络和主机部分组成，这取决于地址类； 2. IPV4 地址的文本格式为 nnn. nnn. nnn. nnn，其中 0 < = nnn < = 255，而每个 n 都是十进制数	1. 长度为 128 位(16 个字节)，基本体系结构的网络数字为 64 位，主机数字为 64 位； 根据子网前缀，IPV6 的体系结构比 IPV4 的体系结构更复杂； 2. IPV6 地址的文本格式为 xxxx：xxxx：xxxx：xxxx：xxxx：xxxx：xxxx：xxxx，其中每个 x 都是十六进制数，表示 4 位
地址分配	最初，按网络类分配地址。随着地址空间的消耗，使用"无类域间路由"(CIDR)进行更小的分配。没有在机构和国家或地区之间平均分配地址	分配尚处于早期阶段。因特网工程任务组织(IETF)和因特网体系结构委员会(IAB)建议基本上为每个组织、家庭或实体分配一个/48 子网前缀长度。它将保留 16 位供组织进行子网划分。地址空间是足够大的，可为世界上每个人提供一个其自己的/48 子网前缀长度
地址生存期	通常，除使用 DHCP 分配的地址之外，此概念不适用于 IPV4 地址	IPV6 地址有两个生存期：首选生存期和有效生存期，而首选生存期总是小于等于有效生存期； 首选生存期到期后，如果有同样好的首选地址可用，那么该地址便不再用作新连接的源 IP 地址；有效生存期到期后，该地址不再用作入局信息包的有效目标 IP 地址或源 IP 地址； 根据定义，某些 IPV6 地址有无限多个首选生存期和有效生存期，如本地链路(请参阅地址作用域)
地址掩码	用于从主机部分指定网络	未使用
地址前缀	有时用于从主机部分指定网络，有时根据地址的表示格式写为/nn 后缀	用于指定地址的子网前缀。按照打印格式写为/nnn(最多 3 位十进制数字，0 < = nnn < = 128)后缀。例如 fe80：：982：2a5c/10，其中前 10 位组成子网前缀
地址解析协议(ARP)	IPV4 使用 ARP 来查找与 IPV4 地址相关联的物理地址(如 MAC 或链路地址)	IPV6 使用因特网控制报文协议版本 6(ICMPV6)将这些功能嵌入到 IP 自身作为无状态自动配置和邻节点发现算法的一部分，因此，不存在类似于 ARP6 之类的东西
地址类型	IPV4 地址分为三种基本类型：单点广播地址、多点广播地址和广播地址	IPV6 地址分为三种基本类型：单点广播地址、多点广播地址和任意广播地址
配置	新安装的系统必须在进行配置之后才能与其他系统通信；即必须分配 IP 地址和路由	根据所需的功能，配置是可选的，IPV6 可与任何以太网适配器配合使用并且可通过回送接口运行，IPV6 接口是使用 IPV6 无状态自动配置进行自我配置的，还可手工配置 IPV6 接口，这样，根据网络的类型以及是否存在 IPV6 路由器，系统将能与其他本地和远程的 IPV6 系统通信
动态主机配置协议(DHCP)	DHCP 用于动态获取 IP 地址及其他配置信息，IBMi 支持对 IPV4 使用 DHCP 服务器	通过 IBMi 实现的 DHCP 不支持 IPV6。但是，可以使用 ISCDHCP 服务器实现
IP 报头	根据提供的 IP 选项，有 20 ~ 60 个字节的可变长度	40 个字节的固定长度，没有 IP 报头选项，通常，IPV6 报头比 IPV4 报头简单

描述	IPV4	IPV6
IP 报头选项	IP 报头（在任何传输报头之前）可能附带各种选项	IPV6 报头没有选项，而 IPV6 添加了附加（可选）的扩展报头，扩展报头包括 AH 和 ESP、逐跳扩展、路由、分段和目标
IP 报头协议字节	传输层或信息包有效负载的协议代码，例如 ICMP	报头类型紧跟在 IPV6 报头后面，使用与 IPV4 协议字段相同的值，此结构的作用是允许以后的报头使用当前定义的范围并且易于扩展，下一个报头将是传输报头、扩展报头或 ICMPV6
LAN 连接	LAN 连接由 IP 接口用来到达物理网络，存在许多类型，例如，令牌环和以太网。有时，它称为物理接口、链路或线路	IPV6 可与任何以太网适配器配合使用并且可通过虚拟以太网在逻辑分区间使用
回送地址	回送地址是地址为 127. *. *. *（通常是 127.0.0.1）的接口，只能由节点用来向自身发送信息包，该物理接口被命名为 * LOOPBACK	与 IPV4 的概念相同，单个回送地址为 0000：0000：0000：0000：0000：0000：0000：0001 或：：1（简短版本），虚拟物理接口被命名为 * LOOPBACK
最大传输单元(MTU)	链路的最大传输单元是特定链路类型（如以太网或调制解调器）支持的最大字节数。对于 IPV4，最小值一般为 576	IPV6 的 MTU 下限为 1280 个字节，也就是说，IPV6 不会在低于此极限时对信息包分段，要通过字节数小于 1280 的 MTU 链路发送 IPV6，链路层必须以透明方式对 IPV6 信息包进行分段及合并
网络地址转换(NAT)	集成到 TCP/IP 中的基本防火墙功能，是使用 IBM Navigator for i 配置的	目前 NAT 不支持 IPV6，由于 IPV6 扩展了地址空间，这样就解决了地址短缺问题并使重新编号变得更加容易，通常 IPV6 不需要 NAT
端口	TCP 和 UDP 有独立的端口空间，分别由范围为 1 - 65535 之间的端口号标识	对于 IPV6，端口的工作与 IPV4 相同。因为它们处于新地址系列，现在有四个独立的端口空间，例如，有应用程序可绑定的两个 TCP 端口 80 空间，一个在 AF_ INET 中，一个在 AF_ INET6 中

4. 网络通信模式

计算机网络有三种通信模式：单播、广播和组播。而在广播时就会产生广播域和冲突域。

（1）网络中有三种通信模式：单播、广播和组播。①单播：是指从单一的源端发送到单一的目的端，即一对一。②广播：是指从单一的源端发送到所有终端，即一对所有。③组播：指从单一的源端发送到部分终端，可以理解为选择性广播，即一对多。

（2）冲突域和广播域：

①冲突域：是指同一物理网段上所有设备的集合。处在同一个冲突域当中的设备，同一时间只能由一个设备来发送数据，如果同时有两个设备来发送数据，就会产生冲突，造成数据丢失。②广播域：是指接收同样广播消息的设备的集合。处在同一个广播域当中的设备，都必须监听所有的广播包，没有例外。许多设备都容易产生广播，如果不进行维

护，广播会消耗掉大量的带宽，降低网络的效率。

由于冲突域和广播域的存在，为了保证网络质量，我们应当合理地进行网络规划。通常来说，冲突域是基于第一层（物理层）的，广播域是基于第二层（数据链路层）的，集线路（HUB）属于第一层设备，因此不能分割冲突域和广播域，交换机和网桥属于第二层设备，可以分割冲突域，路由器属于第三层设备，可以分割冲突域和广播域。

（三）VLAN 划分

随着网络中计算机数量越来越多，传统的网络开始面临冲突严重、广播泛滥以及安全性无法保障等各种问题。而 VLAN 技术的出现，一定程度上解决了这些问题。

VLAN（Virtual Loacl Area Network）即虚拟局域网，是将一个物理的局域网在逻辑上划分成多个广播域的技术。通过在交换机上配置 VLAN，可以实现在同一个 VLAN 内的用户二层互访，而不同 VLAN 间的用户被二层隔离。不同的广播域之间想要通信，需要通过一个或多个路由器。这样既能够隔离广播域，又能够提升网络的安全性。如图 4-9 所示。

VLAN 技术部署在数据链路层，用于隔离二层流量。图 4-9中，原本属于同一个广播域的主

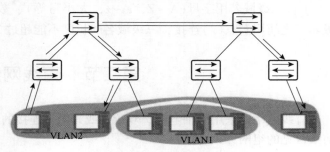

图 4-9　VLAN 示意图

机被划分到了 VLAN1 和 VLAN2 中。同一个 VLAN 内部的主机可以二层互访，VLAN1 和 VLAN2 之间的主机不能实现二层互访。

（四）域名

域名（Domain Name）是由一串用点分隔的名字组成的 Internet 上某一台计算机或计算机组的名称。用于在数据传输时标识计算机的电子方位（有时也指地理位置，地理上的域名，指代有行政自主权的一个地方区域，如 *.cn 即中华人民共和国国家及地区顶级域的域名）。一个域名的目的是成为便于记忆和沟通的一组服务器的地址（如网站、电子邮件、FTP 等），世界上第一个注册的域名是在 1985 年 1 月注册的。

尽管 IP 地址能够唯一地标识网络上的计算机，但由于 IP 地址是数字型的，用户记忆十分不方便，于是人们又发明了另一套字符型的地址方案，即域名地址。IP 地址和域名是一一对应的。域名地址的信息存放在域名服务器（DNS，Domain Name Server，提供 IP 地址和域名之间的转换服务的服务器）内，使用者只需了解易记的域名地址，其对应转换工作就留给了域名服务器 DNS。

域名地址是从右至左来表述其意义的，最右边的部分为顶层域，最左边的则是这台主机的机器名称。一般域名地址可表示为：主机机器名.单位名.网络名.顶层域名。如：www.zyyt.sinopec.com，其中 zyyt 为主机名，.com 为顶层域名。

域名可分为不同级别，包括顶级域名、二级域名、三级域名等。

（1）顶级域名分为两类：

一是国家顶级域名（national top-level domainnames，简称 nTLDs），200 多个国家都按照 ISO3166 国家代码分配了顶级域名（例如中国是 cn，美国是 us 等）。

二是国际顶级域名(international top – level domain names,简称iTDs),例如:表示工商企业的.com,表示网络提供商的.net,表示非盈利组织的.org等。

(2)二级域名是指顶级域名之下的域名,在国际顶级域名下,它是指域名注册人的网上名称,例如:ibm,yahoo,microsoft等;在国家顶级域名下,它是表示注册企业类别的符号,例如:edu,gov等。

中国在国际互联网络信息中心(Inter NIC)正式注册并运行的顶级域名是cn,这也是中国的一级域名。在顶级域名之下,中国的二级域名又分为类别域名和行政区域名两类。类别域名共6个,包括用于科研机构的ac;用于工商金融企业的com;用于教育机构的edu;用于政府部门的gov;用于互联网络信息中心和运行中心的net;用于非盈利组织的org。而行政区域名有34个,分别对应于中国各省、自治区和直辖市。

(3)三级域名用字母(A~Z,a~z,大小写等)、数字(0~9)和连接符(—)组成,各级域名之间用实点(.)连接,三级域名的长度不能超过20个字符。

第二节　有线网络

有线网络即采用同轴电缆、双绞线或光缆来连接的计算机网络。采用双绞线连接是目前最常见的组网方式。

一、网络的基本构件

网络的基本构件有计算机、传输媒体、网络适配器、网络连接设备和网络操作系统等。

二、有线网络的传输媒介

有线网络常见的传输媒介有同轴电缆、双绞线和光缆。

(一)同轴电缆

同轴电缆可分为两类:粗缆和细缆。这种电缆在实际应用中很广,比如有线电视网就是使用同轴电缆。不论是粗缆还是细缆,其中央都是一根铜线,外面包有绝缘层。同轴电缆由内部导体环绕绝缘层以及绝缘层外的金属屏蔽网和最外层的护套组成,如图4-10所示。这种结构的金属屏蔽网可防止中心导体向外辐射电磁场,也可用来防止外界电磁场干扰中心导体的信号。

采用同轴电缆组网,除需要电缆外,还需要BNC头、T形头及终端匹配器等,使用同轴电缆组网的网卡必须带有同轴连接接口。如图4-11所示。

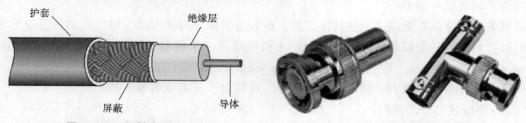

图4-10　同轴电缆图　　　　　　　　图4-11　同轴电缆接口图

同轴电缆的传输性能：最大的干线段长度 185m，每条干线段支持的最大结点数 30 个，BNC、T 形连接器之间的最小距离 0.5m。

(二)双绞线

双绞线一般称为网线，是将双绞线封装在一个绝缘外套中而形成的一种传输介质，是目前有线网络最常用的一种布线材料。双绞线中的每一对都是由两根绝缘铜导线相互缠绕而成的，这是为了降低信号的干扰程度而采取的措施。双绞线一般用于星形网络的布线连接，两端安装有 RJ－45 网络接头（俗称水晶头），单根最大传输距离 100m。如果要加大网络的距离，在两段双绞线之间可安装不多于 4 个中继器，最大传输距离可达 500m。如图 4－12 所示。

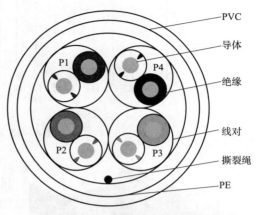

图 4－12　双绞线结构示意图

1. 双绞线的分类

双绞线分为非屏蔽双绞线(UTP，Unshielded Twisted Pair) 和屏蔽双绞线(STP，Shielded Twisted Pair) 两大类，局域网中非屏蔽双绞线与屏蔽双绞线分为三类、四类、五类和超五类、六类等。屏蔽双绞线内有一层金属隔离膜，在数据传输时可减少电磁干扰，稳定性较高。如图 4－13 所示。

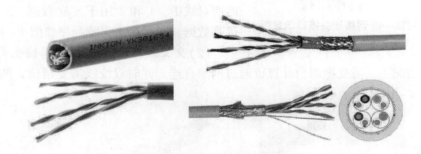

图 4－13　非屏蔽双绞线和屏蔽双绞线

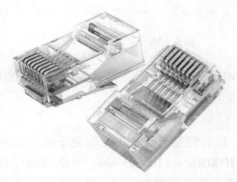

图 4－14　RJ－45 水晶头

目前，局域网中常用到的双绞线一般都是非屏蔽的超五类(cat5e) 或六类(cat6) 线。超五类和六类双绞线传输速率均可达到 1000Mbps。但与超五类双绞线相比，六类双绞线传输频率更大，在传送信号时衰减更小，抗干扰能力更强。

使用双绞线组网，双绞线和其他网络设备连接必须采用 RJ－45 网络接头。如图 4－14 所示。

2. 双绞线线序和 RJ-45 接口引脚序号(图4-15)

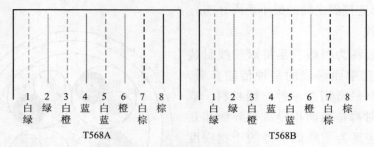

1	2	3	4	5	6	7	8
白	绿	白	蓝	白	橙	白	棕
绿		橙		蓝		棕	

T568A

1	2	3	4	5	6	7	8
白	绿	白	蓝	白	橙	白	棕
绿		橙		蓝		棕	

T568B

图4-15 网络接头接法

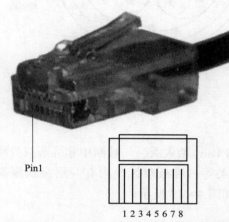

Pin1

1 2 3 4 5 6 7 8

图4-16 RJ-45 网络接头接口示意图

RJ-45 网络接头需要注意引脚序号,当金属片面对我们的时候从左至右引脚序号是 1~8,如图4-16 所示。这个序号在作网络连线时非常重要,如果出现错误,将不能正常通信。

3. 双绞线的连接方式

在组建一个网络时,双绞线根据两端的 RJ-45 接头中线的排列不同,分为直连线和交叉线两种。以超五类双绞线为例。

(1)直连线:双绞线两端的接头顺序一致。根据 10Base T 和 100Base TX 传输规范,双绞线的四对线中,1 和 2 用于发送数据,3 和 6 用于接收数据。两端接头引脚顺序如图4-17 所示。

(2)交叉线:双绞线两端的接头顺序不同。在某些特定情况下,需要把两台计算机通过网卡直连。此时双绞线需要错位,两端接头引脚顺序如图4-18 所示。

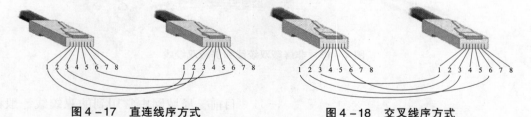

1 2 3 4 5 6 7 8	1 2 3 4 5 6 7 8

图4-17 直连线序方式

1 2 3 4 5 6 7 8	1 2 3 4 5 6 7 8

图4-18 交叉线序方式

由于目前大多设备或网卡都支持自动交叉(MDI/MDI-X),或是提供专用级联端口,这样就不再需要使用交叉线序,用普通直连线序也可以正常工作。

(三)光缆

光缆是数据传输中最有效的一种传输介质,具有频带较宽、不受电磁干扰、衰减较小、传输距离长等特点。其速率可达 100Mb/s、1000Mb/s、10000Mb/s。光缆是由许多细如发丝的塑胶或玻璃纤维外加绝缘护套组成,光束在玻璃纤维内传输,防磁防电,传输稳定,质量高,适于高速网络和骨干网。如图4-19 所示。

光纤与电导体构成的传输媒体最基本的差别是，它的传输信息是光束，而非电气信号。因此，光纤传输的信号不受电磁的干扰。

利用光缆连接网络，需要使用光/电转换器等辅助设备。常见的光缆有两种：单模光缆和多模光缆。单模光缆的纤芯直径很小，在给定的工作波长上只能以单一模式传输，传输频带宽，传输容量大；多模光缆是在给定的工作波长上，能以多个模式同时传输的光纤。与单模光纤相比，多模光纤的传输性能较差。同轴电缆、双绞线、光缆的性能对比见表4-8。

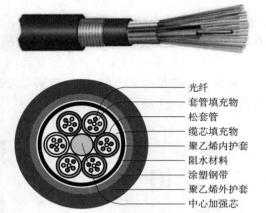

光纤
套管填充物
松套管
缆芯填充物
聚乙烯内护套
阻水材料
涂塑钢带
聚乙烯外护套
中心加强芯

图4-19　铠装光缆结构示意图

表4-8　同轴电缆、双绞线、光缆的性能对比

传输媒介	价格	电磁干扰	频带宽度	单段最大长度
非屏蔽双绞线	低	高	低	100m
屏蔽双绞线	一般	低	中等	100m
同轴电缆	一般	低	高	185m/500m
光 缆	高	没有	极高	几十千米

三、网络连接设备

网络连接设备种类繁多，常见的有集线器、交换机、路由器、防火墙等。

图4-20　集线器

1. 集线器

集线器(HUB)是对网络进行集中管理的最小单元，主要功能是对接收到的信号进行再生放大。因为集线器工作在物理层，仅能信号放大和中转，所以在数据传送时将所有数据广播到与之相连的各个端口，无法划分冲突域，易形成数据堵塞。如图4-20所示。

2. 交换机

交换机在集线器的基础上进行了改良，它能够划分冲突域，彻底解决冲突的问题，一定程度上提高了网络质量。使用交换机组建的网络是一种交换式网络，交换机的一个接口就是一个冲突域，彼此之间不会产生冲突。如图4-21所示。

图4-21　以太网交换机

3. 路由器

路由器（Router）用来连接不同的网络，实现网络之间的数据转发。路由器可以用来分割广播域，路由器的一个接口就是一个广播域，不同的接口就是不同的广播域。

如图 4–22 所示，LAN1 网络想要访问 LAN2 网络，中间需要有一台路由器来将这两个不同的网络连接起来，LAN1 的数据要先到达路由器，再由路由器到达 LAN2，实现网络访问。如图 4–23 所示。

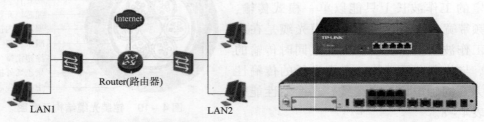

图 4–22　路由器作用示意图　　　　　　图 4–23　路由器

4. 防火墙

防火墙是一种将内部网络和外部网络隔离的方法，它实际上是建立在网络技术和信息安全技术基础上的应用性安全、隔离技术。如图 4–24 所示。

图 4–24　防火墙

防火墙主要是借助硬件或软件，在内部和外部网络的环境间产生一种保护的屏障，从而实现对计算机不安全网络因素的阻断。只有在防火墙规则允许的情况下，外部用户才能进入内部网络。防火墙能最大限度地阻止外部的黑客行为，并记录攻击行为。

5. 光纤收发器

实现光电信号转换的以太网传输媒体转换单元，在很多地方也被称为光电转换器或光纤转换器。如图 4–25 所示。

图 4–25　光纤收发器

四、网络设备的操作维护

参照中原油田《计算机网络设备操作规程》（Q/ZY 0895—2017）。

五、交换机的应用与数据配置

参照中原油田《计算机网络设备操作规程》（Q/ZY 0895—2017）。

第三节　无线网络

无线网络，是指无须布线就能实现各种通信设备互联的网络。适用于不便于布线或有线部署成本高的区域网络组建。无线网络技术涵盖的范围很广，既包括允许用户建立远距离无线连接的全球语音和数据网络，也包括为近距离无线连接进行优化的红外线及射频技术。

一、无线通信技术基础

（一）无线电波技术原理

导体中电流强弱的改变会产生无线电波。利用这一现象，通过调制可将信息加载于无线电波之上。当电波通过空间传播到达收信端，电波引起的电磁场变化又会在导体中产生电流。通过解调将信息从电流变化中提取出来，就达到了信息传递的目的。

无线电波的波长越短、频率越高，相同时间内传输的信息就越多。频率越低，传播损耗越小，覆盖距离越远，绕射能力也越强；但低频段的频率资源紧张，系统容量有限，因此低频段的无线电波主要应用于广播、电视、寻呼等系统。高频段频率虽然资源丰富，系统容量大，但频率越高传播损耗就越大，覆盖距离就越近，绕射能力就越弱。另外，高频率技术难度大，系统的成本也相应提高。

（二）天线技术基础

无线电发射机输出的射频信号功率，通过馈线输送到天线，由天线以电磁波形式辐射出去。射频信号经空气传播由天线接收后，通过馈线输送到无线电接收机，就完成了无线电波的发射与接收过程。

发射天线是将从馈线传输来的射频信号辐射出去的装置，接收天线是有效地接收空间某特定方向来的射频信号的装置。天线是无源器件，不能产生能量，没有增大信号的能力。

无线天线的技术较为复杂，常见的有天线增益和驻波比两个性能指标。

（1）天线增益：是指在输入功率相等的条件下，实际天线与理想的辐射单元在空间同一点处所产生的信号的功率密度之比。它定量地描述一个天线把输入功率集中辐射的程度。

（2）驻波比：当系统所有阻抗匹配时，馈线上只存在传向终端负载的入射波，而没有由终端负载产生的反射波，因此，当天线作为终端负载时，匹配能保证天线取得全部信号功率。如图 4-26 所示。

如果系统阻抗不匹配时就会产生反射波，在入射波和反射波相位相同的地方，电压振幅相加最大，形成波腹；而在入射波和反射波相位相反的地方电压振幅相减最小，形成波

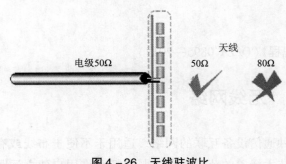

图4-26 天线驻波比

节。波腹电压与波节电压幅度之比称为驻波系数，也叫电压驻波比（*VSWR*），简称驻波比。驻波比越接近于1，匹配也就越好。工程中一般要求小于1.5，实际中一般要求小于1.2。

（三）无线通信技术

频率范围433.05~434.79MHz和2.4~2.5GHz属于国内免许可的ISM（工业、科学和医学）开放频段，使用这些频段是不需要向当地的无线电管理申请授权的，因此这两个段频段得到了广泛使用。

5.8GHz频段是一个比2.4GHz频率更高的开放ISM频段，最近几年开始广泛应用，它遵从于802.11a、FCC Part 15、ETSI EN 301 489、ETSI EN 301 893、EN 50385、EN 60950等国际标准，是代替2.4GHz无线技术的技术之一。

相同环境下，5.8G无线网桥比2.4G无线网桥的传输距离远，信号衰减度少，相对的雨衰小，稳定性高，一般适用于野外的远距离无线视频传输，是室外远距离监控的理想选择。

目前油田生产信息化的网络部署，无线部分主要采用5.8G无线传输设备。

二、5.8G无线传输系统设备

（一）点对多点组网

点对多点通信是通信领域的术语，指的是通过一种特定的一对多的连接类型的通信，从单一位置到多个位置提供多个信道。点对多经常缩写为P2MP、PTMP或者PMP。

在5.8G无线组网中，指的是一个基站下带多个远端网桥的传输模式。主要包括基站和远端两类设备。如图4-27所示。

1. 远端设备

远端网桥指的是无线网络传输中离中心控制点网络远的一端。通过接收本地数据并转换为无线信号发送给基站。

（1）硬件组成结构：远端网桥硬件组成包括ODU、基带电缆、POE模块、网线，非集成天线的还包括外置天线、天线馈线。

①集成天线的远端网桥结构如图4-28所示。

②外置天线的远端网桥结构如图4-29所示。

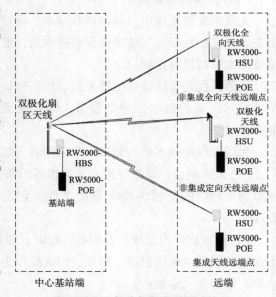

图4-27 点对多无线组网结构图

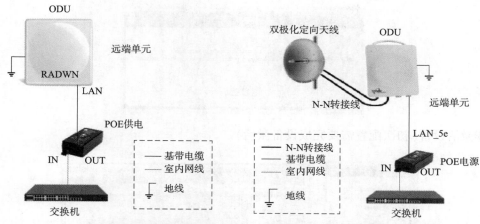

图4－28 集成天线的远端网桥结构图　　图4－29 外置天线的远端网桥结构图

（2）软件调试及数据配置（以RADWIN设备为例）。

①打开"RADWIN Manager"软件，弹出登录页面。

②点击"Options"选择连接和登录方式。

RADWIN 5000密码采用分权限设置，如表4－9所示。

表4－9 RADWIN 5000密码分权限设置

User Type	Default Password	Function	Community	Community String
Observer	admin	Monitoring	Read－Only	public
Operator	admin	Installation，configuration	Read－Write	netman
Installer	wireless	Operator plus set band	Read－Write	netman

③初次登录时，若不知道设备IP，可在IP Address一栏选择"Local Connection"，Password栏中输入："admin"，点击"OK"按钮，出现如下图提示。

④激活设备(初次配置需要完成设备激活)。

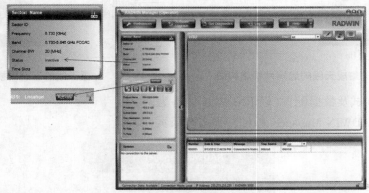

⑤配置 ID 参数。

⑥配置 IP 地址。

⑦配置频点。(注：5.8G 频点务必选择国家允许频段 5725～5850MHz 范围内。)

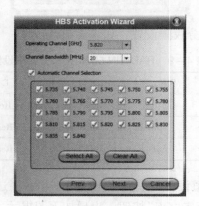

（3）常见故障处理见4－10。

表4－10 常见故障处理

故障现象	检查内容	处理方法
网桥本地无法登录	1. 检查是否电脑防火墙、安全软件或无线网络影响； 2. 检查电脑本地IP地址是否与网桥同一网段； 3. 检查远端是否存在IP地址冲突； 4. 检查远端是否能有效网络连接； 5. 检查ODU是否运行正常	1. 关闭电脑防火墙及安全软件；关闭笔记本无线网络； 2. 电脑本地IP地址改成与网桥同一网段； 3. 确认网内没有与该远端使用相同IP的其他设备，更改IP地址； 4. Ping远端地址，如能Ping通：分别尝试通过Local Connection或IP登陆、web登陆及telnet登陆；若仍不能登录网桥，断电重启网桥，再尝试Local Connection或IP登陆。如不能Ping通，尝试更换网线（或网线头）、POE供电模块，检查网线长度，检查电源电压，检查网桥ODU以太网端口灯是否正常亮（亮黄灯表示设备加电，但链路未通；绿灯表示链路已通）； 5. 若加电后ODU的网口灯不亮，且可以排除网线、POE、供电的问题，基本可确认为ODU问题，将ODU拆下检查或更换ODU
网桥无信号	1. 检查设备电源是否正常； 2. 天线方向是否正确； 3. 天线连接方式是否正确； 4. 设备频段、频宽、ID是否正确； 5. 设备内置、外接天线选项是否正确； 6. 是否存在遮挡	1. 调整设备供电故障，完成正常供电； 2. 调整天线方向； 3. 完成正确天线连接； 4. 修正调整设备频段、频宽、ID参数； 5. 根据实际天线样式配置天线参数； 6. 采取措施解决遮挡问题

2. 基站设备

无线基站负责接收远端网桥发射的无线信号，并转换为有线网络信号转发到交换机，再传输至控制中心。

（1）硬件组成结构：无线基站设备组成包括基站HBS、外置天线、天线馈线、基带电缆、POE模块。如图4－30所示。

（2）软件调试及数据配置（以RADWIN设备为例）：

①打开"RADWIN Manager"软件，弹出登录页面。登录后点击设备参数配置，进行配置相关参数。

②配置系统名称。

③配置频段、频点（注：5.8G频点务必选择国家允许频段5725～5850MHz范围内）。

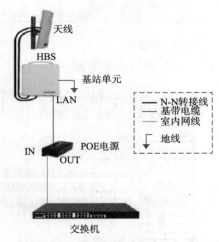

图4－30 基站硬件设备结构示意图

④配置天线模式。
⑤配置同步单元。

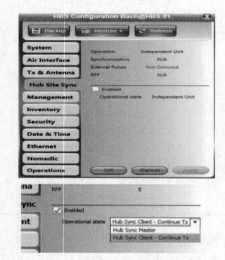

⑥配置 IP 地址。
⑦配置时间同步服务器。

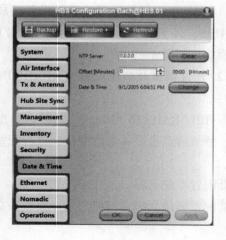

⑧调节上下行带宽。上、下行比例滚动条一般向左拉，20/40MHz 频宽时，上、下行比例可达 11.5：88.5（单向测试带宽可达 92%），虽然上、下行比例并不能生效，但这样设置是为了在主界面方便观察每个 HSU 的上行带宽是否满足摄像头需求。同步生效后，上、下行比例与 GSU（或其他主时钟设备）上、下行比例相关，通过 HBS 不可调上、下行比例。

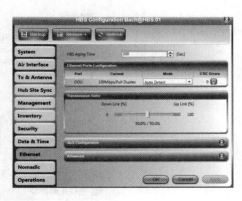

（3）常见故障处理见表 4-11。

表 4-11　常见故障处理

故障现象	检查内容	处理方法
无线链路时好时坏，接收电平不稳定，变化很大	1. 检查天线是否固定牢固； 2. 检查是否存在干扰源； 3. 检查数据流量是否超过网桥净带宽	1. 一般天线调好固定后若一周内电平值无变化，基本可以确认天线已固定好（特别情况除外，如台风、人为破坏等因素导致的天线方向改变）； 2. 频率干扰一般会导致接收电平值过低，链路带宽减小，若干扰不强，会导致接收电平减小，链路带宽减小；在强频率干扰的情况下，带宽会急剧减小，ODU 的发射功率增大到 25dBm，接收电平会出现突然增强的现象，然后链路中断，重新建链； 3. 调整数据流量
最大发射功率不能设置到最大值 25dBm 或频宽不能改成 40MHz	检查设备使用频段标准是否正常	更换设备的使用频段，RADWIN 设备使用的频段遵循各种不同的国际标准，某些标准对设备的发射功率、频宽有限制，建议使用 Universal 标准

图 4-31　硬件接口图

3. 基站间同步单元

即站点同步单元，用于对同一站点间不同设备的射频信号的收、发同步。

（1）硬件组成结构如图 4-31 所示。

（2）常见故障处理见表 4-12。

表 4-12　常见故障处理

故障现象	检查内容	处理方法
无线设备多，无线频点干扰严重	检查同站点下基站间同步单元 HSS 是否完成所有基站设备管理，是否完成时钟同步	将同一站点的所有基站连接到基站间同步单元 HSS，主基站的时钟作为共同的时钟同步单元，有序管理基站的收发，避免干扰

4. 站点间同步单元

站点间同步单元 GSU：GPS 同步单元，用于不同站点间进行同步，相当于一个广域的 HSS。

（1）硬件组成结构：站点间同步单元设备包括 GSU、POE 供电模块、GPS 天线、天线馈线、基带电缆。GSU 硬件组成结构如图 4-32 所示。

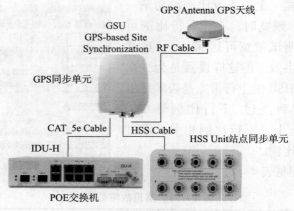

图4-32　GSU硬件组成

　　站点间 GSU 同步单元往往和基站间同步单元 HSS 配合使用，连接多基站时钟同步，设备连接如图4-33所示。

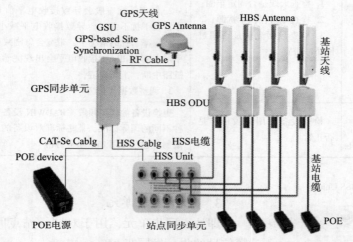

图4-33　同一地点多基站及同步设备连接示意图

（2）软件调试及数据配置（以 RADWIN 设备为例）：

①打开"RADWIN Manager"软件，弹出登录页面。

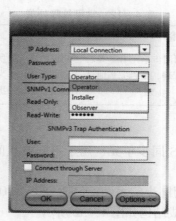

IP Address 选择 Local Connection 或输入设备 IP 地址完成登录。（注：GSU 的 GPS 正上方不得有障碍物遮挡，当 GSU 接收到至少 3 颗卫星信号时，可以正常工作。）

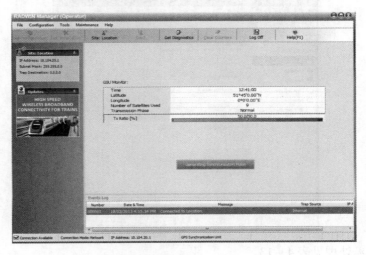

②点击"Site：Location"进入 GSU 配置界面。

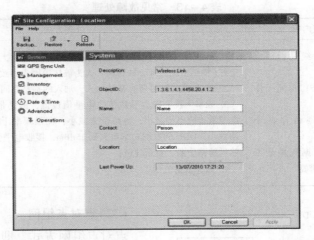

③"GPS Sync Unit"中 RFP 选择"E"，GSU 连接 HSS 的第一个同步口。

GSU 的时钟默认为主时钟，其他与 GSU 连接同一个 HSS 的网桥设备时钟一律设为从时钟"Hub Sync Client – Continue Tx"。设置生效时，除 GSU 的上下行比例可调，其他所有网桥的上、下行不能调整，显示为灰色。所有 PTP（40/20MHz）设备上、下行比例一致，PTMP（40/20MHz）设备上、下行比例一致，但 PTP 与 PTMP 设备的上、下行因算法不同，上、下行比例不一样。

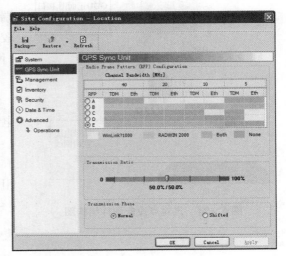

④进入"Management"配置 GSU 的 IP 地址。

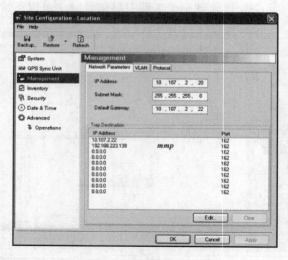

（3）常见故障处理见表 4 – 13。

表 4 –13　常见故障处理

故障现象	检查内容	处理方法
无线链路时好时坏，接收电平不稳定，变化很大	1. 检查天线是否固定牢固； 2. 检查 GSU 单元工作情况； 3. 检查是否存在干扰源； 4. 检查数据流量是否超过网桥净带宽	1. 一般天线调好固定后若一周内电平值无变化，基本可以确认天线已固定好（特别情况除外，如台风、人为破坏等因素导致的天线方向改变）； 2. 确认 GSU 已将所有基站加入，加入的基站在同一时钟下同步工作； 3. 频率干扰一般会导致接收电平值过低，链路带宽减小，若干扰不强，会导致接收电平减小，链路带宽减小；在强频率干扰的情况下，带宽会急剧减小，ODU 的发射功率增大到 25dBm，接收电平会出现突然增强的现象，然后链路中断，重新建链； 4. 调整数据流量

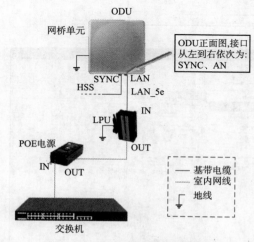

图 4 –34　点对点设备硬件结构图

（二）点对点组网

点对点组网方式，即无线网桥远端和近端采取的是一对一无线传输方式。通常用于较远距离（几千米 ~ 几十千米）和较大带宽（网络净带宽 50Mbps 以上）的无线传输。

1. 硬件组成结构

点对点设备硬件设备包括网桥、POE 供电设备、基带电缆、室内电缆，结构如图 4 –34 所示。

无线网桥点对点通信设备都是成对使用。本地到远端一对一传输网络结构如图 4 –35 所示。

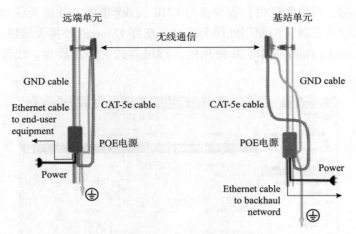

图 4 -35　一对一传输网络结构图

2. 软件调试及数据配置(以 RADWIN 设备为例)

①打开"RADWIN Manager"软件,登录配置页面。

②进入"System"项,配置网桥的地址名称"Location"项,地址名称显示在主界面。

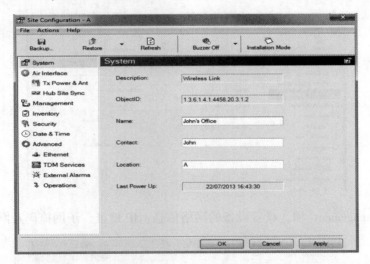

③进入"Air Interface"项,配置链路的"Link ID",工作频点"Installation Frequency",以及信道带宽"Channel Band-width"。

注意:以上参数,一对网桥的两端必须一致。

④进入"Tx Power & Ant"项,确保设备最大发射功率为 25dBm,若设备为集成天线,Antenna Connection Type 选项

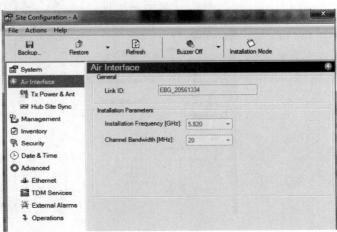

默认选择 Integrated，该项为灰色；若设备为 EMB 天线（集成＋外接天线型），设备默认选择 Integrated，该项可选择，当使用外接天线时，选择 External 外接天线模式。

天线增益 Antenna Gain 根据实际使用的天线增益的大小来设置。线缆损耗 Cable Loss 设置 0 即可。

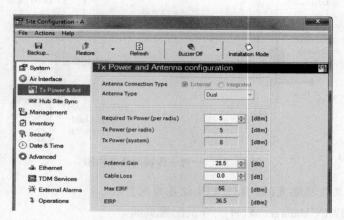

⑤"Hub Site Sync"项为同步设置，此时无须设置，在链路配置中配置即可。

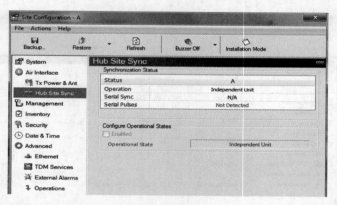

⑥进入"Management"项，设置设备的网络信息：IP 地址、子网掩码及默认网关。

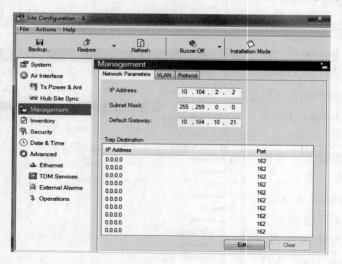

⑦"VLAN"项无须设置。VLAN 设置了 Enabled 后，只有在设备启动后的短时间内可以登录，其他时间无法登陆。

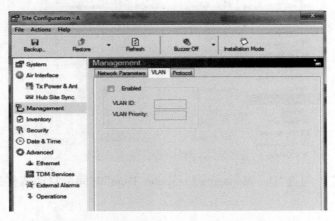

⑧进入"Inventory"项，可查看设备型号，软、硬件版本，设备 SN 码等。一般设备出现故障，需提供 SN 码和产品型号。

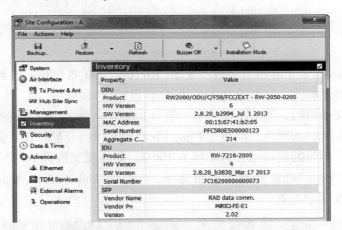

⑨"Security"项，主要为网络管理和安全配置，一般无须做任何配置。

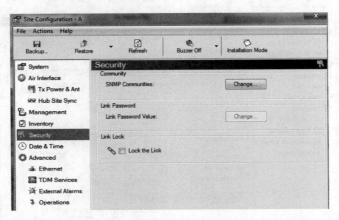

⑩进入"Date & Time"项，NTP Server 可填网络中的 NTP 时钟服务器的 IP 地址。也可通过本地更改时间，但该时间在设备断电后无法保存。

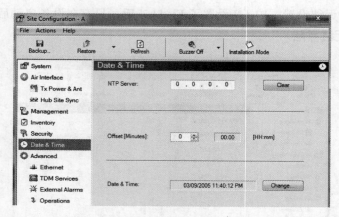

点击"Change"，勾选"Use Managing Computer Time"时间可自动调整为管理设备的电脑时间。

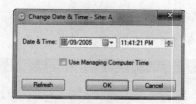

⑪进入"Ethernet"项，显示当前端口速率(10/100/1000 兆全双工、半双等)，在 Mode 项下选择合适的双工模式。一般选择 Auto Detect(自适应)即可。

接千兆端口交换机时，当前端口速率一般为1000M 全双工，与交换机一致。但个别情况下(如交换机到 ODU 的网线长度超过75m，小于100m 时)会显示百兆全双工；交换机端口为百兆端口时，网桥的端口也会自动降为100M。如发现交换机端口与网桥端口显示的不一致，应通过"Mode"项强制改为一致速率。"Radio Link Failure Action"配置"No Action"。ODU VLAN 无须配置。

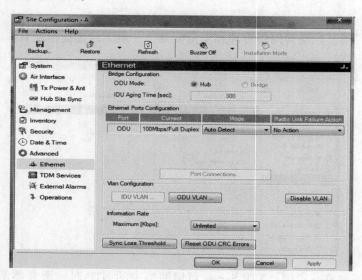

3. 常见故障处理(表4－14)

表4－14　常见故障处理

故障现象	检查内容	处理方法
集成天线设备，天线增益显示不正确	检查单元配置是否有错误	在"Operation"项中点击"Restore Defaults"可恢复设备出厂设置，弹出对话框"Default IP Address（10.0.0.120）"，勾选后可使设备 IP 地址也恢复出厂设置，不勾选则设备仍使用当前的 IP 地址，IDU Detection Mode 中当使用 RADWIN 的黑色 POE 时，不勾选"Enabled"

(三)供电单元

RADWIN 无线网桥设备(HBS、HSU、GSU)均采用 POE 供电方式。

POE（Power Over Ethernet）是指在现有的以太网 Cat.5 布线基础架构不做任何改动的情况下，在为一些基于 IP 的终端(如无线局域网接入点 AP、网络摄像机等)传输数据信号的同时，还能为此类设备提供直流供电的技术。

POE 供电技术的出发点是让无线接入点、网络摄像头等小型网络设备，可以直接从以太网线(4 对双绞线中空闲的 2 对来传输)获得电力，无须单独铺设电力线，以简化系统布线，降低网络基础设施的建设成本。

按照 802.3af/at 标准的定义，POE 供电系统包含 PSE 和 PD 两种设备，其中，PSE（Power – Sourcing Equipment）主要是用来给其他设备进行供电的设备；PD（Powered Device）即在 POE 供电系统中用来受电的设备。

典型的设备应用组网图如图4－36 所示。

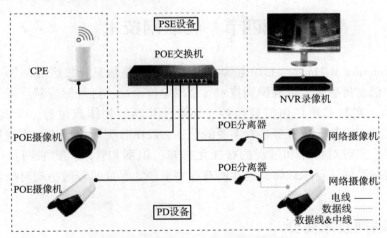

图4－36　POE 供电系统示意图

POE 标准供电系统的主要供电特性参数为：电压为 44～57V；典型值为48V；典型工作电流为 10～350mA，超载检测电流为 350～500mA；为 PD 设备提供 3.84～12.95W 五个等级的电功率请求，最大不超过 13W。

标准 POE 供电方式有两种：Alternative A 和 Alternative B。如图4－37 所示。

Alternative A 使用网线的 1、2、3、6 线芯供电，即用数据信号线供电；Alternative B 使用网线的 4、5、7、8 线芯供电，即空闲线供电。百兆通信使用的 1、2、3、6 四芯，千兆通信使用到了全部的8芯。

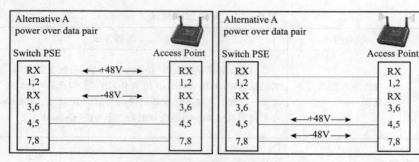

图4-37 POE供电方式图

①对于百兆POE交换机：Alternative A供电标准下网线只要1、2、3、6线芯连通即可，Alternative B供电标准下必须保证8芯全部连通。

②对于千兆POE交换机：受限于数据传输的需要，无论是Alternative A还是Alternative B都需要8芯网线全部连通。

RADWIN POE模块采用的是Alternative B供电标准。设备连接图如图4-38所示。

图4-38 POE模块连接图

第四节 物联网技术

物联网（Internet of Things，IoT）起源于传媒领域，是信息科技产业的第三次革命。物联网通过各种信息传感器、射频识别技术、全球定位系统、红外感应器、激光扫描器等各种装置与技术，实时采集任何需要监控、连接、互动的物体或过程，及其声、光、热、电、力学、化学、生物、位置等各种需要的信息，经由各类网络接入，实现物与物、物与人的泛在连接，实现对物品和过程的智能化感知、识别和管理。物联网是一个基于互联网、传统电信网等的信息承载体，它让所有能够被独立寻址的普通物理对象形成互联互通的网络。

一、物联网技术简介

物联网即"万物相连的互联网"，是互联网基础上的延伸和扩展的网络，将各种信息传感设备与互联网结合起来而形成的一个巨大网络，实现在任何时间、任何地点，人、机、物的互联互通。

物联网是新一代信息技术的重要组成部分，在IT行业又叫泛互联，意指物物相连，万物万联。由此，物联网就是"物物相连的互联网"。其中有两层意思：第一，物联网的核心和基础仍然是互联网，是在互联网基础上的延伸和扩展的网络；第二，其用户端延伸和扩展到了任何物品与物品之间，进行信息交换和通信。

（一）起源

物联网最早出现于比尔·盖茨1995年《未来之路》一书，在该书中，比尔·盖茨已提及物联网，只是当时受限于无线网络、硬件及传感设备的发展，并未引起世人的重视。

1999年，美国Auto-ID实验室提出"物联网"的概念，主要是建立在物品编码、RFID技术和互联网的基础上。过去在中国，物联网被称为"传感网"。中科院早在1999年就启动了传感网的研究，并已取得了一些科研成果，建立了一些适用的传感网。同年，在美国召开的移动计算和网络国际会议提出了"传感网是下一个世纪人类面临的又一个发展机遇"。

2003年，美国《技术评论》提出传感网络技术将是未来改变人们生活的十大技术之首。

2005年11月17日，在突尼斯举行的信息社会世界峰会（WSIS）上，国际电信联盟（ITU）发布了《ITU互联网报告2005：物联网》，正式提出了"物联网"的概念。报告指出，无所不在的"物联网"通信时代即将来临，世界上所有的物体从轮胎到牙刷、从房屋到纸巾都可以通过因特网主动进行交换。射频识别技术（RFID）、传感器技术、纳米技术、智能嵌入技术将到更加广泛的应用。

2009年8月24日，中国移动总裁王建宙在台湾公开演讲中，解释了物联网概念。

工信部总工程师朱宏任在中国工业运行2009年夏季报告会上表示，物联网是个新概念，到2009年为止还没有一个约定俗成的，大家公认的概念。他说，总的来说"物联网"是指各类传感器和现有的"互联网"相互衔接的一种新技术。

（二）特征

物联网的基本特征从通信对象和过程来看，物与物、人与物之间的信息交互是物联网的核心。物联网的基本特征可概括为整体感知、可靠传输和智能处理。

（1）整体感知：可以利用射频识别、二维码、智能传感器等感知设备感知获取物体的各类信息。

（2）可靠传输：通过对互联网、无线网络的融合，将物体的信息实时、准确地传送，以便信息交流、分享。

（3）智能处理：使用各种智能技术，对感知和传送到的数据、信息进行分析处理，实现监测与控制的智能化。

（三）功能

根据物联网的以上特征，结合信息科学的观点，围绕信息的流动过程，可以归纳出物联网处理信息的功能：

（1）获取信息。主要是信息的感知、识别，信息的感知是指对事物属性状态及其变化方式的知觉和敏感；信息的识别指能把所感受到的事物状态用一定方式表示出来。

（2）传送信息。主要是信息发送、传输、接收等环节，最后把获取的事物状态信息及其变化的方式从时间（或空间）上的一点传送到另一点的任务，这就是常说的通信过程。

（3）处理信息。是指信息的加工过程，利用已有的信息或感知的信息产生新的信息，实际是制定决策的过程。

（4）施效信息。指信息最终发挥效用的过程，有很多的表现形式，比较重要的是通过调节对象事物的状态及其变换方式，始终使对象处于预先设计的状态。

（四）关键技术

1. RFID射频识别

RFID可通过无线电讯号识别特定目标并读写相关数据，而无须识别系统与特定目标之间建立机械或光学接触。它相当于物联网的"嘴巴"，负责让物体说话。RFID 射频识别技术主要的表现形式就是 RFID 标签，它具有抗干扰性强(不受恶劣环境的影响)、识别速度快(一般情况下 <100ms 即可完成识别)、安全性高(所有标签数据都会有密码加密)、数据容量大(可扩充到 10K)等优点。主要工作频率有低频、高频以及超高频。

2. 传感器

传感器能感受物体的被测量，例如温度、湿度、电压、电流，并按照一定的规律转换成可用输出信号。它相当于物联网的"耳朵"，负责接收物体"说话"的内容。例如应用于生活中空调制冷剂液位的精确控制、数字医疗捕捉电压信号等。其技术难点在于恶劣环境的考验，当受到自然环境中温度等因素的影响，会引起传感器零点漂移和灵敏度的变化。

3. 网络传输

当物体与物体"交流"的时候，就需要高速、可进行大批量数据传输的网络，网络的速度决定了设备连接的速度和稳定性。若网络速率太低，就会出现设备反应滞后或者连接失败等问题。

目前，我们使用的大部分网络属于 4G，5G 作为第五代移动通信技术，将把移动市场推到一个全新的高度，而物联网的发展也因其得到很大的突破。

4. 云计算

云计算是把一些相关网络技术和计算机发展融合在一起的产物。它提供动态的可伸缩的虚拟化资源的计算模式，具有十分强大的计算能力，高达每秒 10 万亿次的运算能力，可以模拟核爆炸、预测气候变化和市场发展趋势。同时它也具有超强的存储能力，相当于物联网的"大脑"，具有计算和存储能力。

云计算是使计算分布在大量的分布式计算机上，意味着计算能力也可以作为一种商品进行流通，就像煤气、水电一样，取用方便，费用低廉。我们经常使用的百度搜索功能就是其应用之一。

5. 应用

物联网的应用领域涉及方方面面，在工业、农业、环境、交通、物流、安保等基础设施领域的应用，有效推动了这些方面的智能化发展，使得有限的资源更加合理的使用分配，从而提高了行业效率、效益。

(1)工业自动化与智能化：物联网把新一代 IT 技术充分运用在各行各业之中，具体地说，就是把传感器嵌入和装备到电网、铁路、桥梁、隧道、公路、建筑、供水系统、大坝、油气管道等各种物体中，然后将物联网与现有的互联网整合起来，对企业实时生产数据、视频监控数据、工艺设计、日常管理等相关数据进行集中管理、统计分析、数据挖掘，为不同层面的生产运行管理者提供即时、丰富的生产运行信息，为辅助分析决策奠定良好的基础，为企业规范管理、节能降耗、减员增效和精细化管理提供强大的技术支持，实现人类社会与物理系统的整合。在此基础上，人类可以更加精细和动态的方式管理生产和生活，达到"智慧"状态，提高资源利用率和生产力水平，改善人与自然间的关系。

(2)智慧城市：通过物联网基础设施、云计算基础设施、地理空间基础设施等新一代信息技术，网动全媒体融合通信终端等工具和方法的应用，实现全面透彻的感知、宽带泛在的互联、智能融合的应用以及以用户创新、开放创新、大众创新、协同创新为特征的可持续创新。智慧城市是继数字城市之后信息化城市发展的高级形态。

智慧城市综合采用了包括射频传感、物联网、云计算、下一代通信在内的新一代信息技术，因此能够有效地化解"城市病"问题。这些技术的应用能够使城市变得更易于被感知，城市资源更易于被充分整合，在此基础上实现对城市的精细化和智能化管理，从而减少资源消耗，降低环境污染，解决交通拥堵，消除安全隐患，最终实现城市的可持续发展。

（3）智能交通：物联网技术在道路交通方面的应用比较成熟。随着社会车辆越来越普及，交通拥堵甚至瘫痪已成为城市的一大问题。对道路交通状况实时监控并将信息及时传递给驾驶人，让驾驶人及时作出出行调整，有效缓解了交通压力；高速路口设置道路自动收费系统（ETC），免去进出口取卡、还卡的时间，提升车辆的通行效率；公交车上安装定位系统，能及时了解公交车行驶路线及到站时间，乘客可以根据搭乘路线确定出行，免去不必要的时间浪费。社会车辆增多，除了会带来交通压力外，停车难也日益成为一个突出问题，不少城市推出了智慧路边停车管理系统，该系统基于云计算平台，结合物联网技术与移动支付技术，共享车位资源，提高车位利用率和用户的方便程度。

（4）智能家居：是物联网在家庭中的基础应用，随着宽带业务的普及，智能家居产品涉及方方面面。家中无人，可利用手机等移动终端远程操作智能空调调节室温；同时在任意时间、地点查看家中任何区域的实时状况、安全隐患。

（5）公共安全：近年来全球气候异常情况频发，灾害的突发性和危害性进一步加大，物联网可以实时监测环境的不安全性，实现提前预防、实时预警、及时采取应对措施，降低灾害对人类生命财产的威胁。利用物联网技术可以智能感知大气、土壤、森林、水资源等方面各指标数据，改善人类生活环境，保障生存安全和生活质量。

（6）医疗：目前通过相关设备协助监控心脏病突发事件已经实现，通过启用心脏监测器的物联网系统，病人的任何健康状况都可以在护士站自动触发警报，从而挽救生命。

（7）农业：虽然农业收成严重依赖于自然因素和条件，但物联网已经可以帮助农民预测这些情况，并据此采取计划和行动。例如，当温度读数超过规定的上限时，农民可以利用电驱动的温度传感器打开洒水器等类似的操作。

（五）物联网面临的挑战

虽然物联网近年来的发展已经渐成规模，各国都投入了巨大的人力、物力、财力来进行研究和开发，但是在技术、管理、成本、政策、安全等方面仍然存在许多需要攻克的难题，具体分析如下。

1. 技术标准的统一与协调

物联网感知层的数据多源异构，不同的设备有不同的接口、不同的技术标准；网络层、应用层也由于使用的网络类型不同、行业的应用方向不同而存在不同的网络协议和体系结构。建立统一物联网体系架构、统一的技术标准是物联网现在正在面对的难题。

2. 管理平台问题

物联网自身就是一个复杂的网络体系，加之应用领域遍及各行各业，不可避免地存在很大的交叉性。如果这个网络体系没有一个专门的综合平台对信息进行分类管理，就会出现大量信息冗余、重复工作、重复建设造成资源浪费的状况。每个行业的应用各自独立，成本高、效率低，体现不出物联网的优势，势必会影响物联网的推广。物联网现急需一个能整合各行业资源的统一管理平台，使其能形成一个完整的产业链模式。

3. 成本问题

就目前来看，各国对物联网都积极支持，在看似百花齐放的背后，能够真正投入并大规模使用的物联网项目少之又少。成本价格一直无法达到企业的预期，性价比不高，网络的维护成本高。

4. 安全性问题

传统的互联网发展成熟、应用广泛，尚存在安全漏洞。物联网作为新兴产物，体系结构更复杂、没有统一标准，各方面的安全问题更加突出。传感网络是一种多跳自组织网络，极易遭到环境因素或人为因素的破坏，一旦网络遭到攻击，后果将不可想象。如何在使用物联网的过程做到信息化和安全化的平衡至关重要。

二、工业数据通过物联网传输数据的典型方法

目前物联网传输数据的方式有很多种，由应用场所、传输距离、带宽等因素决定。

1. NFC

NFC 实质是脱胎于无线设备间的一种"非接触式射频识别"（RFID）及互联技术，是一种非接触式的自动识别技术，它通过射频信号自动识别目标对象并获取相关数据，识别工作无须人工干预。NFC 通信技术目前在移动支付和消费类电子等方面有广泛的应用。例如很多手机都已经支持 NFC 应用，公交卡类的小额支付系统都是使用的 NFC 技术。

支持拓扑结构：点对点结构。

使用距离：近距离（20cm 内）。

应用场景：扫码、刷卡等，场站门禁出入。

2. 蓝牙 Bluetooth

蓝牙是一种通用的短距离无线电技术，蓝牙 5.0 理论上能够在最远 100m 左右的设备之间进行短距离连线，但实际使用时大约只有 10m。

其最大特色在于能让轻易携带的移动通信设备和电脑，在不借助电缆的情况下联网，并传输资料和信息。目前普遍被应用在智能手机和智慧穿戴设备的连接以及智慧家庭、车用物联网等领域中。

支持拓扑结构：点对点结构。

使用距离：近距离（<10m）。

应用场景：移动设备、智慧穿戴设备等。

3. WiFi

WiFi 被广泛用于许多物联网应用案例，最常见的是作为从网关到连接互联网的路由器的链路，也被用于要求高速和中距离的主要无线链路。

WiFi 无线技术并不是为了取代蓝牙或者其他短距离无线电技术而设计的，两者的应用领域完全不同，虽然在某些领域上会有重叠。WiFi 设备一般都是设计为覆盖数百米范围的，若是加强天线或者增设热点的话，覆盖面积将会更大。

支持拓扑结构：星型结构。

使用距离：近、中距离（数百米）。

应用场景：移动设备，办公场地等。

4. ZigBee

ZigBee（也称紫蜂协议），是一种低速短距离传输的无线网络协议，ZigBee 协议从下到上分别为物理层、媒体访问控制层、传输层、网络层、应用层等。其中物理层和媒体访问控制层遵循 IEEE 802.15.4 标准的规定。

主要特色有低速、低耗电、低成本、支持大量网上节点、支持多种网上拓扑、低复杂度、快速、可靠、安全。

传输距离一般介于 10～100m 之间，在增加发射功率后，亦可增加到 1～3km，这指的是相邻节点间的距离。如果通过路由和节点间通信的接力，传输距离将可以更远。

支持拓扑结构：星形、树形、网状形结构。

使用距离：近(100m)、中距离(1～3km)。

应用场景：移动设备、厂房、车间、站场等。

5. GPRS

GPRS 是通用分组无线电服务(General Packet Radio Service)的缩写，是终端和通信基站之间的一种远程通信技术。

无线电服务最早采用模拟通信技术，称为第一代移动通信技术，后来采用数字通信技术，称为第二代移动通信技术，其中全球移动通信系统(Global System for Mobile Communications，即 GSM)的应用最广泛最为成功。GSM 主要是为了传输话音设计的，话音在传输时，独占一个频道。

GPRS 可说是 GSM 的延续，它以封包方式来传输数据，不独占频道，因此可以较好利用 GSM 上空闲的频道资源。GPRS 的传输速率可达到 56～115kbps。用户使用该项数据业务，可以连接到电信运营商的通信基站，进而连接到互联网，获取互联网信息。

支持拓扑结构：星形结构。

使用距离：远距离(10km 以上)。

应用场景：智慧城市、共享单车、偏远站场、油水井等。

6. LoRa

LoRa(Long Range Radio)就是远距离无线电，它最大特点就是在同样的功耗条件下比其他无线方式的传播距离更远，实现了低功耗和远距离的统一。它在同样的功耗下比传统的无线射频通信距离扩大 3～5 倍。

支持拓扑结构：星形结构。

使用距离：远距离(典型 2～5km，最高可达 15km)。

应用场景：物流跟踪、偏远站场、油水井等。

7. NB – IoT

NB – IoT(Narrow Band Internet of Things，窄带物联网)是 IoT 领域一个新兴的技术，支持低功耗设备在广域网的蜂窝数据连接，也称为低功耗广域网(LPWAN)，成为万物互联网络的一个重要分支。

NB – IoT 构建于蜂窝网络，只消耗大约 180kHz 的带宽，可直接部署于 GSM 网络、UMTS 网络或 LTE 网络，以降低部署成本，实现平滑升级。

NB – IoT 的特点是低频段、低功耗、低成本、高覆盖、高网络容量。一个基站就可以比传统的 2G、蓝牙、WiFi 多提供 50～100 倍的接入终端，并且只需一节电池设备就可以工作十年。

支持拓扑结构：星形结构。

使用距离：远距离(10km 以上)。

应用场景：智慧城市、共享单车、偏远站场、油水井等。

8. 油田应用情况

在很多场景下，我们需要考虑多重因素，比如客户数据量、数据传输距离、成本等因素。因此，根据场景进行选择才是最明智的决定。

目前，中原油田井场通信用到了 ZigBee 技术来完成井口油压套压参数的传输；部分边缘井、长关井和注水井用到了 GPRS、NB－IoT 和 LoRa 传输技术来完成数据传输；联合站、输气站的门禁系统用到了 NFC 技术；车辆管理中心用到了 GPRS 技术实现车辆的实时定位。

三、物联网传输技术的优缺点及发展趋势

（一）物联网传输技术优缺点

1. GPRS

（1）优点：①网络信号覆盖范围很广。②GPRS 终端可以在信号覆盖范围内自由地漫游，无须再开发任何其他通信设备，用户使用方便。③由于移动通信终端的普及，其成本已大大降低，在物联网中采用 GPRS 通信技术，其硬件成本相比 WiFi 或者 ZigBee 都有较大的优势。

（2）缺点：①GPRS 终端在通信时要使用电信运营商的基础设施，因此需要缴纳一定的费用，即数据流量费，这个服务费用限制了大量设备连接到网络。②GPRS 的速率较低，受信号强弱影响较大，无信号覆盖或者信号较弱的地区可能影响业务。

2. NFC

（1）优点：①通信距离非常短，但通信保密性好。NFC 卡无功耗，读卡器功耗也较低，可以适用于很多无功耗或者低功耗的应用场景。②NFC 方案成本较低，尤其是 NFC 卡成本非常低，特别适合覆盖大量非智能物体。

（2）缺点：①NFC 卡过于简单及被动式响应的设计是不安全因素。例如：NFC 银行卡内的交易信息，很容易被其他读卡器甚至智能手机读取。②通信距离短，通信速率低，限制了 NFC 只适合特定的物联网应用。

3. LoRa

（1）优点：①LoRa 工作在 Sub－1G 的免授权频段，无须申请；业主可自主把控网络质量，对于网络覆盖可快速优化补充。运营数据掌握在自己手中，根据业务需要扩展网络。②传输距离远，功耗低，价格便宜。

（2）缺点：LoRa 基站的部署建设，更多地需要考虑基站选址、供电以及站址协调问题。

4. NB－IoT

（1）优点：①运营商代建网络，业主不需要考虑基站部署。②传输距离远，运营商网络覆盖的地方都可以用。

（2）缺点：①网络质量取决于运营商，业主无法控制。②数据必须经过运营商，业主需要和运营商对接获取经营数据；保密性存在问题，运营数据不可控；数据通过互联网传输，安全性无保障；不便于连入工业网。

（二）物联网发展趋势

目前，全球有超过 100 亿活跃的物联网设备，预计到 2025 年，这一数字将进一步增

至 220 亿。物联网(IoT)正在以前所未有的速度发展，创新的物联网趋势已经为企业带来了数字化的机遇，帮助企业在竞争中取得优势。

从以下方面足以窥见物联网未来广阔的发展前景：

1. 人工智能(AI)将融入物联网

物联网是设备数据得以被广泛采集的基础，为数据分析创造了"肥沃的土壤"。而将先进的人工智能整合到物联网中，可以进一步增强物联网的能力。例如，随着人工智能融入物联网，自动驾驶汽车不仅可以安全地行驶，还可以利用交通数据做出准确的预测。物联网将在未来基础设施和道路运输建设中发挥有效作用。

在智能制造领域，有助于降低生产制造过程中的错误率。目前亚马逊(Amazon)、谷歌(Google)、微软(Microsoft)、IBM 等大品牌厂商已经在物联网设备中广泛使用人工智能，并从中挖掘潜在的商业价值。

2. 工业物联网兴起

工业物联网通过广泛的数据采集和分析，提高了业务效率和生产力，基于物联网框架的工业物联网将得到长足的发展。它不仅提高了制造业的生产力，而且在提高盈利的同时降低了风险因素。

3. 物联网云解决方案受追捧程度空前高涨

微软于 2018 年发布 Azure 物联网中心平台，促进了设备和云之间更安全的通信。它基本上是一个软件即插即用解决方案，将物联网固件连接到云。在物联网设备中包含云解决方案可以帮助公司充分挖掘商业潜力，为公司业务创收奇迹。

边缘计算作为分布式 IT 开放平台，在数据生成的网络边缘处理数据。它不依赖于集中的数据处理仓库，相反，它具有分散处理能力，支持移动计算和物联网技术。边缘计算方便了设备本身对数据的处理。当云计算不能实现连续连接时，边缘计算就派上用场了。因为，它具有在设备端处理、分析和执行数据的能力，即使在没有完全覆盖网络的情况下也是如此。

亚马逊的 AWS 也采用了同样的技术。它利用边缘设备，开放 Lambda 函数接口，允许开发人员在物联网设备中使用机器学习。

4. 5G 标准引入物联网

在物联网设备中加入 5G 标准将大大提高其潜力。5G 除了降低延迟，还提高了与嵌入式设备移动通信的可靠性。基于 5G 的物联网设备将更快更好地收发数据，从而使数据的无缝链接和实时通信成为可能。这种技术为需要快速响应和实时处理的应用程序/服务带来了巨大的好处。

5. 区块链技术与物联网相结合

区块链有助于保护数据免受潜在不安全设备的影响。它就像一个保存信息的数字账簿，确保数据在该链相连的众多设备中安全地传输。因此，在物联网设备中集成区块链将使任何业务变得更加可靠和安全。事实上，已经有超过 20% 的物联网设备将区块链服务纳入其数据收集方法中。

物联网领域正在经历一场变革，企业将上述战略纳入物联网平台将有助于其市场地位的大幅提高。物联网设备的使用将成为必然，世界将以各种可能的方式互联，这将使企业在整个物联网生态系统中发挥更多的作用，加速整个社会生产力的发展。

第五章 视频监控系统

视频监控系统是安全防范系统的组成部分，它是一种防范能力较强的综合系统。视频监控以其直观、方便、信息内容丰富而广泛应用于许多场合。

视频监控系统由实时控制系统、监视系统及管理信息系统组成。实时控制系统完成实时数据采集处理、存储及反馈；监视系统完成对各个监控点的全天候的监视，能在多操作控制点上切换多路图像；管理信息系统完成各类所需信息的采集、接收、传输、加工、处理，是整个系统的控制核心。

第一节 视频监控技术基础

视频监控是各行业重点部门或重要场所进行实时监控的物理基础，管理部门可通过它获得有效数据、图像或声音信息，对突发性异常事件的过程进行及时的监视和记忆，用以提供高效、及时地指挥、应急布置和处理事件等。视频监控系统的基本功能有：监控画面实时显示、图像质量调节、录像、快速检索、自动备份、云台/镜头控制功能等。涉及的主要指标有图像标准、编解码协议等。

一、图像标准

图像的像素总数又称图像分辨率或解析度（DPI, Dots Per Inch，每英寸方格里有多少个像素点）。就印刷而言，DPI 数值越高表示越精细。

图片是由许多不同颜色的小格点所构成的。而这些小格点，称为像素（Pixel）。简单来理解，图片就像我们平常所看到的拼图，由一堆小图块拼成。将图片放大 1600 倍后，可清晰地看到每一个像素点。选择高解析监控设备，就是在截取画面时可以看到更细腻的细节。

计算方式：长点数 × 宽点数，再转换为 Byte（字节或字节数）、KB、MB、GB。

在数位图像中，像素与解析度是两项重要的量测数值；像素（Pixel）是组成画面的基本单位。

例如：一个画面水平 800 个像素，垂直 600 个像素，那画面就是 800 × 600 = 480000（480KB）个像素所组成。

常见的视频格式标准像素计算如下：

D1 = 720 × 480 = 345.6K

1.3MP = 1280 × 960 = 1.2M（130 万分辨率）

1080p HD = 1920 × 1080 = 2.07M（1080p 分辨率）

5MP = 2592 × 1944 = 5.03M（500 万分辨率）

高清图像分辨率对应关系见表 5 - 1。

表 5 - 1　图像分辨率对应关系

格式	分辨率（像素）	画面比例	扫描方式
100 万像素/720P	1280 × 720	16 : 9	逐行扫描
130 万像素/960P	1280 × 960	4 : 3	逐行扫描
200 万像素/1080P	1920 × 1080	16 : 9	逐行扫描
230 万像素	1920 × 1200	16 : 10	逐行扫描
300 万像素	2048 × 1536	4 : 3	逐行扫描
400 万像素	2592 × 1520	16 : 9	逐行扫描
500 万像素	2560 × 1960	4 : 3	逐行扫描
600 万像素	3072 × 2048	3 : 2	逐行扫描
4K 超高清	3840 × 2160	16 : 9	逐行扫描
8K 超高清	7680 × 4320	16 : 9	逐行扫描

二、编解码协议

视频监控技术经过多年的发展，监控画面经历从最初的 D1 标清图像，向 4K 高清、8K 超清时代前进。由于 CCD 与 CMOS 技术的发展，前端摄像机的像素越来越高，成本也在逐渐降低，高清监控得到了快速的普及和应用，随之而来的问题是，前端像素的提高给视频传输和后端录像存储带来了巨大的压力，在相同的编码压缩比例下，用户需要投入更多的设备和资金，因此编解码技术的改进成为视频监控技术发展的焦点，也是当前众多视频厂商争相发展的技术课题。

（一）编解码技术发展现状

目前国内主流视频监控设备厂商如大华、海康、宇视、天地伟业等，从前端摄像机，到后端的 NVR/ESS/EVS 存储、矩阵等设备，普遍使用的是 MPEG - 4 与 H. 264 编解码技术。MPEG - 4/H. 264 编码技术比较成熟，相应的编解码芯片厂商也较多，因此使用最为广泛，不同厂家设备之间的兼容性也好。但随着 500W/800W/1200W 等高清摄像机的推广应用，网络传输带宽与录像存储空间承受着严峻的考验。优化算法、提高压缩效率、减少时延的需求使 H. 265 编码技术标准应势而生，H. 265 编码技术正在逐步被广泛使用。

H. 264/H. 265 是 ITU - T 国际电联组织制定提出的一系列视频编码标准，是一个全世界公开的协议标准。

为提高视频数据安全保密性，保障视频信息质量，由我国公安部第一研究所牵头组织，在现有视频编码标准技术的基础上，通过创新的技术改进和加密，形成了一套我国自有的安全防范监控数字视音频编解码技术标准，简称 SVAC 标准，它在政府类监控项目采购中率先推广应用。

在目前的视频监控行业领域，主要以 MPEG - 4/H. 264 为主，H. 265/SVAC 为辅。

（二）主要编解码技术的应用现状

在视频监控领域，目前主要采用的编解码标准为 MPEG - 4/H. 264，也有部分设备同时支持 H. 264 和 H. 265。下面对目前主要的几种编解码技术的发展和应用做具体介绍。

1. MPEG – 4 编码技术

MPEG 即 Moving Pictures Experts Group 动态图像专家组，是一个致力于运动图像及其伴音的压缩编码标准化工作的组织。MPEG 早期准备开发 MPEG – 1、MPEG – 2、MPEG – 3 和 MPEG – 4 四个版本，以适用于不同带宽和数字影像质量的要求。

MPEG – 1 主要用于 VCD，MPEG – 2 主要用于广播电视和 DVD。MPEG – 4 是在 MPEG – 1、MPEG – 2 基础上发展而来，MPEG4 于 2000 年初正式成为国际标准，它是一个适用于低传输速率应用的方案。与 MPEG – 1 和 MPEG – 2 相比，MPEG – 4 更加注重多媒体系统的交互性和灵活性，表现得更为具体一点，就是采用 MPEG – 1 与 MPEG – 2 标准压缩的视频文件体积很大，难以实现网络的实时传输。MPEG – 4 标准则是基于对象和内容的编码方式，和传统的图像帧编码方式不同，它只处理图像帧与帧之间的差异元素，抛弃相同图像元素，因此大大减少了合成多媒体文件的体积，从而以较小的文件体积同样可得到高清晰的还原图像。换句话说，相同的原始图像，MPEG – 4 编码标准具有更高的压缩比。

视频监控的早期产品，如模拟摄像机、CVR/DVR、采用的就是 MPEG – 4 编码技术。

2. H. 264 编码技术

H. 264 是由 ITU – T 视频编码专家组（VCEG）和 ISO/IEC 动态图像专家组（MPEG）联合组成的联合视频组（JVT，Joint Video Team）提出的高度压缩数字视频编解码器标准。它既是 ITU – T 的 H. 264，也是 ISO/IEC 的 MPEG – 4 高级视频编码（Advanced Video Coding，AVC），在 MPEG – 4 标准的第十部分。

H. 264 最大的优势是具有很高的数据压缩比率，在同等图像质量的条件下，H. 264 的压缩比是 MPEG – 2 的 2 倍以上，是 MPEG – 4 的 1. 5 ~ 2 倍。H. 264 的低码率技术使用户获得高质量流畅图像的同时，大大节省了下载时间、数据流量，并减少了图像存储空间。

H. 264 是在 MPEG – 4 技术的基础之上建立起来的，其编解码流程主要包括 5 个部分：帧间和帧内预测（Estimation）、变换（Transform）和反变换、量化（Quantization）和反量化、环路滤波（Loop Filter）、熵编码（Entropy Coding）。

H. 264 编码标准在视频监控领域，是目前最流行使用的一种编解码技术，市场上主流的视频监控系统设备基本都支持 H. 264 标准。

3. H. 265 编码技术

视频监控前端采集设备网络摄像机的清晰度不断提高，已经达到了 1200 万像素，超高清技术在逐渐普及。在视频监控行业，众多知名安防厂商都已经推出了自己的 4K 采集、4K 解码、4K 电视墙等产品，形成了一整套的 4K 综合解决方案。

超高清的体验，带来的是传输和存储的强大挑战。举例来说，1 路 1080P@ 25fps 的图像，裸数据传输的带宽大概需要 1. 4G，采用 H. 264 编码后，可以得到 6M 或 8M 的码流；如果前端换成 4K800 万的网络摄像机，采用同样的压缩标准，那么码流大小至少 20M 以上。因此，获得高清晰图像显示的同时需要一种更高压缩性能的图像压缩标准来节省用户的投资。

H. 265 技术是 ITU – T VCEG 继 H. 264 之后所制定的新的视频编码标准。H. 265 标准围绕着现有的视频编码标准 H. 264，对相关算法与技术进行改进，以改善码流、编码质量、延时和算法复杂度之间的关系，达到最优化设置。H.264 可以低于 1Mbps 的传输速度实现标清数字音视频的传送，H.265 则可以实现利用 1～2Mbps 的传输速度完成 720P（1280×720）普通高清音视频的传送。

H.265 能够在有限带宽下传输更高质量的网络视频，而仅需原先的一半带宽即可播放相同质量的视频。H.265 标准也同时支持 4K（4096×2160）和 8K（8192×4320）超高清视频。可以说，H.265 标准让网络视频跟上了显示屏"高分辨率化"的脚步。

4. SVAC 编码技术

SVAC（Surveillance Video and Audio Coding），即《安全防范监控数字视音频编解码技术标准》，是由中星微电子和公安部第一研究所共同建立的一套编码技术标准。SVAC 编码技术标准具有中国自主知识产权，是一项非国际性的标准。它旨在解决安全防范监控行业独特要求的技术标准，对确立中国公安和犯罪预防体系来说特别重要，其目的在于加强安防视频监控系统在公安监控与报警平台的安全应用。

目前支持 SVAC 技术标准的只有中星微等少数厂家，芯片技术不是非常成熟，价格相对较高。国内安防知名厂商如大华、海康等还是以 H.264、MPEG-4 标准为主流，同时也有少量设备支持 SVAC 标准，但都以软件编解码的方式实现。

5. H.265 与 Smart265、SVAC2.0 优劣势对比分析

H.265 标准在逐步发展的超高清时代，将替代 H.264 成为编码技术的主流，支持的厂家与设备会越来越多，得到普遍应用。从编码效率上来说，SVAC 优于 H.264，但与 H.265 相比略逊一筹。

SVAC2.0 编码技术在原有的 SVAC1.0 的基础上加入智能分析等智能功能，进一步缩短编解码速率，丰富更多的应用。SVAC2.0 标准的推行，在国家信息安全政策的强制要求下，市场的潜力非常大，越来越多的厂家和研究机构都会参与 SVAC 技术的进一步改进，未来 SVAC2.0 或 SVAC3.0 将越来越成熟，与 H.265 的全面抗衡指日可待。

三、视、音频接口

视频监控系统中常见的视频接口有 BNC、VGA、DVI、HDMI 等，音频接口有 RCA、TRS 和卡侬等。

1. BNC 接口

BNC 接头，是一种用于同轴电缆的连接器，全称是 Bayonet Nut Connector（卡扣配合型连接器），又称为 British Naval Connector。如图 5-1 所示。

BNC 连接器用于射频信号的传输，包括模拟或数字视频信号的传输、业余无线电设备天线的连接、航空电子设备和其他一些电子测试设备的连接。在消费电子领域，用于视频信号传输的 BNC 连接器已被RCA 端子取代，通过简单的转接器，RCA 端子就可以在只具备 BNC 连接器的设备上使用。

图 5-1　BNC 接口

BNC 连接器有 50Ω 和 75Ω 两个版本。50Ω 连接器和其他阻抗电缆连接时，传输出错的可能性较小。不同版本的连接器互相兼容，但电缆阻抗不同，信号可能出现反射。通常

BNC 连接器可以使用在 4GHz 或 2GHz。

50Ω 连接器常用于数据和射频传输，75Ω 连接器常用于弱电工程视频监控。错误接在 75Ω 插座上的 50Ω 插头可能会损害插座。

图 5-2　VGA 接口

2. VGA 接口

VGA 是 IBM 在 1987 年随 PS/2 机一起推出的一种视频传输标准，在当时具有分辨率高、显示速率快、颜色丰富等优点，在彩色显示器领域得到了广泛的应用。虽然这个标准现今有些过时，但 VGA 仍然是最多制造商所共同支持的一个标准，PC 在加载自己的独特驱动程序之前，都必须支持 VGA 的标准。如图 5-2 所示。

VGA 最早支持在 640×480 的较高分辨率下同时显示 16 种色彩或 256 种灰度。为了提高显示效果，在 VGA 基础上加以扩充，使其支持更高分辨率，VGA 也在不断发展和进步。目前 VGA 接口支持的常见分辨率有：VGA（640×480）、SVGA（800×600）、XGA（1024×768）、WXGA（1280×800）、WXGA+（1440×900）、UXGA（1600×1200）、WUXGA（1920×1200）等。

VGA 接口（也称 D-Sub 接口）共有 15 针，分成 3 排，每排 5 个孔，是显卡上应用最为广泛的接口类型，绝大多数显卡都带有此种接口。它传输红、绿、蓝模拟信号以及同步信号（水平和垂直信号），VGA 接口只支持模拟视频信号。

VGA 的工作原理：计算机内部以数字方式生成的显示图像信息，被显卡中的数字/模拟转换器转变为 R、G、B 三原色信号和行、场同步信号，信号通过电缆传输到显示设备中。对于模拟显示设备，如模拟 CRT 显示器，信号被直接送到相应的处理电路，驱动控制显像管生成图像。而对于 LCD、DLP 等数字显示设备，显示设备中需配置相应的 A/D（模拟/数字）转换器，将模拟信号转变为数字信号，在经过 D/A 和 A/D 两次转换后，不可避免地造成了一些图像细节的损失。使用 VGA 连接设备，线缆长度最好不要超过 10m，而且要注意接头是否安装牢固，否则可能引起图像虚影。

3. DVI 数字视频接口

DVI 即数字视频接口。它是 1999 年由 Silicon Image、Intel、Compaq、IBM、HP、NEC、Fujitsu 等公司共同组成 DDWG（Digital Display Working Group，数字显示工作组）推出的接口标准。如图 5-3 所示。

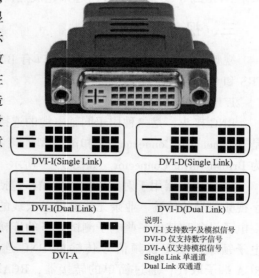

说明：
DVI-I 支持数字及模拟信号
DVI-D 仅支持数字信号
DVI-A 仅支持模拟信号
Single Link 单通道
Dual Link 双通道

图 5-3　DVI 接口

DVI 接口存在很多标准，在选择显示器时一定要清楚需求。DVI 一共有 5 种标准，其中 DVI-D 和 DVI-I 又分为"双通道"和"单通道"两种类型，我们平时见到的大多是单通道版，双通道版由于成本高，只有部分专业设备才具备。

考虑到兼容性问题，显卡一般会采用 DVI－I 接口，这样可以通过转换接头连接到普通的 VGA 接口。而带有 DVI 接口的显示器一般使用 DVI－D 接口，因为这样的显示器一般也带有 VGA 接口，不需要带有模拟信号的 DVI－I 接口，但也有少部分显示器只有 DVI－I 接口而没有 VGA 接口。DVI 接口主要有以下几大优点：

(1) 速度快。DVI 传输的是数字信号，数字图像信息不需经过任何转换，就会直接被传送到显示设备上，因此减少了数字→模拟→数字烦琐的转换过程，大大节省了时间，因此它的速度更快，有效消除拖影现象，而且使用 DVI 进行数据传输，信号没有衰减。

(2) 画面清晰。DVI 接口无须 AD 转换，避免了信号的损失，使图像的清晰度和细节表现力大大提高，画面更清晰。

(3) 支持 HDCP 协议。DVI 接口可支持 HDCP 协议，但如果要显卡支持 HDCP，光有 DVI 接口是不行的，需要加装专用的芯片，还要交纳 HDCP 认证费，因此真正支持 HDCP 协议的显卡还不多。

4. HDMI 高清晰度多媒体接口

高清晰度多媒体接口 (HDMI) 是一种数字化视频/音频接口技术，是适合影像传输的专用型数字化接口，其可同时传送音频和影像信号，最高数据传输速度已达到 48Gbps (HD-MI2.1 版本)，同时无须在信号传送前进行 D/A 或者 A/D 转换。HDMI 可搭配宽带数字内容保护 (HDCP)，以防止具有著作权的影音内容遭到未经授权的复制。通常来说，一个 1080P 的视频和一个 8 声道的音频信号需求少于 4Gbps，因此 HDMI 接口容量还有很大余量可应用在日后升级的音视频格式中。从本质上讲，HDMI 仍然是 DVI 的扩展，与 DVI 相比 HDMI 接口的体积更小。如图 5－4 所示。

图 5－4　HDMI 接口

HDMI 不仅可以满足 1080P 的分辨率，还能支持 DVD Audio 等数字音频格式，支持八声道 96kHz 或立体声 192kHz 数码音频传送，可以同时传送无压缩的音、视频信号。HDMI 可用于机顶盒、DVD 播放机、PC、数字音响与电视机、投影机等。

HDMI 支持 EDID、DDC2B，因此具有 HDMI 的设备具有"即插即用"的特点。信号源和显示设备之间能自动进行"协商"，自动选择最合适的视/音频格式。

5. RCA

RCA (俗称莲花插座，又叫 AV 端子，也称 AV 接口) 莲花头音视频线，是音视频线的一种。连接头部因比较像莲花，故称"莲花头"，或称为"莲花插头"。RCA 适用于弱电工程设备 VCD、DVD、电视机、收录机、CD 等与音响、功放机、调音台之间的连接并传输它们的音视频信号，广泛用于录音棚、舞台音响、视频影音系统。如图 5－5 所示。

图 5－5　RCA 莲花头

　　RCA 接头既可以传递音频，又可以传递普通的视频信号，也是 DVD 分量（YCrCb 或 YPbPr）的插头，只不过数量是三个 RCA 端子采用同轴传输信号的方式，中轴用来传输信号，外沿一圈的接触层用来接地，可以用来传输数字音频信号和模拟视频信号。RCA 音频端子一般成对地用不同颜色标注：右声道用红色，左声道用黑色或白色。有的时候，中置和环绕声道连接线会用其他的颜色标注来方便接线时区分，但整个系统中所有的 RCA 接头在电气性能上都是一样的。一般来讲，RCA 立体声音频线都是左右声道为一组，每声道外观上是一根线。

　　RCA 接头优点：实现了音频和视频的分离传输，避免了因为音/视频混合干扰而导致的图像质量下降。但由于传输的仍然是一种亮度/色度（Y/C）混合的视频信号，仍然需要显示设备对其进行亮/色分离和色度解码才能成像，这种先混合再分离的过程必然会造成色彩信号的损失，色度信号和亮度信号也会有很大的机会相互干扰从而影响最终输出的图像质量。由于它本身 Y/C 混合这一不可克服的缺点，它无法在一些追求视觉极限的场合中使用。

　　RCA 是目前音视频设备上应用最广泛的接口，几乎每台音视频设备上都提供了此类接口，用于音频和视频输入输出。

6. TRS

　　TRS 是弱电工程常用的音视频接口、音频设备连接插头，用于平衡信号的传输或者不平衡的立体声信号的传输。通常有 1/4in（6.3mm）、1/8in（3.5mm）、3⅜in（2.5mm）三种尺寸，最常见的是 6.3mm（俗称大三芯）和 3.5mm（也称小三芯）尺寸的接头。

　　2.5mm 的 TRS 接头以前在手机耳机上比较流行，但现在已不多见，耳机接口基本被 3.5mm 接口替代。而 6.3mm 的接头在很多专业设备和高档耳机上比较常见，但现在有不少高档耳机也逐渐开始改用 3.5mm 接头。TRS 的含义是 Tip（signal）、Ring（signal）、Sleeve（ground），分别代表了这种接头的 3 个触点。从图 5 - 6 中我们看到的就是被两段绝缘材料隔离开的三段金属柱。

图 5 - 6　TRS 大小三芯头

图 5 - 7　卡侬接头

7. 卡侬接头

　　卡侬接头（CANNON）通常用于电容麦等高端话筒。卡侬接头分为两芯、三芯、四芯、大三芯等种类。与莲花头、3.5mm 头一样，卡侬接头也是一种音频接头。如图 5 - 7 所示。

　　最常见的是三芯卡侬接头，三芯卡侬接头分为接地端、热线（又称火线）、冷线（又称零线），分别接到话筒上相应的位置。需要注意的是，如果电容麦想连接到 PC 上，必须要通过 48V 的换相电源或"话放"才能把声音正常输入到电脑上。

卡侬接头的接法卡侬插头分为两种：公头和母头。卡侬插头（又称 XLR 插头）有 3 个端，分别是 1、2、3，每个卡侬插头上都会清楚地标明。标准的卡侬线通常由 1 个公头和 1 个母头用双芯线连接而成。线的屏蔽层焊接到 1 端（接地），2 端和 3 端分别焊接到两个线芯，这是平衡的接法。当我们使用电容话筒时，就要使用这种线，此时幻像供电由 3 端送至话筒，话筒的信号则由 2 端送至调音台或话放，1 端接地。非平衡接法时 1 端和 3 端相连。如图 5-8 所示。

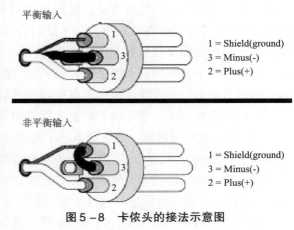

图 5-8　卡侬头的接法示意图

四、体系架构

（一）模拟监控系统

模拟视频监控系统由摄像机、监视电视墙、录像机、控制矩阵、画面分割器、解码器及其他辅助设备组成。它以同轴电缆为图像传输介质，以屏蔽双绞线为控制信号传输介质。模拟监控系统设备繁多，结构复杂，扩容性差，且多数设备是专用设备，要求操作者具备相应的操作能力。传统的模拟监控模式在国内大中城市刚刚引入道路监控应用时最为盛行，而近些年日趋衰微，其主要缺陷如下：

（1）传输通道敷设费用过于昂贵。模拟信号的传输通常采用同轴电缆传输。在较短距离（200～300m）内，视频信号的衰减很小；如果超过一定距离，就需要视频放大器对视频信号进行放大，通常加一级放大器可延长传输距离 200m 左右。但是，在工程中如果对视频信号进行两级放大，图像就会明显失真，严重时图像扭曲变形甚至会出现黑色横纹。由于各道路监控点和监控中心之间通常相距几千米甚至几十千米，而有效传输距离仅 300m 左右的视频电缆显然无法完成信号传输，常规的解决办法是在监控点和监控中心之间敷设光缆作为传输通道，光缆两端接光端机作为光/电信号转换设备，实现模拟信号的远距离传输。但这种解决方案，光缆敷设费用占比较高。

（2）模拟监控系统在一路同轴电缆上只能传送一路视频信号，如果需要传输数据信号、控制信号或音频信号，就必须另外单独铺设电缆。同时随着监控点和被监控点的变化和增加，必须另外铺设电缆。

（3）系统结构复杂，监控中心设备繁多，操作烦琐。

（二）数字监控系统

数字视频监控系统以网络为依托，以数字视频的压缩、传输、存储和播放为核心，以智能实用的图像分析为特色，并与报警系统、门禁系统完美地整合到一个平台上，引发了视频监控行业的一次技术革命。

数字监控系统基于 TCP/IP 网络协议，以分布式的概念出现。将监控模式拓展为分散与集中的相辅相成，无限度地拓展了监控的范围。在硬件设备方面，运用了更为先进的

D/A、A/D 转换设备视频服务器，或内置处理器的网络摄像机把图像处理(采集、压缩、协议转换、传输)设置在监控点，利用便利的局域网和互联网，实现了从图像采集、传输、录像、最终输出的全过程数字化。

数字监控系统对所涉及的视频监控、云台控制、图像异动检测、报警信号输入、继电器控制信号输出、报警联动操作等各项内容进行统一管理，具有良好的人机交互界面。

与模拟监控相比，数字监控的技术优势明显。

(1)适合远距离传输。数字信息抗干扰能力强，不易受传输线路信号衰减的影响，而且能够进行加密传输，可以在数千千米之外实时监控现场。特别是在现场环境恶劣或不便于直接深入现场的情况下，数字视频监控能达到亲临现场的效果。

(2)提高了图像的质量与监控效率。利用计算机可以对不清晰的图像进行去噪、锐化等处理，通过调整图像大小，借助显示器的高分辨率，可以观看到清晰的高质量图像。

(3)系统易于管理和维护。数字视频监控系统集成度高，视频传输可利用有线或无线信道。整个系统采用模块化结构，体积小，易于安装、使用和维护。

五、发展趋势

几十年的时间里，视频监控行业的核心技术已经发生了变化，从传统的模拟摄像机到当今的 IP 摄像机、AI 摄像机。随着摄像机和传感器的发展，物联网等新兴技术与视频管理系统的集成，视频技术必将对企业和市场产生更多影响。

1. 视频大数据和视频云的 DT 时代

数据时代(DT)已经被提了一些年，但对视频监控行业而言，真正的 DT 时代启于 2018 年，在 2019 年开始大面积落地。

非结构化的视频图像数据被结构化之后就能够形成视频图像大数据，这些数据可以分为四类：

(1)全景数据。包含空间维度内的人、车、物、手机、门禁、WIFI、物联感知、地图、地址、门牌号、网格、人口、房屋、单位、城市部件等数据。全景数据体现的是多场景内的全数据、多维度的数据解析。

(2)全量数据。在全景数据的基础之上包括时间维度，全时空数据，包含轨迹、活动、事件等数据。

(3)全域数据。在全景数据之上构建数据之间的关联，属于多维关联信息，多渠道、多视角、多侧面收集而成。包含了系统所有信息的模型，实现数据的关联、碰撞和多维感知。

(4)全息数据。将全域数据和视频图像进行融合，产生立体化空间、多维度、相互关联的全时空数据。典型应用包括 3D 全息投影、虚拟显示 VR、增强显示 AR。

数据时代视频监控的特点就是能够全面看、自动看、关联看。全面看，即视频图像一体汇聚、全网共享，大范围内多维数据的跨系统、跨区域共享；自动看，是高密度、高算力、多算法框架、千亿级图片秒级检索，算得快、比得准；关联看，是视频大数据与社会、网络、政务、警务大数据等资源的碰撞分析，实现"图事件关联""人脸、车辆、手机等多轨合一"等应用。

2.3D、AR、VR 深度融合应用

2018 年北京安博会作为视频监控行业发展的风向标，能够看到的视频应用系统已经逐渐过渡到三维的深度融合，将 3D 地图、AR、VR 三度技术和视频、数据进行深度融合，开发出全新的应用。

这种深度融合应用的基础是视频监控联网平台、视频解析平台、视频图像信息数据库，还有城市管理基础信息数据平台，这些数据能与 3D、AR、VR 相结合。例如通过 AR 增强显示的方法将视频直接嵌入地图中，实现可视化实时城市画面呈现，通过 VR 技术将各类数据直接投视在人的眼中，实现信息数据的及时获取。

第二节　视频监控系统设备

视频监控系统设备主要由网络摄像机、补光灯、音箱等前端设备和 NVR、CVR、电视墙等后端设备组成。

一、前端设备

前端设备主要包含网络摄像机（球机、枪机）、视频监控外设（补光灯和音箱）。

（一）网络摄像机

光（景物）通过镜头生成的光学图像投射到图像传感器表面上，转为电信号，经过 A/D（模数转换）转换后变为数字图像信号，然后由数字信号处理芯片（DSP）中进行视频编码压缩，再通过网络进行传输。后端通过电脑直接访问解码查看视频或者通过解码设备进行显示。如图 5-9 所示。

油田生产信息化网络摄像机以球机为主，枪机为辅。

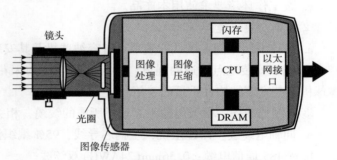

图 5-9　网络摄像机的结构原理图

1. 球机

球机全称为球形摄像机，是内置一体化摄像机（含变焦镜头）、云台、解码器，采用球形护罩的一体化前端成像设备。

（1）结构：球机集成了云台系统、通信系统和摄像机系统三个部分。云台系统是指电机带动的旋转部分，通信系统是指对电机的控制以及对图像和信号的处理部分，摄像机系统是指采用的一体机机芯。几大系统之间，起着横向连接作用的是电源和主控核心 CPU。电源为各系统供电，核心 CPU 实现所有功能运行管理。

一体化智能球形摄像机作为监控系统的前端设备，成像是否清晰、聚焦是否准确迅速极其重要。而这些因素都取决于其内置的一体化摄像机，一体化摄像机的主要指标有 CCD 参数、清晰度、照度、变焦倍数等。

云台系统控制着球机的上、下、左、右，其主要的指标有水平和垂直的极限角度、转速、预置位轨迹等功能的状况。

智能的表现主要为预置点及连续旋转功能。预置点是用户可以对监控画面的场景提前进行的编号，此编号即为预置点。无论画面停留在任何地方，通过预置点的调用，监视器将立即转换至相应记忆场景，无须其他复杂的操作。连续旋转是指云台的转动不再是从左到右或从右到左的旋转，而是可以沿一个方向连续地旋转，突破了云台只能 0～355°的旋转范围。

（2）分类：

①以云台的转速为划分依据：分为高速球、中速球和低速球，主要区别在于云台每秒旋转角度不同。

②以使用环境区分：分为室内球形摄像机和室外球形摄像机，室外球机还包括防水装置和恒温装置，多为双层带加热和风扇。

③以是否防爆划分：可分为防爆球机和普通（非防爆）球机。

（3）安装：

1）安装前准备。

①安装基本要求：

a. 所有的电气工作都必须遵守使用地最新的电气法规、防火法规及其他有关法规。

b. 根据装箱清单查验所有随机附件是否齐全，确定球机的应用场所和安装方式是否与所要求的相吻合。

c. 按工作环境要求使用本产品。

②检查安装环境：

a. 确认安装空间：确认安装地点有容纳球机及其安装结构件的足够空间。

b. 确认安装地点构造的强度：确保安装球机的天花板、墙壁等的承受能力必须能支撑球机及其安装结构件重量的 8 倍。

③线缆的准备：根据传输距离选择所需的线缆，相关线缆最低规格要求如下：

a. 同轴电缆线：75Ω 阻抗，全铜芯导线，95% 编织铜屏蔽。

b. RS485 通信电缆：0.56mm（24AWG）双绞线。

c. 网线：根据实际网络带宽选择，超五类（100M 内），超六类或光纤（100M 以上）。

d. 电源电缆线：线径不低于 1.5mm。

④工具的准备：安装前，准备好安装可能需要的工具，包括符合规格的膨胀螺丝、电锤、电钻、扳手、螺丝刀、电笔等。

2）注意事项如下：

①球机搬运：在搬运球机时，切勿直接拉拽球机防水组线，否则可能会影响球机防水性能或导致线路问题。如图 5-10 所示。

②线缆说明：

a. 球机标配一根一体化辫子线缆，线缆包含网线、音频线、电源线、报警线等。线缆及其接口说明如图 5-11 所示。

b. 不同型号的球机辫子线接口略有不同，图5-11给出最全的线缆接口，具体接口以实物为准。

图 5 - 11 中各线路、接口功能如下：

电源线：球机支持 AC 24V、DC 12V 或 DC 30V 电源输入中的一种。如果球机为 DC 直流供电，注意电源正、负极不要接错。

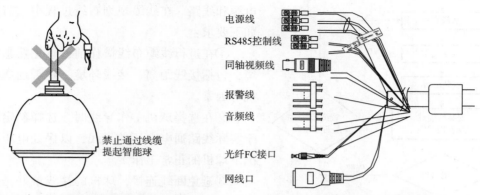

图 5 - 10　禁止通过线缆提起球机示意图　　　图 5 - 11　网络球机一体化辫子线

RS485 控制线：模拟信号 485 控制线。

同轴视频线：模拟信号视频线。

报警线：包括报警输入和输出。ALARM - IN 与 GND 构成一路报警输入。

音频线：AUDIO - IN 与 GND 构成一路音频输入；AUDIO - OUT 与 GND 构成一路音频输出。

光纤 FC 接口：光纤信号输出，FC 接口。

网线口：网络信号输出。

③报警输入、输出接线说明：球机可接报警信号量(0 ~ DC5V)输入和开关量输出。可联动录像、预置位、开关量输出等。

报警输出为开关量(无电压)，接报警器时需外接电源。当外接直流供电时具体接线方法如图 5 - 12(a)所示，外接电源必须在 DC30V/1A 限制范围内。当外部接交流供电时，必须外接继电器，具体接线方法如图 5 - 12(b)所示，如果不接继电器会损坏设备并有触电危险。

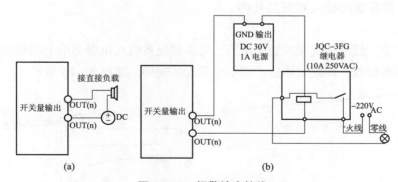

图 5 - 12　报警输出接线

3)安装流程：球机的安装步骤如图 5 - 13 所示，根据安装步骤完成设备的安装，其中 SD 卡的安装视现场需求判定是否需要此步。

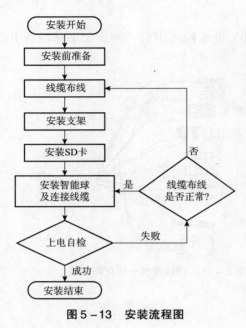

图 5-13　安装流程图

4）线缆布线：因球机安装的环境和位置的不同，需事先进行线路部署勘察、规划，然后再进行精确的线路布置，以便为球机提供安全稳定的电源和线路。在线缆规划布线过程中，需要遵循如下要求：

①在进行线缆布线操作前，事先熟悉安装环境，包括接线距离、接线环境、是否远离磁场干扰等因素。

②在选择球机工作导线时，选择额定电压大于实际线路通电电压的导线，以保证电压不稳情况下球机的正常工作。

③避免断线连接，球机的接线最好是一条线缆独立完成；若条件有限，也需要对接线处进行保护及采取加固措施，以免后续电路老化造成设备无法正常工作。

④加强对两线的保护，包括电源线和信号传输线。布线过程中要特别注意线路的加固和保护，以免因人为的破坏而无法正常监控。

5）安装支架：球机根据安装环境等因素的不同，可采用不同的安装方式。最常见的几种支架包括长壁装支架、短壁装支架、墙角装支架和柱杆装支架。下面以壁装支架为例说明球机的支架安装步骤。

壁装支架可用于室内或者室外的硬质墙壁结构悬挂安装，支架安装具体步骤如下。

①检查支架及其配件（图 5-14）。支架配件包括螺帽、垫片及膨胀螺丝。

②打孔并安装膨胀螺丝。根据墙壁支架的孔位标记打 4 个 φ12 膨胀螺丝的孔，并将规格为 M8 的膨胀螺丝插入打好的孔内，如图 5-15 所示。

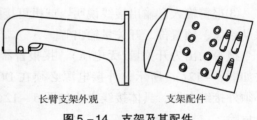

长臂支架外观　　　支架配件

图 5-14　支架及其配件

③支架固定。线缆从支架内腔穿出后，将 4 颗配备的六角螺母垫上平垫圈后锁紧穿过壁装支架的膨胀螺丝。固定完毕后，表示支架安装完毕。如图 5-16 所示。

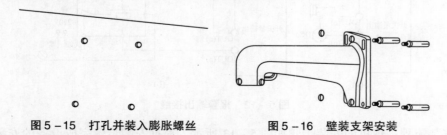

图 5-15　打孔并装入膨胀螺丝　　　图 5-16　壁装支架安装

6）安装球机：不同型号球机的外观略有不同，本文中所列的外观仅作参考，具体以实物为准。

①拆封球机：打开球机包装盒，取出球机，撕掉保护贴纸，如图 5-17 所示。

②安装 SD 卡(只适用于具备 SD 卡接口的球机)：网络球机内置 SD 卡槽，需要插入匹配的 SD 卡才能正常使用，卡槽位于球机背面，如图 5-18 所示。

安装步骤：拧松球罩背面两颗螺丝，取下保护盖即可见 SD 卡插槽。插入 SD 卡，听到"咔嚓"一声表示 SD 卡成功插入并已经卡紧，最后将保护盖盖好。

③将球机安全绳挂钩系于支架的挂耳上，连接好各线缆，将剩余线缆拉入支架内。如图 5-19 所示。

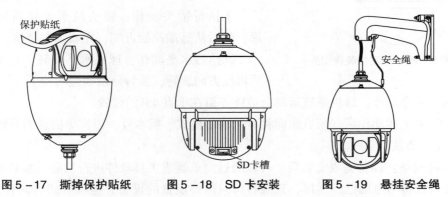

图 5-17　撕掉保护贴纸　　图 5-18　SD 卡安装　　图 5-19　悬挂安全绳

④连接球机与支架：确认支架上的两颗锁紧螺钉处于非锁紧状态(锁紧螺钉没有在内槽内出现)，将球机送入支架内槽，向左(或向右)旋转一定角度至牢固，如图 5-20 所示。

⑤连接到位后，使用 L 形内六角扳手拧紧两颗固定锁紧螺钉，使球机球体稳定地挂在支架上，如图 5-21 所示。

⑥固定完毕后撕掉红外灯保护膜，球机安装结束。

7)快装转接头安装(选装)：球机标配带有"快装转接头"，当需要配合其他螺纹口支架进行壁装支架安装时，可使用快装转接头。

①取出快装转接头，如图 5-22 所示。

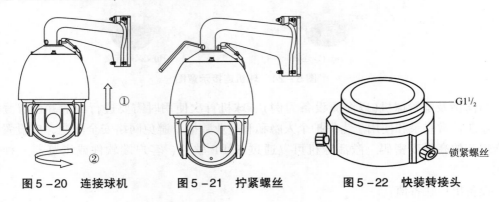

图 5-20　连接球机　　图 5-21　拧紧螺丝　　图 5-22　快装转接头

②在快装转接头螺纹上缠好生料带，并将其拧到安装支架上。完毕后，将支架上的紧固螺钉锁紧，然后对准安装标识，将球机推入到转接头，并向左(或向右)旋转球机直到固定好，如图 5-23 所示。

8)连接线缆与上电自检：球机安装固定过程中，已经将线缆梳理并连接好。在确保球

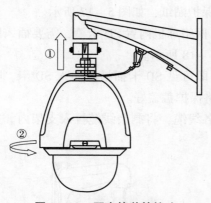

图5-23　固定快装转接头

机安装正确的前提下，连接电源进行球机的上电自检。如果球机能够正常开启并显示画面，此时球机的安装结束。在球机正常的情况下，若球机无法正常开启，检查球机的线缆接口是否连接正常；若线缆连接正常，则需要对布线进行排查。

球机上电后，将会执行上电自检动作，上电自检动作如下：

①执行镜头动作：镜头拉至近端后再推至最远，随后从远端拉回近端，完成镜头自检。

②执行水平动作：球机水平旋转，检测到零位后再反方向旋转，旋转一段轨迹后停下。

③执行垂直动作：球机垂直运动，最终停留在垂直45°的位置。

④执行完上述动作后，预览画面将显示通信模式、版本号、语言等信息的开机画面。

（4）配置方法。

1）连接网络：设备完成安装后，可以通过浏览器或工具软件进行功能及参数设置。配置前应确认设备与电脑已经连接，且能够访问需要设置的设备。连接方式有两种，图5-24（a）为通过直通线连接的示意图，图5-24（b）为通过交叉线连接的示意图。

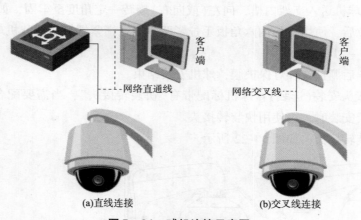

(a)直线连接　　　　　　　　(b)交叉线连接

图5-24　球机连接示意图

2）激活及配置球机（以海康设备为例）。球机首次使用时需要进行激活并设置登录密码，才能正常登录和使用。为保护个人隐私和企业数据，避免网络安全问题，应设置符合安全规范的高强度密码。激活球机可以通过SADP软件、客户端软件或浏览器三种方式完成。

设备出厂缺省值：

缺省IP：192.168.1.64

缺省端口：8000

缺省用户名（管理员）：admin

①通过SADP软件激活：

a. 安装 SADP 软件，运行软件后，SADP 软件会自动搜索局域网内的所有在线设备，列表中会显示设备类型、IP 地址、激活状态、设备序列号等信息，如图 5-25 所示。

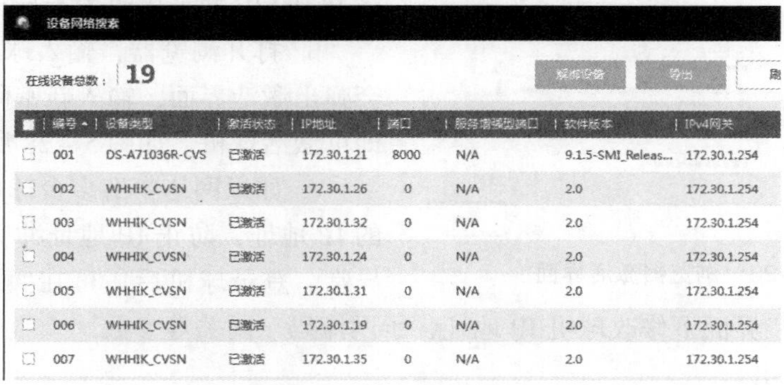

■	编号▲	设备类型	激活状态	IP地址	端口	服务端细化端口	软件版本	IPv4网关
□	001	DS-A71036R-CVS	已激活	172.30.1.21	8000	N/A	9.1.5-SMI_Releas...	172.30.1.254
□	002	WHHIK_CVSN	已激活	172.30.1.26	0	N/A	2.0	172.30.1.254
□	003	WHHIK_CVSN	已激活	172.30.1.32	0	N/A	2.0	172.30.1.254
□	004	WHHIK_CVSN	已激活	172.30.1.24	0	N/A	2.0	172.30.1.254
□	005	WHHIK_CVSN	已激活	172.30.1.31	0	N/A	2.0	172.30.1.254
□	006	WHHIK_CVSN	已激活	172.30.1.19	0	N/A	2.0	172.30.1.254
□	007	WHHIK_CVSN	已激活	172.30.1.35	0	N/A	2.0	172.30.1.254

在线设备总数：**19**

图 5-25　SADP 搜索软件

b. 勾选需要激活的设备，在"激活设备"中输入设备密码，单击"激活"完成激活，成功激活设备后，列表中"激活状态"会更新为"已激活"。如图 5-26 所示。注意：为了提高产品网络使用的安全性，设置的密码长度需达到 8~16 位，且至少由数字、小写字母、大写字母和特殊字符中的两种或两种以上类型组合而成。

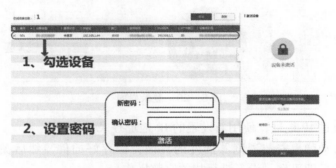

图 5-26　激活设备

c. 修改设备 IP 地址。勾选已激活的设备，在右侧的"修改网络参数"中输入 IP 地址、子网掩码、网关等信息，输入设备密码，单击"修改"，提示"修改网络参数成功"则表示网络参数设置生效，如图 5-27 所示。

图 5-27　修改设备信息

用户名　　admin

密码

8-16位，只能用数字、小写字母、大写字母、特殊字符的两种以上组合

密码确认

确定

图 5-28　浏览器激活界面

②通过浏览器激活：

a. 球机的默认 IP 地址为 192.168.1.64，将 PC 的 IP 地址更改为与球机同一网段。

b. 打开浏览器，输入球机默认 IP 地址，会弹出激活界面，输入新密码并点击"确定"即可激活球机。如图 5-28 所示。

c. 如果网络中有多台球机，应修改球机的 IP 地址，防止 IP 地址冲突导致球机访问异常。登录球机后，可在"配置→基本配置→网络→TCP/IP"界面下修改球机 IP 地址、子网掩码、网关等参数。

3）登录与退出。

①登录系统：当设备与电脑连接完毕后，可在浏览器地址栏中输入设备的 IP 地址进行登录，输入设备 IP 地址后，将弹出如图 5-29 所示登录界面，输入用户名和密码即可登录系统。

图 5-29　登录界面

如果已经修改过 IP 地址，使用新设置的 IP 地址登录系统。

首次访问将自动弹出安装浏览器插件的界面，保存好插件，然后关闭浏览器安装插件，插件安装完毕后即可登录设备进行相关完整操作。

②获取帮助：成功登录设备后，可以单击"帮助"获取设备的操作说明。

③退出系统：当进入设备主界面时，可单击右上角的"注销"安全退出系统。

4）网络参数配置。网络参数包括基本配置和高级配置，基本配置参数包括 TCP/IP、DDNS、PPPoE、端口和端口映射，高级配置包括 SNMP、FTP、Email、平台接入、HTTPS、802.1X、QoS 和集成协议。网络参数修改完毕后均需要重启球机使参数生效。

选择"配置→网络→基本配置"，即可显示所有需要配置的网络基本参数。TCP/IP 单击"TCP/IP"，进入"TCP/IP"设置界面，可以进行如下操作。

①网卡参数配置：可以设置"网卡类型""设备 IPv4 地址""IPv4 子网掩码"和"IPv4 默认网关"。勾选自动获取，设备可自动获取网络地址及相关网络参数。在填写 IPv4 地址时可在保存配置之前单击"测试"按钮来确认该 IP 是否可用。

②部分球机支持 IPv6 网络通信协议，用户可以配置"IPv6 模式"，其中包括"路由公告""自动获取""手动"三种模式。"路由公告"模式将使用公告的 IP 前缀加设备自身的物理地址生成 IPv6 地址；"自动获取"模式将由相应的服务器、路由或网关下发 IPv6 地址；根据实际网络需要配置，如不明确，与网络管理人员联系咨询。

③"MTU"项可以设置最大传输单元,指 TCP/UDP 协议网络传输中所通过的最大数据包的大小。

④启用多播搜索:多播搜索功能缺省开启,但当设备因多播风暴引起球机无法正常使用时,可尝试关闭多播搜索功能来解决该问题。

⑤设置 DNS 服务器:设置球机的 DNS 服务器,当球机设置了正确可用的服务器地址后,需要域名访问的方式才能正常使用。

参数修改完毕后单击"保存"来保存设置。如图 5 – 30 所示。

5)视音频参数设置。选择"配置→音视频",即可对视音频参数、ROI 功能、码流信息叠加进行配置。

①视频参数:主要包括球机的码流类型、视频类型、分辨率等信息,界面如图 5 – 31 所示。

图 5 – 30　TCP/IP 设置　　　　　图 5 – 31　视频参数

a. 码流类型:可设置主码流(定时)、子码流(网传)的视频参数。主码流用于高清存储和预览;子码流用于网络带宽不足时,进行标清存储与预览;第三码流是提供的第三种码流方式,支持高清和标清的所有编码参数。

b. 视频类型:可选择视频流和复合流,复合流包含视频流和音频流。

c. 分辨率:根据客户对视频清晰度的要求来选择,分辨率越高,对网络的带宽要求越高。

d. 码率类型:码率类型可设置变码率或者定码率。定码率表示码率维持在平均码率进行传输,压缩速度快,但可能会造成视频马赛克现象;变码率表示在不超出码率上限的基础上随场景变化自行调整码率,压缩速度相对较慢,但能够保证复杂场景时的画面清晰度,视频质量 6 级可调。

e. 码率上限:指编码理论最大码率,录像编码的参考数值。

f. 图像质量:当码率类型为变码率时可设置图像质量,设置项可选择最高、较高、中等、低、较低和最低。根据客户对图像清晰度的要求来选择。图像质量越高，对网络的带宽要求越高。

g. 视频帧率：表示视频每秒的帧数，用于测量显示帧数的量度，单位为 fps。根据实际带宽情况设置，视频帧率越高，需要的带宽越高，需要的存储空间越高。视频帧率与 IPC 摄像机有关。

h. 视频编码：用于设置视频编码格式，可选项与 IPC 摄像机有关。若接入的 IP 设备支持 H. 265，则码流可设置为 H. 264、H. 265 编码；若 IP 设备不支持 H. 265，则视频编码可选项只显示当前的视频编码格式（H. 264 或 MPEG－4）。子码流和第三码流还可设置为 MJPEG。

i. Smart264/Smart265：开启 Smart264/Smart265 功能后，将进一步提高压缩性能，减少存储空间，功能开启和关闭均需要重启设备。开启 Smart264/Smart265 功能后，球机将不支持 ROI、第三码流、Smart 事件等功能，具体以实际设备界面为准。

注意：当球机所有连接总和超过最大码流时，实际的码流将下降以保证正常地连接。当子码流的"视频编码"参数设置为"MJPEG"时，出现预览画面卡顿现象时，为了保证流畅的画面，建议使用"H. 264"编码格式。

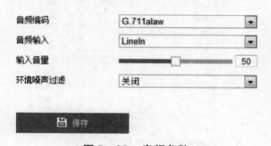

图 5－32　音频参数

②音频参数：主要包括球机的音频编码、音频输入及输入音量的设置、环境噪声是否过滤的设置，界面如图 5－32 所示。

6）图像参数设置。选择"配置→图像"即可进入图像设置界面，图像设置包括显示设置、OSD 设置和图像参数切换。

①显示设置：进入图像设置界面，选择"显示设置"页签将显示设置界面，显示设置主要设置预览画面的图像质量，如图 5－33 所示。根据安装场景可选"室外""室内"等参数，选择相应的场景后，图像默认参数将会相应匹配，方便配置。

图 5－33　显示参数设置界面

②OSD 设置：OSD 是指显示在监控画面的信息，监控画面上可显示球机名称、日期、星期、通道信息和叠加的字符。单击"OSD"页面标签，弹出 OSD 设置界面，如图 5 - 34 所示。

图 5 - 34　OSD 设置

a. 勾选"显示名称""显示日期""显示星期"可将球机名称、日期、星期信息叠加到视频画面上，此时可拖动 OSD 红色方框改变 OSD 的位置。

b. 可通过下拉菜单修改通道名称、时间及日期的格式。

c. OSD 属性：OSD 属性包括"透明，闪烁""透明，不闪烁""闪烁、不透明"和"不透明、不闪烁"。

d. OSD 字体/颜色：设置 OSD 字体大小与颜色。

e. 字符叠加：球机可叠加字符到视频监控画面，可勾选需要叠加的字符并输入设置字符。不同型号球机支持叠加的字符条数不同，以实际界面为准。

f. 对齐方式可选择为左、右对齐、自定义和国标模式，国标模式下支持设置最小边距，叠加的字符不可移动，且通道名称、时间和日期调整位置后仅支持右对齐显示，可根据实际需要进行设置。

设置完毕后需"保存"确认，完成参数设置。

（5）运行维护。

1）清洁维护：

①透明罩维护：球机长时间使用后，透明护罩表面会积累灰尘、泥土、油脂等物质，长时间将导致图像性能下降或划伤透明罩。发现污垢堆积后，按照如下方法处理。

a. 沾染灰尘、泥土等：可先用水冲洗或干布轻轻擦拭，去掉灰尘。切勿直接使用湿布大力擦拭，这样可能造成透明罩永久性损伤。

b. 沾染油脂、指纹等：将水滴或油脂用软布轻轻拭去并使之干燥，再用无油棉布或镜头清洁纸沾上镜头清洁液轻轻擦拭，可换布反复擦拭直至干净。

②非透明罩结构球机维护：非透明罩结构球机前脸玻璃沾染灰尘、油脂时，使用软布轻轻拭去并使之干燥，再用无油棉布或镜头清洁纸沾上酒精或镜头清洁液后自中心向外擦拭，可换布反复擦拭直至干净。

注意：

a. 清洁时不可使用普通纸张擦拭，因普通纸中含有坚硬的钙，易划伤透明罩。擦拭布需使用足够柔软的无纺布或者长丝棉。

b. 清洗液采用普通洗洁精即可，切勿使用碱性清洁剂。

2）网络安全维护：为了保证球机的网络安全，建议对网络球机系统进行定期网络安全评估及密码更换维护。

（6）常见故障处理见表5-2。

表5-2　常见故障处理

故障现象	检查内容	处理方法
球机上电后无法启动或反复重启	1. 检查球机的供电电压，确保供电电压满足球机的供电要求； 2. 检查球机电源线径是否符合标准	1. 确保供电电压符合要求，建议采用就近取电； 2. 确保电源线符合要求，不符合要求进行更换
球机控制云台或调用预置点时断电重启、红外球机夜晚红外灯开启后设备重启		
球机不能进行变倍及云台控制		
球机能进行变倍控制，不能进行云台控制	检查球机球芯保护贴纸和珍珠棉是否去除	打开球机透明罩，去除球芯保护贴纸及珍珠棉，然后安装好球机后重新上电
球机预览画面模糊、看不清画面等问题	1. 检查球机透明罩上的塑料薄膜是否去除； 2. 检查球机透明罩、镜头是否存在脏污； 3. 检查球机周边环境是否有蜘蛛网等遮挡物； 4. 检查镜头保护盖是否去除	1. 去除保护塑料薄膜； 2. 清除护罩或镜头脏污； 3. 清理遮挡物； 4. 拆开球机，去除镜头保护盖
球机连接拾音器后，没有任何声音	1. 检查球机设置的编码格式； 2. 检查所接拾音器电气特性是否与球机的电气特性相匹配	1. 查看球机编码格式，选择复合流； 2. 确认所接拾音器电气特性与球机的电气特性相匹配
球机网络正常，但是无法预览	1. 检查浏览器IE控件是否安装； 2. 检查是否跨路由，未做端口映射； 3. 检查设备是否已达预览路数上限； 4. 检查网络带宽是否充足	1. 更改浏览器的安全设置，确认IE控件安装完好； 2. 跨路由访问时，需要启用球机UP-nP，或路由器映射80、8000、554端口； 3. 若达到预览上限将无法预览； 4. 确保网络带宽充足
室外球机在室内测试，聚焦不清	检查聚焦设置是否异常	1. 恢复设备出厂参数，排除错误配置导致该问题； 2. 使用浏览器访问球机，设置图像参数中的"最小聚焦距离"，将最小聚焦距离变小
球机升级失败	1. 检查网络环境是否正常、通畅无丢包； 2. 检查升级程序或升级包是否为匹配	1. 确保网络通畅无丢包； 2. 使用匹配的升级程序及升级包

2. 枪机

枪机又称枪型摄像机，因外形而得名。适用于固定监控区域和光线不充足地区。

（1）分类、结构如下：

①按照焦距是否可变，分为定焦枪型摄像机和变焦枪型摄像机。

②按照是否支持红外夜视，分为非红外枪型摄像机和红外枪型摄像机。

③按照使用环境，分为室内枪型摄像机和室外枪型摄像机。

④以是否防爆划分为防爆枪型摄像机和普通（非防爆）枪型摄像机。

（2）枪机的配置方法：网络枪机的配置方式与球机相同。

（3）安装。

1）安装要求如下：

①监控设备部署基本要求：

a. 摄像机安装时，尽量安装在固定的地方，摄像机的防抖功能和算法本身虽能对相机抖动进行一定程度的补偿，但是过大的晃动还是会受到影响。

b. 在未开启宽动态的功能下，摄像机视场内尽量不要出现天空等逆光场景。

c. 为了让目标更加稳定和准确，建议实际场景中目标尺寸在场景尺寸的 50% 以下，高度在场景高度 10% 以上。

d. 尽量避免有玻璃、地砖、水面等反光的场景。

e. 尽量避免狭小或有过多遮蔽的监控现场。

②注意事项：

a. 安装前确认包装箱内的设备完好，所有部件齐备。

b. 安装墙面应具备一定的厚度，至少能承受 4 倍于摄像机及安装配件的总重。

c. 水泥墙面、天花板，需先安装膨胀螺丝，再安装支架。木质墙面，可使用自攻螺丝直接安装支架。

d. 手册中的支架均为可选支架，需根据实际需求进行选配。

e. 如需要使用摄像机智能功能，安装前仔细阅读"应用场景选择"中内容，并以具体设备为准。

③应用场景选择：如需要使用入侵侦测和越界侦测智能报警功能，应参考以下安装要求：

场景中尽量避开过多的树木遮挡，同时避免场景中有过多的光线变化（比如路过的车灯），以减少误报，提高智能功能的准确率。场景环境亮度不能过低，过于昏暗的场景将大大降低报警准确率。以下选取一些典型的场景供安装参考，使用时需根据实际场景及需求综合考虑。

a. 区域入侵侦测：该功能可侦测视频中是否有物体入侵设置的禁区，当有目标物体进入该区域时，设备可产生报警信号并作相关报警联动。

针对大门口等重点区域开启越界侦测功能，当有人员、车辆等跨过警戒线时，即可触发报警。安装的推荐场景如图 5 - 35 所示。

图 5 - 35　区域入侵侦测推荐场景

图 5-36　越界侦测推荐场景

b. 越界侦测：该功能可侦测视频中是否有物体跨越设置的警戒面，根据判断结果联动报警。可以设定的任意形状的禁止区域，当符合目标制定尺寸的目标出现或进出该区域时，产生报警。安装的推荐场景如图 5-36 所示。

c. 不适用场景：智能视频分析的准确率和使用场景的复杂性有密切相关，以下是不适合进行智能视频分析的场景，在这些场景中使用，其准确率将大幅下降。

场景一：如果是树林的应用场景，有风时容易受到树叶摇晃的干扰，产生较多的误报，如图 5-37 所示。

场景二：夜间场景亮度过低，无法进行智能分析。

场景三：场景光线变化大，摄像机安装位置在车灯频繁扫到的区域，会产生较多误报。

图 5-37　不推荐场景

2）摄像机壁装具体步骤如下：

①拆卸上下摆动支架。拧开壁装支架的垂直调节螺丝，拆卸壁装支架的上下摆动支架。如图 5-38 所示。

②安装摆动支架。用螺丝将上下摆动支架固定到摄像机底座上。如图 5-39 所示。

上下摆动支架

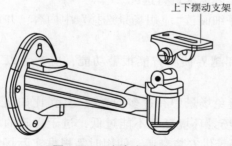

图 5-38　拆卸摆动支架

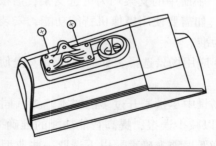

图 5-39　安装摆动支架

③安装支架和摄像机。选择合适的安装墙面，使用随机附带的支架螺丝将支架固定到安装墙面上，再固定摄像机。如图 5-40 所示。

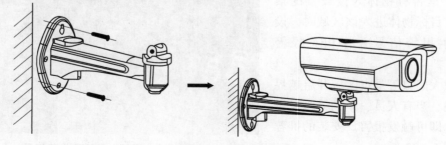

图 5-40　安装支架

④整理并连接线缆。整理并连接摄像机的电源线、网线等线缆，并做好电源线绝缘和接线防水。

⑤调整视角。摄像机支持两轴调节，通过调节垂直螺丝和水平螺丝，可进行垂直和水平方向调节，将摄像机调整至需要监控的方位，拧紧调节螺丝，完成安装。如图 5 - 41 所示。

3）摄像机吊装。

①安装支架。沿图 5 - 42 所示方向将支架固定到天花板上。

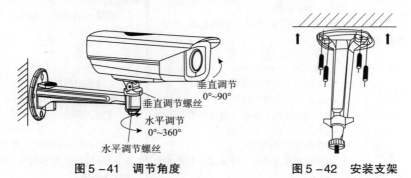

图 5 - 41　调节角度　　　　图 5 - 42　安装支架

②安装摄像机。旋转并拆卸摄像机遮阳罩上的紧固螺丝，将支架底端与遮阳罩上的螺孔对齐旋转，将摄像机固定到支架上，如图 5 - 43 所示。

③整理并连接线缆。整理并连接摄像机的电源线、网线等线缆，并做好电源线绝缘和接线防水。

④调整视角。通过支架调节旋钮，调整角度使画面获得需要的视角，调节完毕后，拧紧调节螺丝，完成安装。如图 5 - 44 所示。

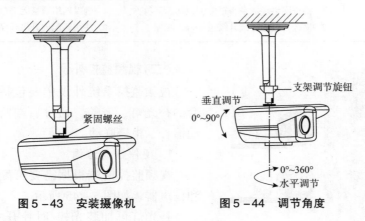

图 5 - 43　安装摄像机　　　　图 5 - 44　调节角度

（4）运行维护。

①镜头维护：镜头表面镀有防反射镀膜，沾有灰尘、油脂、指纹等时会产生有害物质，并导致其性能下降或引起刮痕、发霉等，一旦发现污垢时按下列方法处理：

a. 沾染灰尘：使用无油软刷或吹风皮球去除灰尘。

b. 沾染油脂：将水滴或油用软布轻轻拭去并使之干燥，再用无油棉布或镜头清洁纸沾上酒精或镜头清洁液后自镜头中心向外擦拭，可换布反复擦拭直至干净。

②网络安全维护：为了保证枪机的网络安全，建议对网络球机系统进行定期网络安全

评估及密码更换维护。

（5）常见故障处理见表 5 – 3。

表 5 – 3　常见故障处理

故障现象	检查内容	处理方法
上电后无法启动，或者反复重启 红外枪机夜晚红外灯开启后设备重启 可变焦枪机不能进行变倍控制	1. 检查球机的供电电压，确保供电电压满足球机的供电要求； 2. 检查球机电源线径是否符合标准	1. 确保供电电压符合要求，建议采用就近取电； 2. 确保电源线符合要求，不符合要求进行更换
预览画面模糊，看不清画面	1. 检查镜头上的塑料薄膜是否去除； 2. 检查镜头是否存在脏污； 3. 检查周边环境，是否有蜘蛛网等遮挡物	1. 去除保护塑料薄膜； 2. 清除护罩或镜头脏污； 3. 清理遮挡物
连接拾音器后，没有任何声音	1. 检查设置的编码格式； 2. 检查所接拾音器电气特性是否与枪机的电气特性相匹配	1. 查看枪机编码格式，选择复合流； 2. 确认所接拾音器电气特性与枪机的电气特性相匹配
枪机网络正常，但是无法预览	1. 检查浏览器 IE 控件是否安装； 2. 检查是否跨路由，未做端口映射； 3. 检查设备是否已达预览路数上限； 4. 检查网络带宽是否充足	1. 更改浏览器的安全设置，确认 IE 控件安装完好； 2. 跨路由访问时，需要启用枪机 UPnP 或路由器映射 80、8000、554 端口； 3. 若达到预览上限将无法预览； 4. 确保网络带宽充足
升级失败	1. 检查网络环境是否正常、通畅无丢包； 2. 检查升级程序或升级包是否为匹配	1. 确保网络通畅无丢包； 2. 使用匹配的升级程序及升级包

图 5 – 45　视频监控系统外设硬件组成结构图

（二）视频监控外设

视频监控系统外设主要包括前端摄像机配套的补光灯、音箱，通过后端监控平台实现自动语音、报警联动。

1. 硬件组成结构

视频监控前端根据需要可配套安装补光灯和扬声器。如图 5 – 45 所示。

补光灯可加装光控/时控开关，实现夜间/定时开启，也可通过继电器与球机报警信号线连接，实现视频报警联动开启。

扬声器音频输入与球机音频输出线连接，实现后端视频平台对前端监控现场的语音对讲、喊话，并通过监控平台的报警联动功能，实现后台报警音的触发与播放。

2. 安装与调试

（1）前端接线。球机的接线如图5-46所示。

补光灯如需联动，则电源线通过继电器与球机报警线连接，扬声器音频输入与球机音频输出线连接，实现报警联动功能。

（2）球机联动调试。球机实现报警联动功能，需要进行电子围栏功能的设置，具体如下：

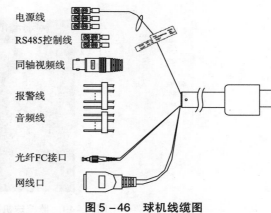

电源线
RS485控制线
同轴视频线
报警线
音频线
光纤FC接口
网线口

图5-46　球机线缆图

①浏览器登录球机，点击"配置→系统→系统设置→智能资源分配"，选择行为分析后保存。如图5-47所示。

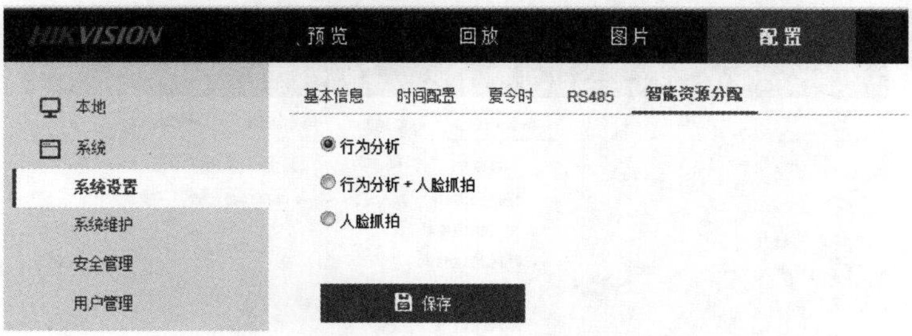

图5-47　监控球机电子围栏设置图1

②点击智能分析，选择开启智能分析并保存。如图5-48所示。

图5-48　监控球机电子围栏设置图2

③跟踪倍率设备，变倍至5倍左右。如图5-49所示。

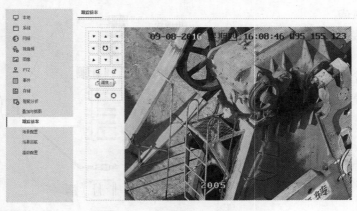

图 5-49　监控球机跟踪倍率设置

④场景配置：自命名场景名称，跟踪时间设置30s。如需多个场景，则分别设置多次。如图5-50所示。

图 5-50　监控球机场景配置

⑤智能规则设置。如图5-51所示。

图 5-51　监控球机智能规则设置

⑥场景巡航，设置停留时间。如图 5 - 52 所示。

图 5 - 52 监控球机场景巡航设置

⑦规则联动：前端接入报警输出时，联动报警输出。如图 5 - 53 所示。

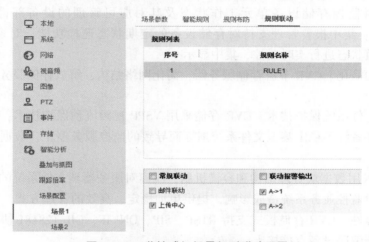

图 5 - 53 监控球机场景规则联动设置

3. 常见故障处理(表 5 - 4)

表 5 - 4 常见故障处理

故障现象	检查内容	处理方法
监控补光灯不亮	1. 对于非防爆补光灯，打开其配套的通信箱；对于防爆补光灯，首先断其防爆箱的供电，再打开防爆箱；严禁带电打开防爆箱； 2. 检查漏电保护开关是否跳闸、检查电源浪涌保护器是否正常、检查定时开关或光控器是否正常； 3. 检查通信箱或防爆箱内电源连线是否松动	定位故障点后，对故障设备、线路进行修复或更换，恢复监控补光灯供电
	检查补光灯是否正常	在确定补光灯本体故障后，将其拆除后，更换备用补光灯
音箱无声音	1. 检查漏电保护开关是否跳闸、检查电源浪涌保护器是否正常； 2. 检查摄像机的音频输出线与音箱的连线是否正常； 3. 检查通信箱或防爆箱内电源连线是否松动	定位故障点后，对故障设备、线路进行修复或更换，恢复供电及信号传送
	检查音箱是否正常	在确定音箱本体故障后，将其拆除后，更换备用音箱

二、后端设备

(一)存储系统、数字/网络硬盘录像机

油田生产信息化视频监控系统的存储系统主要包括油气站场安装的数字/网络硬盘录像机(NVR/DVR)和生产管理区、采油厂指挥中心安装的视频存储磁盘阵列(CVR)。

1. 硬件组成

(1)视频存储磁盘阵列(CVR):CVR 英文全称是(Central Video Recorder),又叫中心级视频网络存储设备,是由企业级的标准 IPSAN/NAS 网络存储设备结合视频监控应用发展而来的一类安防视频监控专用设备的统称。

CVR 相对数据磁盘阵列有以下优点:

①前端直写统一管理。CVR 支持视频流经编码器直接写入存储设备。通过集中管理平台可实现多网络存储设备的集中化管理和状态监控;实现业务系统中存储设备的集中配置、管理,实时监控存储设备单元工作状态及其对应可管理的设备部件、运行协议、RAID 组等内容;集中报警管理支持对存储设备的定期状态巡检功能,对系统运行状态、阵列运行、通道状态进行实时监控、集中显示。

②网络结构简化。CVR 节省存储服务器,简化网络结构,解放存储服务器与存储设备之间的网络压力。

③流媒体文件系统保护技术。CVR 存储采用 VSPP 视频流预保护技术,解决由于断电断网引起的文件系统不稳定甚至文件系统损坏而导致的监控服务停止、数据只读或丢失等故障问题。

CVR 存储采用数据块管理结构和容错机制,脱离对服务器端文件系统的依赖,避免其文件系统损坏对监控业务系统造成影响,提供更加稳定、高效的管理方式。

④系统兼容性。CVR 存储模式支持 RTSP、SIP、ONVIF、GB/T28181 协议,兼容支持标准协议的前端编码设备直接接入。

(2)网络硬盘录像机(NVR):NVR(Network Video Recorder)即网络硬盘录像机。NVR最主要的功能是通过网络接收 IPC(网络摄像机)设备传输的数字视频码流,并进行存储、管理,从而实现网络化带来的分布式架构优势。简单来说,通过 NVR,可以同时观看、浏览、回放、管理、存储多个网络摄像机。摆脱了电脑硬件的牵绊,也去除了安装软件的烦琐。

(3)磁盘阵列与网络硬盘录像机对比见表 5-5。

表 5-5　磁盘阵列与网络硬盘录像机对比

对比项	NVR	CVR
存储位置	多用于前端部署,边缘存储性质	用于中心存储,全集中或分散集中存储
数据保护	受制于嵌入式芯片性能,RAID 性能较差	RAID 技术是磁盘阵列的核心,可有效保护数据完整
高密度	前端部署,部署数量少,没有高密度要求	采用高密度磁盘集中存储,有效节省空间。相同存储空间要求,磁盘阵列设备数量更少,减少管理员维护工作量和设备节点

对比项	NVR	CVR
高性能	采用嵌入式硬件架构,受嵌入式芯片处理能力影响,随着大容量硬盘的推出,性能往往无法满足	采用高性能硬件架构,提供更高的视频接入性能
扩展性	硬件升级空间小,扩展性差	软硬件升级灵活,支持硬件扩展及第三方软件合入

2. 安装与调试

CVR 安装调试详见第三章第四节内容。

下面着重介绍 NVR 安装调试内容。

在使用 NVR 之前,首先根据前端存储需求确定硬盘数量,然后安装硬盘,最后安装 NVR,并将其他外围设备与 NVR 进行连接。

(1)NVR 是一种专用的监控设备,在安装使用时注意以下事项:

①NVR 上不能放置盛有液体的容器。

②将 NVR 安装在通风良好的位置。安装多台设备时,设备的间距宜大于 2cm。

③使 NVR 工作在允许的温度($-10 \sim +55\,^{\circ}\!C$)及湿度($10\% \sim 90\%$)范围内。

④清洁设备时,务必拔掉电源线,彻底切断电源。

⑤NVR 内电路板上的灰尘在受潮后会引起短路,定期对机箱及机箱风扇进行除尘。如果污垢难以清除,可以使用水稀释后的中性清洁剂将污垢拭去,然后将其擦干。清洁设备时勿使用酒精、苯或稀释剂等挥发性溶剂,勿使用强烈的或带有研磨性的清洁剂。

⑥从正规渠道购买硬盘生产厂商推荐的 NVR 专用硬盘,以保证硬盘的品质和使用要求。

⑦确保报警线、RS485 控制线等牢固安装,接触良好。确保可靠接地。

(2)安装硬盘。

1)硬盘容量的计算方法:根据录像要求(录像类型、录像资料保存时间)可计算出一台 NVR 所需的存储总容量。例如:当位率类型设置为定码率时,根据不同的码流大小,每个通道每小时产生的文件大小见表 5-6。

表 5-6 文件大小说明

码流大小(位率上限)	文件大小	码流大小(位率上限)	文件大小
96kbps	42MB	128kbps	56MB
160kbps	70MB	192kbps	84MB
224kbps	98MB	256kbps	112MB
320kbps	140MB	384kbps	168MB
448kbps	196MB	512kbps	225MB
640kbps	281MB	768kbps	337MB
896kbps	393MB	1024kbps	450MB
1280kbps	562MB	1536kbps	675MB
1792kbps	787MB	2048kbps	900MB
3072kbps	1350MB	4096kbps	1800MB
8192kbps	3600MB	16384kbps	7200MB

2）硬盘安装步骤：在安装前，应确认已断开电源。

安装工具：十字螺丝刀一把。

①硬盘安装方式一，如图 5 - 54 所示。

1.拧开机箱背部的螺丝，取下盖板。

2.用螺丝将硬盘固定在硬盘支架上。如果是将硬盘安装在下层支架，请先将上层硬盘支架卸掉。

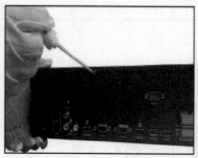

3.将硬盘数据线一端连接在主板上。

4.硬盘数据线的另一端连接在硬盘上。

5.将电源线连接在硬盘上。

6.盖好机箱盖板，并将盖板用螺丝固定。

图 5 - 54　NVR 硬盘安装方式一

②硬盘安装方式二，如图 5 - 55 所示。

1.用螺丝将硬盘固定在直插支架上。

2.用钥匙打开面板锁。

图 5 - 55　NVR 硬盘安装方式二

3.参照图示方向按下面板两侧锁扣，打开前面板。

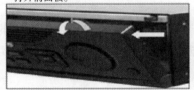

4.参照图示方向，将硬盘缓慢插入。

5.听到"咔啡"的声音后，代表该硬盘已安装牢固。

6.重复以上步骤，完成其他硬盘安装后，合上机箱前挡板，并用钥匙将其锁定。

图5-55　NVR硬盘安装方式二(续)

③硬盘安装方式三，如图5-56所示。

1.拧开机箱背部和侧面的螺丝，取下盖板。

2.将硬盘数据线一端连接在主板上，另一端连接在硬盘上。

3.将电源线一端连接在主板上，另一端连接在硬盘上。

4.将NVR机箱侧立，对准硬盘螺纹口与机箱底部预留孔，用螺丝将硬盘固定。

5.盖好机箱盖板，并将盖板用螺丝固定。

图5-56　NVR硬盘安装方式三

（3）报警输入/输出连接。

1）报警输入连接：

报警输入接口的连接方法为：将报警输入设备的正极（+端）接入 NVR 的报警输入端口（ALARM IN 1-16），将报警输入设备的负极（-端）接入 NVR 的接地端（G），如图 5-57 所示。

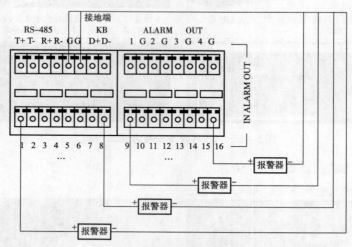

图 5-57　报警输入端口连接示意图

2）报警输出连接：

注意：当作为交流电路的控制开关时，必须拔掉短接子，并使用外接继电器，否则会损坏设备并有触电危险。

说明：主板上有 4 个短接子（分别为 JPA1、JPA2、JPA3、JPA4，出厂时均是短接状态），每路报警输出对应一个短接子。报警输出可以接直流或交流两种负载，接两种负载时端口的连接以及短接子操作见表 5-7。

表 5-7　连接操作说明

负载类型	端口连接	短接子操作
外部接直流负载	1. 将报警输出设备的正极（+端）接入 NVR 报警输出端口（ALARM OUT）的正极（标记为 1~4）； 2. 将报警输出设备的负极（-端）接入 NVR 报警输出端口（ALARM OUT）的相应接地端（G）	1. 短接子断开和闭合两种方式均可安全使用； 2. 建议在 12V 电压、1A 电流限制条件下使用
外部接交流负载	将报警输出设备的一端接入 NVR 报警输出端口的一端（标记为 1~4），另一端接入相应接地端（G）	短接子必须断开（即拔掉主板上相应短接子）

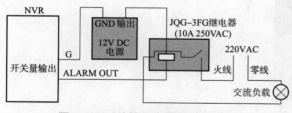

图 5-58　外接继电器连接示意图

由于一般的交流负载电压过大，无法触发报警，所以外接交流负载时，必须外接继电器，如图 5-58 所示。

接线方法说明：

设备提供接信号线的绿色弯针插头，接线步骤如下：

①拔出插在 NVR 上 ALARM IN、ALARM OUT 的绿色接线端子。

②用微型一字螺丝刀按下橙色卡键,将信号线放进插孔内,松开螺丝刀。

③将接好的插头卡入相应的绿色端子插座上。

(4)控制键盘连接。控制键盘 Ta、Tb 连接 NVR 的 D + 、D – 端。在连接使用控制键盘时,应确保控制键盘与 NVR 可靠接地。NVR 与键盘的连接示意图,如图 5 – 59 所示。

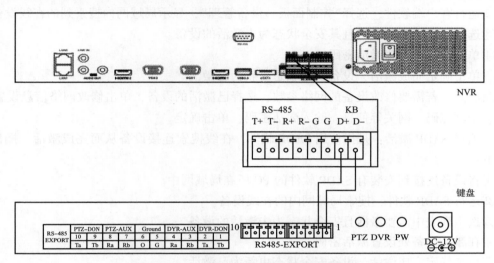

图 5 – 59 NVR 与控制键盘的连接示意图

接线方法说明:

设备提供接信号线的绿色弯针插头,接线步骤如下:

①拔出插在 NVR 上 KB 的绿色接线端子。

②用微型一字螺丝刀按下橙色卡键,将信号线放进插孔内,松开螺丝刀。

③将接好的插头卡入相应的绿色端子插座上。

(5)设备激活。首次开启设备必须激活并设置登录密码后,才能正常使用。

1)激活方式:可通过本地激活、通过浏览器激活、通过客户端激活、通过 SADP 激活四种方式完成设备激活。

2)本地激活:适用于设备本地操作,需外接显示器。操作步骤如下:

①设备开机后自动弹出调整分辨率的确认框,用户按需选择是否调整。选择后进入激活界面。设备出厂设置的分辨率为 1024 × 768。勾选不再提示,设备重启后不再出现调整分辨率提示。

②创建新密码和通道默认密码,并再次输入确认密码。

③可选操作一:勾选导出 GUID 文件,可导出 GUID 文件,用以重置密码。

④可选操作二:勾选安全问题配置,可配置安全问题,用以重置密码。

3)通过浏览器激活:是指通过浏览器访问设备 IP 的方式激活设备。操作步骤如下:

①将设备连接到 PC 所在局域网中。

②修改 PC 的 IP 地址与设备 IP 地址在同一网段。

③在浏览器中输入设备 IP 地址,显示激活界面。

④在激活设备处设置激活密码。

⑤单击确定，完成激活。

激活后，在登录界面输入用户名和密码，即可远程登录设备。用户可以进入网络配置模块修改设备网络参数或进行其他相关配置。

4）通过客户端激活：是指登录 iVMS－4200 客户端软件激活设备。操作步骤如下：

①将设备连接到安装有客户端软件的 PC 所在局域网中。

②运行客户端软件，选择"控制面板→设备管理"，显示局域网内搜索到的在线设备。

③选择列表中需要激活且其安全状态为未激活的设备。

④单击激活，设置激活密码。

⑤单击确定完成激活，设备安全状态更新为已激活。

激活后，若需要修改设备的网络参数，选择已激活的设备，单击修改网络信息设置 IP 地址、子网掩码、网关等信息，输入激活密码，单击确定。

5）通过 SADP 激活：是指使用 SADP 软件，在线搜索连接设备从而完成激活。操作步骤如下：

①将设备连接到安装有 SADP 软件的 PC 所在局域网中。

②运行 SADP 软件，搜索局域网内的在线设备。

③选中列表中需要激活且安全状态为未激活的设备。

④在激活设备处设置激活密码。

⑤单击确定完成激活，设备安全状态更新为已激活。

如需修改网络参数，选择已激活的设备，在修改网络参数处设置 IP 地址、子网掩码、网关等信息，输入激活密码，单击保存修改。

（6）IP 通道管理。

1）添加 IP 通道：可通过多种方式添加，若 IPC 摄像机未激活，添加前需要先激活 IPC 摄像机，同时确认 IPC 摄像机已连接到 NVR 所在网络中，并正确设置设备的网络参数。

①一台 IPC 摄像机最多支持被一台 NVR 接入，否则会引起对 IPC 摄像机的管理混乱。

②用户可在网络资源统计处查看系统接入网络设备带宽的情况。

2）激活 IPC 设备：为保证信息/视频安全，IPC 摄像机出厂后需要通过设置密码进行激活，激活后才能正常使用。

操作步骤：

①选择"通道管理→通道配置→IPC 通道"。

②未添加设备列表下，勾选单个或多个未激活设备，单击激活，弹出激活界面。

③在密码和确认密码栏内输入并确认登录密码。

④可选操作：勾选使用通道默认密码，则 IPC 摄像机的登录密码与通道默认密码一致。

⑤单击确定。成功激活后，列表中安全性状态显示为已激活。

3）快速添加：指设备以默认用户名 admin 和通道默认密码，去添加同一个局域网内的 IPC 摄像机。当 IPC 摄像机未激活密码和设置的通道默认密码一致时才能快速添加成功。如图 5－60 所示。

图 5-60　快速添加 IP 设备

操作步骤：

①选择"通道管理→通道配置→IPC 通道"。

②单击未添加设备列表，勾选通道，单击添加。

③查看添加结果。添加成功，通道则显示视频画面；添加失败，通道无画面显示，根据界面提示修改通道的用户名或密码。

④手动添加。手动添加时，用户需要手动输入 IPC 摄像机的 IP 地址、用户名和密码。操作步骤如下：

a. 进入 IP 通道添加界面。选择"通道管理→通道配置→IPC 通道"，单击自定义添加。或在预览界面，选择一个空闲的窗口，单击窗口中间的 +。如图 5-61 所示。

b. 输入 IP 通道地址、协议、管理端口、传输协议、用户名和密码。IP 通道地址：待接入设备的 IP 地址。管理端口：取值范围为 1 ~ 65535。

c. 可选操作：勾选使用通道默认密码，设备以设置的通道默认密码添加 IPC 摄像机。

d. 单击添加，完成操作。

e. 可选操作：如需继续添加 IPC 通道，也可单击继续添加。

（7）配置 OSD。OSD（On Screen Display）是屏幕显示技术的一种，用于在显示终端上显示字符、图形和图像。本地预览的 OSD 主要包括时间和通道名称的显示。

图 5-61　自定义添加 IP 通道

操作步骤：

①选择"通道管理→显示配置→OSD 配置"。

②选择要进行 OSD 配置的通道。

③对该通道 OSD 进行设置，若需要改变该通道 OSD 显示位置，直接用鼠标拖动 OSD 框进行调整。OSD 设置包括通道名称、显示日期、显示星期、日期格式、时间格式、OSD 属性和 OSD 位置。IP 通道的 OSD 不支持复制。

④单击应用。

图 5 –62　高级参数设置

（8）录像配置。

1）配置录像参数：配置录像预录时间、录像延时时间、文件过期时间等相关参数。如图 5 –62 所示。操作步骤如下：

①选择"存储管理→录像计划"。

②通过下拉列表选择通道。

③单击高级参数。

④记录音频：用于录像时是否启用记录音频。启用时，需要将"通道管理→视频参数→主码流参数"的码流类型设置为复合流。

⑤预录时间：设置事件报警前，事件录像的预录时间。

⑥录像延时：设置事件结束后继续录像的时间。

⑦码流类型：设置录像码流类型，可选主码流、子码流或双码流。

⑧录像/图片过期时间(天)：硬盘内文件最长保存时间，超过该时间的文件会被强制删除。

⑨冗余录像/抓图：用于设置录像时是否冗余录像或抓图。

2）配置主码流参数：配置指定通道录像的主码流编码参数，参照本章第二节视音频参数设置内容。如图 5 –63 所示。

图 5 –63　主码流参数配置

3）配置定时录像：配置定时录像后，设备将自动在配置的时间内执行录像任务，并将该录像保存至存储设备中。前提条件：设备已安装硬盘并且正确配置。

操作步骤如下：

①选择"存储管理→录像计划"。

②选择需要配置录像计划的通道。

③勾选启用录像计划。

④录像类型选择定时，绘制录像时间计划表。

⑤单击应用。

成功配置录像计划并有录像存储后，可进入录像回放界面查看。

4）配置计划时间表如图5－64所示。

①选择星期内某一天。

②单击颜色区块选择计划类型。

③单击左键定位绘制区域的起点，拖动鼠标至绘制区域终点并松开左键，绘制计划时间。

④可选操作：类型选择无覆盖已绘制的区域，可修改计划时间。

⑤重复以上操作，设置一周计划。

⑥可选操作：使用编辑法精确设置计划时间。单击编辑，通过下拉菜单选择星期内某一天。选择类型，通过增加或减少按钮直接设置起止时间（时间可精确到分钟），单击复制可将当前日的布防时间复制给星期内其余日，包括假日。

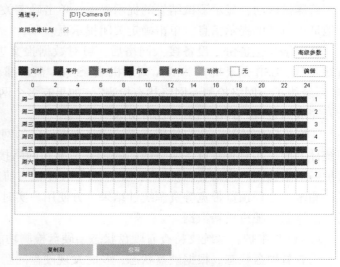

图5－64　配置录像计划

⑦计划设置完成后，时间表呈现所需设置的计划类型的状态（颜色）。

3.运行维护

（1）设备维护：设备支持查看设备信息，检查通道、报警、录像状态等功能。

①查看设备信息。设备信息主要包括设备名称、型号、序列号、主控版本和设备验证码等信息。操作步骤：选择"系统维护→系统信息→设备信息"，查看设备名称、型号、序列号主控版本和验证码，以备维护或维修所需。

②检查通道状态。主要查看各通道的状态信息，如移动侦测、遮挡、视频丢失等事件的状态信息。操作步骤：选择"系统维护→系统信息→通道状态"，查看各通道的状态信息。

③检查报警状态。主要查看设备各输出口的报警输入、输出的状态及联动信息。操作步骤：选择"系统维护→系统信息→报警状态"，查看各报警输入、输出的状态及联动信息。

④检查录像状态。主要用于检查各通道的录像状态及编码参数。操作步骤：选择"系统维护→系统信息→录像状态"，查看各通道的录像状态及编码参数。

（2）网络检测：设备支持对网络流量监控、延时丢包测试等网络检测功能。

①网络流量监控。通过网络流量监控，可实时获取设备网卡吞吐量、MTU等有效信息。操作步骤：选择"系统维护→网络检测→网络流量"，实时观察设备网络流量，通过网络流量监控，获取设备网卡吞吐量、MTU等信息。

②网络延时/丢包测试。设备支持对网络延时和丢包情况进行测试。操作步骤：选择"系统维护→网络检测→网络状态检测"，如果有多个网卡，选择一个网卡，在目的地址处输入测试的IP地址，单击测试。单击状态检测，可以查看两个网络端口的运行状态。单击网络配置，可对网络端口进行设置。

若测试成功，显示测试结果的提示界面，单击确定关闭提示框；若测试失败，弹出目的地址不可达的提示信息，单击确定关闭提示框。

③网络抓包备份。设备接入网络后，可对数据报文进行抓包，通过 USB 设备(U 盘、移动硬盘、USB 刻录机)、SATA 刻录机或 eSATA 盘对捕获数据进行备份。操作步骤：选择"系统维护→网络检测→网络状态检测"，如果有多个网卡，选择一个网卡，单击抓包备份。完成抓包后，弹出网络抓包备份成功。

④网络资源统计。用户使用远程访问将占据设备的网络输出带宽，用户可通过网络资源统计界面，实时查看设备网络访问的带宽情况和网络接入情况。操作步骤：选择"系统维护→网络检测→网络资源统计"，在界面中可查看当前系统接入带宽的使用情况，网络发送剩余、远程预览带宽等资源统计结果，方便用户实时掌握系统网络使用情况。过程中可单击刷新，随机更新数据。

(3)硬盘维护：系统支持查看硬盘状态、硬盘检测功能。

①查看硬盘状态。根据硬盘状态，及时发现硬盘问题，对问题硬盘进行处理，减少损失。操作步骤：进入硬盘状态界面，可通过"存储管理→存储设备"和"系统维护→系统信息→硬盘状态"两种方式在硬盘列表查看对应硬盘的状态栏显示情况。

②坏道检测。支持通过只读的方式检测硬盘中存在的坏扇区。操作步骤：选择"系统维护→硬盘检测→坏道检测"，选择硬盘和检测区域类型，单击检测。检测完成后，可查看硬盘坏道情况。

③S. M. A. R. T 检测。能对硬盘的磁头单元、硬盘温度、盘片表面介质材料、马达及其驱动系统、硬盘内部电路等进行检测，及时分析并预报硬盘可能发生的问题。操作步骤：选择"系统维护→硬盘检测→S. M. A. R. T 配置"，选择一个硬盘，选择自检类型：简短型、扩展型和传输型，单击 S. M. A. R. T 自检，开始 S. M. A. R. T 检测。

④硬盘健康状态检测。检测并呈现硬盘最近 1000h 的温度曲线图、震动曲线图和 SATA 链路情况。通过健康状态检测，可以对希捷硬盘的监控情况进行深度分析，同时可以查看分析硬盘最近的状态信息。当硬盘监控状态异常时对用户进行预警。

4. 常见故障处理(表 5-8)

表 5-8　常见故障处理

故障现象	故障原因	检修及处理方法
网络摄像机无信号	1. 检查光纤链路是否正常，包括：摄像机通信箱/防爆箱内的光纤收发器是否正常，机房端的光纤收发器是否正常，光缆、尾纤、光纤终端盒是否有破损、断纤等情况； 2. 检查网线连接是否正常，包括：网络浪涌保护器是否正常，网络水晶头的连接是否牢靠，网线是否有破损、断线等情况； 3. 检查摄像机所连接的网络交换机工作是否正常，包括：设备供电是否正常，设备指示灯是否正常	定位故障点后，对故障设备、线路进行修复或更换，恢复网络正常

续表

故障现象	故障原因	检修及处理方法
网络摄像机无信号	检查摄像机的相关配置是否正确	1. 在确定网络摄像机供电和网络正常后，使用管理终端通过相应的 IP 地址登录摄像机 WEB 管理界面，完成摄像机的正确配置； 2. 如果通过相应的 IP 地址无法登录摄像机 WEB 管理界面，使用摄像机配套的设备网络搜索软件扫描出当前摄像机的 IP 地址，用该 IP 地址登录摄像机，重新配置摄像机参数
	检查网络摄像机是否故障	1. 在确定网络摄像机本体故障后，可对摄像机进行断电重启操作，在摄像机重新启动后，检查摄像机是否恢复正常； 2. 摄像机重启后故障器仍然存在，应将摄像机拆除后，更换备用摄像机
监控客户端软件无法登录	检查登录账户是否正常	1. 登录用户名、密码错误，重新输入正确的用户名、密码； 2. 该账户已在别处登录，查看该账户是否设置了不允许多人登录
	1. 检查管理终端电脑本地连接状态是否正常；检查本地连接设置是否正确；检查网线连接是否正常，包括：网络水晶头的连接是否牢靠、网线是否有破损、断线等情况； 2. 检查管理终端所连接的网络交换机工作是否正常，包括：设备供电是否正常，设备指示灯是否正常； 3. 在管理终端电脑上使用 Ping 命令检测到 NVR 的网络连接是否正常	定位故障点后，对故障设备、线路进行修复或更换，恢复网络正常

第三节 视频监控系统管理平台功能及操作

以目前油田生产信息化统一的海康威视 iVMS－8700 综合安防管理平台为例进行讲解，主要介绍服务器端及客户端两类平台软件的安装、配置、管理及具体操作。

一、服务器端环境配置

(一)服务器端平台的安装

1. 运行环境要求

(1)服务器：推荐采用海康威视 VSE2326 系列服务器。参考配置如下：

①CPU：Xeon E5－2620 或更高；

②内存：16G 以上；

③硬盘容量：1TB；

④网卡：1000M；

⑤操作系统：Windows 2012/2016 Server 64bit。

(2)客户端：推荐采用 32 位/64 位 Windows10 专业版/企业版。参考配置如下：

①CPU：Intel Core i3 或更高；

②内存：8GB；

③硬盘：500GB；

④网卡：1000M；

⑤浏览器：支持 IE8/IE9/IE10/IE11；

⑥操作系统：Windows XP SP3/Windows 7/Windows 10；

⑦显示：1024×768 分辨率或更高，硬件支持 DirectX9.0c 或更高版本。

2. 安装软件准备

海康威视服务器端平台安装前准备工作见表 5 - 9。

表 5 - 9　安装前准备以下文件

文件名称	说明
CMS V2.9.2_20180531	中心管理服务：集成 PostgreSQL 数据库、ActiveMQ 消息转发服务和 Tomcat 服务，实现平台中心管理服务一键式安装
Servers	服务器：提供视频、门禁、对讲、报警等硬件设备接入，以及相关事件分发、联动处理、视频转发、录像管理等功能
CentralWorkstation	客户端：提供各业务子系统的基本操作，如视频预览、回放、上墙、门禁控制、事件处理等功能
加密狗驱动	正式授权采用加密狗方式，需要安装加密狗驱动程序
工具	相关业务子系统辅助使用工具，提高部署和问题排查效率

3. 平台部署

推荐将 CMS 安装在同一台服务器上，Servers 根据项目需要选择分开部署。

4. 安装加密狗驱动

加密狗采用免驱方式，即插上加密狗，系统会自动安装加密狗驱动。如果某些操作系统插上加密狗，无法识别，则需要手动安装加密狗驱动。注意：在安装加密狗驱动时，需拔下加密狗，否则某些系统可能会引起安装错误。

按以下步骤进行安装：

①在安装包目录下，打开"加密狗驱动"文件夹，解压"加密狗驱动.zip"。

②双击"加密狗驱动.exe"，启动安装程序。

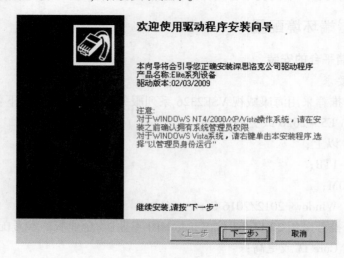

欢迎使用驱动程序安装向导

本向导将会引导您正确安装深思洛克公司驱动程序
产品名称:Elite系列设备
驱动版本:02/03/2009

注意：
对于WINDOWS NT4/2000/XP/Vista操作系统，请在安装之前确认拥有系统管理员权限
对于WINDOWS Vista系统，请右键单击本安装程序选择"以管理员身份运行"

继续安装，请按"下一步"

〈上一步　　下一步〉　　取消

③点击"下一步"，选择安装驱动程序。

④继续"下一步"进行安装。

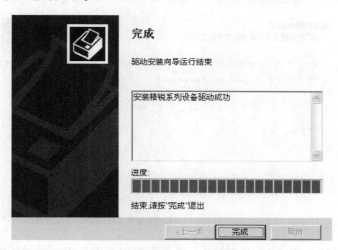

⑤完成安装。

5. 安装 CMS

CMS 提供中心管理服务，数据库、消息转发服务和基础应用核心模块必须安装，其他业务子系统根据实际项目情况选择安装，安装步骤如下：

①将加密狗插在需要安装 CMS 的服务器上。

②在安装包目录下，打开"CMS"文件夹。

③双击 CMS 可执行文件，启动安装程序。

④点击"下一步"，选择安装类型。如需要全部功能，推荐采

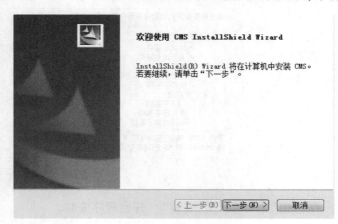

用全部安装；如项目分开部署，可选择定制安装。

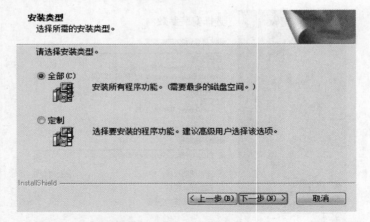

⑤点击"下一步"，选择安装路径，程序优先安装在 D 盘，如无 D 盘则默认系统盘。如需改变安装路径，可通过单击"更改"，选择其他安装路径。

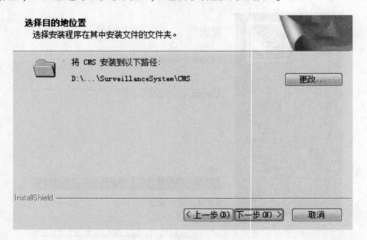

⑥点击"下一步"，进入"选择功能"。选择需要勾选准备安装的功能模块。

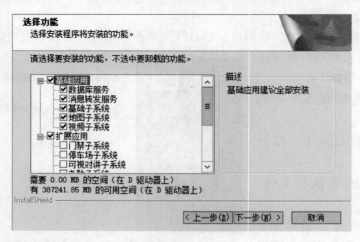

⑦点击"下一步"及"安装"，开始程序安装。

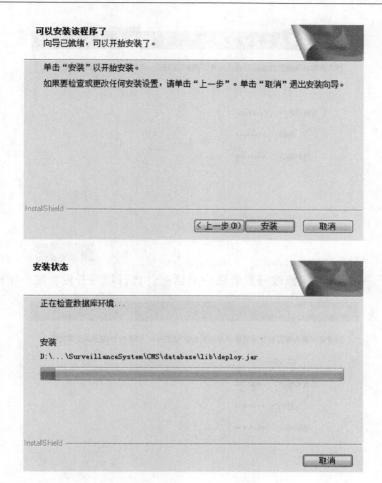

⑧完成安装。

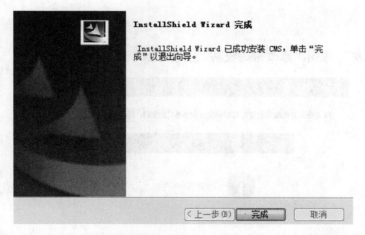

⑨完成安装后，弹出数据库密码配置对话框，自行填写数据库管理员账户的密码。

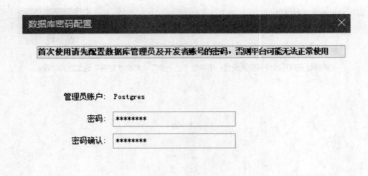

⑩点击"下一步"，进入修改开发者账户对话框，自行填写开发者账户密码。

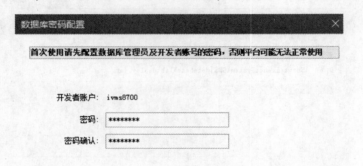

⑪点击"修改"，提示"修改密码成功"，完成密码设置。

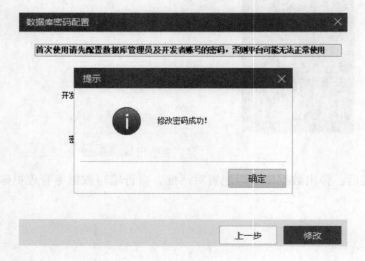

⑫点击"确定"，弹出"CMS 配置工具"，开始配置各信息。主要配置内容为配置平台的数据库、MQ 和基础应用等信息；如果 CMS 所有功能都安装在一台服务器上，默认有 ActiveMQ、PGSQL 和 Tomcat 服务，点击按钮"重启服务"会停止并重启服务。

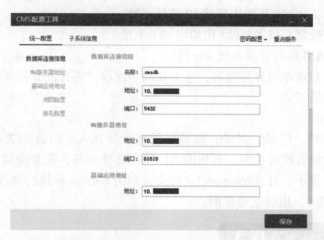

⑬点击"保存"，弹出提示确认框。确定后则自动重启 ActiveMQ、PGSQL 和 Tomcat 服务，所有的配置信息将生效。注意，首次安装 Tomcat 服务默认未启动，如果配置信息无须修改，则单击右上角的"重启服务"启动平台。

⑭点击右上角"密码配置"，可修改各类密码。
在修改密码界面，输入旧密码，点击"测试"，可测试数据库是否连接成功。

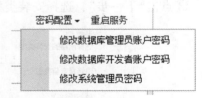

⑮点击右上角，关闭 CMS 配置工具，完成 CMS 安装和配置。

注意事项：

以下情况需要使用部署安装工具，重新配置各信息及密码：

①平台数据库、MQ 和基础应用的 IP 地址更换。

②执行安装包修复，或者修改（比如增加子系统）。

③重新部署（或者重新更换升级 war 包）。

④若基础应用和停车场分开部署，且不在同一网段，需先配置停车场地址的数据库权限，然后重启停车场 CMS。

6. 安装 Servers

Servers 提供视频、门禁、对讲、报警等硬件设备接入，以及相关事件分发、联动处理、视频转发、录像管理等功能。可根据实际情况选择安装，安装步骤如下：

①在安装包目录下，打开"Servers"文件夹，双击 Servers 可执行文件，启动安装程序。

②单击"下一步"，出现欢迎界面。

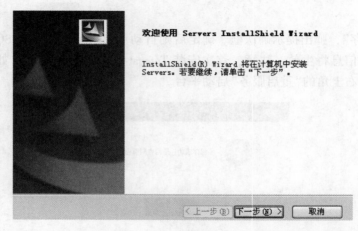

③点击"下一步"，选择安装类型。如项目需要分开部署，可选择定制安装。

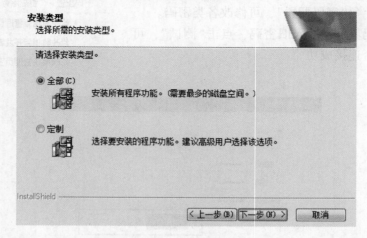

④点击"下一步"，选择安装路径。如果选择全部安装，程序默认优先安装在 D 盘，如无 D 盘默认系统盘。

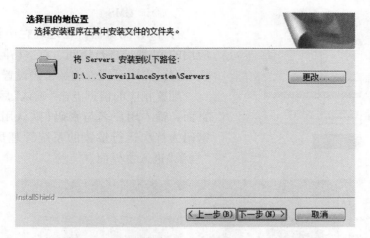

⑤点击"下一步"，进入"选择功能"。可以根据项目实际需要，勾选对应的功能，相关模块介绍参看安装包的描述信息。

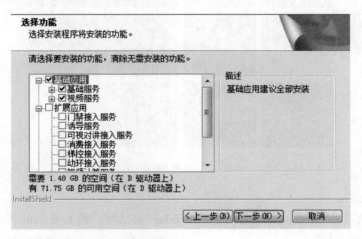

⑥点击"下一步"及"安装"，开始程序安装。

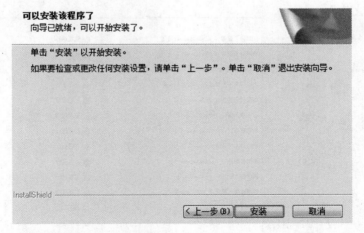

⑦点击"完成"，自动运行 Watchdog 启动各服务，完成 Servers 安装。

首次运行环境配置

7. 验证 CMS

打开 IE 浏览器，在地址栏中输入 CMS 基础应用的 IP 地址进行访问。首次访问系统需进行环境配置，完成系统管理员密码设置。

配置相应的信息点击"确认"后，跳转到登录页面，输入用户名与密码（默认用户名为 admin，密码为首次运行设置的系统管理员密码），点击"登录"进入主界面。

8. 验证 Servers

安装后自动启动"Watchdog"，弹出"Watchdog"对话框。检查安装的各项服务是否运行正常，显示"正在运行"。

Servers 主要服务功能见表 5 – 10。

表 5-10 Servers 主要服务功能

名称	功能
中心管理服务器(CMS)	对用户、各类设备、服务器进行集中管理。提供配置和操作日志的管理
事件服务器(BEDS)	管理各种事件规则的配置,统一接收所有事件信息,并按照配置规则对事件信息进行处理分发
联动服务器(BLG)	统一处理整个平台内的所有事件的联动操作
门禁接入服务器(ACSDAG)	支持门禁设备的接入与管理,包括权限配置和门禁开关门控制等功能
图片服务器(PSS)	实现平台上各类图片的集中管理与存储
移动接入服务器(MAG)	支持手机预览、回放、门禁反控、事件接收等功能
流媒体服务器(SMS)	支持实时视频数据的转发及分发;支持存储数据、点播回放;支持用户和事件的优先级管理,合理利用带宽;支持视频流信息统计
录像回放服务器(VOD)	实现 CVR、DAS 等设备录像回放功能
电视墙服务器(VMS)	支持解码器、视频综合平台输出预览上墙;支持键盘、3D 摇杆控制;支持回放上墙;支持报警联动上墙;支持电视墙场景管理
入侵报警接入服务器(IASDAG)	支持报警主机的统一接入;支持报警主机的状态检测及反控控制
出入口管理单元(EMU)	停车场专用客户端,负责设备接入和管理,负责和中心进行数据交互
停车场诱导服务器(PGS)	支持停车场的寻车诱导功能
脱机管理服务器(CPS)	支持停车场离线收费功能
视频接入服务器(VAG)	支持编码设备的统一接入;支持视频设备的云台控制;支持设备批量参数配置;支持视频设备输出控制;支持视频设备的状态检测
键盘服务(KPS)	将 1100K 键盘接入平台,通过键盘控制电视墙实现预览上墙、云台控制等功能
存储管理服务(VRM)	支持 CVR、CVM、设备存储;支持快速检索;支持多种备份策略;支持数据自动修复技术;实现 CVR、CVM 及设备录像的回放
梯控接入服务器(ECS)	支持接入梯控设备
级联网关服务(NCG)	支持平台间进行互相级联
计算服务(VAS)	支持接入热度设备并计算热度数据
可视对讲服务器(VISDAG)	支持可视对讲室内机、门口机的接入
消费管理服务器(CCSDAG)	支持消费机设备的接入
脸谱接入网管(TDA)	支持接入脸谱设备进行人脸比对

9. 导入 license

1)需要更换 license 授权时,按以下方式操作:

①登录 CMS。

②点击右上角"版权信息",出现"版权信息"对话框。

③点击"上传新的授权文件",出现"授权文件上传"对话框。

④点击"选择文件",选择 license 文件。

⑤点击"上传"完成 License 授权更换。

2）激活方式选择：

①在线方式：确认平台服务器能够连接到 flexnetoperations. com，上传 license 文件，选择在线激活方式，点击在线激活完成激活。

②离线方式：如平台服务器无法连接到 flexnetoperations. com。参考"特性场景"—"软授权"—"离线激活"进行操作。

注意：

①新的白色加密狗默认携带正式授权，如果需导入试用授权，需要先拔下加密狗，否则试用授权不生效（正式授权优先于试用授权）。

②导入的正式授权如果与加密狗不匹配，会导致平台报加密狗异常错误，导致平台只有有效的使用天数，可联系厂家技术支持解决。

（一）平台配置

1. 环境配置

（1）进入平台。

网页访问登录平台（建议在 1920×1080 分辨率下使用平台）。

（2）全局导航：通过全局导航可快速进入各子系统。

（3）用户信息：点击右上角用户信息，可显示当前用户信息，并可修改用户密码。

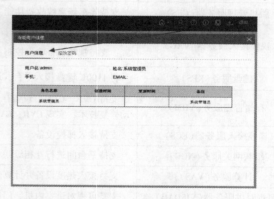

（4）用户文档：点击"？"按钮，可弹出用户文档，介绍平台的使用步骤。

（5）版权信息：点击"！"按钮，显示当前软件版本信息，只有 admin 用户可以使用"上传新的授权文件"更换 license 文件。

（6）移动应用：点击移动应用，出现移动客户端二维码，iPhone 或 Android 设备可扫描二维码来访问客户端下载页面。

iPhone或Android设备可扫码来访问客户
端下载页面

（7）下载中心：提供下载浏览器插件、下载器、播放器。初次登录，需要下载并安装浏览器插件。

浏览器插件安装步骤：

①点击"浏览器插件"，出现"文件下载"对话框。

②点击"运行"，出现"安全警告"对话框。

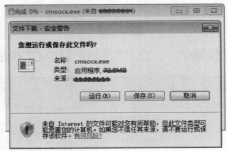

③点击"运行"，出现"cmd"对话框开始安装。

④安装结束后，对话框会自动关闭。

注意：

控件的默认安装路径是 C：\ Program Files \ SurveillanceSystem \ cmsocx。如需卸载该控件，可在该路径下，找到 UnSetup. bat 文件，双击卸载控件。

下载器的安装方法同浏览器插件，下载器用于下载录像，可根据需要选择安装。

播放器用于播放平台下载或录制的视频文件，具体操作可以查看平台配套用户手册中"视频播放器"部分章节。

2. 基础应用配置

（1）组织管理：组织资源为树形结构，有两种类型的节点：

控制中心：可以配置设备和服务器。

监控区域：以区域的形式，对资源点分组管理。

两者类似于现实生活中部门与部门之间的上下层级关系。

①在首页选择基础应用中的"组织管理"，进入组织管理页面，如下图所示。

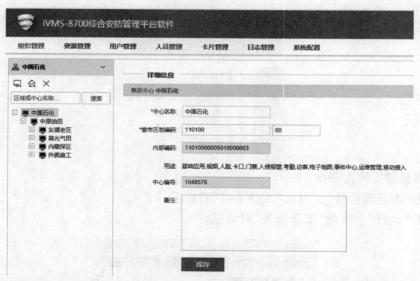

②在组织树中，选择某控制中心，点击"添加控制中心"按钮。相关参数说明如下：

图标	说明
🖥️	添加控制中心
🏠	添加区域
✕	删除区域或中心

③右侧页面显示添加下级中心的页面，按照油田统一编码标准输入相关信息。点击"保存"。

④在组织树中，选择某控制中心或区域，点击"添加区域"按钮，添加区域。

⑤在组织树中，点选一个已添加的中心或区域，右侧页面会显示该组织的详细信息，并可修改组织名称和备注。

⑥当平台中有子系统的组织树不是复用，而是独自维护时(即当前平台中存在多个组织树)，可点击组织树名称栏中的"∨"按钮，切换并查看其他子系统的组织树。但是在组织管理中，对其他子系统的组织树只能查看，不能修改。

(2)资源管理：对平台中各子系统公用的资源进行管理，下属统一资源入口、服务器管理和资源关联配置三个子功能。

1)统一资源入口配置：主要为视频类、门禁类、入侵报警类的设备添加管理和事件中心管理配置，也是平台使用率最高的子模块。选择"资源管理→统一资源入口"进入统一资源入口页面。点击子系统，可直接跳转到对应页面。

2)服务器管理：主要为管理移动接入服务器、图片服务器、校时服务器配置。

操作步骤如下：

①选择"资源管理→服务器管理"页面。

②点击添加，选择网域后填写服务器IP，点击"下一步"。

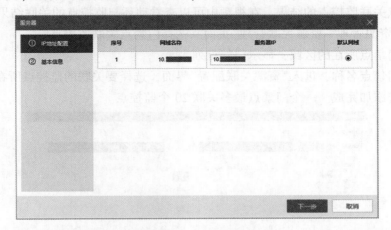

③填写服务器名称后，勾选需要添加的服务器类型，点击"完成"，服务器添加同时执行远程配置。服务器在平台上只能添加一台。

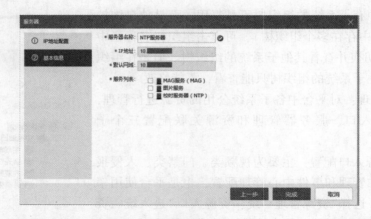

④点击右上角的"修改"按钮，可修改服务器 IP、名称和类型；点击"删除"按钮可删除服务器。

⑤点击服务器名称，可修改服务器的端口。

⑥点击"远程配置"可单独配置服务。

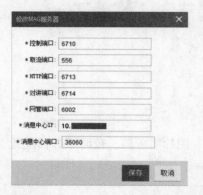

3）资源关联配置：主要为配置门禁点和监控点及动环和监控点关联关系，在移动端上可查看门禁点关联监控点的结果，在视频中可以查看动环与监控点的关联结果。

①进入"资源管理→资源关联管理"页面，选择门禁点关联监控点。

②选择门禁点所在的区域，显示门禁点列表。

③点击门禁点名称，进入"资源关联配置"界面，选择要关联的监控点所在区域，勾选监控点，点击添加完成。一个门禁点最多关联 20 个监控点。

④关联后，再点击门禁点关联的监控点名称，可取消门禁点和监控点的关联。

⑤选择动环关联监控点操作步骤与门禁点关联监控点步骤相同。

3. 用户管理

支持对平台操作及管理用户进行权限管理。每个用户可与若干个角色进行关联。系统管理员角色具备所有权限，不可修改与删除。

（1）角色管理：平台目前分两类角色：普通角色和通用角色。

普通角色：对资源点及其操作权限进行配置。

通用角色：只对资源点的操作权限进行配置，生效到哪些资源点由该角色所属用户关联的组织节点决定。

以下以"普通角色"为例讲解角色的添加、修改、删除过程。

1）添加

①进入"角色管理"页面，点击"＋普通角色"。

②在打开的添加页面中填写角色名称后，点击"保存"。角色添加后需要对其进行权限配置。

③角色列表上点击角色后的"权限配置"按钮，打开配置页面。

④配置页面左侧可切换子系统进行配置功能、中心及资源权限。

⑤每个页面配置完成后都需点击"保存"。

各权限类别说明如下：

a. 功能权限：控制管理端或配置端页面或功能模块的展示或隐藏。

b. 中心权限：控制组织结构中心的配置权限。

c. 部门权限：控制基础应用人员管理中部门的配置操作权限。

d. 资源权限：控制各子系统中资源点位的操作权限。

"普通角色"和"通用角色"的资源权限配置略有差别，以下以视频子系统为例介绍资源权限的配置。

"普通角色"资源权限配置如下：

①左侧切换到视频子系统，点击"资源权限"分页。资源权限中勾选需赋权的操作项，再在右侧组织树中勾选需生效的组织节点。注：勾选的中心或区域下所有资源都会生效该操作权限。

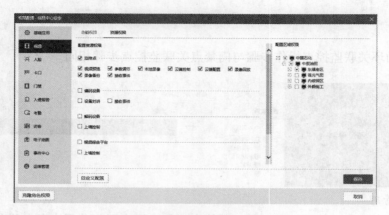

②点击"自定义配置"可对单个资源点进行授权。

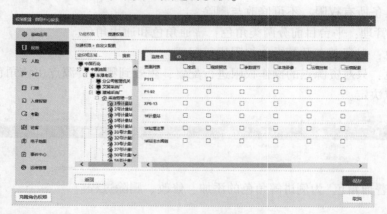

③展开组织树，选择中心或区域后，对右侧列的资源点的操作权限进行逐个赋权。

2）修改：在角色列表上点击已添加的角色，修改角色名或备注后，点击"保存"。

3）删除：勾选角色列表上待删除角色，列表上方点击"×删除"即可。

注意："通用角色"资源权限配置仅需配置资源操作权限，无须指定生效的资源点。用户配置通用角色后需关联一个组织节点，则该用户对该组织结构下的资源点具有通用角色中配置的操作权限。

（2）用户管理：对平台当前所有用户进行集中管理，可以添加、修改、删除、禁用用户。也可单独创建用户组以更加方便的管理相同权限的用户。

1）用户组配置：

①进入"用户管理"页面。

②在用户组列单击"添加"，出现"添加用户组"对话框。如下图所示。可以为用户组关联角色，该用户组下的所有用户将具有用户组所关联的所有角色的全部权限。

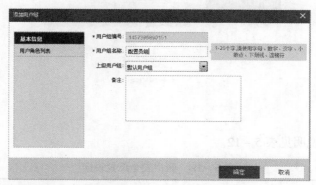

③根据实际填写相关信息，单击"确定"完成配置。

2）用户配置：

①选择某用户组，为用户组添加用户。

②单击"添加"，出现"添加用户"对话框，如下图所示。

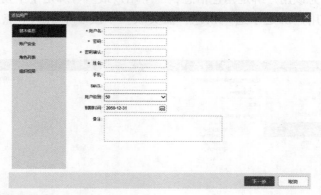

基本信息参数说明见表5－11。

表5－11　基本信息参数说明

名称	说明
用户名	新建用户的用户名
密码、密码确认	新建用户的登录密码
风险等级	密码的风险等级，分为强、中、弱、风险
姓名	用户的姓名
手机	配置事件短信联动时，需要设置该值
E－MAIL	配置事件邮件联动时，需要设置该值
用户级别	控制云台的优先级
到期时间	用户使用截止时间

3）账户安全配置：可通过绑定 IP 或 MAC 地址，对该用户的登录设备进行限制，提升平台的安全性。MAC 地址绑定目前只对 C/S 主客户端生效。

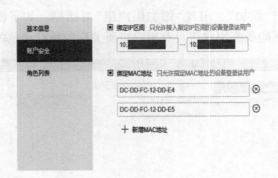

账户安全配置说明见表 5–12。

表 5–12　账户安全配置说明

名称	说明
绑定 IP 区间	仅允许该用户在特定的 IP 段内的设备上登录
绑定 MAC 地址	仅允许用户在指定 MAC 地址的设备上登录

①角色列表：为该用户绑定角色信息，一个用户最多可绑定十个角色。

②组织权限：用户绑定了通用角色，需关联一个或多个组织节点，以确定权限生效范围。

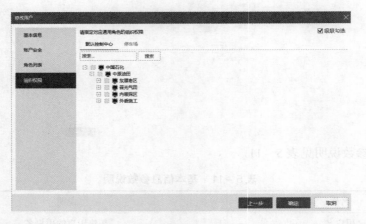

勾选/取消勾选"级联勾选"可配置是否进行级联配置组织节点。注：当视频、门禁使用独立组织树时，需单独配置。

4）用户登录及使用：新建用户首次登录后，平台强制要求用户修改登录密码，修改后的密码强度需符合平台密码最低强度。

若用户忘记密码，可通过"密码重置"功能进行密码修改。点击"密码重置"，在弹出的对话框中，输入当前登录用户的密码，并输入待重置用户的新密码及确认密码，点击"确定"，该用户下次登录需要使用新密码。重置密码后再次登录，平台仍强制要求用户修改登录密码，修改后的密码强度需符合平台密码最低强度。

4. 人员管理

人员管理用于管理"基础应用"中的部门和人员

信息。

①进入"人员管理"页面。

②配置部门信息：

a. 进入"人员管理"，点击"添加"按钮以添加部门。

b. 输入相关信息，点击"保存"。

c. 输入框输入关键字，可搜索检索的部门信息。

相关参数说明如下：

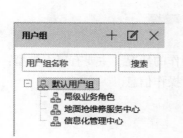

图标	说明
+	添加部门信息
✎	修改部门信息
✕	删除部门信息
↦	导入部门：下载导入模板，按照提示输入部门信息。
↤	导出部门：导出部门信息

注意：部门导入时，导入的 A 部门为 B 部门的下级部门，则上级部门编号填写 B 部门编号，若不填写上级部门编号，则默认上级部门为默认部门。

③配置人员信息：

a. 选择某部门，点击"添加"以添加人员。

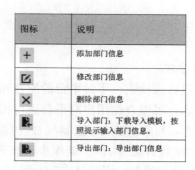

相关参数说明如下：

图标	说明
＋添加	添加人员
✕删除	删除人员
移至	移动人员到其他部门
批量开卡	同时对多个人员进行开卡操作
批量配置	批量配置人员基础信息
身份管理	配置身份信息
导入照片	批量导入人员照片
导入人员	导入人员信息：下载导入模板，按照提示输入部门信息。
导出人员	导出人员信息
导入人脸	批量导入人脸
批量删除人脸	批量删除人脸

b. 输入相关信息，点击"保存"。

5. 日志管理

可以通过日志检索，了解平台的配置和控制操作的情况。主要有以下类型：

配置日志：可以查询用户对平台进行相关配置操作信息。

控制日志：可以查询 BS 控制与 CS 控制信息。

下面以"配置日志"为例，操作步骤如下：

①进入"日志管理→配置日志"页面。

②选择子系统、配置类型、查询范围、IP 地址、用户、开始时间、结束时间和日志内容，单击查询，即可查到相应的配置日志，如下图所示。

③点击"导出结果"，即可导出日志信息(可选操作项)。

6. 系统配置

系统配置主要为日志保存、校时、网域设置、数据库管理、子系统配置、萤石账户配置。其中，网域设置应用在有一个或者多个网络环境下，使用一个或者多个 IP 地址访问平台的情况。

(1)系统配置：进入"系统配置"页面，根据实际场景配置日志与校时信息，点击"保存"。

系统配置说明见表 5-13。

表 5-13 系统配置说明

名称	说明
设备/服务器校时	1. 对子系统/服务/设备进行手动校时； 2. 为系统配置校时计划； 3. 可以指定校时服务器(如使用外部时钟源须在资源管理中添加 NTP 服务器)

续表

名称	说明
日志保存月数	配置多种日志的保存时间，最多保存 24 个月
用户安全设置	配置密码最低强度，新增用户默认密码，密码过期功能及 IP 锁定功能
用户体验计划配置	选择是否参与用户体验计划
接口鉴权	1. 开启：对客户端(包括移动端)的取流进行安全控制； 2. 关闭：取流过程不校验

注意：

①开启密码过期即可配置密码过期时间，时间到达后，用户登录平台强制要求修改用户密码。可手动输入有效数字，也可选择固定选项。

②开启 IP 锁定功能即可配置密码输错次数及锁定时间，若密码输错次数达到限制次数，登录平台的电脑 IP 会被锁定设置的锁定时长，锁定时间结束将自动解锁。

(2)网域设置：

①进入"网域设置"页面。

②单击"添加"，填写名称，点击确定。

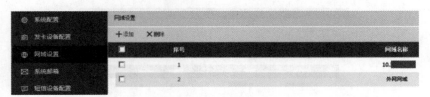

注意：网域的 IP 地址需要在子系统配置里面进行配置。

(3)数据库管理：数据库管理支持对平台自带 PostgreSQL 数据库进行自动或手动备份、还原、删除的操作，避免数据库出现异常，降低数据丢失的影响。表 5 - 14 为相关参数说明。

1)备份参数设置：针对备份文件大小、数量及自动备份的时间计划进行设置。

①设置备份文件的数量限制，备份的文件超过这个数量就会删除之前最早生成的文件，再生成新的备份文件。

②设置备份文件的总大小限制，超过这个大小之后的删除机制和数量限制下的删除机制相同。

③设置自动备份计划，系统会在设置的时间点执行数据库备份；若选择关闭则不执行数据库备份。注意：自动备份计划选择"关闭"后，将不会自动执行数据库备份。

④备份路径：数据库备份文件存放在与 CMS 文件夹同级的 dbbackup 文件夹中。

2）数据库操作：数据库还原后，必须重启 Tomcat。相关参数说明见表 5 - 14。

表 5 - 14　相关参数说明

名称	说明
备份	备份当前的数据库内容
还原	数据还原到指定的备份文件
删除	删除数据库备份
刷新	刷新列表

（4）子系统配置：

①进入"子系统配置"页面。点击子系统的"编辑"按钮，如下图所示。

②配置子系统的组织树和默认网域信息。组织树信息配置后，无法再修改。注：组织管理中默认组织树配置后，其他子系统除了可视对讲、停车场和已经配置了组织树的系统，其他未配置的子系统全部使用默认组织树。

https 模式下配置子系统配置按照实际填写 http 端口和 https 端口。

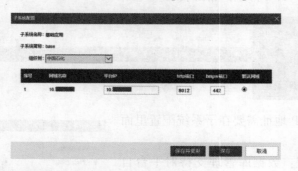

http 模式下配置子系统配置只需配置 http 端口。

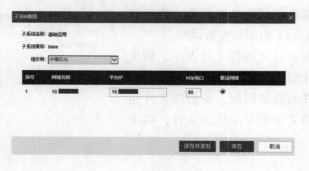

③批量配置子系统 IP、端口和网域。在完成子系统信息配置后，可点击"保存并复制"按钮，进行配置信息。

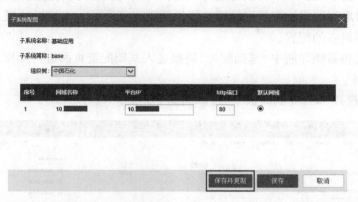

勾选对应的子系统，点击"保存"，可直接将 IP、端口和默认网域选择批量配置到对应子系统，但组织树需要根据自身需求修改。

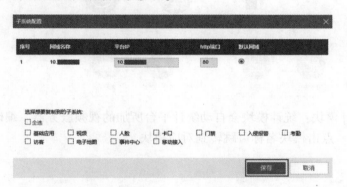

（5）风格自定义：进入"风格自定义"页面，可设置平台 LOGO、登录背景页、首页背景、界面配色方案以及自定义软件名称。注：在 IE 中将 CMS 平台地址加入"受信任的站点"后，该功能才可使用。界面配色方案生效范围：B/S、C/S、停车场管理平台、自助缴费客户端、移动端。

（6）API 第三方接入配置：进入"API 第三方接入配置"页面，点击"生成平台接入序列"，自动一组操作 ID 和秘钥，用于第三方应用接入平台 API。注：目前只有 admin 用户有权限配置 API 第三方接入配置。点击"禁用"，该账号的第三方应用将无法接入，点击启用则重新启用被禁用的账号。新生成的账号默认为启用状态。

	序号	操作ID	密钥	状态	备注
	1	3f08dd53	d89cab8e460d4d0fackda3f4c6ea6f4b	已启用	无
	2	c3501f3c	aa39193412174509b58dbb6c4fede26f	已启用	无
	3	e455b2dc	896a5b9b00744a808148badba2e0fb25	已启用	无
	4	366a9e40	a157e5a4638b486a8edc85cbe09ed691	已禁用	无
	5	7cb95297	2e77c118c7694f198b6f6dec1725e8c	已启用	无
	6	2b0e3a26	710721e6e88547e6bb9c4ef5d47d6015	已启用	无
	7	cb8bd434	c9e6d6eab66a42bda51973334a797308	已启用	无
	8	8f0d9dee	27f0161e93784823b277160ff8e04cf6	已启用	无
	9	b1af5eeb	5bdf66a99d534d16abed88f1e6fe8917	已启用	无
	10	74049da0	62397101d9274064bfe35a2f76d620b2	已启用	无

（三）视频系统管理

对视频服务器、视频编解码设备进行管理；对编码设备的预览路径以及录像计划的配置进行管理；对电视墙进行配置和管理；提供周界防范设备、人脸抓拍机、客流设备与热度图设备等智能设备的配置。

通过点击视频系统导航中"基础配置"链接进入基础配置页面进行操作。

1. 导航面板

点击首页"视频"的"导航面板"，进入到如下界面：

（1）视频统计模块：统计模块会自动统计平台所加的视频服务器、编码设备、监控点、计划模板的个数。点击模块名称可跳转到对应模块。

（2）视频系统配置流程：列出了基础的视频配置流程，点击标签可跳转到相应的配置界面。视频具体流程参照下图：

（3）常用链接操作：点击右侧的"常用操作链接"的标签，可跳转到相应的界面。

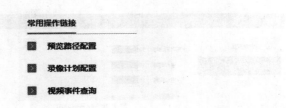

常用操作链接

▷ 预览路径配置

▷ 录像计划配置

▷ 视频事件查询

2. 服务器管理

使用各项功能前需配置各类管理服务，请参见本节 Servers 服务器功能说明，配置对应的服务器。

（1）添加：安装完成各类服务后需将服务添加到平台当中，步骤如下：

①点击"服务器管理"。进入服务器管理页面。

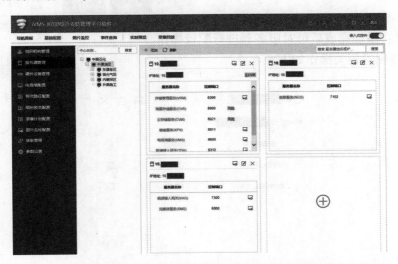

②在组织树中，选择某控制中心，点击"添加"按钮，弹出服务器添加页面。

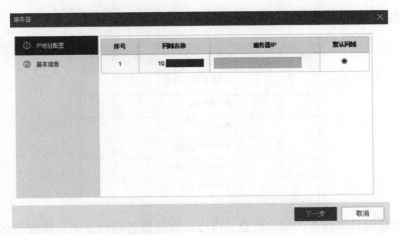

③在服务器 IP 中输入正确可用的服务 IP，点击下一步按钮，弹出以下基本信息配置页面，按实际安装服务勾选服务。

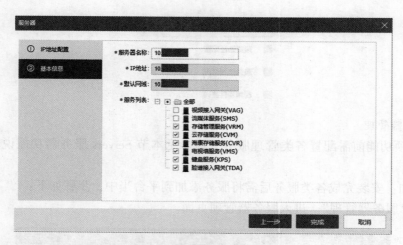

（2）配置：添加完成后可对服务器进行配置操作。

①服务器配置相关操作如下：

图表说明：

图标	说明	
	远程配置服务器/服务	
✎	修改该服务器	
×	删除服务器	
⚠	服务当前状态异常	
↻	服务当前正在配置中	
风险	密码风险提示	

　　如需配置修改具体服务的端口信息，可点击服务器名称列表中具体服务名，打开配置页面，以下以视频接入服务为例：

　　a. 点击服务器列表中视频接入网关（VAG）连接，出现以下页面：

b. 按服务器实际配置填写控制端口、SOCKET 端口及网管端口后，点击"保存"。

c. 点击视频接入网关(VAG)后的"远程配置"按钮以使端口配置生效。

注意：如服务器状态图标显示为 ⟳ ，点击服务器上方的刷新按钮查看服务器配置结果；如服务器状态图标显示为 ⚠ ，确认后台服务是否运行正常。

②CVR 存储设备支持主备配置，多个主 CVR 可以设置一个备 CVR。如图右上角展示 CVR 属性，主/备。

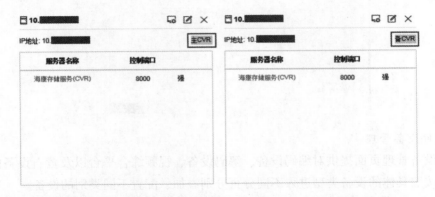

CVR 添加之后默认为主 CVR，可点击服务器名称修改主备关系实现配置。

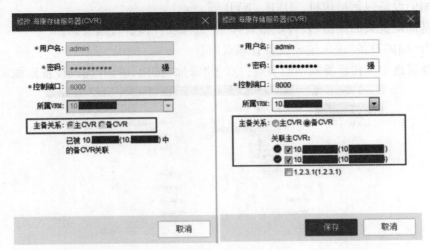

③流媒体服务器支持集群配置，一个流媒体服务器可挂载多个 VTDU(流媒体一体机)

服务器，实现分发码流时的负载均衡，点击服务器名称选择"集群"服务模式，并配置流媒体结点实现流媒体集群配置。

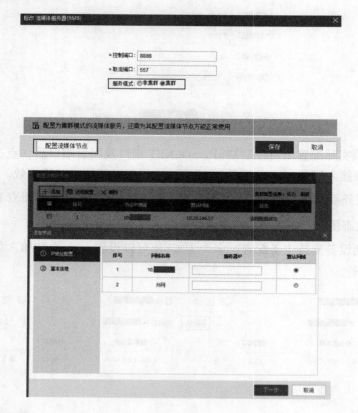

3. 硬件设备管理

硬件设备管理页面提供对编码设备、解码设备、视频综合平台以及萤石设备的添加和管理。可按照具体的设备类型进入不同分页分别添加、配置不同类别的设备。

（1）编码设备：根据实际场景中编码设备与组织资源的关系，将编码设备添加到控制中心中。编码设备包括摄像机、DVR、NVR 等。

①在基础配置页面点击"硬件设备管理"，进入硬件设备管理页面。

②点击"编码设备"进入编码设备管理页面。

③选择页面左侧任意控制中心节点，点击"添加"按钮，打开编码设备添加页面。

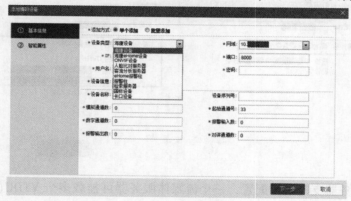

a. 单个添加：一次添加一台设备。如果设备在线，输入 IP、端口及登录账号和密码信息，点击"远程获取"可自动获取设备信息。

b. 批量添加：一次添加多台设备。适用于 IP 地址连续，参数相同的设备。

说明：eHome 设备相关操作请参见本节"eHome 设备接入"；Onvif 设备相关操作请参见"Onvif 设备接入"。

④添加的设备根据实际选择设备类型，输入正确的 IP、端口、用户名及密码信息后，点击"远程获取"，如设备在线可自动获取设备信息，也可手动输入设备信息，点击"下一步"进入以下智能属性配置页面。

说明：

a. 如所添加的设备为鱼眼设备，则在智能配置中需要勾选"支持鱼眼"并选择实际的设备安装方式。未勾选"支持鱼眼"将不能使用客户端中的鱼眼预览功能。

b. 如所添加的设备为鹰眼设备，则在智能配置中需要勾选"支持鹰眼"。

c. 如所添加的设备支持 GPS 功能，则在智能配置中需勾选"GPS"。

d. 如果设备为可视域设备，则在智能配置中需勾选可视域。

e. 如果设备支持人脸对比功能，需要勾选人脸对比，并且可选择是否关联设备的所有通道。

⑤以上智能属性配置页面中根据实际添加的设备智能属性进行选择，点击"保存"在"编码设备"页面上会出现已添加的编码设备。

说明：如添加后的设备状态图标为 ⚠，需点击更多中的"设备信息下发"后刷新当前页面。

单击设备名称，可修改设备配置信息。设备添加完成后也可对设备进行配置操作。设备相关参数见表 5-15。

表 5-15　相关参数

图标	说明
删除	删除该编码设备
迁移	将编码设备从当前组织中心迁移至其他组织中心，编码设备下监控点和报警 IO 同时迁移
在线检测	自动检测出当前网段的编码设备，可选择添加
设备导入	您可以下载设备导入模板进行批量导入设备
设备导出	将设备信息导出到 Excel 文件中
设备校时	校准设备时间与中心服务器时间一致
设备信息下发	将设备信息下发到 VAG
同步设备到平台	同步设备信息到平台中
修改网域	批量修改设备的接入网域
子系统设备接入	可接入停车场的抓拍单元以及门禁的视频门禁一体机
检测主动设备	检测已经注册到 VAG 的海康 eHome 视频设备以及国标设备，可选择添加

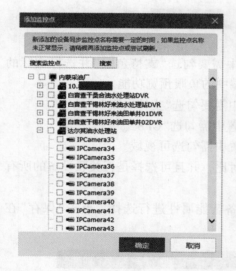

（2）监控点与报警 IO：控制中心添加设备后，按实际的设备安装位置，可以将设备的监控点、报警 IO 添加到监控区域中，方便管理。

1）监控点添加：

①页面左侧控制中心下的监控区域节点，点击"监控点"选项卡进入监控点页面。

②监控点页面中点击添加，打开监控点添加页面如下。

③在出现的"添加监控点"对话框中，选择需要添加到该区域的监控点，点击"确定"，新添加的监控点即会出现在监控点列表中。

说明：单击监控点名称，可修改监控点配置信息，相关参数如下：

图标	说明
删除	删除该编码设备
移动	更改监控点在本区域顺序或移动至其他区域，Ctrl 键支持批量移动
同步监控点名称到平台	将设备上监控点名称同步到平台

2）报警 IO 添加：报警 IO 是编码设备的报警输入及输出通道。您可以通过平台查看他们的通道信息以及配置相应的类型。

①页面左侧控制中心下的监控区域节点，点击"报警 IO"选项卡进入报警 IO 页面。

②报警 IO 页面点击"添加"，打开添加页面。

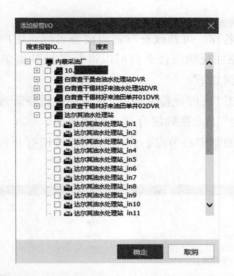

③勾选需要添加的报警输入或输出通道后，点击确定按钮。

④点击需要查看或配置的报警输入通道或输出通道。

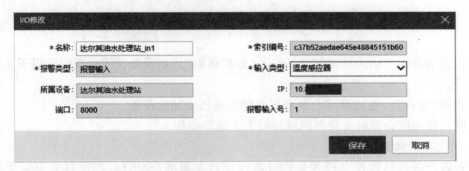

（3）解码设备：解码器是一种嵌入式设备，通过 BNC、VGA、DVI、HDMI 接口，将码流解码并输出到电视墙上。配置步骤如下：

①在基础配置页面点击"硬件设备管理"，进入硬件设备管理页面。

②点击"解码设备"进入解码设备管理页面。

③点击页面左侧任意控制中心节点，点击"添加"按钮打开解码设备添加页面。

④在添加页面中输入相关信息，点击"保存"。在"解码设备"页面上即出现已添加的

解码设备。

说明：单击解码设备名称，可修改查看解码设备名称、用户名、密码、网域列表。

（4）视频综合平台：添加视频综合平台可以进行音视频编解码、集中存储管理、网络实时预览等功能。配置步骤如下：

①在基础配置页面点击"硬件设备管理"，进入硬件设备管理页面。

②点击"视频综合平台"进入视频综合平台管理页面。

③点击页面左侧任意控制中心节点，点击"添加"按钮打开视频综合平台添加页面。如下图所示：

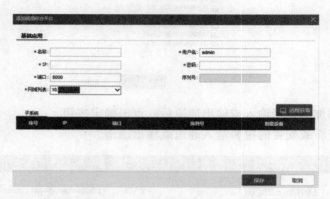

④在添加页面中输入相关信息，点击"远程获取"。如设备在线可获取编码子系统、智能子系统。

⑤点击"保存"。在视频综合平台页面即出现已添加的设备。

说明：视频综合平台支持多网域环境下上墙等操作。

4. 预览路径配置

设置客户端预览监控点视频是否过流媒体转发服务（SMS）。在设备资源紧张的情况下，配置预览过流媒体转发服务（SMS）可帮助节省设备资源。

（1）预览路径：监控点可以按照区域进行配置预览是否过流媒体/级联流媒体服务。

不配置流媒体服务（直连）：预览客户端将直连设备，每个预览均会占用设备资源。

配置流媒体服务：预览数据流将通过流媒体转发到每个请求的用户，对设备资源占用较少。

配置过程如下：

①预览路径配置页面，点击需配置的监控区域节点。勾选"过流媒体/级联"，并在流媒体下拉框中选择对应的流媒体服务。

②如需取消过流媒体，则去掉勾选"过流媒体/级联"即可。

③如需对同一个主控中心下的多个监控区域下配置相同预览路径，可以点击右侧"复制到其他区域"将当前监控区域的配置复制到其他区域的监控点。

级联流媒体：可以将多个流媒体服务进行级联使用，在某些情况下可减轻单个流媒体服务器压力。

（2）级联流媒体添加：

①在预览路径配置页面，在设备树上点击需要做流媒体级联的中心节点。

②点击页面右侧的上方的"流媒体级联"按钮打开级联配置页面。

③在级联配置页面上点击"添加"按钮，打开级联流媒体添加页面。填写级联流媒体名称，并添加、设置级联顺序。

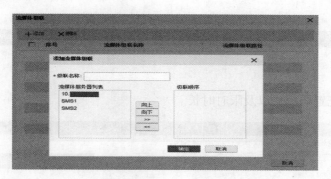

④可点击列表中级联流媒体名称随时进行修改。勾选级联流媒体后点击"删除"按钮即可删除级联流媒体。

说明：需重启监控客户端才可使预览路径配置生效。启用过级联流媒体的操作方式与普通流媒体操作一致。

5. 限时预览设置

预览时长配置，可针对用户配置默认预览时长，也可对特殊用户限制预览时长。

（1）默认时长配置：选择需要的限时时长，或者自定义时长，点击保存即可完成配置。

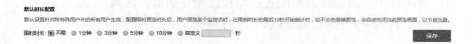

说明：

①默认不限制预览时长。

②默认设置针对除特殊用户外的所有用户生效，配置限时预览时长后，用户预览某个监控点时，在限制时长的最后 10s 开始倒计时，如不点击继续预览，会自动关闭当前预览画面，以节省流量。

（2）特殊用户配置：对区别于所有用户的特殊用户进行配置，不配置则所有用户按默认配置执行。配置步骤如下：

①特殊用户配置界面，点击"添加"，进入用户选择界面。

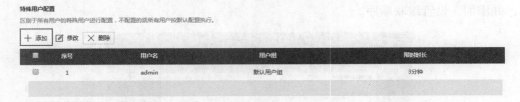

②选择需要配置的用户以及限时时长。

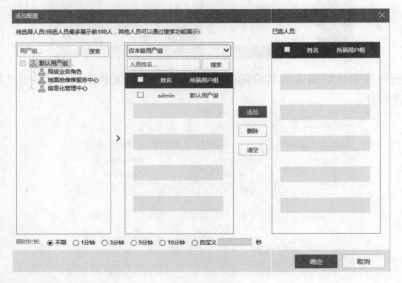

③点击"确定"完成配置。

6. 录像计划配置

平台目前提供三种录像存储方式，分别是设备录像、CVR 录像、CVM 录像。可以根据存储设备实际需要选择不同的存储方式。

（1）设备存储。为监控点配置设备录像需要该监控点所属的编码设备具有内置存储设备（如硬盘、SD 卡等）。配置步骤如下：

①基础配置页面点击"录像计划配置"，进入配置页面。

②在组织资源树中点击选择需要配置的监控点所在的监控区域。

③点击监控点列表中监控点，出现以下配置页面。

④勾选"设备存储"。

⑤根据实际需要选择"主码流"或"子码流"。

主码流：录制下的录像较清晰，但录像占用磁盘资源更多。

子码流：录制下的录像相对不够清晰，但录像占用磁盘资源较少。

注意：

a. 部分设备可能不支持子码流存储，应预先确认配置的设备是否支持。

b. 平台不支持对萤石设备、onvif 设备、国标设备下发录像计划。需手动配置设备的本地录像。

c. Ehome 设备的计划模板最多支持 4 个时间段的配置。

⑥设备存储支持报警录像的预览和延录，预录时间默认不预录，最多 30s，步进 5s，延录时间默认 5s，可选有 5s、10s、30s、60s、120s、300s、600s。

DVR、NVR 支持预览延录，预录时间根据码流设置时长，高清的最多 5s，普通的最多支持 30s。

⑦点击"计划模板"下拉框选择满足所需的录像时间策略。

说明：

a. 当设备的录像计划如是通过"一键获取设备录像计划"下发时，计划模板显示"同步自设备的录像计划"。如再次修改为其他计划模板，并保存下发，下次编辑录像计划的时候选择计划模板并不会出现"设备自有录像计划"模板，且在计划模板中不可见。

b. 点击计划模板右侧，可预览选中的计划模板。预览无须点击，鼠标移动上方即可自动显示。

⑧如需取消配置设备存储，重新打开该监控点配置页面去掉勾选"设备存储"即可。

说明：如果监控点的设备录像计划是同步自设备，那么则该监控点的录像计划不允许复制，除非修改平台计划模板。

（2）CVR 存储。平台支持添加海康存储服务器（CVR），可以通过配置 CVR 存储将监控点录像存储到 CVR 中。平台中配置 CVR 存储步骤如下：

①确认已添加"海康存储服务（CVR）"服务器。

②在组织资源树中点击选择需要配置的监控点所在的监控区域。

③点击监控点列表中监控点，点击"CVR 存储"打开 CVR 存储页面，如下图所示：

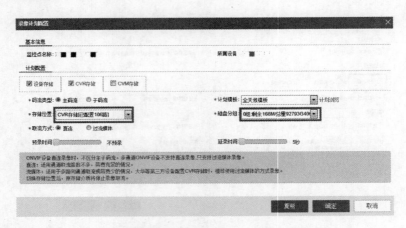

④勾选"CVR 存储"，根据实际需要选择"主码流"或"子码流"。

⑤点击"存储位置"下拉框选择已添加到平台中的 CVR 服务器，点击"磁盘分组"下拉框选择 CVR 上配置的磁盘分组。

⑥点击"计划模板"下拉框选择满足您所需的录像时间策略。

⑦按实际需要选择录像取流方式。

a. 直连：存储服务器直连设备取流，占用设备带宽较多，适合设备取流路数不多或带宽充足情况。

b. 过流媒体：存储服务器通过流媒体服务取流，适合多路向监控点取流或编码设备带宽较少情况。

⑧如选择"过流媒体"取流，需选择关联的流媒体服务（SMS）。如下图所示：

预录延录配置同"设备存储"。

⑨点击"确定"按钮完成配置。如对本主控中心下其他监控点作相同配置可点击"复制"按钮，勾选要配置的监控点，"确定"后即可将当前监控点的录像计划配置复制到被勾选的监控点中。

⑩如需取消配置 CVR 录像，重新打开该监控点配置页面去掉勾选"CVR 存储"即可。

注意：

a. 当 CVR 存储选择的 CVR 为配置了 N+1 的主 CVR 时，平台的录像计划将同步下发到主和备 CVR 当中。只有当录像计划下发到主、备 CVR 都成功，该录像计划配置才成功。

b. 主 CVR 异常之后，备 CVR 开始录像，等主 CVR 重新启动，备 CVR 会将录像回迁到主 CVR 上。

（3）CVM 存储。平台支持添加海康存储服务器（CVM），可以通过配置 CVM 存储将监控点录像存储到 CVM 中。平台中配置 CVM 存储步骤如下：

①确认已添加 CVM 云存储服务器。

②在组织资源树中点击选择需要配置的监控点所在的监控区域。

③点击监控点列表中监控点，点击"CVM 存储"打开 CVM 存储页面，如下图所示：

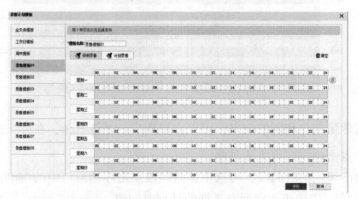

④码流类型、存储位置、磁盘分组、取流方式和计划模板参考"CVR 存储"设置。

⑤点击"确定"即可以完成配置。如对本主控中心下其他监控点作相同配置可点击"复制"按钮，勾选要配置的监控点，"确定"后即可将当前监控点的录像计划配置复制到被勾选的监控点中。

（4）计划模板。选择不同的计划模板来设定不同的录像时间和录像类型策略。平台自动配置了"全天候模板""工作日模板""周末模板"三个常用计划模板。如有个性化模板需求，可手动进行配置自定义模板，平台提供 8 个可自定义模板。模板配置步骤如下：

①录像计划配置页面，点击"计划模板"打开计划模板添加页面。如下图所示：

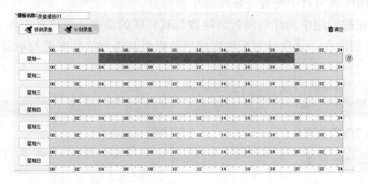

②点击要自定义的录像模板名称，如"录像模板 01"。

③如需配置计划录像，点击"计划录像"（在该时间段内持续录像），在需配置的时间段上滑动即可。下图所示为配置了"星期一 04：00 ~ 20：00"时间段的计划录像计划。

④如需配置移动侦测录像，点击"移测录像"（在该时间段内只有监控点发生移动侦测报警时才进行录像），在需配置的时间段上滑动即可。下图所示为配置了"星期一 04：00 ~ 20：00"时间段的移测录像计划。

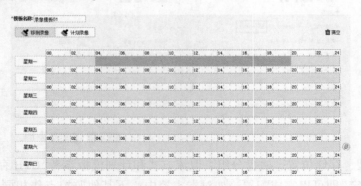

说明：CVM 存储不支持移动侦测录像，录像计划配置支持精确到分钟。

⑤拖动已配置时间段的边界可调整时间段的范围，选中时间段进行拖动可调整时间段时间。

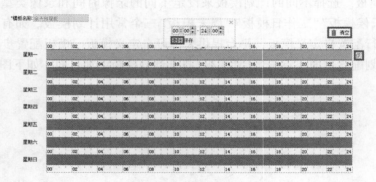

⑥如需对其他星期作相同的配置，可点击星期后的 🖹 图标，在弹出的页面中勾选需要复制的星期，点击确定即可完成复制。

⑦如需删除已添加的时间段，可选中该时间段点击浮动窗口中的"删除"按钮以删除该段时间，或点击"清空"按钮清空所有星期的计划时间段。

⑧配置完成后，点击"保存"即可保存配置结果。

说明：

a. 每个录像模板分页中配置完成均需单独保存。

b. 修改正在被使用中的计划模板将导致与其关联的录像计划将被重新下发。

（5）录像计划操作。录像计划配置完成后可以对其进行清除配置与重新下发计划操作。相关操作如下：

①清除配置：勾选需要清除配置的监控点，点击"清除配置"，即可清除该监控点已配置的所有录像计划。

②重新下发计划：勾选需要重新下发的监控点，点击"重新下发计划"，即可对该监控点重新下发已配置的录像计划。

③一键获取设备录像计划：勾选需要获取设备录像计划的监控点，点击"一键获取设备录像计划"，即可获取该监控点已配置的设备录像计划，并重新下发。自动获取录像计划支持的设备类型是 DVR、NVR、IPC。

④下发成功：当监控点对应存储列表页面上显示"已配置（下发成功）"，表示该监控点的该存储计划下发成功。

⑤下发失败：当监控点对应存储列表页面上显示"已配置（配置失败）"，表示该监控点的该存储计划下发失败。您需要重新下发或检查存储设备是否可用。

⑥配置中：当监控点对应存储列表页面上显示"已配置（配置中…）"，表示该监控点的该存储计划正在下发中。可以点击"刷新"按查看最新配置结果。

⑦查询：点击"查询"按钮，可根据过滤条件进行录像计划查询，查询条件包括关键字、存储位置、配置状态。存储位置包括：全部、设备存储、CVR 存储、CVM 存储；配置状态包括：全部、未配置、已配置（配置中…）、已配置（下发成功）、已配置（下发失败）。

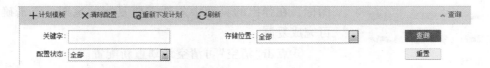

7. 图像监控配置

（1）计划模板。选择不同的计划模板来设定不同的抓图计划。

平台支持按时间段和时间点两种方式进行配置，若选择按时间段方式，平台配置了"全天候模板""工作日模板""周末模板"三个常用时间段计划模板以及 8 个可自定义模板可选；若选择按时间点方式，平台配置了 11 个可自定义的抓图事件点模板可定义，满足个性化需求。

1）时间段模板配置步骤：

①图像监控配置页面，点击"计划模板"打开计划模板添加页面，选择时间段模板。如下图所示：

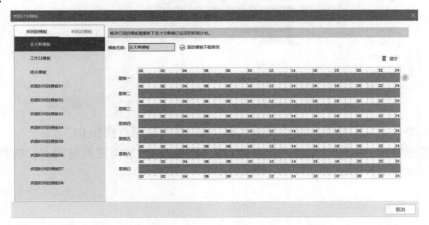

②点击要自定义的抓图时间段模板名称，如"抓图时间段模板01"。

③如需配置计划抓图，在需配置的时间段上滑动即可。下图所示为配置了"星期一04：00～20：00"时间段计划模板。

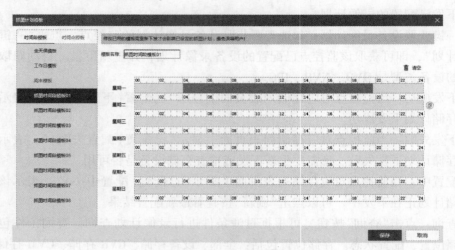

④如需对其他星期作相同的配置，可点击星期后的 图标，在弹出的页面中勾选需要复制的星期，点击确定即可完成复制。

⑤点击"清空"可清空计划重新配置。

说明：时间段模板最多可以配置8段。

2）时间点模板配置步骤：

①时间点模板配置页面，点击"计划模板"打开计划模板添加页面，选择时间点模板。如下图所示：

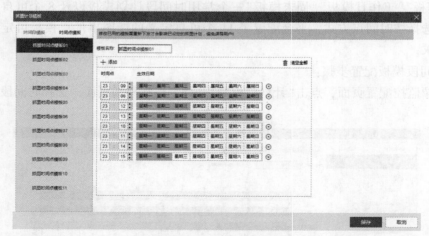

②点击要自定义的抓图时间点模板名称，如"抓图时间点模板01"。

③如需配置计划抓图时间点，点击左上角"添加"，增加需要的时间点，选择需要的生效日期，保存即可。

④点击"清空全部"，可清空计划重新配置。

说明：时间点模板最多可以配置 12 个时间点。

（2）抓图计划配置。配置抓图计划前需确认基础应用中的图片服务器是否配置成功。

①图像监控配置页面，点击"添加"进入添加监控计划界面。

②选择图片源，点击下一步。

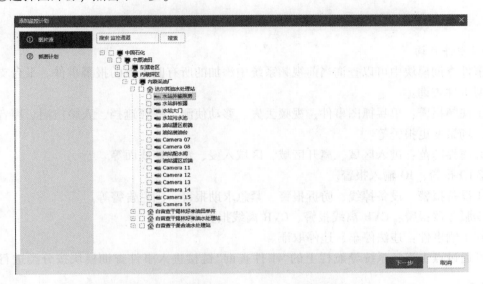

③选择需要的计划类型、计划模板、抓图质量、抓图间隔，点击"保存"完成配置。如下两图，分别为时间段计划模板和时间点计划模板。

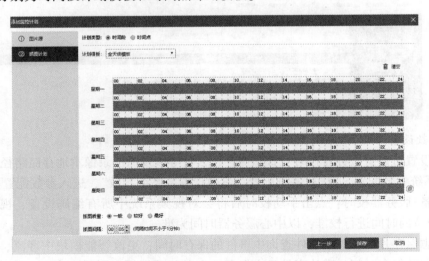

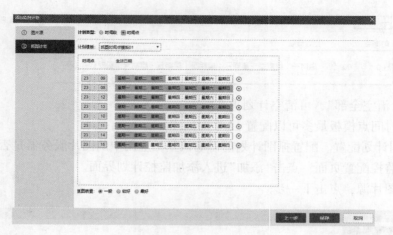

8. 事件查询

事件查询模块中可以查询当前视频系统中添加的所有监控点的报警事件。平台支持六种类型事件查询：

①视频报警：单兵抓图事件、视频丢失、移动侦测、视频遮挡、人脸检测、声音突变检测、场景变更报警等。

②周界防范：进入区域、离开区域、区域入侵、穿越警戒面等。

③IO 报警：IO 输入报警。

④设备报警：设备掉线、防拆报警、紧急求助报警、围栏告警等。

⑤服务器报警：CVR 离线报警、CVR 离线报警恢复。

⑥车辆事件：违法停车、违停取证。

可通过点击视频系统导航栏上的"事件查询"链接进入事件查询模块按分类进行查询操作。

9. 参数设置

参数设置可设置服务器校时、日志保存、云台等级及抓图录像本地存储路径等参数。

（1）系统参数配置：点击"基础配置→参数设置→系统参数"，进入参数配置页面。

①设备/服务器校时：点击手动校时后将会对视频系统中所有编码设备、视频服务器（CVM 除外）的时间进行校准，以中心服务器时间为准。

②日志保存月数：更改事件查询中事件的保存时间，更改智能模块中客流、热度、人脸相关数据的保存时间。默认事件日志保存 6 个月，可根据实际需求变更，建议不少于 6 个月。

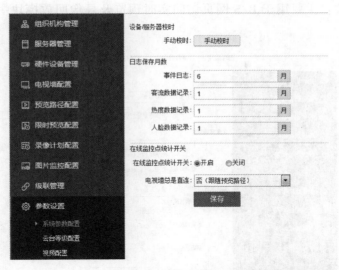

③在线监控点统计开关：开启或关闭监控点在线数统计。默认开启，实时预览界面即可展示监控点总数和监控点在线数，如下图所示，分子为在线监控点数，分母为监控点总数。

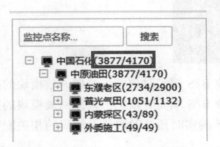

④电视墙总是直连：可配置电视墙的预览路径是否跟随视频子系统的预览路径配置。

（2）云台等级配置：用于云台锁定功能。

云台抢占：当高权限用户操作云台后特定时间段内低权限用户将无法操作该监控点的云台功能，以保证高权限用户的用户体验。云台抢占时间即高权限用户云台操作后独占云台的时间，默认30s。

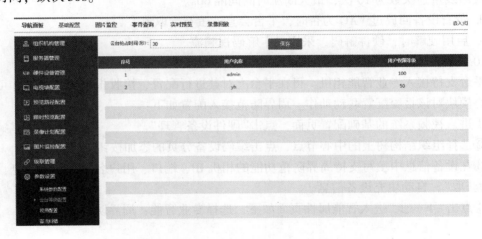

（3）视频配置：主要用于 B/S 网页访问实时预览及录像回放模块一些常用功能的配置，如下图。

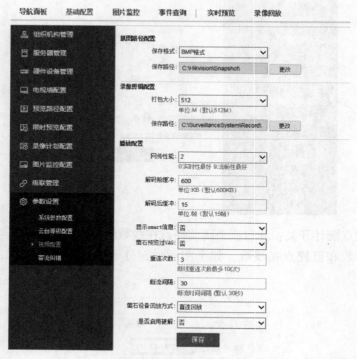

①抓图路径配置：更改 B/S 端实时预览、录像回放模块的抓图格式及保存路径。

②录像剪辑配置：更改 B/S 端实时预览、录像回放模块的打包大小及保存路径。

③播放配置：更改 B/S 端实时预览时取流及解码的相关配置，合理配置将会提升预览体验。

a. 开启显示 Smart 信息后，预览和回放界面会展示智能信息。

b. 萤石预览过 VAG 为否时，平台会直连萤石云取流，若设备和平台处于局域网环境，将直接从设备取流。

c. 重连次数，断流间隔：设备断线时进行重连，设置重连次数以及断流间隔时间，最多设置断线重连次数为 10 次，最大断流时间间隔60s。

d. 萤石设备回放过 VAG 为否时，平台会直连萤石云取流。

e. 启用硬解时，硬件解码，采用显卡解码视频流。

10. 周界防范

平台支持接入专业智能相机，可在平台上对其进行配置、接收报警等操作，并可在事件中心模块对该报警配置联动动作。周界防范接入配置如下：

①进入视频系统的基础配置页面，点击"硬件设备管理"。

②选择组织结构树上的中心节点，点击编码设备分页的添加按钮。

③在设备信息中填写支持周界防范功能的相机 IP、端口、用户名、密码等信息，点击"自动获取"，自动填充设备信息。

④点击"下一步"进入智能属性页面如下，选择专业智能：周界防范。

⑤组织设备树上选择区域节点，添加该相机的监控点，选中该区域节点，点击如下图中监控点列表上"周界防范"链接打开配置界面。

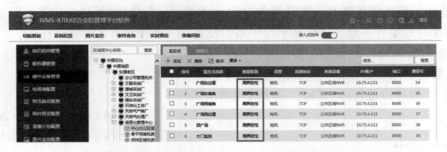

⑥对监控点的周界防范智能规则进行修改，点击保存完成配置。

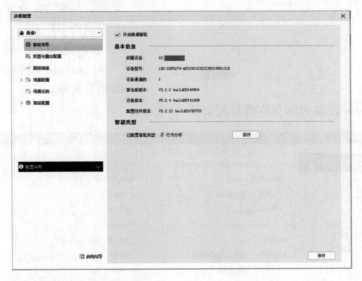

说明：摄像机的具体配置自行查询配套相机设备说明书。

11. eHome 设备接入

eHome 设备是一种在可变 IP 地址(非固定 IP 地址)环境下使用的设备。它借助视频接入服务器实现与平台的通信交互。

(1)前端摄像机 eHome 配置步骤：

①注册 eHome 设备，以 DS‒2DF5286‒D 设备为例。在 IE 中登录 eHome 设备，进入

配置界面，如下图所示。

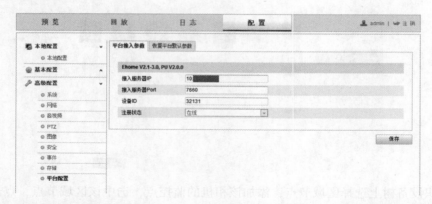

②在平台配置项中输入相关信息，点击"保存"。其中接入服务器 IP 为视频接入服务器的 IP 地址，接入服务器 Port 默认为 7660，无须修改。设备 ID 可以自定义，但需要与在平台中添加时的编号一致，这样在平台中添加设备后，连接状态才会显示在线。

（2）平台添加 eHome 设备配置步骤：

①以管理员用户登录视频监控系统管理平台。

②进入"硬件设备管理"页面，选中需要添加到的组织结构。

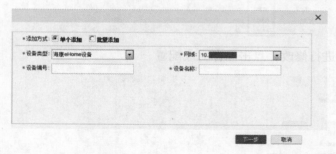

③进入"编码设备"页面，添加设备类型"海康 eHome 设备"。

④选择正确的网域，输入相关参数。其中"设备编号"同前端配置中的设备 ID。

（3）添加 eHome 设备的监控点：

1）eHome 设备内网直连具体操作如下所示：

①勾选 eHome 设备内网直连参数配置。

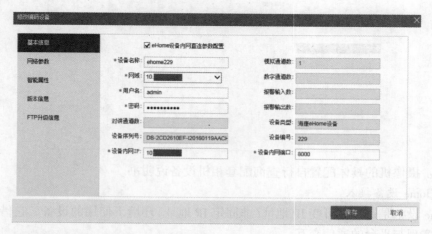

②填写该前端设备真实的用户名和密码。

③填写设备真实的 IP 和端口。

④在前端设备的视频配置勾选"启用 eHome 设备内网直连取流"。

2）eHome 设备 FTP 升级具体操作步骤如下：

①编码设备列表中点击 eHome 设备名称打开设备配置页面如下：

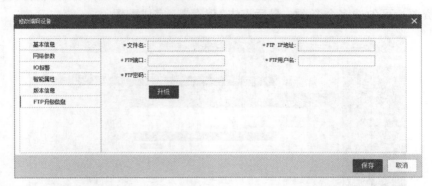

②填写升级文件名称、FTP 地址、FTP 端口、用户名及密码后，点击升级。

说明：FTP 建议使用 Serv – U FTP Server 或 Xlight FTP Server 进行配置。设备升级需要大概 5min 左右，期间可能设备会进行重启。升级时间较长但程序未更新需检查设备程序版本是否配对、服务器与 FTP 之间网络是否通畅。

（4）结果验证：登录 CS 客户端或者 BS 客户端，可进行预览、回放等操作。

12. Onvif 设备接入

支持 Onvif 协议的第三方设备可以很方便地加入平台中进行管理与应用。它借助视频接入服务器实现与平台的通信交互。

添加 Onvif 设备配置步骤如下：

①以管理员用户登录视频监控系统管理平台。

②进入"硬件设备管理"页面，选中需要添加到的组织结构。

③进入"编码设备"页面。添加设备类型"Onvif 设备"。

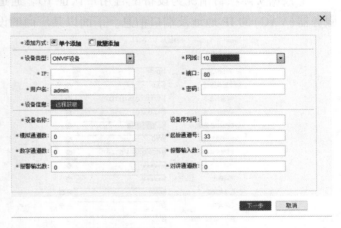

④IP 地址输入设备正确的 IP 地址，端口一般为 80，其他信息按照实际情况填写，然后通过远程获取其他信息，完成添加。

⑤结果验证：登录 CS 客户端或者 BS 客户端，您可以进行预览、回放等操作。

13. 电视墙接入

当需要将预览画面、回放画面、报警画面通过电视墙显示时，根据实际场景接入电视墙。

前提条件：已完成解码器、视频综合平台等配置，并已将设备接入到平台。

配置步骤如下：

①以管理员用户登录视频监控系统管理平台。

②选择"电视墙配置"。

③在"电视墙服务"目录树中，选择需要配置的电视墙服务。

④点击"添加"按钮，弹出电视墙的配置页面，填写电视墙名称，勾选需要关联该电视墙的解码资源，可勾选多个资源，最后点击"保存"，完成配置。

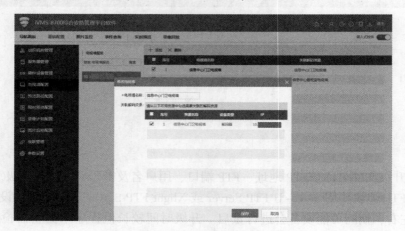

⑤结果验证：登录 CS 客户端，可以进行预览上墙、回放上墙等操作。

14. 国标设备接入

以国标协议方式接入编码设备进行管理和操作。支持对国标设备的功能有预览、回放、存储、上墙。

前提条件：待接入设备支持国标协议，平台导入了支持国标接入的许可。

配置步骤如下：

①根据实际项目情况为设备配置用户认证 ID、通道的编码 ID、需注册到的视频接入服务器（VAG）的 IP 地址及端口信息。下面以某厂商的设备配置为例。

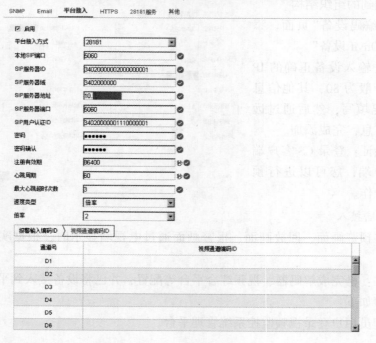

说明：SIP 服务器 ID 需要填入视频接入网关(VAG)中的国标编码。

②添加国标设备。

a. 进入"硬件设备管理"页面，选中需要添加到的组织结构。

b. 进入"编码设备"页面。添加设备类型"国标设备"。

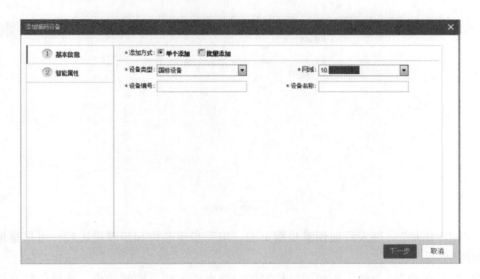

　　c. 选择正确的网域，在设备编号输入框中输入步骤一中配置的用户认证 ID，输入设备名称，保存完成添加。

　　说明：

　　国标协议接入的设备在线大概需要 4~5min 才能获取到设备监控点等信息。

　　目前国标协议接入的设备仅支持普通预览、回放、存储、上墙等基本功能。

　　③结果验证：登录 CS 客户端或者 BS 客户端，您可以进行预览、回放等操作。

15. 事件中心

(1)预案配置：可以配置预案名称、预案步骤、添加附件等，平台支持最多 10 个预案，每个预案最多 10 个步骤。

　　①进入"预案配置"页面。

　　②点击"添加"按钮，进入"添加预案"对话框，填写预案名称和描述后保存。

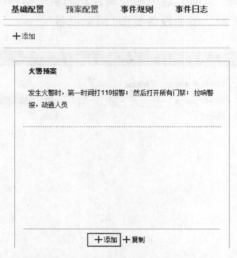

③预案保存后，鼠标移动到预案框内，下方出现"添加"按钮。

④点击"添加"，进入添加预案步骤页面，填写步骤名称和步骤描述后，可根据情况选择资源控制。

以"门禁点控制"为例，添加需要控制的门禁点后，选择控制动作，选择门禁点控制的开关"on/off"，保存，或点"保存并继续"后，继续添加预案步骤。

⑤新建一个预案，步骤中点击"复制"，可以选择源预案及对应步骤，保存后可将步骤复制成功。

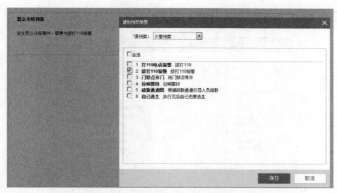

⑥点击预案页面，可针对预案进行编辑。编辑方法如下：

相关参数说明见表5－16。

表5－16　相关参数说明

图标	说明
☑	编辑，可修改预案信息或预案步骤信息
✕	删除，可删除整个预案或预案步骤
⨠	内容是收缩的，点击可展开
⨡	内容是展开的，点击可收缩
↑	点击后，该步骤可上移
↓	点击后，该步骤可下移
⬇	点击后，可下载附件
添加	添加预案步骤
复制	将其他预案的步骤复制到本预案中

（2）事件规则：配置事件的等级、联动信息、布防时间等。

①进入"事件规则"页面。

②点击"添加"按钮，进入"添加事件"对话框。

③点击"切换"按钮，可以选择子系统，勾选事件类型和资源，配置事件等级。

④点击"保存"按钮，事件添加完成，时间模块选用"全天候模板"。点击"保存并配置"按钮，则继续进入事件配置页面。当所添加的事件需要配置相同的布防时间或联动信息时，建议点击"保存并配置"按钮。配置界面如下图所示。

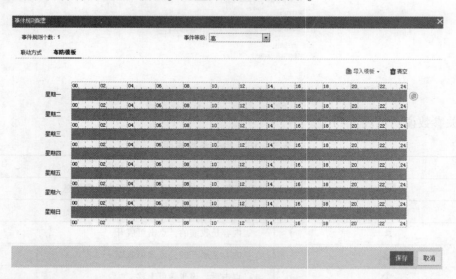

⑤布防模块可自定义绘制，操作步骤参照"联动时间模板"说明。也可点击"导入模板"按钮，导入已配置好的时间模板。

⑥点击联动方式，进入联动方式配置页面。点击联动方式的"On/Off"按钮，启用联动，并进行联动配置。配置完成后，点击"保存"。

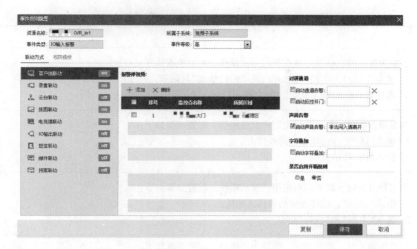

相关参数说明见表 5 – 17。

表 5 – 17　相关参数说明

名称	说明
客户端	当报警发生时，联动客户端弹出图像、开启对讲通道、播放声音报警和字符叠加等方式。配置步骤如下： 1. 单击"添加"，出现"添加弹视频的监控点"对话框； 2. 选择需要联动的监控点，单击"确定"； 3. 根据实际场景配置对讲通道、声音报警等参数； 4. 可配置事件联动门禁设备反控开门； 5. 可配置事件联动报警柱开箱规则
录像	当报警发生时，联动设备或 NVR 等进行录像。配置步骤如下： 1. 单击"添加"，出现"添加录像联动监控点"对话框； 2. 选择需要联动的监控点，单击"确定"
云台	当报警发生时，联动监控点云台调用预置点、轨迹、巡航。配置步骤如下： 1. 单击"添加"，出现"添加云镜联动的监控点"对话框； 2. 选择需要联动的监控点，单击"确定"； 3. 根据实际场景配置"触发类别""预置点/巡航/轨迹""返回预置点"
抓图	当报警发生时，联动抓取图片。配置步骤如下： 1. 单击"添加"，出现"添加抓图联动的监控点"对话框； 2. 选择需要联动的监控点，单击"确定"
电视墙	当报警发生时，联动监控点上墙预览。配置步骤如下： 1. 单击"添加"，出现"添加报警上墙联动的监控点"对话框； 2. 选择需要联动的监控点，单击"确定"； 3. 单击电视墙，选择需要上墙预览的电视墙
IO 输出	当报警发生时，联动设备报警输出通道。例如触发设备报警输出通道所连接的声光报警器发出警告。配置步骤如下： 1. 单击"添加"，出现"添加联动的报警输出"对话框； 2. 选择需要联动的报警输出，单击"确定"

续表

名称	说明
开门	当报警发生时，联动门禁点开门一次操作。配置步骤如下： 1. 单击"添加"，出现"添加开门联动的门禁点"对话框； 2. 选择需要联动的门禁点，单击"确定"
短信	当报警发生时，联动向指定用户发送短信。配置步骤如下： 1. 单击"选择"，选择相应的收件人； 2. 输入"内容"信息
邮件	当报警发生时，联动向指定用户发送邮件。配置步骤如下： 1. 单击"选择"，选择相应的收件人地址； 2. 输入"主题"和"内容"信息
预案	当报警发生时，联动预案，供使用者执行。配置步骤如下： 单击预案列表，选择要联动的预案

⑦设置子系统、事件类型、事件名称等信息，点击"搜索"，可以查看到子系统已添加的全部事件信息。若选择查询范围，则只展示该范围的事件信息。点击事件名称，可以修改事件的等级、布防时间和联动方式。

⑧在"事件规则"页面，勾选事件，点击"删除"，可删除该事件；点击"清除联动"，可以清除事件的所有联动方式。

（3）事件日志：可选择子系统、事件类型、查询范围、处理状态、开始时间和结束时间，搜索查询相应的事件日志。点击"导出"，可导出日志信息。如下图所示：

点击"查看"，可查看联动信息、处理信息和处理意见。

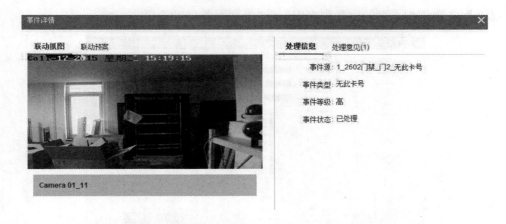

二、服务器端平台的监控资源级联管理

平台支持将多个平台进行级联，上级用户可以在上级平台上对下级平台监控点进行预览、回放以及上墙等操作。

目前油田生产信息化已完成向下各采油气厂二级级联和向上集团公司级联。

前提条件：平台导入级联许可，服务器安装级联网关服务（NCG）。

（一）配置步骤

1. 组织节点配置

将下级中心或者区域节点推送到上级，需为组织中心及区域节点配置省市区划编码。

使用管理员身份登录 B/S 端，进入"基础应用→组织管理"页面进行添加组织中心或区域节点操作。

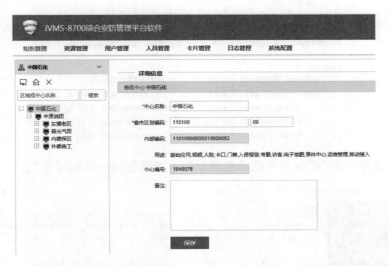

说明：可在省市区划编码中直接输入需要配置的省市区名称以自动匹配出编码。具体的编码规范参考本章"第四节 视频监控命名规则"。

2. 服务器配置

级联服务需安装级联网关服务器（NCG）。添加步骤如下：

①登录 BS 管理员端进入"视频子系统→基础配置→服务器管理"页面，点击添加服务器。

②在服务器添加页面的服务列表中勾选"级联服务（NCG）"。

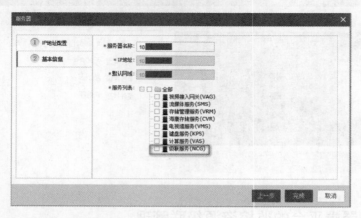

③添加完成后可进行远程配置。

说明：上下级平台均需安装级联服务并添加级联服务。

3. 级联配置

通过级联配置页面为多个平台配置上下级关系。

①进入上级平台的"视频子系统→基础配置→级联管理→网关配置"，查看本级信令网关的配置信息，并记录域标识。

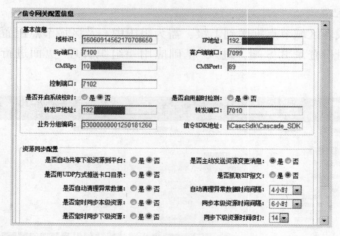

②进入下级平台的"视频子系统→基础配置→级联管理→联网配置"。

③选择上级域后点击"添加"按钮，打开上级域添加页面，填写网关名称、网关编码、IP 地址、端口等信息后进行保存。

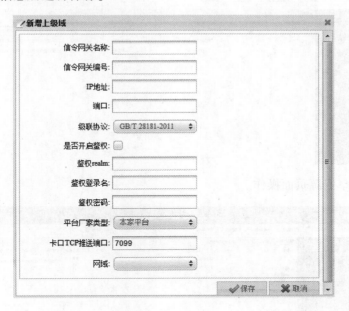

填写说明：

a. 信令网关名称：根据实际需要填写。

b. 信令网关编号：上级级联网关域标识。

c. IP 地址：上级级联网关服务地址。

d. 端口：上级级联网关的级联端口，默认为 7100。

e. 鉴权信息：可不填写，如填写了对应的上级也需要填写相同的鉴权信息。

f. 级联协议：GB/T 28181—2011。

④进入上级平台联网配置页面，添加下级域，填写如下信息。

a. 信令网关名称：根据实际需要进行填写。

b. 信令网关编号：下级级联网关的域标识。

c. IP 地址：下级级联网关服务地址。

d. 端口：下级级联网关的级联端口，默认为 7100。

e. 鉴权信息：可不填写，如果设置了则对应的下级也需填写相同的鉴权信息。

f. 级联协议：GB/T 28181—2011。

4. 共享资源

下级平台需要将本机资源共享给上级平台。上级平台需要将下级共享上来的资源添加到本级。

（1）下级操作。

①进入下级平台"级联管理→资源共享管理"页面。选择上级平台点击"共享资源"打开共享资源页面。

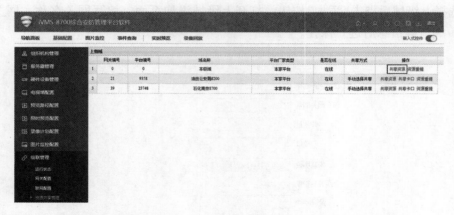

②向上级共享资源页面操作。

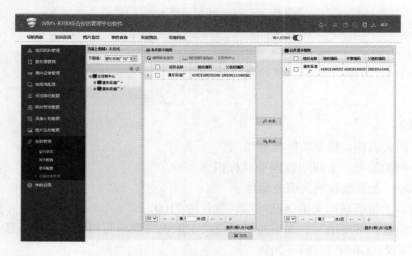

a. 左上方的"下级域"下拉框中选择本级域。

b. 左侧设备树选择需要共享节点的父节点，"未共享子组织"列表中会列出该父节点下未被共享的所有节点。

c. 勾选"未共享子组织"列表中的节点后点击"共享"按钮进行共享。

d. 勾选"已共享子组织"列表中的节点后点击"取消"可取消节点共享。

e. 完成资源共享操作后点击下方"返回"按钮完成操作。

③向上级非默认控制中心共享资源页面操作。

如下级期望将本级节点挂载到上级某个特定节点(非默认控制中心)下，可在下级的"共享资源"页面中新建虚拟节点的方式完成。操作步骤如下：

a. 下级"共享资源"页面左上角点击"＋"按钮，打开虚拟节点添加页面如下：

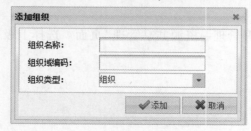

b. 填写组织名称，输入组织域编码。注意：该处的组织域编码需要与欲挂载到的上级的节点内部编码一致。

c. 添加完成后，将该虚拟节点共享到上级。

d. 在未共享节点列表中勾选欲共享到上级的节点，点击"划归到其他组织"，打开划归组织页面，选择添加的虚拟节点。

e. 再次勾选欲共享到上级的节点，点击共享完成操作。

（2）上级操作。

①进入上级平台"级联管理→资源共享管理"页面。选择"本级域"点击"共享资源"打开共享资源页面。

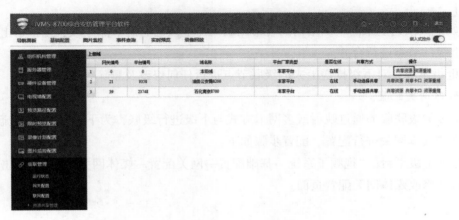

②共享资源页面。

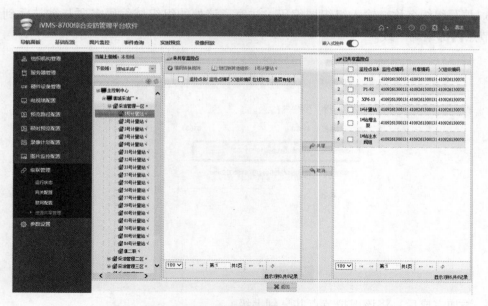

a. 左上方的"下级域"下拉框中选择下级域名称。

b. 左侧设备树选择需要共享节点的父节点，"未共享子组织"列表中会列出该父节点下未被共享的节点。

c. 勾选"未共享子组织"列表中的节点后点击"共享"按钮进行共享。

d. 勾选"已共享子组织"列表中的节点后点击"取消"可取消节点共享。

e. 完成资源共享操作后点击下方"返回"按钮完成操作。

③推送结果确认。

进入上级平台的"视频子系统→基础配置→硬件设备管理"页面如可查看下级共享上来的组织节点表示上下级级联成功。

说明：

a. 下级共享监控点到上级也需将其上级组织一并共享到上级。

b. 下级推送上来的组织结构，其最上级的组织节点将自动挂载到上级的默认控制中心节点下。

c. 如下级推送上来的组织结构的省市区编码与上级已有的节点一致，则推送上来的节点将与上级的节点进行合并。

d. 上级不允许对下级推送上来的级联节点进行任何修改及删除等操作。

5. 媒体网关配置

若上级的级联服务通过映射或多网卡方式与下级进行级联，为下级正常推送流媒体需要对上级的媒体网关进行配置。配置步骤如下：

①进入上级平台的"视频子系统→基础配置→网关配置→媒体网关"页面，点击媒体网关名称打开修改媒体网关配置页面。

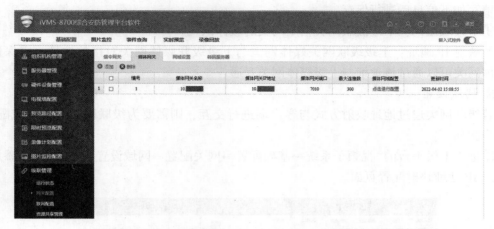

②媒体网关配置页面勾选"配置详细信息"后设置"是否启用 IP 映射"，选择"是"。

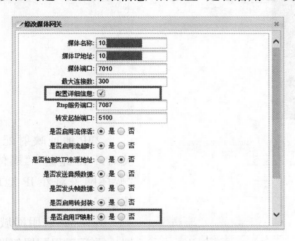

③点击该媒体网关的"IP 映射状态"打开 IP 映射设置页面。

④媒体网关设置页面中点击"添加"按钮打开新增 IP 地址映射页面。

填写如下信息后进行保存：

①下级域编码：下级级联网关信令网关的域标识。

②映射 IP 地址：上级级联网关媒体网关与下级级联媒体网关对接的地址，需保证下级媒体网关可以通过该地址与上级媒体网关互通。

6. 网域设置

若级联网关通过地址映射方式与客户端进行交互，则需要为级联网关进行网域配置。配置步骤如下：

①进入上级平台的"视频子系统→基础配置→网关配置→网域设置"页面，点击添加按钮打开 IP 地址映射配置页面。

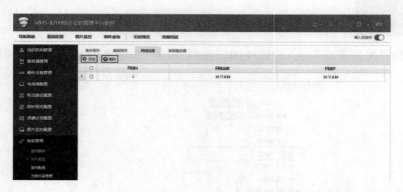

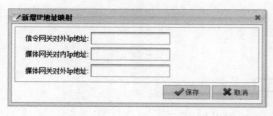

②IP 地址映射配置页面填写"信令网关对外 IP 地址""媒体网关对内 IP 地址""媒体网关对外 IP 地址"后，点击"保存"按钮。

③勾选"启用网域设置"勾选框完成配置后重新远程配置级联网关服务。

7. 运行状态

可以在级联管理中查看上下级级联状态，并对信令网关、媒体网关、本级域、上级域及下级域的监控点等数据进行统计分析展示。

查看步骤如下：

①登陆平台管理员端进入"视频子系统－基础配置－级联管理－运行状态"页面。

②切换"联网状态"与"统计分析"页面可查看统计结果。

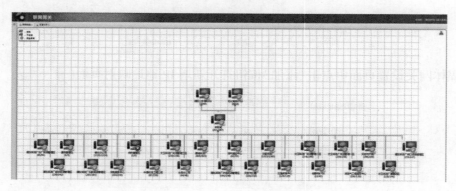

（二）结果验证

1. 级联预览

上级预览级联监控点需要该监控点在所属下级配置过流媒体。

2. 级联云台

上级操作级联监控云台支持以下操作：八方向、焦距、焦点、光圈、预置点、巡航线路。

3. 级联回放

上级无法为级联监控点配置任何录像计划。

若下级为级联监控点配置了录像计划，上级可在录像回放界面直接进行查询该监控点录像并回放。

4. 级联上墙

将级联监控点进行预览上墙需要同时在上下级为该监控点配置取流过流媒体。

三、客户端的配置及操作

客户端提供各业务子系统的基本操作，如视频预览、回放、上墙、门禁控制、事件处理等功能，客户端名称为 CentralWorkstation。

（一）CentralWorkstation 客户端安装及操作

1. 客户端安装

安装步骤如下：

①在安装包目录下，打开"CentralWorkstation"文件夹。

②双击 CentralWorkstation. exe 可执行文件，启动安装程序。

③点击"下一步"，出现欢迎界面。

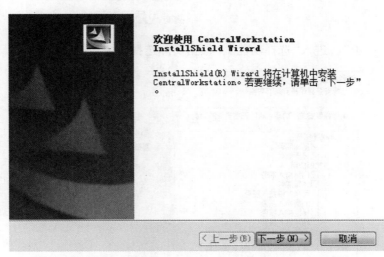

④点击"下一步"，选择安装类型。

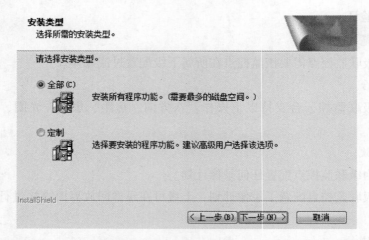

如果选择全部安装，程序默认优先安装在 D 盘，如无 D 盘默认系统盘。推荐采用定制安装。

⑤点击"下一步"，选择安装目的地位置。

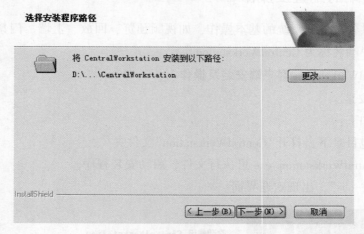

⑥点击"下一步"，进入"选择功能"，根据实际选择相关功能。

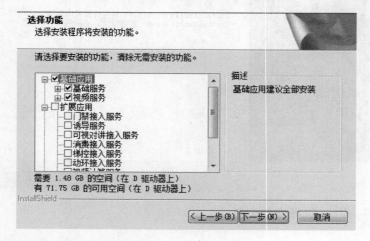

⑦点击"下一步"，进入"开始安装"。

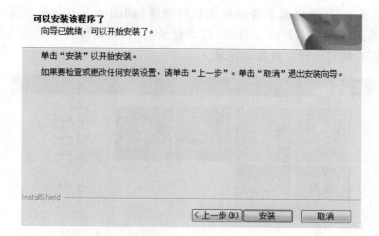

⑧点击"安装",开始程序安装。

⑨点击"完成",完成客户端安装。

2. 客户端登录

①运行客户端,出现登录对话框。

②输入用户名、密码、服务器 IP 地址、端口号。默认用户名为 admin,密码为首次运行设置的系统管理员密码,初次使用需配置服务器地址,填写服务器地址,默认端口号 80。

③点击"登录"。登录页面上会显示加载的进度(即图标下方加载进度的红色横条)。登录成功后可看到客户端主界面。勾选"自动登录",则自动保存本次输入的用户名和密码,下次监控客户端启动时,将自动登录。

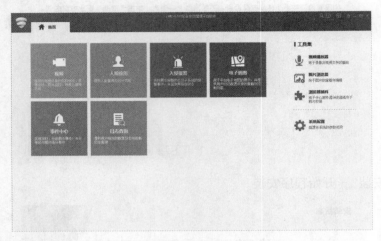

客户端界面说明如下:

a. 系统菜单:进入子系统、工具集、系统配置、帮助、切换用户、修改密码、锁定系统和退出系统等功能。

b. 标签栏:进入门禁系统、事件中心等子系统时,会打开标签栏。双击标签,可将子系统的标签页弹出,呈独立窗口展示状态,并可将子系统窗口拖放到辅屏上显示,关闭独立窗口,可恢复成标签页状态。

c. 快捷方式:可查看当前用户信息、软件信息和系统信息。当配置端有修改配置时,会展示更新按钮。

d. 首页:可进入各子系统和事件中心、电子地图等页面。

e. 工具集:可进入图片浏览器、视频播放器,可下载浏览器插件。

f. 系统配置:可进入进行常规配置、事件中心、设备配置。其中设备配置可以接入读卡器。

(二)客户端系统设置

在"首页"或"系统菜单"中点击"系统配置",打开系统配置菜单。该菜单可以对该客户端的功能参数进行设置。

1. 常规配置

常规配置说明见表5-18。点击"常规配置"选项卡。

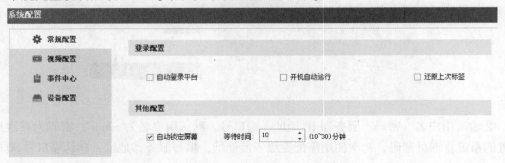

表 5-18　常规配置说明

常规配置	参数	说明
登录配置	自动登录平台	运行客户端后自动登录
	开机自动运行	开机后自动运行客户端程序
	还原上次标签	登录客户端后，展示上次关闭时的场景
其他配置	自动锁定屏幕	在等待时间内无操作将锁定屏幕

2. 视频配置

视频配置说明见表 5-19。

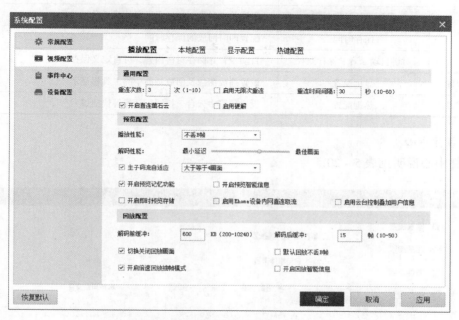

表 5-19　视频配置说明

视频配置	参数	说明
播放配置	重连配置	设置预览中连接设备失败时重连的次数及间隔
	直连萤石云	设置预览时客户端是否向萤石云取流
	启用硬解	视频预览时启用显卡进行解码
	播放性能	设置客户端播放性能，是否丢 B 帧解码
	解码性能	设置播放的实时性和流畅性
	主子码流自适应	根据最大主码流数选择前几路进行主码流预览，多余的路数进行子码流预览
	预览记忆功能	设置客户端重启后仍然打开上次登录时的监控点视频
	即时预览存储	启用实时预览中即时回放功能
	预览智能信息	设置预览或回放时是否显示智能规则或轨迹
	Ehome 设备内网直连取流	设置 Ehome 设备直连取流
	云台控制叠加用户信息	控制云台的时候，会叠加用户信息
	回放配置	设置录像回放时优化回放性能配置

视频配置	参数	说明
	保存格式	设置抓图时图片格式，jpeg 和 bmp 可选
	保存路径	设置保存路径
	连拍方式	设置按时间抓拍或按帧抓拍
本地设置	连拍张数	设置连拍张数
	连拍间隔	设置连拍间隔
	录像大小丨保存路径	根据文件大小进行录像或剪辑，可自定义保存路径
	限制最长录像时间	限制单次录像不超过所设定的最长时间
	保存时间	配置即时回放的保存时间
	对讲自动录音丨保存路径	自动录音并保存对讲内容，可自定义保存路径
显示配置	显示设置	设置播放图像及回放画面中的工具栏显示
热键配置	热键配置	设置预览中云台、抓图、录像等快捷键

3. 事件中心

事件中心说明见表 5 – 20。

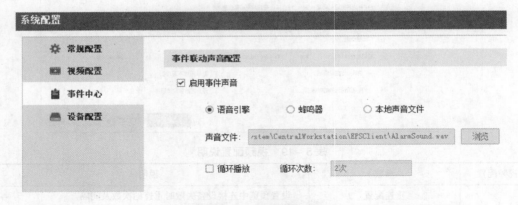

表 5 –20　事件中心说明

参数	说明
启动事件声音	设置是否开启事件声音
语音引擎	启动语音引擎，读出设定的报警文字
蜂鸣器	启用设备蜂鸣器报警
本地声音文件	自定义本地声音文件进行报警
循环播放	报警声音提示循环次数

4. 设备配置

设备配置说明见表 5 –21。

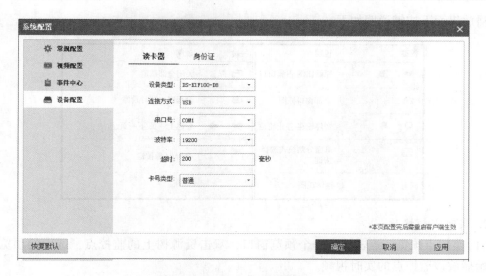

表 5－21　设备配置说明

设备配置	参数	说明
读卡器	设备类型	读卡器的设备型号，当前为 DS－KIF100－D8
	连接方式	读卡器的连接方式设置
	串口号	读卡器占用 PC 的串口号
	波特率	读卡器与 PC 通信的速率，默认为 9600
	超时	不可更改
	蜂鸣	刷卡后是否蜂鸣叫
	卡号类型	可选择普通卡或者韦根卡
身份证	设备类型	显示读卡器设备类型

（三）视频预览操作

1. 界面介绍

选择"视频→视频预览"，进入监控客户端预览界面。初次启动时，播放面板默认以 2×2 播放窗口显示，可通过画面分割按键进行窗口分割的选择。

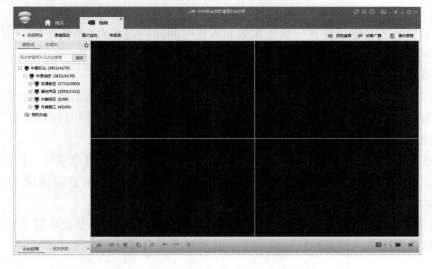

播放界面下按键说明如下：

按键	说明	按键	说明
▣ ▣	原始比例/占满窗口	▣	关闭全部预览
◎	全部窗口抓图	▣	全部窗口即时录像
↻ ▪	暂停轮巡/停止轮巡	← →	轮巡上一页/下一页
▦	画面分割模式选择按键	▣	全屏/还原按键
◎ ▾	连续抓图		

2. 实时视频播放

（1）监控点预览：点击选中一个预览窗口，双击资源树上的监控点，选中的预览窗口即开始播放该监控点的实时视频。

（2）区域预览：双击资源树上的区域节点，则在当前画面分割模式下，依次播放该区域下的监控点的实时视频。

（3）拖动预览：拖动监控点到一个预览窗口，则该窗口开始播放拖动的监控点的实时视频。若拖动的是区域节点，则在当前画面分割模式下从当前选中的窗口开始依次播放该区域下的监控点的实时视频。

（4）多画面全屏显示：点击视频预览界面上的右下角"全屏切换"图标，可多窗口全屏显示，再次点击"全屏切换"退出全屏。

（5）放大预览：在多画面预览的模式下，双击一个窗口可使其放大显示，再次双击可还原。

（6）停止预览：

①右击处于实时预览的窗口，显示右键菜单。选择"关闭"项，可以结束该窗口的实时预览。

②点击正在预览的窗口右上角"关闭"图标可停止实时预览。

③点击视频预览界面上的"全部停止预览"图标，停止全部正在预览的窗口视频播放。

说明：

a. 视频播放支持断流重连，重连次数和重连时间间隔与平台"系统配置→视频配置→播放配置"中配置关联。

b. 首次取流失败后不做重连操作。

c. 视频支持限时预览，在限制时长的最后10s开始倒计时，如不点击继续预览，会自动关闭当前预览画面，以节省流量。该设置与平台"视频子系统→限时预览配置"关联。

3. 紧急录像

选中正在预览的窗口，点击窗口中的"紧急录像"按钮则开始紧急录像，再次点击即可停止录像。也可以在窗口中右键单击选择"开始紧急录像"和"结束紧急录像"。还可以通过热键，默认快捷键Shift + V。

注意：若某监控点正处于紧急录像状态，停止预览的同时将停止该监控点的紧急录像。停止预览包括结束预览和轮巡模式下当前播放通道的切换。

紧急录像保存路径与上节"视频配置"有关，见下图：

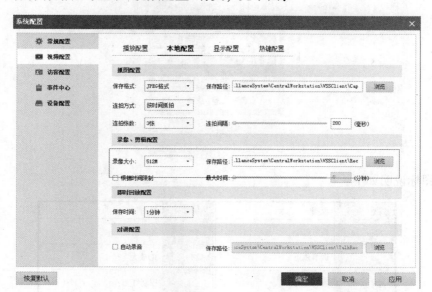

4. 抓图

选中正在预览的窗口，点击窗口中的"抓拍"或"连续抓拍"按钮则开始抓图（连续抓拍默认为连续抓取 3 张图片）。也可以在窗口中右键单击选择"抓拍"和"连续抓拍"。还可以通过热键，默认快捷键 Shift + S。

抓拍保存路径与上节"视频配置"有关，见下图：

5. 云台控制

在预览界面，可对正处于预览状态的通道进行云台控制操作，该操作需要设备支持（摄像机须支持云台控制）。

（1）控制台云台操作。选中正在预览的窗口，展开左侧的云台控制面板，点击方向键控制云台 8 个方向的转动。

相关图标说明如下：

按键	说明	按键	说明
器 丵	调节焦距	🔻	控制雨刷
⬚ ⬚	调节焦点	Q³ᴰ	3D放大
⊙ ⊙	调节光圈	⚲	控制灯光
↻	自动扫描	⌖	一键聚焦
⏲	云台转速	🔒	云台锁定

点击"3D放大"按钮，在预览窗口内按住左键，拖动鼠标在窗口内画出一个矩形，即可进行3D放大。注：3D放大和一键聚焦需要设备硬件支持，若前端不支持，则该按钮无任何反应，不进行提示。

（2）屏幕云台操作。客户端还提供屏幕云台控制。用户可以通过在预览窗口中点击"云镜控制"按钮或者右键选择"打开云台控制"打开屏幕云台控制，打开后窗口出现8个方向键，点击方向键可以控制云台转动，鼠标滚轮向前则焦距放大，向后则焦距缩小。

说明：

①EHome、Onvif设备可操作的云台功能有：8个方向的控制、自动扫描、焦距变大、变小的控制及预置点设置与调用。其他云台操作不支持。

②云台方向控制以及焦距跳转，支持热键，详细配置在系统配置－视频配置－热键配

置，默认快捷键数字8、数字2、数字4、数字6、数字7、数字9、数字1、数字3分别控制上、下、左、右、左上、右下、左下、右下八个方向，"＋"键控制云台放大焦距，"－"键控制云台缩小焦距。快捷键支持自定义，但不能与系统本身的快捷键冲突。

6. 声音控制

右键点击选中的窗口，选择"打开声音"可打开该窗口的音频，再次右键选择"关闭声音"可关闭音频。也可以点击播放窗口中的"打开声音"图标控制声音开启和关闭。

7. 语音对讲

点击预览窗口中的"通道对讲"按钮或者右键选择"通道对讲"，即可打开该窗口上已开启视频的设备的对讲。可选择通道进行对讲或广播。对讲只能选择一个通道，广播可以选择多个通道。

注意：

①对讲及广播支持的音频格式为g722 、g711a、g711u、g726。

②通道对讲只支持直连摄像机对讲，通过NVR接入的监控点无法正常使用通道对讲。

8. 电子放大

①右键单击选中的窗口，选择"电子放大"可进行该窗口的电子放大功能或点击窗口中的"进入电子放大"图标。

②在窗口中按住鼠标左键向下方划定需要放大的区域，松开左键，选定的区域将放大显示。

③在放大后的窗口中按住左键，向上滑动鼠标则缩小显示。

④再次右键选择"退出电子放大"可退出该功能，也可以点击窗口中的"退出电子放大"图标。

说明：电子放大功能对电脑显卡有一定要求，若电子放大失败，需检查显卡。

9. 监控点信息

选中正在预览的窗口，点击窗口中的"监控点信息"按钮或者右键选择"监控点信息"，可看到该监控点的码流信息，再次点击该按钮，则隐藏信息。

10. 即时回放

正在预览的通道，可以使用即时回放功能回放该通道当前时刻的前几秒到几十秒不等的录像。即时回放时间的长短可在系统配置中的本地配置下进行配置。

选中正在预览的窗口，点击窗口中的"打开即时回放"按钮或右键选择"打开即时回放"项，即进入即时回放状态。

相关图标说明如下：

按键	说明	按键	说明
←	退出即时回放	ⅠⅠ	暂停
◁Ⅰ Ⅰ▷	前一帧/后一帧	00:06 01:00	即时回放的时间显示
⊟	保存即时回放		

11. 报警 IO 控制

通过预览画面可打开/关闭设备的报警输出，控制步骤如下：

①在预览窗口上打开需要控制设备的实时预览，选中预览窗口，点击"IO 报警"按钮，列表中会显示出该设备所有的报警输出通道。

②点击报警输出通道后的"Off"和"On"，即可打开/关闭报警输出通道。

说明：onvif 方式添加的设备不支持报警 IO 控制功能。

12. 录像打标

在预览窗口上可对当前时间点视频进行标记，在后续的录像回溯中直接定位到该点。

选中正在预览的窗口，点击下方工具栏上的"添加标签"按钮或右键选择"添加标签"，在弹出的添加标签界面中选择标签样式及填写标签描述后即完成保存。

说明：添加标签需要该监控点配置至少一种可用的录像计划。

13. 跳转回放

正在预览某个监控点时，可通过右键"跳转回放"直接进入录像回放功能，并对该监控点进行回放。

说明：

①用户没有配置录像计划时提示"无录像计划"。

②级联监控点跳转回放不进行当天是否有录像片段的判断，直接进行跳转。

③当监控点配置多种录像计划时，默认选择录像的点播类型优先级：设备存储、CVR存储、CVM存储。

14. 即时存储

选中正在预览的窗口，右键选择"开启即时存储"，进行即时存储。如需关闭即时存储，右键点击"关闭即时存储"即可。

说明：

①即时存储的录像默认为报警录像，在录像回放中红色显示。

②当监控点配置多个录像计划时，即时预览存储优先级从高到低依次为 CVR 存储、CVM 存储、设备存储。

③即时存储只支持非级联的海康设备监控点，不属于该类型的会提示用户即时存储只支持非级联的海康设备。

④若"系统配置→视频配置→播放配置"中已勾选"开启即时预览存储"则监控点预览时默认已进入即时存储状态。

15. 预置点

①选中正在预览的窗口，展开左侧的预置点\巡航\轨迹面板，点击预置点标签，进入预置点编辑面板。

②点击"设置"，打开预置点设置界面。

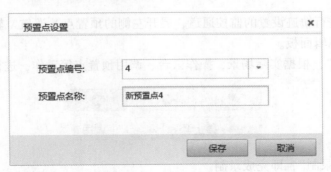

③输入预置点的编号及名称，点击"确定"，即可完成预置点的添加。

④输入预置点号或下拉选择预置点名称，点击"调用"即可调用该预置点。

16. 巡航

为通道添加两个或者多于两个预置点后，可根据已经设置好的预置点配置一条巡航路径。

①选择需要进行巡航路径设置的监控通道，展开左侧的预置点\巡航\轨迹面板，点击巡航标签，进入巡航路径编辑面板。

②点击"设置"，打开巡航路径配置界面。

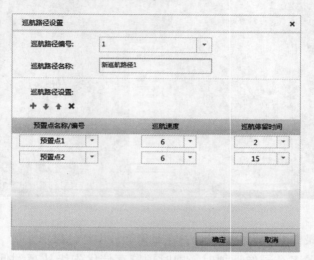

③点击"＋"，添加巡航点，在预置点列表中下拉选择需要的预置点。

④点击上下调节按钮，可以调节已添加预置点的顺序。选中预置点后点击"×"可删除已添加预置点。

⑤设置该巡航点的巡航时间和巡航速度。

注意：巡航时间为：1～30s，巡航速度为1～40。特殊预置点不支持加入到巡航路径中。

⑥添加多个巡航点，点击"确定"，完成该巡航路径的添加。

⑦输入巡航路径编号或下拉选择巡航线路名称，点击"调用"即可调用该巡航路径。

注意：Ehome方式添加的设备无法添加巡航线路。

17. 轨迹

①选择需要进行轨迹设置的监控通道，展开左侧的预置点\巡航\轨迹面板，点击轨迹标签进入轨迹编辑面板。

②点击"录制"，根据实际场景，操作云台、调用预置点等动作，进行轨迹的录制。

③点击"停止录制"，即完成录制。

④完成录制后，点击"调用"即可开始调用前面录制的轨迹。

18. 视频参数调节

展开"视频参数"，选中预览通道，移动滑动条滑块，可以调节该通道的视频参数。点击"默认参数"即可恢复该监控点的默认视频参数配置。

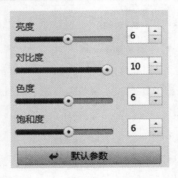

19. 分组轮巡

在"我的分组"上右键选择"分组配置"，可进入分组配置页面。

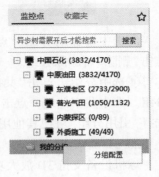

分组窗口默认存在两个分组："我的分组"和"别人的共享"。"我的分组"下显示当前用户添加的分组，"别人的共享"下显示的是其他用户共享的分组。

①点击"添加分组"，进入新建分组对话框，输入名称和轮巡时间，点击"确定"。

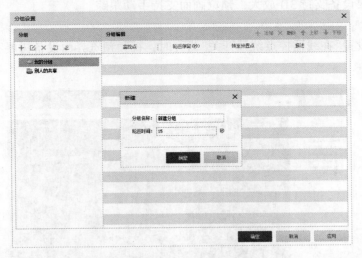

②选中添加的分组，点击"添加"为分组内添加监控点，点击"确定"，通过"上移"和"下移"按钮可以对分组内的监控点进行排列，在转至预置点列选择已设置的预置点，点击"确定"，添加完成。

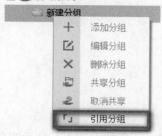

③选中添加的分组，点击"编辑"，可进行编辑修改，点击"删除"可删除分组。

④选中分组，点击"共享分组"，可以将其设置为共享分组。选中共享分组，点击"取消共享"，则取消分组共享。选择"引用分组"可使其他用户共享的分组成为自己的分组。

20. 3D 放大

球机设备支持 3D 放大功能。

①选中正在预览的窗口，点击下方工具栏中的"打开 3D 放开"或右键选择"打开 3D 放大"。

②在设备预览画面拉框放大/缩小，可看到界面被放大/缩小。

注意：鹰眼设备支持 3D 放大，预览画面支持手动跟踪。

21. 设备树

①当平台设置"在线监控点统计开关"为开时，视频预览界面设备树展示监控点总数和监控点在线数。

②当登录用户所拥有的监控点数超过1000，预览及回放界面设备树会切换样式，以方便在多监控点情况下监控点的操作。

（四）录像回放

客户端支持常规回放、分段回放。

常规回放：根据录像存放位置查找回放录像文件，每个窗口回放一个通道。

分段回放：将同一通道的录像资料按窗口数分割成相等的时间段，每个窗口各回放一段，可以快速查看所选通道的录像。

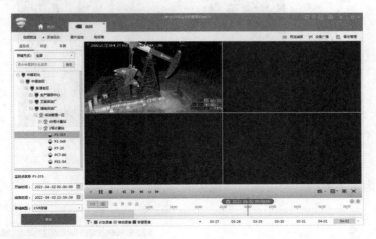

相关图标说明如下：

按键	说明	按键	说明
▶ ⏸	播放/暂停	■	停止回放
📷	全部抓图	◁‖ ‖▷	单帧回放
⤬ ⇄	异步/同步回放	▣ ▣	充满窗口/自适应
▦ ▾	画面分割选择	⊡	全屏显示
◀	倒放	◀◀ 1X ▶▶	调整播放速率
⊕	下载录像	☰	打开分段回放

1. 常规回放

软件支持最多 16 路回放。回放操作步骤如下：

①选择画面分割方式。软件支持 1/4/9/16 画面分割回放。

②设置回放监控点和回放窗口的对应关系。选中一个回放窗口，双击希望在该窗口回放的监控点，即可回放当日录像。

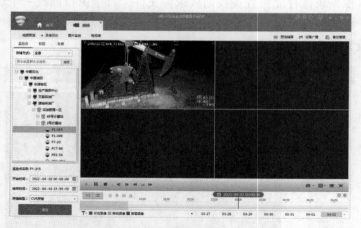

③点击录像条下方的日期可搜索其他天的录像。

④如存在符合条件的录像文件，将以录像类型对应的颜色显示在时间轴上，点击"开始"回放。

点击"缩小"和"放大"按钮或鼠标滚轮在录像条上滚动，可以对时间轴放大、缩小，方便录像文件的定位。

⑤筛选录像类型。点击"录像类型过滤"按钮可对录像条上的录像按类型进行筛选显示。

⑥录像文件下载。点击"下载"按钮，默认取最开始有录像的时间段。选择需要下载的录像段，即会开始下载该

片段录像段。

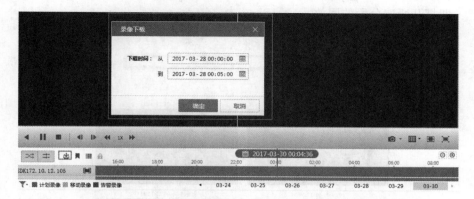

⑦录像锁定。点击录像进度条上方"锁定"按钮，选择锁定时间点击确定，即对锁定时间段的录像进行锁定，被锁定的录像将不能被覆盖或者删除。锁定成功的录像将出现"锁定"图标。

⑧解锁录像。点击录像进度条上面的"锁定"图标，在"确定要解锁?"提示上点击确定，即完成录像解锁，此时"锁定"图标消失，录像解锁之后即可被删除或者覆盖。

注意：目前只有 CVR、CVM 存储支持录像锁定和解锁。

2. 分段回放

分段回放将同一通道的录像资料按窗口数分割成相等的时间段，每个窗口各回放其中一段，可以快速查看所选通道录像。

①同常规回放中步骤查询出需要分段回放的录像后选中该窗口。

②点击"分段回放"按钮，打开分段回放界面。

③手动设置开始时间与结束时间，选择分段的数以及勾选需要的回放的分段，点击"确定"，即打开所选分段的回放。

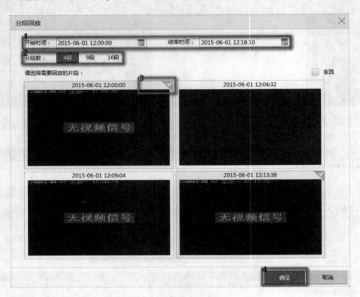

④点击"退出分段"按钮即可退出分段回放。

3. 标签回放

通过查询已打标的标签可以快速定位到该标签的位置点进行回放。

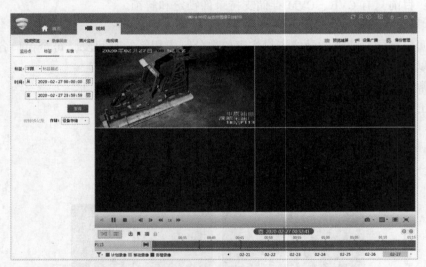

①录像回放界面中切换到"标签"界面，目前支持的标签样式为：红、绿、黄。

②选择要查询的标签样式及标签开始与结束时间，该点的时间为标签标记的时间而非打标的时间。

③选择需要查询的存储类型。

④点击查询按钮。

⑤双击查询结果中的通道名如下：

⑥点击"定位播放"按钮可快速打开该点的录像进行回放，点击"修改"按钮可修改标签内容，点击"删除"按钮可删除该条标记。

⑦点击录像记录条上的标记也可对标签进行修改、删除操作。

4. 录像备份管理

可以对录像段进行下载和下载过程中的管理。

①录像回放中查询出录像段后，点击"下载"，打开录像下载时间设置界面设置界面。

②设定需要下载的录像的时间范围后点击"确定"，将会打开录像文件保存位置提示界面。点击"选择"可以选择录像段下载位置，"文件名"输入框中可以自定义录像段保存的名称，也可以在图中 3 位置设置下次下载不弹出该界面，点击确定后该任务被添加到备份管理界面。

③左侧可以根据当前的下载状态(全部任务、正在下载、已下载)进行分类显示。

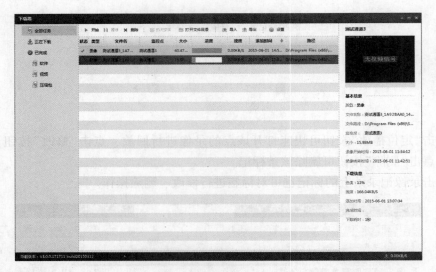

④选中下载的录像段后界面右侧可以显示当前录像段的基本信息，包括录像段缩略图、时长等。

⑤选中未下载完成的录像段，可以选择暂停、删除该任务，对已暂停的任务可以点击"开始"恢复下载任务。

⑥对已下载完成的录像段，可以点击"打开文件"，将会在播放器中打开该录像段回放。点击"打开文件目录"将打开该录像段的所属目录。您可以选择将该本次下载信息导出为 csv 文件给其他用户使用，也可以导入对应的 csv 文件进行下载。

⑦悬浮窗管理。可以通过悬浮窗查看当前下载速度以及进度，选择暂停或恢复下载任务，也可以隐藏悬浮窗。

注意：悬浮窗隐藏后可以右键点击备份管理托盘图标恢复显示。

（五）图片监控

1. 实时监控

选择"图片监控"默认进入图片监控的实时监控功能，初次启动时，播放面板默认以 2×2 播放窗口显示，可通过画面分割按键进行窗口分割的选择。双击监控点名称，实现对该监控点的图片实时监控。

说明：

①当监控点暂时未有抓图时，双击监控后界面显示"暂无图片"；监控点已经有抓图时，显示该监控点最新的抓图。

②点击"×"按钮可关闭实时监控画面，点击"下载"按钮可下载当前图片。

播放界面下按键说明如下：

按键	说明	按键	说明
	原始比例/占满窗口		关闭全部预览
	画面分割模式选择按键		全屏/还原按键

2. 历史查询

①图片监控界面，点击"历史查询"页签，切换至历史查询功能界面。

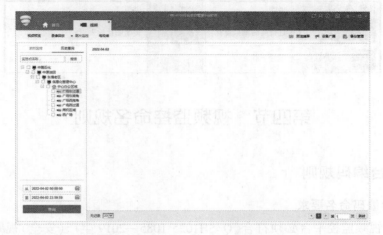

②选择需要查看的监控点和时间，点击查询。如下图所示，左侧显示查询的条件，右侧显示查询结果。

③点击图片可对图片进行放大查看。

界面下按键说明如下：

按键	说明	按键	说明
◀ ▶	进行前后翻页查看	⊗	关闭图片放大
⬇	图片下载		

第四节　视频监控命名规则

一、平台编码规则

（一）平台编码命名要求

中原油田视频监控平台必须符合《Q/SH1025 1085—2019 生产（安全）视频监控系统命名规范》标准，详细信息见表 5－22。编码规则由四个码段共 20 位十进制数字字符构成：中心编码（8 位）、行业编码（2 位）、类型编码（3 位）、序号（7 位）。

中心编码包含省级编码（2 位）、市级编码（2 位）、区级编码（2 位）、基层接入单位编码（2 位），中原油田各单位中心编码参照表 5－22。自定义编码包含行业编码（2 位）、类型编码（3 位）、序号（7 位），自定义编码由中原油田各单位按设备序号自行生成。

表 5－22　20 位编码规则

41	09	01	11	41	123	4567890
省级编码	市级编码	区及编码	基层接入单位编码	行业编码	类型编码	序号
中心编码				自定义编码		

（二）平台目录树架构

监控平台目录架构分为固定组织机构和临时施工机构。

1. 固定组织机构

参照中原油田现行组织结构。

固定组织机构目录采用七级目录制，如图 5－65 所示。中原油田现行组织机构目录树架构见表 5 – 23。

表 5 – 23　固定组织机构目录树架构

集团公司	一级平台	探区划分	所属单位	二级平台	监控范围	监控区域及部位
中国石化	中原油田	东濮老区	濮东采油厂信息中心	采油管理 ** 区	** 计量站办公区域	** 计量间一楼大厅
		普光气田	普光分公司	采气厂净化厂	一联合	** #泵
		内蒙古探区	内蒙古采油厂			
固定格式			按单位设置	根据下级平台或NVR 名称手动录入	直接提取摄像机设备名称	

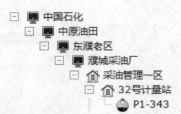

图 5 – 65　固定组织机构七级目录

2. 临时施工机构

临时施工机构主要包含钻井施工、基建施工等施工现场。

临时施工机构目录采用六级目录制,如图 5 – 66 所示。中原油田临时施工机构目录树架构见表 5 – 24。

表 5 – 24　临时施工机构目录树架构

集团公司	一级平台	监控业务	监控类别	监控范围	监控区域及部位
中国石化	中原油田	外委施工	井场施工	** 井	** 前场 ** 泵房
固定格式			按井队、作业现场设置	直接提取摄像机设备名称	

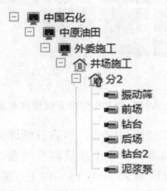

图 5 – 66　临时组织机构六级目录

二级平台级联至油田一级平台时,须按照示例目录树建立,自建目录树与油田一级平台主目录树一致；二级单位 NVR 直接接入油田一级平台时，由油田一级平台建立目录树，NVR 命名为二级单位名称，接入摄像机须含有监控范围、区域、部位明细。

（三）平台编码及组织机构配置方法

以海康威视 iVSM - 8700 综合安防管理平台为例，图 5 - 67 为海康威视 iVMS - 8700 综合安防管理平台登录界面。

图 5 - 67　海康威视 iVMS - 8700 综合安防管理平台登录界面

①以管理员身份登录平台。

②执行基础应用单元中的组织管理模块。

图 5 - 68 为海康威视 iVMS - 8700 综合安防管理平台管理单元界面。

图 5 - 68　海康威视 iVMS - 8700 综合安防管理平台管理单元界面

③在组织管理模块中先选择添加控制中心，然后右侧详细信息中填写相应信息。中心名称按照中原油田组织机构名称填写，禁止出现简称、拼音、英文等字样；省市区划编码填写按照规定的信息填写；自定义区域后 3 位（15 ~ 17 位）编码，从 001 ~ 999 根据本单位区域、站点具体数量进行合理分配。

图 5-69 为海康威视 iVMS-8700 综合安防管理平台组织管理界面。

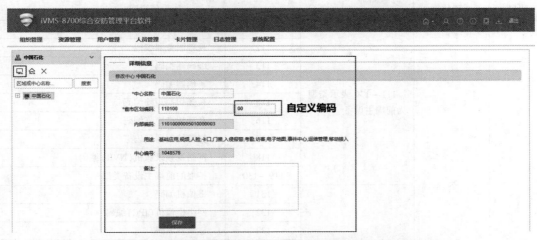

图 5-69 海康威视 iVMS-8700 综合安防管理平台组织管理界面

最终达到如图 5-70 所示界面效果，组织架构要达到七级目录，级联编码中的①为行政区域编码、②为各单位编码、③为单位自定义编码。

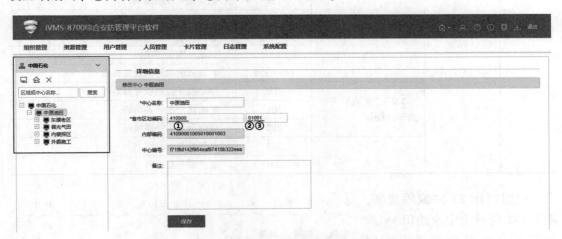

图 5-70 组织管理界面最终效果

国际 20 位编码规则详细信息见表 5-25。

表 5-25 国际 20 位编码规则详细信息

码段	码位	含义	取值说明
中心编码	1、2	省级编号	由监控中心所在地的行政区划代码确定，符合 GB/T 2260—2007 的要求。如：河南 41 濮阳 09 华龙区 01、濮阳县 28、范县 26 等
	3、4	市级编号	
	5、6	区级编号	
	7、8	基层接入单位编号	
行业编码	9、10	行业编码	监控平台系统默认为 00

码段	码位	含义	取值说明	
类型编码	11、12、13	111~130 表示类型为前端主设备	111	DVR 编码
			112	视频服务器编码
			113	编码器编码
			114	解码器编码
			115	视频切换矩阵编码
			116	音频切换矩阵编码
			117	报警控制器编码
			118	网络视频录像机(NVR)编码
			119~130	扩展的前端主设备类型
		131~199 表示类型为前端外围设备	131	摄像机编码
			132	网络摄像机(IPC)编码
			133	显示器编码
			134	报警输入设备编码(如红外、烟感、门禁等报警设备)
			135	报警输出设备编码(如警灯、警铃等设备)
			136	语音输入设备编码
			137	语音输出设备编码
			138	移动传输设备编码
			139	其他外围设备编码
			140~199	扩展的前端外围设备类型
		200~299 表示类型为平台设备	200	中心信令控制服务器编码
			201	Web 应用服务器编码
			202	媒体分发服务器编码
			203	代理服务器编码
			204	安全服务器编码

根据国际 20 位编码规则，图 5–71 所示为中原油田 ∗∗ 采油厂平台编码命名要求举例说明。

图 5–71　中原油田 ∗∗ 采油厂平台编码命名

二、设备命名要求

(一)命名字符要求

针对油田视频监控"厂""区""站""点"的分级特点，设备命名字符应包含单位层级、物理区域、监视部位、顺序编号以及其他必要描述，要求统一、简洁的标明布点位置及监控目标。命名应简化字符数量，不得多于 16 个汉字，设备名称字符过长的，可使用简称。字符基本组成一般为中文字符、英文字符及数字。

(二)设备命名要求

视频监控系统设备主要包括监控摄像机及硬盘录像机(DVR、NVR 和 CVR)，硬盘录像机与摄像机的设备命名应划分不同职责，以便完整显示所有信息。命名要准确反映设备设施的所属单位组织架构层级、安装位置及监控区域与部位。

1. 硬盘录像机名称

硬盘录像机设备名称用于标注单位组织架构及监控范围信息。

硬盘录像机设备名称格式为："二级单位 + 监控范围"，监控范围可以是三级单位名称。

示例1：濮东采油厂采油管理三区、信息化管理中心办公楼。

2. 监控摄像机名称

摄像机设备名称用于标注设备安装的物理区域及监控部位信息。同一个硬盘录像机中不能出现设备名称完全相同的摄像机，如监控区域覆盖方位相同，须增加方位、序号等信息加以区分。

摄像机设备命名格式为："序号 + 物理区域 + 序号 + 监控部位"。

序号表述方式为："主、次""东、南、西、北""1#、2#、3#……"。

示例2：南二楼走廊东侧、中转站卸油台。

示例3：2#车间主出入口、25#计量站东大门。

示例4：1#行政楼 F2 通道，1#行政楼 F2 + 。

同一物理区域、同类监视部位，安装多台摄像机排序，一般以数字标识，叠加在字符名称最后。所有标识中包含数字的，对于总数为个位数的数字标识，应以数字01、02、03表述。

示例5：厂区主出入口01、厂区主出入口02；1#行政楼六楼通道04。

物理区域如包含井位信息，参照源头数据采集系统。

示例6：文卫采油厂管理四区文305 - 40井摄像机名称为四区 W305 - 40。

(三) 设备命名设置方法

以海康威视视频 DS - 2CD5A26EFWD - IZS 监控摄像头为例。

①以管理员身份登录摄像机 WEB 页面，如图 5 - 72 所示。

图 5 - 72　海康威视 DS - 2CD5A26EFWD - IZS 登录界面

②在视频监控摄像头配置界面下按以下步骤操作：选择"系统→系统配置→基本信

息"，在设备名称中按照设备命名要求填写监控摄像头(硬盘录像机)监控区域名称，禁止出现简称、拼音、英文等字样。配置界面如图 5 – 73 所示。

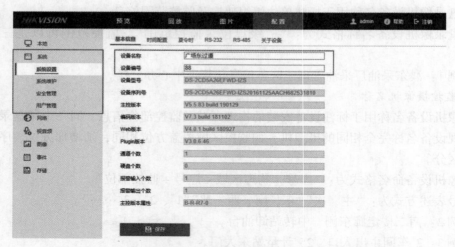

图 5 – 73　海康威视 DS – 2CD5A26EFWD – IZS 配置界面

三、视频图像字符叠加要求

(一)显示字符要求

摄像机 OSD 是视频图像上叠加的相关信息，通过多行分级展示能快速识别视频内容展示区域。

标注时，字符应采用简体中文汉字和数字、字母、符号。汉字要求字体为标准宋体，正方形，无空心、下划线、粗体等修饰，采用白色或能自动与背景图像颜色进行高对比反差，以清晰显示字符内容的颜色。

字符标注要求 100% 透明，即除了组成字符的点线图案外，字符空白处能正常显示原图像、图片的信息。

字符叠加区域不应对图片、图像关注信息遮挡，如果有遮挡，应调整摄像机监视位置或有效画面。

(二)日期时间要求

摄像机要设置与接入平台进行时钟同步，接入上级平台时要设置与计算机时间同步。

时间采用 24 小时计时法，显示位置为图像左上角显示，格式为："YYYY – MM – DD hh：mm：ss"，表示"年 – 月 – 日 时：分：秒"。

示例 7：2018 年 06 月 01 日 15：11：03。

(三)标注方式要求

1. 时间信息

1080P、720P 视频图像，采用小号字，标注在左上角，与屏上边缘 1 个汉字距离，字符串头与左边缘 1 个汉字距离。

2. 字符信息

字符信息字体大小与时间信息字体格式一致，标注在视频图像右下角，与屏下边缘 1

个汉字距离，字符串尾与右边缘 1 个汉字距离。

（四）视频图像字符叠加设置方法

①在视频监控摄像头配置界面下按以下步骤操作：选择"图像→OSD 设置"，在 OSD 设置中按照视频图像字符叠加要求填写相应信息，禁止出现简称、拼音、英文等字样。具体配置如图 5－74 和图 5－75 所示。

图 5－74　摄像头 OSD 配置界面

图 5－75　摄像头 OSD 配置界面

②视频监控画面最终效果，监控区域及监控部位信息长度应不多于 12 个汉字。如图 5－76所示。

图 5－76　摄像头 OSD 字符显示标准格式

第六章　软件平台

油气生产运行指挥系统(PCS)是生产信息化建设主题的核心内容,是集过程监控、运行指挥、专业分析为一体的综合信息化系统。软件平台建设除了支持系统运行的服务器等硬件配置以外,还需要配套应用操作系统、数据转储工具和各类数据库等软件。平台利用物联网、组态控制等技术,集成生产实时动态数据、图像数据和相关动静态数据,进行关联分析,实现油气生产全过程的自动监控、远程管控、异常报警等功能。通过与总部、分公司、采油(气)厂各层级的有效联动,提升生产运行指挥效率。

第一节　实时数据库

现有的关系数据库(如 Excel、Access、Ms SQL Server、ORACLE)无法满足工业生产中对大量数据管理的要求。特别是工业规模的扩大和数字化设备的应用,对数据的吞吐量和数据处理的响应速度提出了更高的要求,而实时性要求往往是关系型数据库的一个短板。因此,实时数据库应运而生,它融合了实时系统和数据库管理系统,能够同时满足数据一致性和实时性要求。油田采取异种数据库集成技术,充分集成实时数据库、关系数据库的优点,建设了统一的实时数据库。对油田信息化生产数据、生产状况等信息进行统一存储、统一管理、数据转储,并为后续建设保留充足扩容空间,为集团公司推广的 PCS 平台提供数据支撑。

一、关系数据库

1. 定义

关系型数据库是指采用关系模型的数据库,是一些相互之间存在一定关联的表的集合。

2. 特点

存储能力强,旨在处理永久、稳定的数据,便于企业的生产管理、数据分析以及决策,在工业控制中使用关系数据库对大量历史数据进行存储、管理和分析。但关系数据库的数据处理速度低,无法对生产过程数据进行及时高效的存储。

二、实时数据库

1. 结构

油田生产信息化实时数据库主要由关系数据库和相关组态软件组成。如图 6 - 1 所示,SCADA 系统自动化采集前端数据,经过转储优化后,最终实现数据的映射、统计、汇总、同步、过滤,支撑各管理层级的业务应用,为应用系统提供大量的实时数据。在生产监控指挥平台中以图形、曲线、报表形式对采油、采气、注水、集输等主要生产工艺和设备进行呈现。

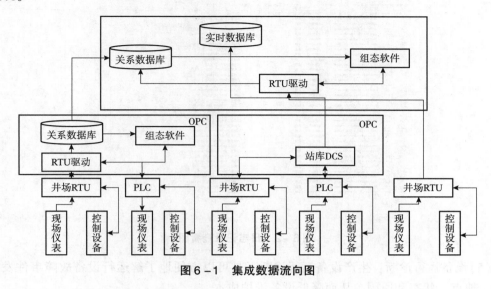

图6-1　集成数据流向图

2. 原理

实时数据库系统是基于 SCADA 系统模型概念建设的，SCADA 系统是功能强大的计算机远程监控与数据采集系统，它综合利用了计算机技术、控制技术、通信与网络技术，完成了对测控点分散的各种过程或设备的实时数据采集、本地或远程的自动控制，以及生产过程的全面实时监控，并为安全生产、调度、管理、优化和故障诊断提供必要和完整的数据及技术手段。有较高的 I/O 事务吞吐量和高效的数据压缩技术，可以实现实时、高效、可靠的数据存储和查询，同时为用户节省磁盘空间，但也存在存储能力有限的缺点。

3. 主要功能

（1）数据采集和通信：是将各采油、气作业管理区的数据监控系统的数据集中采集到数据库中，包括压力、温度、流量、液位、电流、电压以及视频等运行参数数据。

①采用 C/S 客户端软件与实时数据库通过 TCP/IP 协议进行数据交换。

②显示各个子系统通信运行状况。

③显示各个子系统的实时数据并保存历史数据。

（2）数据转储功能：系统可以把实时数据库的数据通过标准协议转储至 PCS 系统。与关系型数据库有标准接口，并提供统一规范的外部接口，以利于与其他软件的交互使用及二次开发。

（3）WEB 发布功能：用户可以从 IE 浏览器上远程访问实时数据库各个子系统的流程图、趋势图、实时数据、历史数据、报表等全部动态数据和动画效果。

（4）事件记录功能：记录系统各种状态的变化和操作人员的活动情况。当产生某一特定系统状态时，比如某操作人员的登录、注销，站点的启动、退出，用户修改了某个变量值等事件产生时，事件记录即被触发。日志程序可以对操作人员的操作过程进行记录，并可记录相关程序的启动、退出及异常的详情。如图6-2所示。

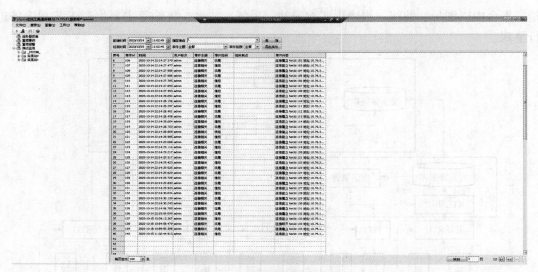

图6-2 日志记录查看图

（5）设备运行诊断：生产设备运行诊断工具可以方便地了解运行设备故障事件发生的时间、地点、状态和原因，从而降低设备维护成本。

（6）在线组态修改：支持在线组态、在线修改参数，提高运维效率。

（7）报表功能：根据生产数据形成典型的班报、日报、月报、季报、年报等。还提供了类似 Excel 的电子表格功能，可以形成更为复杂的报表系统。

例如调度报表：依据数据库及手工录入数据自动生成调度报表，授权人员可定制多个报表为不同管理人员服务；建立与调度工作相关的工作流，包含制定、审批（可多级）、工作追踪、反馈、归档等功能；查阅到与调度相关的生产信息，能随时灵活调用到调度记录或报表中，生成与生产相关的报表或统计表；生产计划执行情况除报表外，提供更加直观的棒图、趋势等图表显示。

（8）安全报警功能：具有自动报警功能，并可记录、查询相关设备报警数据。同时可以设置报警级别、报警限值。

①报警管理：软件在运行时自动记录系统状态变化、操作过程等重要事件。一旦发生事故，可就此作为分析事故原因的依据，为实现事故追忆提供基础资料；操作人员可以根据生产需要将生产重要画面、曲线实时抓拍并存放到本地保存；报警和事件记录可以存放关系型数据库中，便于分析、查询和统计。

②报警方式：可以采用声光报警、短信报警、语音报警、电话拨号报警等方式。

（9）安全保护机制：实时数据库系统提供完备的安全保护机制，以保证生产过程的安全可靠。

①用户管理具备多个级别，并可根据级别限制对重要工艺参数的修改，以有效避免生产过程中的误操作。

②同级别不同安全区的数据不可以互相操作，保证了数据的分布式管理。

③提供基于远程的用户管理，增加更多的用户级别及安全区，管理用户的远程登录信息。

三、服务器配置要求

1. 服务器部署

①部署的厂级实时数据库服务器接收各采油区同步的实时数据，同时要将实时数据转储为生产指挥系统使用的关系数据，服务器必须采用高性能配置；且需以光纤方式挂接一套磁盘阵列，满足海量数据存储的需要。

②采用双机热备的方式进行部署，保证业务连续性，提高实时数据的处理效率。

③配备千兆网卡，直接接入核心交换机以满足外部高速数据访问，缓解服务器高负荷数据吞吐的压力。

2. 硬件配置

（1）实时数据库：

①pSpace Server 实时数据库服务器软件系统，60000 点。

②pSpace IO Server，数据通道软件，按照 20000 点/套配置，合计 3 套。

③SQL Router，数据转储工具软件，1 套。

（2）实时数据库开发工具：

①pSpace CCL ，C/S 客户端访问许可 5 用户。

②pSView，pSpace 操作员系统 1 套，备局级监控使用。

③pSpace Web Server，Web 发布服务器软件 1 套。

④pSpace BCL 20 Clients，Web 客户端连接许可 20 客户端。

为满足数据库平台应用要求，推荐服务器配置见表 6－1。

表 6－1 推荐服务器配置表

类型	推荐硬件需求说明
数据库服务器	2×2.6GHz Xeon CPU； 32GB 内存； 2TB 硬盘，同时可支持不少于 8 块 2.5in 或 3 块 3.5in 硬盘； 双通道，支持 Ultra320 的 Raid 控制器； 2 块千兆网卡，2 块支持 SAN 构架的 2Gbps HBA 卡； 冗余电源保护； 机架式； Windows Server 2008 R2 Enterprise 操作系统
操作员站/工程师站	2.5GHz I5 CPU； 8GB 内存，1TB 硬盘； 千兆以太网卡； 支持双 DVI 输出； 显示器：推荐分辨率 1440×900； Windows XP Professional/Windows 7 Ultiamte 操作系统
磁盘阵列	磁盘空间 2TB RAID 1＋0； 光纤通道硬盘驱动器，提供双 Raid 控制器支持，2GB 缓存； 提供 2 个以上的 2Gbps 光纤通道外连接口； 支持集群方式，自动故障切换； 要求冗余电源，风扇； 配备 4TB 容量光纤通道硬盘驱动器； 磁盘阵列配有 2 条外接光纤电缆； 机架式

第二节　历史数据库

历史数据库的研究和发展是在实时数据库之后，比较集中的研究始于 20 世纪 80 年代后期，在这一时期国外的一些大公司推出了相应的工业实时数据库产品，这些产品功能上的重点是能够准确记录数据和比较快地取出数据。这时对历史数据库的研究深度远不如实时数据库。直到 90 年代，美国 OSI 公司研究成功了 PI 实时数据库，其中使用了旋转门压缩技术和二次过滤技术，使得历史数据库获得了巨大的发展，这些技术至今仍然是历史数据压缩的主要依据。2002 年以来，国外很多公司相继推出了自己的历史数据库产品，比如INTELLUTION 的 Ihistorian、WO NDERWARE 的 IndustrialSQL Server8. 0 等。这些产品的发展方向总体上来说可归结为：基于高压缩比的存储技术、瘦客户端管理技术、高采样频率等。在这之后，随着实际应用的新需求不断提出，工业界和学术界对历史数据库做了许多研究工作，包括历史数据库的数据组织和系统体系结构、具有差异性时间约束的事务分类方法、不同优先级的事务调度和分配、保证数据可靠性的方法、数据的查询和压缩算法等方面，取得了丰硕成果。

国内对历史数据库的研究要比国外晚，目前国内厂商主要有浙大中控、北京和利时、三维力控公司、北京亚控等。跟国外的产品相比，国内的产品价格相对低廉，主要占据国内中低端市场。功能上注重生产过程控制，系统规模较小，容量和吞吐量不高。

中国石化针对数据集成共享难、应用层次低等问题，2005 年以来启动了中国石化石油天然气勘探开发数据模型标准研究与建设项目，采用引进与自主研发相结合的技术路线，在各油田推广源头数据采集系统，建设数据中心，以解决标准不一致、数据管理不统一造成的数据应用问题。

油气生产指挥系统(PCS)与历史库有一定关联性。单井基础信息、生产曲线、相关设备、作业情况等数据均来自源头数据库。系统中单井基础信息，来自源头油藏地质专业的单井基础信息表 YS_ DAA01；设备信息展示的是该井抽油机基本参数，来自源头抽油机档案 YS_ DGB01；生产曲线数据，来自源头油藏地质专业采油井日数据表 YS_ DBA01；作业井史、管柱图来自源头井下作业专业作业总结基本数据表 YS_ DDH01、生产管柱结构数据表 YS_ DDH013。

第三节　生产指挥平台基本操作及应用

生产指挥平台通常是指油气生产指挥系统(PCS)，它是生产信息化建设及应用的关键。生产指挥平台通过生产参数的展示、曲线及报表生产、报警预警等功能全面配合油气生产指挥、协调管理、应急管理等任务。

一、运行环境

(一)硬件

用户客户机访问系统需要的建议硬件基本配置见表 6 - 2。

表6-2　客户机硬件配置

配置要求	操作系统	Windows XP/2003/win7/win8，最低显示分辨率为 1024×768×256 色
	CPU	主频 1.8GHz 以上
	内存	64GB
	硬盘	100GB 以上可用硬盘空间

（二）软件

系统为 BS 架构模式，用户通过浏览器访问方式，不需要专门安装客户端。系统运行的要求如下：

1. 操作系统

支持 Windows、linux、unix、Mackintosh 等常用图形化操作系统。系统主要针对 PC 机进行设计，因此由于分辨率和页面排列方式等问题，系统并不适合在手机操作系统中直接展示。

2. 浏览器

系统的浏览器兼容性较好，主要功能可以在常见的各类浏览器中访问。支持常规的 IE、Firefox、Google Chrome、360 浏览器，建议浏览器版本 IE9 及以上版本。

3. 视频控件

如果要使用视频展示功能，必须安装海康威视为该系统专门定制的 webpreview 视频 OCX 展示控件。

4. 组态组件

为保证 SCADA 工艺组态展示，浏览器需安装 drawcom 组态 OCX 插件。

5. Flash 播放器

为保证 GIS 展示等模块的使用，必须要安装 Flash 控件。

6. JRE 运行环境

为保证报表打印等功能的使用，需要安装 7.0 及以上版本的 JRE 运行环境。

在系统登录页面，有"软件安装"链接，如图6-3所示。用户可根据需要下载安装。

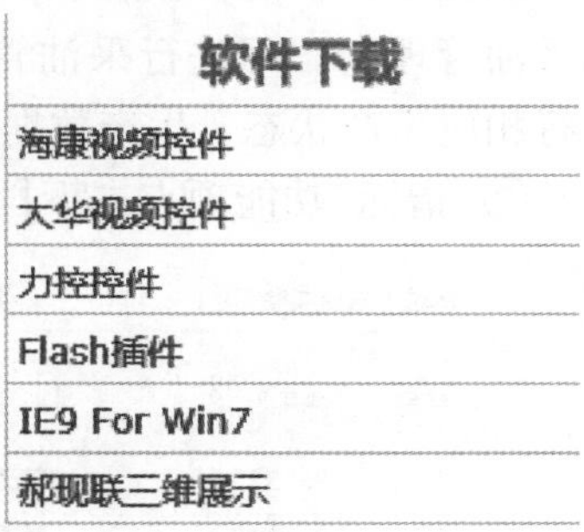

软件下载

海康视频控件

大华视频控件

力控控件

Flash插件

IE9 For Win7

郝现联三维展示

图6-3　控件下载列表

二、操作说明

生产指挥系统包括六大功能模块，和二个辅助功能模块，即指标考核、实施定制。六大功能模块包含 31 个一级子模块和 167 个二级子模块，见表6-3。各功能模块通过系统中的按钮可实现预览、查询、导出、编辑、删除等功能，并进行逐级穿透。

表6-3　生产指挥系统功能模块

功能模块	主模块		
	一级子模块项目	小计	二级子模块
生产监控	采油监控、注水监控、技术监控、设备监控、操作日志、维护管理	6	30
报警预警	采油、注水、集输	3	23

续表

功能模块	主模块		
	一级子模块项目	小计	二级子模块
生产动态	采油生产、注水生产、作业施工、油气集输、生产用电、维护管理、EPBP 报表推送	7	39
调度运行	岗位人员动态、重点工作、调度日志、生产会议、拉油运行、现场巡检	6	23
生产管理	采油、注水、集输、开发	4	25
应急处置	应急预案、应急方案、应急通信、维护管理、事故案例	5	27
合计		31	167

(一)系统登录

浏览器内输入系统地址、登录账号及密码，登录进入系统。

(二)模块逐级穿透

1. 进入预览界面

选择目标主模块后可进入主模块预览界面，点击一级子模块左侧"＋"功能键可进行二级子模块选项，点击目标二级子模块即可进行内容预览。

在"单位""日期""查询""导出""＋更多"功能选项处可根据需求进行相应功能操作。

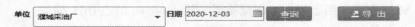

2. 逐级穿透

①在二级子模块状态下，点击"单位"选项框的下拉箭头，或直接选择"单位名称"下的采油管理区，可进行采油管理区、班组、计量站（联合站）、单井（设备）的逐级穿透，进行相应生产状态、生产数据的预览、查询、导出操作。

②"指标"功能项点击下拉箭头后，可勾选需要查询的指标项进行预览。

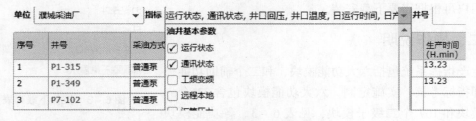

③在"井号"功能项处输入井号可直接穿透至目标井。

④选择界面上的"预览""修改""删除""确认""处置"等功能键可进行相应功能操作。

3. 指标考核分数查询

①进入查询界面后，可对单位、日期条件进行选择性查询、结果导出。

②点击任意一项考核指标分数，即可查看该分数对应日期下所有采集数据的考核情况，其中数据下显示为红点的为不合格项。

（三）设置

1. 单井巡检

（1）巡检过程中可以设置巡检时间。

（2）可删除人工设定的巡检周期，自行设置巡检频率。在巡检过程中可暂停巡检或中断巡检。

（3）巡检前需要管理区负责人设定要巡检的井号和挂牌的井号，设置完成后点击"保存"完成巡检设置。

2. 生产监控－维护管理

（1）视频管理：

①点击"添加"按钮，进入监控对象添加页面，录入监控点的监控类型及对应的摄像头名称、监控对象名称、预置位等信息，点击"保存"按钮。

②点击摄像头信息页面中"添加"按钮，或者点击具体某个摄像头后面的"修改"按钮，维护各项内容后，点击"保存"按钮。

（2）流媒体管理：点击"添加"按钮，进入流媒体服务器信息添加页面，录入流媒体 IP 和端口号等信息，点击"保存"按钮。

3. 报警预警设置

各单元报警预警设置操作相同，以"油井阈值设置"为例进行说明。

①点击菜单栏"油井预警设置"链接，系统显示油井预警默认阈值设置页面。

②点击"单井设置"按钮，选择设置井号，点击"修改"按钮对油井相关阈值进行设置，修改完成后点击"保存"即完成设置。

4. 生产动态－维护管理

（1）基础管理：各二级子模块设置操作方法相同，此处以"站库基础信息"为例进行说明。

①点击菜单栏"站库基础信息"链接，进入站库基础信息页面。

②点击"添加"按钮，录入站库基础信息，点击"保存"按钮，完成一条站库的基础信息录入。点击"取消"按钮，返回站库基础信息页面。

③点击"修改"按钮，对站库基础信息进行修改，修改完成后点击"保存"按钮，完成一条站库基础信息的修改。

（2）抽油机井杆管结构：抽油机井小修开井后，须及时录入管杆结构，否则影响示示功图计产准确性。

5. 调度运行

各子模块设置操作方法一致，此处以"值班人员信息"为例进行说明。

①点击具体单位、姓名，进入值班人员列表界面。

②点击"添加""编辑"或"删除"按钮，对岗位人员信息进行设置。

③点击"人员组织"按钮，进行人员组织编辑、删除。

6. 生产管理

各子模块中的工作（调参、调平衡、加药等）记录设置操作相同，此处以"调参记录"为例进行说明。

①点击菜单栏"基础管理"下的"调参记录"链接，进入调参记录维护页面。

②录入相关信息后点击"上报"按钮，完成一条调参记录上报。

7. 应急处置 – 维护管理

点击"维护管理"模块下的任意二级子模块，进入维护界面。点击"添加""删除""保存"按钮，进行相关信息录入维护。

（四）点表设置

以添加一口井为例，若添加一个 RTU 设备，可参考以下步骤。

1. 备份采集工程

备份需要添加的采集工程，如图 6 – 4 所示。

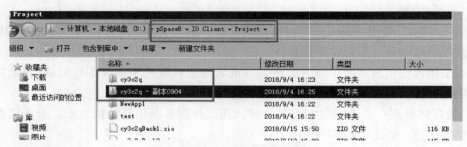

图 6 – 4　采集工程位置图

2. 组态设置

（1）运行组态工具。以管理员身份运行组态工具，如果打不开进程需关掉 ioconfig，再次打开。如图 6 – 5 所示。

（2）打开上次工程，如图 6 – 6 所示。

图 6 – 5　ioconfig 图标

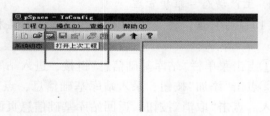

图 6 – 6　上次工程位置图

（3）右键"设备批量复制"。选择 RTU 是同一个厂家的进行复制。安控 RTU 的井口回压是 ARU11；南大的是 HR word：55。如果把安控的配置成了南大，可以直接在原来的基础上修改，寄存器地址也需同时修改，如图 6 – 7、图 6 – 8 所示。

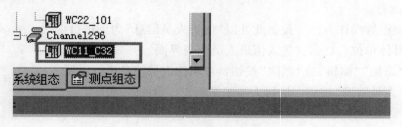

图 6 – 7　设备名称

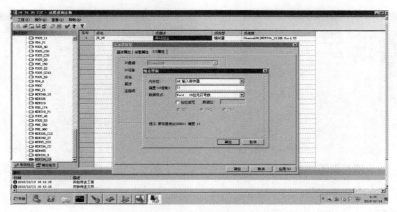

图6-8　设备配置

（4）配置。设备批量复制如图6-9所示，替换规则中字符数指的是被复制的井号的信息，长点名测试里的内容不用选择，使用默认选择。

①选手动复制。

②通道数顺延，井号必须为下划线"_ "，否则力控不识别。

③点击"增加"可预览。

④替换规则和长点名测试数据格式为（x-y）[% dev%]，其中x为井号前字符数。图中字符为\ 采集站1\ 为9字符；y为井号字符数，图中WC11_ C32为8个字符。

⑤点击"完成"。

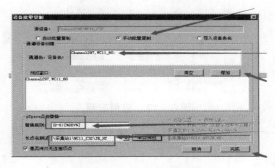

图6-9　设备批量复制

（5）修改新添加井IP。

①选择通道，双击通道，如图6-10所示。

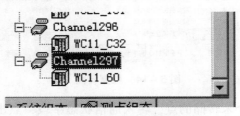

图6-10　修改新添加井IP(1)

②点击"下一步"，输入新加井IP，点击"完成"，如图6-11、图6-12所示。

图6-11 修改新添加井IP(2)

图6-12 修改新添加井IP(3)

（6）应用工程操作如图6-13所示。

①点击界面左上角"应用工程"。

②勾选"应用到数据库"。

③去掉"更新驱动"。

④点击"确定"。

⑤应用完核对一下测点组态下的信息，确认完整正确后关闭。

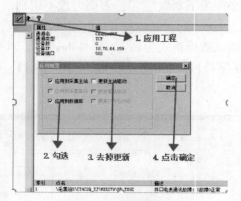

图6-13 应用工程

（五）数据转储

1. 进入转储服务器

①进入通信状态，如图6-14所示。

图6-14 数据转储

②在实时库里面选一个未转储的点，转入通信状态字段，点击转储条件，如图6-15所示。质量戳不是"GOOD"，界面显示通信中断。

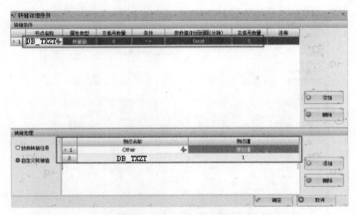

图 6 – 15　数据转储条件

2. 阈值转储

①点击"方案管理"，选择"批量添加方案"。如图 6 – 16、图 6 – 17 所示。

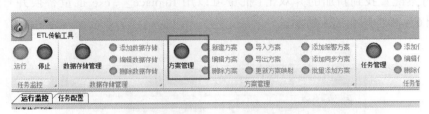

图 6 – 16　ETL 传输工具方案管理

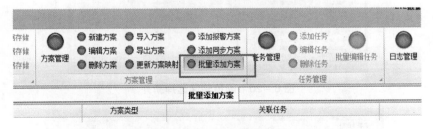

图 6 – 17　批量添加方案

②右键 YZZC"创建方案"，勾选新加井"创建"。如图 6 – 18、图 6 – 19 所示。

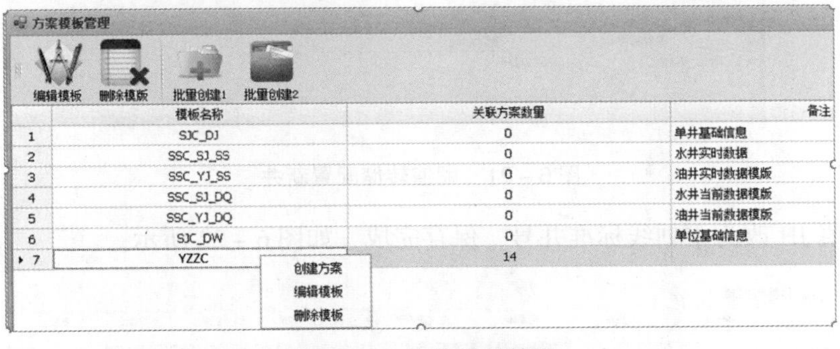

	模板名称	关联方案数量	备注
1	SJC_DJ	0	单井基础信息
2	SSC_SJ_SS	0	水井实时数据
3	SSC_YJ_SS	0	油井实时数据模版
4	SSC_SJ_DQ	0	水井当前数据模版
5	SSC_YJ_DQ	0	油井当前数据模版
6	SJC_DW	0	单位基础信息
▶ 7	YZZC	14	

创建方案
编辑模板
删除模板

图 6 – 18　方案模板管理

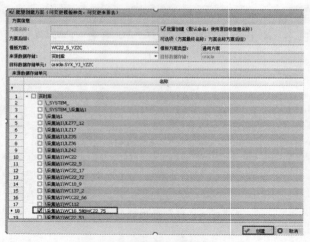

图 6-19　阈值转储创建方案

③在方案配置找到新加的井双击(批量可以用 Replace_ . exe 批量替换井号_ 替换成
-),如图 6-20、图 6-21 所示。

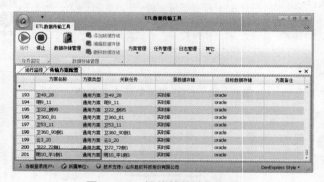

图 6-20　阈值转储选择新井

图 6-21　阈值转储配置新井

④固定值 JH 改为中划线标准井号,保存完成,如图 6-22 所示。

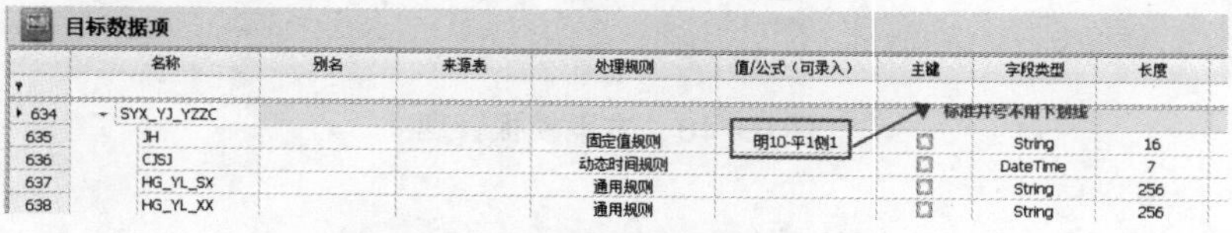

	名称	别名	来源表	处理规则	值/公式（可录入）	主键	字段类型	长度
634	SYX_YJ_YZZC							
635	JH			固定值规则	明10-平1侧1		String	16
636	CJSJ			动态时间规则			DateTime	7
637	HG_YL_SX			通用规则			String	256
638	HG_YL_XX			通用规则			String	256

图 6-22　阈值转储配置映射

⑤点击"任务管理"，勾选"批量添加"及目标井号，点击"确定"完成添加，如图 6 - 23、图 6 - 24 所示。

图 6 - 23 ETL 传输工具任务管理　　　　　图 6 - 24 阈值转储添加任务

(六)数据转储

在系统实施过程中，如果手动添加方案会很麻烦。各管理区迁移方案中源头库和目标库的五个表的表结构都是统一的，只需要将已配置好的方案导出来，再加载到新部署的传输工具中即可。

1. 导出

①选择一个已配置好的传输工具，选中一个方案，双击进入，如图 6 - 25 所示。

图 6 - 25 传输工具的方案选择

②点击"另存为"，保存成一个 xml 文件，名称可自定义，如图 6 - 26、图 6 - 27 所示。

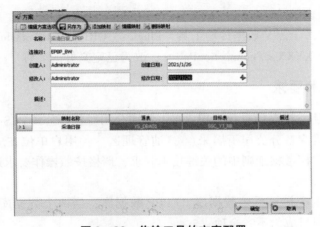

图 6 - 26 传输工具的方案配置

图 6 – 27　传输工具的方案导出保存

③按照以上操作，导出其他四个方案文件。

2. 导入

导入到新的传输工具中：将导出的五个 xml 文件保存在本地，点击"加载方案"，将所有文件导入，如图 6 – 28 所示。

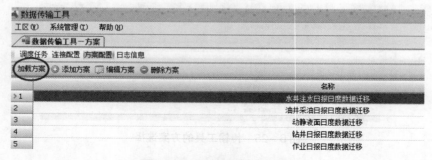

图 6 – 28　传输工具加载方案

3. 配置

修改配置文件(.. \ .. \ 数据传输工具 \ Plugins \ ORBP. DataTransfer \ TransferCase) 中的 < connectionPair > XXXX </connectionPair > ，改为已定义好的名称。

三、应用技术要求

为促进 PCS 应用，提高信息化管理水平，集团公司对各分公司 PCS 系统六大指标进行考核，指标考核已贯穿各分公司下属采(气)油管理区。各用户单位在应用 PCS 系统和日常管理时，应熟练掌握考核细则中的关键技术要求，严格按照操作要求进行应用和管理。

1. 数据采集齐全率

①数据来源于生产指挥系统数据库、EPBP 数据库，当两个数据库中井数不一致时，不一致的井数采集项目成为不齐全项。

②应采集的数据项为当日 8：00 过去24h 内，所有为开井状态的油水井应采集数据项的累加和。开井状态判断：生产指挥系统监控日报或者源头油井日报中该井状态有其一是开井(即生产时间 >0)的都算为开井。

2. 报警处置及时率

①本日总报警数是从昨天 6：00 到今天 6：00 系统所产生的报警总数。

②系统产生报警后，须在 30min 内完成"确认"操作，超过 30min 视为不合格。

3. 报警处置符合率

从昨天 6：00 到今天 6：00，系统中完成处置后 1h 内再次产生相同报警的则为不符合项。

4. 报警处置完成率

报警"确认"后，未点击"处置"的，视为未完成。

5. 阈值设置合格率

①井口温度阈值设置合格区间：当日 8：00 过去的 30d 内，每日井口温度最大值和最小值排除 5% 最大数据和 5% 最小数据后，剩余数据的最大值 +15℃、最小值 -15℃ 为合格区间的上下限值。

②井口回压阈值设置合格区间：当日 8：00 过去的 30d 内，每日井口回压最大值和最小值排除 5% 最大数据和 5% 最小数据后，剩余数据的最大值 +0.3MPa、最小值 -0.3MPa 为合格区间的上下限值。

③单井示功图阈值设置：生产指挥系统中设置阈值数量≥6 的油井。

6. 油井数据修正率

①比对当日油井监控日报和油井日报的应转储油井数据项，不一致的数据项即为修正数据项。

②参与考核的油井生产时间≥10min；排除油井监控日报或生产日报参与比对的数据项为空值的情况；排除比对差值≤10min 的生产时间数据项。

第四节 常见故障处理

生产指挥系统(PCS)在运行过程中，通常会遇到网页数据显示故障、软件故障两种类型。

1. 网页数据故障

网页数据故障处理方法见表 6-4。

表 6-4 网页数据故障处理方法

故障现象	检查内容	处理方法
单井示功图中查不到井号	单井基础信息	将单井基础信息中采油方式修改为抽油井
日度生产分析专题中没有当天的数据	日期	选择"生产动态-维护管理-日报汇总"功能，选择当天的日期，点击汇总，将当天数据重新汇总

续表

故障现象	检查内容	处理方法
日度生产分析专题数据重新汇总后仍然显示空数据	油井归属单位	油井归属于注采站或归属于管理区
单位信息初始化后单位下拉框中有些单位不吻合	维护管理里基础数据是否正确	到生产动态—维护管理—基础管理—单位基础管理中维护单位业务范围，注意采油站要包含油井和油站，注水站要包含水井和水站；管理区和厂级要包含所有井加上管理区

2. 后台故障

后台故障处理方法见表6-5。

表6-5　后台故障处理方法

故障现象	检查内容	处理方法
页面无法绘制示功图	数据采集格式是否正确	数据之间应用','分割，不能用";"分割
数据库连接超时，但是能远程链接	服务器防火墙限制1521端口	部署应用时要开放80和9780端口
Nginx无法设置成自启动		用管理员身份运行cmd，然后执行下边命令，就会看到nginx服务了；sc create nginx binPath = ""E：\ nginx - 1.9.3 \ winsw. exe"" start = auto
页面报错，并且后台报"表找不到"	查询tomcat错误日志，显示报表找不到的错误	一般是sczhyx账号下缺少表，或者同义词未建全，请执行相关的sql语句，对sczhyx账号进行建表操作，并建立全面的同义词
首页曲线断开，日度数据无法自动汇总	查询tomcat错误日志	1. 登录产品库，在"package body"下面，查看哪个存储过程报错，重新编译下；2. 如果仍然报错，查找报错原因进行修改；3. 登录其他没有出现此问题的数据库中，将该存储过程代码拷贝出来，重新执行
站库设备实时曲线不显示	实时表转储	通过实时表确认转储方是否将实时数据转储过来，再查看对应的设备表中是否存在该设备，如果存在要确认站库代码是否对应填写，单位代码是否填写，最后检查设备代码一列中是否有填写相应的类型代码，添加正确代码
接口测试程序中单位信息返回结果为空值	数据库单位信息基础表	在数据库单位信息基础表(sjc_ dw)里，将最高级别单位的pdwdm设置成空值

第七章　电气系统

第一节　电气技术基础

一、直流电路

（一）电路

1. 电路的定义

由金属导线和电气、电子部件组成的导电回路，称为电路。

2. 电路的组成

电路由电源、负载、导线、开关组成。

（1）内电路

电源内部的电路，叫作内电路，如发电机的线圈、电池内的溶液等。

（2）外电路

外电路是指除电源外的电路组成部分。

（3）负载

指连接在电路中的电源两端的电子元件，用于把电能转换成其他形式的能的装置。

（4）电源

能将其他形式的能量转换成电能的装置。

（二）基本物理量

1. 电流

（1）电流的形成：导体中的自由电子在电场力的作用下作有规则的定向运动就形成电流。

（2）电流具备的条件：电位差与闭合电路是形成电流的条件。

（3）电流强度：单位时间里通过导体任一横截面的电量叫作电流强度，简称电流，电流符号为 I，单位是安培（A），简称"安"。

2. 电压

（1）电压的形成：物体带电后具有一定的电位，在电路中任意两点之间的电位差，称为该两点的电压。

（2）电压的方向：由高电位指向低电位。

（3）电压的单位：是"伏特"，用字母"V"表示，常用单位有：千伏（kV）、伏（V）、毫伏（mV）、微伏（μV）。

3. 电阻

（1）电阻的定义：自由电子在物体中移动受到其他电子的阻碍，对于这种导电所表现的能力就叫电阻。

（2）电阻的单位："欧姆"，用字母"Ω"表示。

4. 欧姆定律

欧姆定律是表示电压、电流、电阻三者关系的基本定律。

①部分电路欧姆定律：电路中通过电阻的电流，与电阻两端所加的电压成正比，与电阻成反比，称为部分欧姆定律。

②全电路欧姆定律：在闭合电路中（包括电源），电路中的电流与电源的电动势成正比，与电路中负载电阻及电源内阻之和成反比，称全电路欧姆定律。

（三）电路的连接（串联、并联、混联）

1. 串联电路

几个电路元件沿着单一路径互相连接，每个节点最多只连接两个元件，此种连接方式称为串联。以串联方式连接的电路称为串联电路。串联电路的特点为：

①电流与总电流相等，即 $I = I_1 = I_2 = I_3 \cdots$。

②总电压等于各电阻上电压之和，即 $U = U_1 + U_2 + U_3 \cdots$。

③总电阻等于负载电阻之和，即 $R = R_1 + R_2 + R_3 \cdots$。

④电源串联：将前一个电源的负极和后一个电源的正极依次连接起来，其电流处处都相等，总电压等于分电压之和。

2. 并联电路

并联是元件之间的一种连接方式，其特点是将 2 个同类或不同类的元件、器件等首首相接，同时尾尾亦相连的一种连接方式。通常是用来指电路中电子元件的连接方式，即并联电路。并联电路的特点为：

①各电阻两端的电压均相等，即 $U_1 = U_2 = U_3 = \cdots = U_n$。

②电路的总电流等于电路中各支路电流之总和。

③电路总电阻 R 的倒数等于各支路电阻倒数之和，并联负载愈多，总电阻越小，供应电流越大。

④通过各支路的电流与各自电阻成反比。

⑤电源并联：把所有电源的正极连接起来作为电源的正极，把所有电源的负极连接起来作为电源的负极，然后接到电路中，称为电源并联。

并联电源的特点：一是电源的电势相等；二是每个电源的内电阻相同。

串联电源的特点：能获得较大的电流，即外电路的电流等于流过各电源的电流之和。

3. 混联电路

电路中既有元件的串联又有元件的并联称为混联电路。

混联电路的计算：先求出各元件串联和并联的电阻值，再计算电路的点电阻值；由电路总电阻值和电路的端电压，根据欧姆定律计算出电路的总电流；根据元件串联的分压关系和元件并联的分流关系，逐步推算出各部分的电流和电压。

（四）电功和电功率

1. 电功

电能转化成多种其他形式能的过程，也可以说是电流做功的过程，有多少电能发生了转化就说明电流做了多少功，即电功是多少。电功的大小与电路中的电流、电压及通电时间成正比。

2. 电功率

电流在单位时间内所做的功叫电功率，用符号"P"表示，电功率单位名称为"瓦"或"千瓦"，用符号"W"或"kW"表示。

（五）电流的热效应、短路

1. 电流的热效应

电流通过导体时，由于自由电子的碰撞，电能不断地转变为热能，这种电流通过导体时会发生热的现象，称为电流的热效应。

2. 短路

电源通向负载的两根导线，不经过负载而相互直接接通，该现象称为短路。

①短路的危害：短路将产生很大的电流，有可能会导致设备温度升高，烧毁电气设施甚至发生火灾事故。

②保护措施：安装自动开关；安装熔断器等。

二、交流电路

（一）交流电

交流电是指电流方向随时间作周期性变化的电流，在一个周期内的平均电流为零。不同于直流电，它的方向是会随着时间发生改变的，而直流电没有周期性变化。

（二）交流电的基本物理量

1. 瞬时值与最大值

电动势、电流、电压每瞬时的值称为瞬时值。符号分别是：电动势"E"，电流"I"，电压"U"。

瞬时值中最大值，叫作交流电动最大值，也叫振幅，符号分别是：E_m，I_m，U_m。

2. 周期、频率和角频率

（1）周期：交流电每交变一次（或一周）所需时间，用符号"T"表示，单位为"秒"，用字母"s"表示；如$T=0.02s$。

（2）频率：交流电每秒交变的次数或周期叫作频率，用符号"f"表示，单位为"Hz"。

（3）角频率：单位时间内的变化角度，用"rad/s"（每秒的角度）表示，单位为"ω"。

3. 相位、初相位、相位差、有效值

（1）相位：两个正弦电动势在特定时刻与所在波形位置之间的标度，通常以角度为单位，也称相角。

（2）初相位：不同的相位对应不同的瞬时值，也称初相角。

（3）相位差：在任一瞬时，两个同频率正弦交流电的相位之差叫相位差。

（4）有效值：正弦交流电的大小和方向随时在变，用与热效应相等的直流电流值来表示流电流的大小，这个值就叫作交流电的有效值。

（三）三相交流电路

在磁场里有三个互成角度的线圈同时转动，电路里就产生三个交变电动势，这样的发电机叫三相交流发电机，发出的电叫三相交流电。

三、常用电工仪表和测试方法

（一）电流测量

①电流测量的条件：电流表须与被测电路串联；电流流量不超过量程。

②电流测量的方法：交直流小电流测量可以采用电流表直接串入式；大电流测量可以采用并联分流器或通过电流互感器测量。

（二）电压测量

①电压测量条件：电压表必须与被测电流并联；电压值不得超出量程。

②电压测量方法：交直流低压测量可以采用直接并入法；对于高电压可以采用串入附加电阻或通过电压互感器测量。

（三）常用测量仪表的使用（万能表、钳形表、兆欧表）

1. 万用表

万能表也称万用表，又叫多用表、三用表、复用表，是一种多功能、多量程的测量仪表。一般万用表可测量直流电流、直流电压、交流电压、电阻和音频电平等，有的还可以测交流电流、电容量、电感量及半导体的一些参数（如 β）。万用表主要分为数字万用表和指针万用表两种，本文仅讲述数字万用表的用法。

（1）万用表的外形及结构。万用表由表头、测量线路、转换开关、面板及表壳组成。如图 7 – 1 所示。

图 7 – 1　万用表　　（2）万用表常用符号说明见下表。

V：直流电压（DCV）	Ω：电阻，欧姆	V：交流电压（ACV）
K：1000	μA、mA：直流电流	∞：无穷大

（3）万用表的技术数据：主要有交、直流准确度、耐压试验电压等级、交流频率的测量、灵敏度等参数。

（4）万用表的使用方法：

①按下开关按钮接通数字万用表的电源。

②根据需要测量的内容（如电压、电流、电阻），选择合适的档位。

③根据测量的类别将表笔插入指定的插孔。

④不清楚现场电压、电流大概值时，要选择从高档位开始测量。

⑤变换量程时，表笔应与现场电源断开。

⑥使用完毕后，关闭万用表的电源。

2. 钳形表

（1）钳形表的构造。可看成电流互感器与电流表合二为一的仪表。

（2）测量方法。选用适当的量程，把导线放入钳内后闭合钳口，读出读数；当被测电流太小时，可把导线多绕钳口几圈进行测量。

①测量前不知道电流的大小，首先选用最大量程测试。

②切换量程时，必须将导线从钳口中退出。

③测量时钳口内只能放入一条导线。

3. 兆欧表

①兆欧表应按电气设备的电压等级选用，若用输出电压太高的兆欧表测低压电气设备，有把设备绝缘击穿的风险。

②不要使用测量范围过大的兆欧表，以保证读数更加精确。

③兆欧表上有三个接线柱：一个为"L"即线端，一个"E"即为地端，一个"G"即屏蔽端（也叫保护环）。通常，测量的绝缘电阻连接在"L"和"E"端之间，但当被测绝缘子表面泄漏严重时，屏蔽环或不被测部分必须与"G"端连接。这样，泄漏电流通过屏蔽端"G"直接流回发电机负端，形成电路，而不是通过兆欧表的测量机构（动圈），这样就从根本上消除了表面漏电流的影响，特别是测量电缆芯线与表面之间的绝缘电阻时，必须连接屏蔽端子按钮"G"。

④在测量前必须将被测物断电并放电，兆欧表也应作一次开路和短路的试验：均匀旋转摇把并保持在额定转速时，指针应指到∞，将"L"与"E"端短接，指针应指到0。

⑤使用兆欧表时，应注意远离大电流的导体和有强磁场的场合，同时水平放置兆欧表。

⑥摇动手柄，一般应将转速保持在120r/min左右。

⑦如被测设备短路，表针指在0时，应立即停止摇动手柄，以免兆欧表过热烧坏。

⑧测试完毕，应将被测物放电，未放电时不可用手触及被测部分和进行拆线工作。

第二节　UPS设备

一、概述

1. 定义

UPS，即不断电电源系统，就是当停电时能够接替市电持续供应电力的设备。它的动力来自电池组，由于电子元器件反应速度快，停电的瞬间在4~8ms内或无中断时间下继续供应电力。

2. UPS设备的作用

①停电保护：瞬间停电时立即由UPS将电池直流电源转换成所需的交流电继续供电。

②高低电压保护：市电电压偏高或偏低时，UPS内建的稳压器（AVR）将作适当的调整，使UPS的输出电压稳定保持在2V的波动范围。若电压过低或过高超过可使用范围，UPS将电池直流电源转换成交流电继续供电，以保护用户设备。

③波形失真处理：由于电力经由输配电线路传送至客户端，各种机器设备的使用，往往造成市电电压波形的失真，而波形失真将产生谐波干扰设备，严重时导致设备不能正常工作。经过UPS设备的处理功能，可保证输出电源的失真率<3%。

④频率稳定：国内市电频率均为50Hz，所谓频率就是每一秒变动的周期，50Hz就是每秒50周次。发电机运转时受到客户端用电量的突然变化，会造成转速的变动，从而使转换出来的电力频率有所波动，经过UPS转换的电力可提供稳定的频率。

⑤抑制横模噪声：UPS具有抑制相线与中性线之间横模噪声的作用。

⑥抑制共模噪声：UPS具有抑制相线、中性线与地线之间共模噪声的作用。

⑦突波保护：一般 UPS 会加装突波吸收器或尖端放电设计吸收突波，以保护用户设备。

⑧瞬时响应保护：市电受干扰时有时会造成电压凸出或下陷或瞬间压降，使用在线式 UPS 可提供稳定的电压，使电压变动不到 2V，可延长设备寿命及保护设备。

⑨监控电源：配合 UPS 的智能型通信接口及监控软件可纪录市电电压频率、停电时间及次数来达到电源的监控，并可安排 UPS 定时开关机的时间表来节约能源。

二、分类、结构与原理

(一)UPS 分类

1. UPS 按其工作方式分类

一般可分为后备式、在线式及在线互动式三大类。

①后备式 UPS：在市电正常时直接由市电向负载供电，当市电超出其工作范围或停电时，通过转换开关转为电池逆变供电。其特点是：结构简单，体积小，成本低，但输入电压范围窄，输出电压稳定精度差，有切换时间，且输出波形一般为方波。

②在线式 UPS：在市电正常时，由市电进行整流提供直流电压给逆变器工作，由逆变器向负载提供交流电；在市电异常时，逆变器由电池提供能量。在此过程中，逆变器始终处于工作状态，保证无间断输出。其特点是，有较宽的输入电压范围，无切换时间且输出电压稳定精度高，特别适合对电源要求较高的场合，但是成本较高。

③在线互动式 UPS：在市电正常时，直接由市电向负载供电；当市电偏低或偏高时，通过 UPS 内部稳压线路稳压后输出。当市电异常或停电时，通过转换开关转为电池逆变供电。其特点是：有较宽的输入电压范围，噪音低，体积小，但同样存在切换时间。

目前，功率大于 3kVA 的 UPS 基本以在线式 UPS 为主。

2. UPS 按照输出容量大小分类

划分为小容量 3kVA 以下，中小容量 3~10kVA，中大容量 10kVA 以上。

3. UPS 按输入/输出方式分类

可分为三类：单相输入/单相输出、三相输入/单相输出、三相输入/三相输出。

①单相电：是由一根火线、一根零线和一根地线组成的供电系统。

②三相电：是由三根火线、一根零线和一根地线组成的供电系统，其中两根火线之间的电压(即线电压)为 380V，而火线与零线之间的电压(即相电压)为 220V。

对于多数应用来说，三相供电的方式和负载配电可满足大多数需求，因而中、大功率 UPS 多采用三相输入/单相输出或三相输入/三相输出的供电方式。

(二)结构与原理

UPS 一般由整流器、蓄电池、逆变器、静态开关和控制系统组成。通常使用的在线式 UPS，首先将市电输入的交流电源变成稳压直流电源，供给蓄电池和逆变器，再经逆变器重新变成稳定的、净化的、高质量的交流电源。如图 7-2 所示。

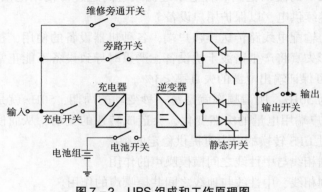

图 7-2 UPS 组成和工作原理图

(三)UPS 工作方式

1. 正常供电

当市电正常供电时，分为两个回路同时动作：一个回路是经由充电回路对电池组充电；另一个回路则是经整流回路，作为逆变器的输入，再经过逆变器的转换提供电力给负载使用。

2. 电池供电

市电发生中断或超出规定的范围值时，储存于电池中的直流电转换为交流电，此时逆变器的输入改由电池组来供应，逆变器持续提供电力，供给负载继续使用，达到不断电的功能。

3. 旁路运行

UPS 超载、旁路命令(手动或自动)、逆变器过热或机器故障，UPS 一般将逆变输出转为旁路输出，即由市电直接供电。

4. 旁路维护

当 UPS 进行检修时，通过手动旁路保证负载设备的正常供电，当维修操作完成后，重新启动 UPS 转为正常运行，整个过程中负载不会失电。

三、主要性能指标

1. 输入电压范围

即保证 UPS 不转入电池逆变供电的市电电压范围。在此电压范围内，逆变器(负载)电流由市电提供，而不由电池提供。输入电压范围越宽，UPS 电池放电的可能性越小，故电池的寿命就相对延长。

2. 输入频率范围

即 UPS 能自动跟踪市电、保持同步的频率范围。当切换旁路时，UPS 能自动跟踪市电、保持同步可避免因输入输出相位差开甚至反相，引起逆变器模块电源和交流旁路电源间出现大的环流电源而损害 UPS。

3. 输入功率因数

指 UPS 输入端的功率因数。输入功率因数越高，UPS 所吸收的无功功率越小，因而对市电电网的干扰就越小。一般 UPS 能达到 0.9 左右。

4. 输出功率因数

指 UPS 输出端的功率因数。如果有非计算机类负载，越大则带载能力越强。一般 UPS 为 0.8 左右。

5. 过载能力

越大表示逆变器能力越好。

6. 切换时间

计算机的开关电源，在 10ms 的失电间隔能保证计算机的工作，因此一般要求 UPS 切换时间小于 10ms，对于在线 UPS 切换时间为 0。

7. 输出电压稳定度

指 UPS 输出电压的稳定程度。输出电压稳定程度越高，UPS 输出电压的波动范围越小，也就是电压精度越高。

8. 输出电压失真度

即 UPS 输出波形中所含的谐波分量所占的比率。常见的波形失真有：削顶、毛刺、畸变等。失真度越小，对负载可能造成的干扰或破坏就越小。

9. 负载峰值因数

指 UPS 输出所能达到的峰值电流与平均电流之比。一般峰值因数越高，UPS 所能承受的负载冲击电流越大。

10. 三相不平衡能力

对于三进三出的 UPS 来说，若出现三相的某一相电流不一致，就会造成输出电压的不平衡。具有 100% 负载不平衡能力的 UPS，表示该 UPS 允许一相输出带满载，而其他两相空载。

11. 冷启动功能

在无市电或不接市电的情况下，直接用电池组所提供的直流电压启动 UPS 的功能。

12. 整机效率

①效率低会造成 UPS 本身功耗大、易老化。

②效率低还会造成电池供电时间变短。

四、安装

（一）安装环境

UPS 的安装环境应满足规格要求。UPS 安装环境应通风良好，远离水源、热源和易燃易爆物品，避免阳光直射，避免将 UPS 安装在室外和有粉尘、挥发性气体、腐蚀性物质和盐分过高的环境中。UPS 在温度高于 25℃ 的环境中工作会降低电池寿命。

（二）安装间距

UPS 安装在机柜内，因此和机柜的相对位置是固定的；同时，避免任何物品遮盖 UPS 前面板和后面板的通风孔，以免阻碍通风散热，造成内部温度升高，影响使用寿命。

（三）安装施工

1. 机柜就位及固定

UPS 设备机柜就位后，调整设备机柜地脚螺栓的高度，使机柜保持水平。有的 UPS 机柜可以直接用膨胀螺栓与地面加固；有的 UPS 地脚是滚轮的，无法直接与地面加固，需要在机柜在定位后可以用角钢在紧靠地脚前、后处，用 $10mm^2$ 以上的膨胀螺栓与地面进行连接，这样安装后的设备比较安全、可靠。

2. 接线

（1）输入端接线。

①市电电缆穿越金属框架或构件时，进线电缆均应在一起穿越，防止因交流强电流能量场产生涡流，致使电缆局部发热。

②电缆进入设备内应剥离外绝缘层和铠装钢带，同时对剥离出的部分进行绝缘处理。

③工作零线（N）应与设备的中性母线上连接；保护线（PE）为黄绿双色线，应引至设备接地装置或接地母线上。

（2）输出端接线。

UPS 后面板提供输出插座的，将负载插头连接至后面板的输出插座；UPS 后面板为接线端子的，将负载电缆连接至后面板接线端子。

（3）接线要求。

①所有接线应有明确标记，连接必须紧固。

②线束的走向应横平竖直，不得有过多的交叉，尼龙扎带不宜过紧。

③所有分支线束在分支前后都要用扎带捆扎。

④连接到端子的每一根线缆均应有一定的防震弯曲，弯曲长度要一致，避免长短不一而造成拉紧现象。

3. 电池组安装

(1)电池配置。UPS 电池组较重，应充分考虑地板承重能力。根据 UPS 后备时间的不同，需要外配不同数量、容量的蓄电池。

(2)电池箱连接。

①电池箱就位。

②电池安装：先安装最底层电池，再安装上层电池，注意电池串联连接极性，用连接线缆连接电池端子时注意线缆防护，以免造成电池短路，接好后用力抽拉每根电池电缆的端子，检查其是否压紧，要保证可靠连接。

③连线：电池串联后接入电池箱空开，检查电池极性是否正确，电压是否正常。

(3)连接 UPS。将电池箱电缆接至 UPS 后面板的外置电池接口或接线端子。

(4)电池组通电检查。闭合电池箱空开，由电池向 UPS 供电，如果系统自检提示故障，检查电池是否接反或接错。

(四)UPS 设备安装调试

UPS 安装调试项目见表 7-1。

表 7-1 UPS 安装调试项目

测试内容		测试结果		说明
工作环境	温度 0~40℃	□符合要求	□不符合要求	
	湿度 5%~95%，无凝露	□符合要求	□不符合要求	
	海拔 <1500m	□符合要求	□不符合要求	
设备安装	摆放	□符合规范	□不符合规范	
	接线走线	□符合规范	□不符合规范	
功能调试	市电上电，旁路工作	□正常	□不正常	
	市电开机，旁路转逆变工作	□正常	□不正常	
	市电停电，转电池逆变	□正常	□不正常	
性能调试	电池逆变工作	□正常	□不正常	
	市电来电，电池逆变转市电逆变	□正常	□不正常	
	输出电压	□正常	□不正常	
	输出频率	□正常	□不正常	

(五)安装技术要求

①不得在密封空间或热源附近安装蓄电池，否则有引发爆炸及火灾的危险。

②不得用有可能引发静电的物体覆盖蓄电池，产生静电时可能存在爆炸风险。

③不得在易水浸的位置安装蓄电池，有发生触电、火灾的危险。

④不得在有大量粉尘的位置使用蓄电池，有可能造成蓄电池短路。

⑤保持电池箱与外界空气流通。

⑥安装调试保养 UPS 时，要做好详细的记录，以供检查、日后备查或维护用。

五、常见故障处理

UPS 常见故障处理见表 7 - 2。

表 7 - 2　UPS 常见故障处理

故障现象	检查内容	处理方法
UPS 出现市电异常告警	1. 市电输入空开是否跳闸、输入线路是否接触不良； 2. 检查市电电压及频率是否异常； 3.UPS 输入端空开故障或保险熔断	1. 检查空开跳闸原因并恢复； 2. 检查保险熔断原因并恢复； 3. 向电力主管部门协调解决电压、频率问题
市电断电后 UPS 未正常工作	1. 电池是否损坏或连接线断路； 2.UPS 是否故障； 3. 负载是否过载； 4. 是否为旁路模式； 5. 是否因市电电压长期较低，电池不能正常充电	1. 激活或更换电池； 2. 恢复电池连线； 3. 检查 UPS 充电电路、逆变电路是否故障，检修并恢复； 4. 合理减轻负载； 5. 切换 UPS 模式； 6. 联系电力部门提高电压或安装稳压器
UPS 无法启动	1. 电池电压是否正常； 2. 各连线是否正确且保持通路； 3.UPS 是否正常	1. 电池充电； 2. 检查电池连线、输入输出电源线等并排除故障； 3. 检修 UPS 开机电路、充电电路、逆变电路，必要时更换
UPS 报警	1. 市电电压情况； 2. 输出是否过负载或短路； 3. 是否为误动作	1. 联系电力部门调整电压或安装稳压器； 2. 合理减轻负载或排除短路故障点； 3. 检修 UPS
UPS 工作正常但负载设备出现异常	1. 检查 UPS 输出零地电压是否过高； 2.UPS 与负载不是共用的接地系统； 3. 负载设备受到异常干扰	1. 检查 UPS 接地是否正常； 2. 将 UPS 与负载地线调整至同一接地系统； 3. 排除干扰，必要时重启负载

六、维护和保养

UPS 一般采用免维护电池，无须定期维护添加蒸馏水，维护较方便，但仍需进行定期放电，保证电池充放电性能，使用三年后及时检查更换。

第三节　井站电气设计

一、配电

1. RTU 数据采集箱

RTU 数据采集箱电源取自已建配电室内低压配电盘、柜或井旁油井电气控制柜，采用电力电缆敷设至 RTU 数据采集箱。

2. 通信设备箱

通信设备箱安装于通信杆上，电源取自 RTU 箱。

二、接地

1. RTU 数据采集箱

RTU 数据采集箱内接地排与人工接地极连接，接地电阻 $R \leqslant 4\Omega$。

2. 通信杆及通信设备箱

通信杆按三类防雷设防。

①水泥杆在杆顶设避雷针。预埋引下线按照《建筑物防雷设计规范》(GB 50057—2010)中对引下线的材料、结构与最小截面积的要求。

②安装室外人工接地装置。接地装置母线采用 40×4 热镀锌扁钢，接地极采用热镀锌角钢 $\angle 50 \times 5 \times 2500$，接地电阻 $R \leqslant 4\Omega$。

③杆上所有通信设备金属外壳、PE 母排、电缆金属层及保护钢管、通信设备安装金属件及其他需要接地设备(构件)等均与引下线可靠连接。

第四节　防雷接地

一、雷电的产生

雷电是一种自然现象。大多数雷电放电发生在云间或云内，只有小部分是对地发生的。在对地的雷电放电中，雷电的极性是指雷云下行到地的电荷的极性。根据放电电荷量进行的多次统计，90%左右的雷是负极性的。

二、防雷区的划分

以在其交界处的电磁环境有明显改变作为划分不同防雷区的特征，将需要保护的空间划分为不同的防雷区，以规定各部分空间不同的电磁环境(雷电电磁场的危害程度)，同时指明各区交界处的等电位联结点的位置。如图 7 - 3 所示。

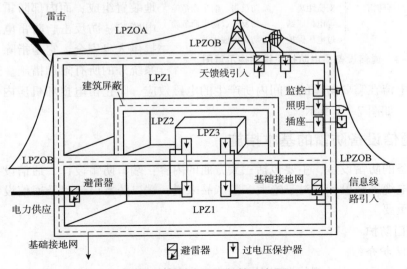

图 7 - 3　雷电分区保护示意图

（1）直击雷非防护区（LPZOA）。本区内的各类物体完全暴露在外部防雷装置的保护范围之外，都可能遭到直接雷击；本区内的电磁场未得到任何屏蔽衰减，属完全暴露的不设防区。如大楼顶部避雷针保护范围之外的空间。

（2）直击雷防护区（LPZOB）。本区内的各类物体处在外部防雷装置保护范围之内，应不可能遭到大于所选滚球半径雷电流直接雷击；但本区内的电磁场未得到任何屏蔽衰减，属充分暴露的直击雷防护区。如大楼顶部避雷针保护范围之内的空间和没有屏蔽的大楼内部或有屏蔽大楼内部的窗口附近。

（3）第一屏蔽防护区（LPZ1）。本区内的各物体不可能遭到直接雷击且由于建筑物的屏蔽措施，本区内的电磁场强度也已得到了初步的衰减。如上述屏蔽大楼内部（不包含窗口附近）。

（4）第二屏蔽防护区（LPZ2）。为进一步减小所导引的电流或电磁场而增设的后续防护区。在 LPZ1 区内，再次屏蔽的空间。如上述屏蔽大楼的另外设立的屏蔽网络中心。

（5）第三屏蔽防护区（LPZ3）。需要进一步减小雷击电磁脉冲，以保护敏感设备的后续防护区。在 LPZ2 区内，再次屏蔽的空间。如上述屏蔽网络中心内的机器金属外壳内部，或接地的机柜内部。

如有需要作进一步的保护，可依此类推，设置 LPZ4……LPZn。

一个被保护的区域，从电磁兼容的观点来看，由外到内可分为几级保护，最外层是 0 级，是直接雷击区域，危险性最高，越往里，则危险程度越低。过电压主要是沿线窜入的，保护区的交界面通过外部防雷系统、钢筋混凝土及金属罩等构成的屏蔽层而形成，电气通道以及金属管道等则经过这些交界面。

三、通信设备雷电防护原则

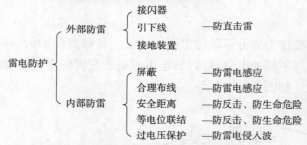

图 7-4 通信设备雷电防护系统结构示意图

通信设备的防雷包括外部防雷系统和内部防雷系统两个部分，它们是一个有机的整体。外部防雷主要是指防直击雷，它由接闪器、引下线和接地装置组成；而内部防雷则包括防雷电感应、防反击、防雷电波侵入以及提供人身安全，它是指除了外部防雷系统外的所有附加措施。这些措施可能会减少雷电流在需要防雷的空间内所产生的电磁效应，防止雷电损坏机房内的电气设备或电子设备。如图 7-4 所示。

四、通信设备防雷的基本措施

通信设备的防雷设计，主要包括三大方面的内容：端口防雷设计、通信设备级的系统接地设计、电缆屏蔽设计。对于绝大多数产品来说，端口防雷设计以及通信设备的系统接地设计最为重要。

（一）端口防护

1. 端口防护介绍

端口防护的目的就是要将各种外部线缆引入设备的过电压/过电流阻挡在端口之外，

主要是以下两方面：

①外部线缆引入设备的过电压，经过防护电路后电压值被限制到后级电路能够承受的范围之内。

②外部线缆引入设备的过电流，绝大部分被防护电路短路到大地，仅有极少部分的电流流入后级电路之中，从而起到保护设备的作用。这两个作用都是通过在通信设备的端口安装防雷器[也称浪涌保护器或 SPD(Surge Protect Device 的简称)，用于保护设备接口免受雷击过电压和过电流的损坏]来实现的。

2. 防雷器的连接和接地

如图 7 - 5 所示，电源防雷器是并联式防雷器，通过很短的(15cm 左右)并接线接到设备的电源接线端子；信号防雷器靠近设备安装或制成信号防雷板安装在设备内部，通过很短的(10cm 左右)的接地线接到设备的保护地上；多个天馈防雷器的接地引线先在一个天馈防雷器接地排上汇接，再由天馈防雷器引一根接地线接到室外接地排。

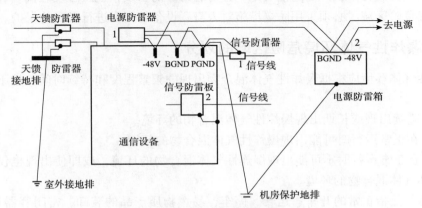

图 7 - 5　防雷器安装示意图

3. 防雷器的使用要求和场合

(1)电源防雷器的要求。电源用模块式防雷器，应具有以下功能：

①防雷器模块损坏声光告警。

②防雷器模块损坏告警上报。

③防雷器模块可替换。

④热容和过流保护。

(2)电源用箱式防雷器的应有功能：

①防雷器劣化指示。

②防雷器模块损坏声光告警。

③防雷器模块损坏告警上报。

④热容和过流保护。

(3)需配备信号防雷器的场合：

①信号线架空出户的场合。

②建筑物内部，信号走线长度超过 50m。

(二)系统接地

如图 7 - 5 所示，正确的接地应当：

①每个设备机柜的保护地引出一根保护接地线到机房保护接地排。

②在通信设备机柜顶部，工作地和保护地在机柜顶单点短接。

③同一套设备的机壳保护地之间做等电位互连。

④并联式电源防雷器通过很短的连接线接到机柜顶部的直流电源接线柱和保护地接地柱。

⑤信号防雷板通过很短的接地线接到设备的机壳上。

⑥天馈防雷器的接地线先接到天馈接地排，再接到馈窗外的室外接地排。

⑦设备放置在机房中，除连接的保护接地线之外，与机房的地板、墙壁、走线架、天花板绝缘。

第五节　防爆技术

油田在生产过程中，产出的油气是一种易燃易爆的物质，危险程度较高。在油气生产的易燃易爆危险区域，必须采用防爆措施对人身、设备的安全进行必要的保护。

一、爆炸性气体环境危险区域的划分

爆炸性气体环境应根据爆炸性气体混合物出现的频繁程度和持续时间，按下列规定进行分区：

0区：连续出现或长期出现爆炸性气体混合物的环境。

1区：在正常运行时可能出现爆炸性气体混合物的环境。

2区：在正常运行时不可能出现爆炸性气体混合物的环境，或即使出现也仅是短时存在的爆炸性气体混合物的环境。

正常运行是指正常的开车、运转、停车，易燃物质产品的装卸，密闭容器盖的开闭、安全阀、排放阀以及所有工厂设备都在其设计参数范围内工作的状态。

二、爆炸性气体混合物的分类

爆炸性气体混合物，应按其最大试验安全间隙或最小点燃电流分级，其级别分为三级：ⅡA、ⅡB、ⅡC。如：甲烷（CH_4）属于ⅡA级，乙烯（C_2H_4）属于ⅡB级，氢（H_2）属于ⅡB级。

三、爆炸性气体环境电气设备的分类、分级和温度组别

1. 爆炸性气体环境电气设备的分类

Ⅰ类——煤矿井下用电设备；Ⅱ类——工厂用电气设备。

油田一般采用Ⅱ类设备。

2. 爆炸气体环境电气设备的分级

Ⅱ类电气设备，按其适用于爆炸性气体混合物最大试验安全间隙和最小点燃电流比，分为ⅡA、ⅡB、ⅡC三级。根据设备类别选型也是电气设备选型的原则之一。

①防爆型式为"e""o""p"和"q"的电气设备应为Ⅱ类设备。

②防爆型式为"d"和"i"的电气设备应是ⅡA、ⅡB、ⅡC类设备。

③防爆型式为"n"的电气设备应为Ⅱ类设备，如果它包括密封断路器装置、非故障元件或限能设备或电路，那么，该设备应是ⅡA、ⅡB、ⅡC类设备。

3. Ⅱ类（工厂用）防爆产品的温度组别

《爆炸性气体环境用电气设备通用要求》（GB3836.1—200）规定，按照可燃性气体或蒸气的最小点燃温度，把可燃性气体或蒸气划分为6组。为了不使电气设备的表面温度成为可燃性气体的点燃源，相应地把电气设备的表面温度也划分为6组，见表7-3。当某一电气设备的最高表面温度不超过某一温度组别时，它就不能点燃这一组别所包括的可燃性气体或蒸气。也就是说，电气设备的最高表面温度不能超过它所在的环境中可燃气体或蒸气的最小点燃温度。按照最高表面温度来确定防爆电气设备，是选择防爆设备的又一原则。

表7-3　温度组别、最高表面温度和最小点燃温度的关系

电气设备的温度组别	电气设备的最高表面温度	可燃性气体或蒸气的最小点燃温度
T1	450℃	>450℃
T2	300℃	>300℃
T3	200℃	>200℃
T4	135℃	>135℃
T5	100℃	>100℃
T6	85℃	>85℃

4. 防爆电气设备的选择原则

综上所述，防爆电气设备的选型有以下原则：

①根据区域类别选型。

②根据气体或蒸气的引燃温度选型。

③根据设备类别选型。

④充分考虑外部影响。指电气设备的型式及安装受到的外部（例如：化学作用、机械作用和热、电气、潮湿）对防爆性能产生不利的影响。

四、电气设备防爆原理

电气设备引燃可燃性气体混合物有两方面原因：一个是电气设备产生的火花、电弧；另一个是电气设备表面（可燃性气体混合物相接触的表面）发热。对设备在正常运行时产生电弧、火花的部件放在隔爆外壳内，或采取浇封型、充沙型、充油型或正压型等其他防爆形式就可达到防爆目的。而对于增安型电气设备，是在正常运行时不会产生电弧、火花和危险高温的设备，如果在其结构上再采取一些保护措施，尽力使设备在正常运行或认可的过载条件下不会发生电弧、火花或过热现象，就可进一步提高设备的安全性和可靠性，因此这种设备在正常运行时就没有引燃源，而可用于爆炸危险环境。防爆电工产品的8种防爆型式见表7-4。

表7-4　防爆电工产品的8种防爆型式

防爆型式	防爆标志				防爆措施的原理
	形式	类别	级别	温度组别	
隔爆型	d	Ⅰ			当外壳内部爆炸时，火焰在穿过规定缝隙的过程中，受间隙壁的吸热和阻滞作用而显著降低其外传的能量和温度，从而不能引起产品外部爆炸性气体混合物的爆炸
		Ⅱ	A、B、C	T1～T6	

防爆型式	防爆标志				防爆措施的原理
	型式	类别	级别	温度组别	
增安型	e	I			在正常运行时不产生火花、电弧或危险温度的产品部件上采取适当措施(如降温、对堵转时间要求等),以提高安全程度
		II		T1～T6	
本质安全型	ia ib	I			在低电压小电流的电路、系统和产品中,合理选择电路参数,一般还须采取有效的限能措施,使其在正常状态下和故障状态下产生的电火花,达不到引起周围爆炸性气体混合物爆炸的最小引燃能量
		II	A、B、C	T1～T6	
正压型	p	I			向外壳通入正压新鲜空气或充以惰性气体,以阻止爆炸性气体混合物进入外壳内部
		II		T1～T6	
充油型	o	I			将可能产生火花、电弧或危险温度的带电部件浸入油中,使其不能引起油面以上爆炸性气体混合物的爆炸
		II		T1～T6	
充砂型	q	I			将可能产生火花、电弧或危险温度的带电部件埋入砂中,使其不能引起砂层以外爆炸性气体混合物的爆炸
		II		T1～T6	
无火花型	n	I			在产品部件上采取适当措施,以使其在正常运行条件下不会点燃周围爆炸性气体混合物,因此一般不会发生点燃故障(其安全水平与增安型相比,略低些)
		II		T1～T6	
特殊型	T	I			结构上不属于上述防爆型式,而采取其他防爆措施(如气密、灌封等)
		II		T1～T6	

五、防爆标志

①如电气设备为 II 类隔爆型。B 级,T3 组,标志为 ExdⅡBT3。

②如电气设备为 II 类增安型。温度组别为 T2 组,标志为 ExeⅡT2。

③如电气设备采用一种以上的复合形式,则先标出主体防爆形式,后标出其他防爆形式,如:II 类组体增安型并有隔爆型 C 级 T4 组部件,标志为 ExedⅡCT4。

④电气设备为粉尘防爆防尘型 T11 组,标志为 DIPDPT11。

六、爆炸危险环境的电气线路

爆炸危险环境电气线路的铺设应按以下原则进行。

①电气线路应在危险性较小的环境或离释放源较远的地方敷设。当爆炸性气体比空气重时,电气线路应在较高处敷设或直接埋地;架空敷设时宜用电缆桥架;电缆沟敷设时沟内应充沙,并设置有效的排水措施。当爆炸性气体比空气轻时,电气线路宜在较低处敷设或电缆沟敷设。

②电气线路宜在爆炸危险建、构筑物的墙外敷设。

③敷设电气线路的沟道、电缆或钢管,在穿过不同区域之间墙或楼板处的孔洞,应采用非燃型材料严密堵塞。

④当电气线路沿输送易燃气体或液体的管道栈桥敷设时,尽量沿危险程度较低的管道

一侧敷设；当易燃气体或蒸气比空气重时，敷设在管道上方；当易燃气体或蒸气比空气轻时敷设在管道下方。

⑤敷设电气线路时宜避开可能受到机械损伤、振动、腐蚀以及可能受热的地方，如不可能时，应采取预防措施。

⑥在爆炸危险环境内，低压电力、照明线路用的绝缘导线和电缆的额定电压，必须高于工作电压，且不应低于 500V，工作零线的绝缘电压应与相线额定电压相等，并应在同一护套或穿线管内。

⑦高压配线应采用交联聚乙烯、聚乙烯、聚氯乙烯或合成橡胶绝缘及护套的电缆。在 1 区内应采用铜芯电缆，2 区内应尽量采用铜芯电缆。当采用铝芯电缆时，必须有可靠的铜、铝过渡接头等措施。

七、隔离密封

1. 以下情况必须作隔离密封

按《化工企业爆炸火灾危险环境电力设计规程》（HGJ21—89）的规定，在 1 区、2 区及 10 区内的电气线路必须做好隔离密封。隔离密封的目的是将爆炸性气体或火焰隔离切断，以防止通过管内传播到其他部分，下列各处配线必须作隔离。

①导体引入装有开关、空气断路器、熔断器、继电器、电阻器或其他可能产生电弧、火花或危险高温的电气设备外壳的接头部件（如进、出线盒）前。

②如电气设备本身的接头部件中无隔离密封时，外加的隔离密封措施必须安装在距进、出设备外壳处不大于 45cm 处，并尽量靠近电气设备。

③直径 50mm 及以上钢管距引入内有接头、分接头的接线箱 45cm 以内处。

④钢管直径 50mm 及以上管线每距 15m 处。

⑤相邻的 1 区、2 区、10 区爆炸危险场所之间；1 区、2 区、10 区域相邻的其他危险场所或非危险场所之间。

隔离密封盒位置应尽量靠近隔墙。墙与隔离密封之间不允许有管接头、接线盒或其他任何连接件。

2. 下列情况可以不做隔离密封

①设备本身制造厂已设有隔离密封装置的。

②通过 1 区、2 区、10 区的管线，整个管线上没有联管节、管接头、接线盒或配件时，并在上述危险区每边界外 300mm 内没有配件的不做隔离密封。如果这根完整管道的终端位于非危险场所内，则不要求作隔离密封（不能以焊接连接钢管）。

3. 隔离密封的技术要求

①隔离密封措施应适合于场所防爆等级要求。

②隔离密封盒不应作为导线的连接或分线用，也不应将其作为接头或分接头的配件以及用胶灌注。

③应按照管线的实际位置选择纵向型、横向型或通用型隔离密封盒。在可能引起凝结水的地方，应选择排水型的隔离密封盒。

4. 隔离密封的操作方法

①防爆隔离密封盒严格按照设计及规范要求，可靠地安装在规定的位置上。密封盒与穿线管螺纹啮合应紧密，DN25 及以管径下不少于 5 扣；DN32 以上不少于 6 扣。盒的内壁

均应清扫干净，不能有油污、铁锈或其他杂质，以免影响性能。

②穿入导线时，注意勿损伤导线外皮绝缘。

③填充密封填料。

④采用防爆胶泥密封对电缆与保护管管口之间、电缆桥架或托盘穿过墙壁处、电缆与墙壁以及其他必要的部位进行密封。

第六节　电气基本操作维护

一、常用的电气设备

1. 低压刀开关

又名闸刀，一般用于不需经常切断与闭合的交、直流低压(不大于500V)电路，在额定电压下其工作电流不能超过额定值。

2. 转换开关

提供两种或两种以上电源、负载、信号转换用的电器。可使控制回路或测量线路简化，并避免操作上的失误。

3. 熔断器

采用熔体在电流超出限定值而熔化的特性来分断电路，用于过载或短路保护。熔断器的熔断时间与熔断电流的大小有关，与电流的平方成反比。

4. 主令器

用来发出指令或信号，以便控制电力拖动系统及其他控制对象的启动、运转、停止或状态的改变，是一种专门发送动作命令的电器。主要用来控制电磁开关(继电器、接触器等)、电磁线圈与电源的接通和分断。按其功能可分为控制按钮(按钮开关)、万能转换开关、行程开关、主令控制器、其他主令器(如脚踏开关、倒顺开关等)。

5. 接触器

是可以远距离频繁自动控制电动机或其他设备的启动、运转与停止的一种电器。接触器按其所控制的电路种类分交流接触器与直流接触器两种，主要由触头系统、灭弧系统、磁系统、外壳、辅助触头(通常两对以上，常开和常闭)组成。

6. 自动开关(空气断路器)

自动开关又称自动空气开关，当电路发生严重过载、短路以及失压等故障时，能自动切断故障电路，有效地保护后级元器件的电气设备。在正常情况下，自动开关也可以不频繁地接通和断开电路及控制特定功率以下的电动机直接启动。因此，自动开关是低压电路常用的具有保护功能的断合电器。

7. 漏电保护器

简称漏电开关，又叫漏电断路器，主要是用来在设备发生漏电故障以及人身触电事故进行保护，具有过载和短路保护功能。也可以在正常情况下作为线路的不频繁转换启动使用。主要由零序电流互感器、漏电脱扣器、主开关、绝缘外壳构成。

二、常用的绝缘导线

绝缘导线种类繁多，按绝缘材料分主要有塑料绝缘导线和橡胶绝缘导线；按线芯材料分有铜芯导线和铝芯导线；按线芯形式分有单股和多股绞合导线；按用途分有布线和连接两种。常用绝缘导线的型号、名称及主要用途见表7-5。

表7-5　常用绝缘导线的型号、名称及主要用途

型号		名称	主要用途
铜芯	铝芯		
BX	BLX	棉纱编织橡胶绝缘电线	固定敷设，可明敷、暗敷
BXF	BLXF	氯丁橡胶绝缘电线	固定敷设，可明敷、暗敷，尤其适用室外
BXHF	BLXHF	橡胶绝缘氯丁橡胶护套电线	固定敷设，适用于干燥或潮湿场所
BV	BLV	聚氯乙烯绝缘电线	室内、外固定敷设
BVV	BLVV	聚氯乙烯绝缘护套电线	室内、外固定敷设
BVR		聚氯乙烯绝缘软电线	同BV型，安装要求较柔软时用
RV		聚氯乙烯绝缘软线	交流额定电压250V以下日用电器，照明灯头接线，无线电设备等
RVB		聚氯乙烯绝缘平型软线	
RVS		聚氯乙烯绝缘铰型软线	

三、电气操作安全技术

1. 常用电气设施的标示

①发电机和电动机等设备上应有名称、容量和编号等信息。

②变压器上应有名称、容量和顺序编号。由单相变压器组成的三相变压器还应有相位的标志；变压器室的门上应标注变压器的名称、容量、编号，且在遮栏上挂有"止步、高压危险"等警告类标志牌。

③蓄电池的总引出端子上，应标明极性标志，蓄电池室的门上应挂有"禁止烟火"等禁止标志。

④电源母线L1（A）相黄色，L2（B）相绿色，L3（C）相红色；明设的接地母线、零线母线均为黑色；中性点接于接地网的明设接地线为紫色带黑色条纹；直流母线正极为赭色，负极为蓝色。

⑤照明配电箱为浅驼色；动力配电箱为灰色或浅绿色；普通配电屏为浅驼色或浅绿色；消防或事故电源配电屏为红色；高压配电柜为浅驼色或浅绿色。

⑥电气仪表玻璃表门上应在极限参数的位置上画有红线。

⑦明设的电气管路一般为深灰色。

⑧高压线路的杆塔上用黄、绿、红三个圆点标出相序。

2. 触电的危害及预防措施

触电是电流通过人体，与大地或其他导体形成闭合回路，触电对人体的伤害主要有电击和电伤两种。人体触电的瞬时如不能立即摆脱电源，将导致呼吸困难、心脏麻痹而死亡。

（1）电击（触电）：是指电源通过人体内部，影响到心脏、肺部和神经系统的正常功能。电击可分为直接接触电击和间接接触电击。按照人体触及带电体的方式和电流流过人体的途径，电击还可以分为单线电击、两线电击、跨步电压电击三类。

①直接接触电击：是触及设备和线路正常运行时的带电体发生的电击（如误触接线端子发生的电击）。

· 367 ·

②间接接触电击：是触及正常状态下不带电而当设备或线路故障时意外带电的金属导体发生的电击(如触及漏电设备的外壳发生的电击)。

(2)电伤：是指电对人体外部造成局部伤害，即由电流的热效应、化学效应、机械效应对人体外部组织或器官的伤害，如电灼伤、金属溅伤、电烙印、机械性损伤、皮肤金属化等。

①电灼伤：是由电流的热效应造成的伤害，可分为电流灼伤和电烧伤。

②皮肤金属化：是在电弧高温的作用下，金属熔化、气化、金属微粒渗入皮肤，使皮肤粗糙而张紧的伤害。

③电烙印：是人体与带电体接触的部位留下的永久性的斑痕。

④机械性损伤：是电流作用于人体时导致的机体组织断裂、骨折等伤害。

⑤电光眼：是发生弧光放电时，由红外线、可见光、紫外线对眼睛的伤害。

⑥火灾与爆炸：电流在不正常或有故障的情况下产生高温，足以点燃附近的物件，导致火灾及爆炸意外。

(3)预防触电的基本措施如下：

①电气操作要各项票证齐全、并现场确认无误。

②严格执行断电、放电、验电操作规程。

③按照安全规范悬挂警示牌。

④实施防误触、误碰附近带电设备的措施。

⑤实施防误入临近的带电设备及误登临近的带电杆、塔上的措施。

⑥禁止用喊话、约时等方式进行停送电。

⑦指挥人、监督人和监护人必须到位。

⑧根据工作需要和现场情况采取其他的安全措施。

3. 电气安全用具

电气安全用具可分为基本绝缘安全用具和辅助绝缘安全用具两种。

(1)基本绝缘安全用具：是指绝缘程度足以抵抗电气设备运行电压并直接接触电源的安全用具。

①高压基本绝缘安全用具：绝缘杆、绝缘夹钳、高压验电器(高压试电笔)。

②低压基本绝缘安全用具：绝缘手套、装有绝缘柄的工具、低压试电笔。

(2)辅助绝缘安全用具：是指绝缘强度不足以抵抗电气设备运行电压，并不直接接触电源的安全用具。

①高压辅助绝缘安全用具：绝缘靴、绝缘手套、绝缘垫及绝缘台等。

②低压辅助绝缘安全用具：绝缘靴、绝缘鞋、绝缘垫、绝缘台。

4. 安全用具的正确使用

①使用基本绝缘安全用具时，必须使用辅助绝缘安全用具。

②基本绝缘安全用具应经耐压试验合格，在有效期内使用。

③安全用具使用前应进行外观检查，其表面应清洁、干燥，无断裂、划印、毛刺、孔洞等外伤。

④验电器使用前应在已知带电体上试验，检查其是否良好。

⑤绝缘手套除耐压试验合格、外观清洁、干燥、在有效期内使用外，还应现场做充气实验。

第八章 工程施工方法、工艺及安全要求

信息化建设及运维施工主要包括仪器仪表安装、线路工程、箱(柜)组配、通信杆组立等主要工程，涉及仪表、电力、土建、通信、安全、消防等专业。为了强化施工质量管理，确保工程完工后达到设计要求，满足生产信息化安全、平稳运行的需求，必须严格执行相关国家标准或行业要求(设计要求)。

第一节 线路工程(直埋、桥架、保护管及附件)

生产信息化线路工程施工主要是对供电线缆、通信线缆(含光纤)敷设进行施工，由于油气生产区域环境条件相对复杂，特殊环境下的施工须严格执行方案设计和标准。

一、线缆沟开挖

(一)施工校测

①线缆沟开挖的施工测量，应按照设计文件中的位置、坐标和高程进行。

②施工前依据设计图纸和现场交底的控制桩点进行复测。并按施工需要钉设桩点，桩点设置应牢固，顶部应与地面平齐，桩点附近有永久建(构)筑物时，可做定位检点，并做好标志和记录。

③平面复测允许偏差应符合：线缆沟中心线不得大于 ±10mm。

④施工现场必须设置临时水准点，精度允许偏差不大于 ±5mm。

a. 临时水准点的设置必须牢固、可靠、两点的间距应不大于150m。

b. 临时水准点、水平桩或水平尺板的顶部必须平整、稳定，并有明显标记。

c. 临时水准点、水平桩或平尺板应按顺序编号，测定相应高程，计算出各点相应沟或坑底的深度，标在平尺上并做好记录。

(二)开挖线缆沟

①采取人工和机械相结合的方式开挖。

②遇到与其他管线平行、垂直距离小于设计规范或危及其他设施安全时，应及时报告并停止施工。

③挖掘时发现埋藏物，特别是文物、古墓等立即停止施工，及时与有关部门联系，并负责保护现场，在未得到妥善解决之前严禁在该地段内继续施工。

④施工现场土层坚实、地下水位低于沟或坑底，且挖深不超过3m时，可采用放坡法施工。

⑤遇下列地段应支撑护土板：

a. 横穿车行道的管道沟。

b. 沟、坑的土壤是松填的回填土、瓦砾、砂土、级配砂石层等。

c. 沟、坑土质松软且其深度低于地下水位的。

d. 施工现场条件所限无法采用放坡法施工的地段，或与其他管线平行较长且间距较小的地段等。

⑥挖沟、坑接近设计的底部高程时，应避免挖掘过深破坏土壤结构；挖深超过设计标高 100mm，应填铺灰土或级配砂石并夯实。

⑦施工现场堆土应符合下列要求：

a. 挖出的石块等应与泥土分别堆置。

b. 堆土不应紧靠碎砖或土坯墙，并应留有行人通道。

c. 城镇内的堆土高度不宜超过 1.5m。

d. 堆置土不应压埋在消防栓、闸门、电缆、光缆线路标石，以及热力、煤气、雨污水等管线的检查井、雨水口及测量标志等设施。

e. 土堆的坡脚边应距沟、坑边 40cm 以上。

f. 堆土的范围应符合相关部门的要求。

二、线管、线槽敷设

（一）材料要求

①金属线槽内外应光滑平整、无棱刺，不应有扭曲、翘边等变形现象。

②扁钢、角钢、螺栓、螺母、螺丝、垫圈、弹簧垫等金属材料作电工工件时，都应经过镀锌处理。

③立柱、托臂、支架和吊架等附件应满足安装强度、刚度的要求，应能承受相应规格线槽的额定均布荷载及自重。

④连接板、连接螺栓和隔板的厚度与线槽整体结构强度一致，无剥落、气泡、划伤等缺陷。

⑤防火线槽、桥架外表面须喷涂防火涂料作阻燃处理，防火涂料厚度满足防火大于 60min，附着力 1 级，外观光滑、不起泡、无裂纹，并有出厂检验报告。

（二）暗配管

①对于室外立杆安装的监控摄像机，电源线、信号线、控制线需要通过在地下敷设暗管引至机房。

②多尘和潮湿场所，应作密封处理。

③暗配的管子宜沿最近的路线敷设并应减少弯曲；埋入管或混凝土内的管子离表面距离不应小于 15mm。

④管子煨弯、切断、套丝应做到管口无毛刺、光滑，管内无铁屑，丝扣清晰干净，不过长。

⑤丝扣连接应上好管箍，焊接应牢固；管路过长时应加装接线盒。

⑥穿过变形缝的管路应设补偿装置，补偿装置应活动自如；配电线路穿过建筑物或设备基础时加装保护套管，保护套管平整、管口光滑、护口牢固、与管口紧密连接，加保护套管处在隐蔽工程中标示正确。

⑦做好地线连接。

(三)明配管

1. 材料要求

弯管半径不小于管外径的 6 倍;扁铁支架不小于 30mm × 3mm,角钢支架不小于 25mm × 25mm × 3mm。

2. 测定盒、箱及固定位置

①根据设计测出盒、箱与出线口等的准确位置。

②根据测定的盒、箱位置,把管路的垂直、水平走向弹出线来,按照安装标准规定固定点间距的尺寸要求,计算确定支架、吊架的具体位置。

③固定点的距离应均匀,管卡与终端、转弯中点、电气器具或接线盒边缘的距离为 150 ~ 300mm。

3. 管路连接

①检查管子有无毛刺,镀锌层或防锈漆是否完整,钢管不准焊接在其他管道上。

②钢管与设备连接应加软管,潮湿处或室外应作防水处理。

4. 特殊情况敷设要求

①按照暗配管要求执行。

②吊顶内、护墙板内管路敷设,材质、固定参照明配管工艺;连接、弯度、走向等可参照暗敷工艺,接线盒使用暗盒。

(四)线槽敷设

①线槽直线段连接应采用连接板,用垫圈、弹簧垫圈、螺母紧固,连接处应严密平整无缝隙。

②线槽进行交叉、转弯、丁字连接时,应采用单通、二通、三通、四通等进行变通连接,线槽终端应加装封堵。导线接头处应设置接线盒或将导线接头放在电气器具内。

③线槽采用钢管引入或引出导线时,可采用分管器或用锁母将管口固定在线槽上。

④线槽盖板安装后应平整、无翘角,出线口的位置应准确。

⑤在吊顶内敷设时,如果吊顶无法上人,应留检修孔。

⑥穿过墙凿壁的线槽四周应留出 50mm 空隙,并用防火材料封堵。

⑦金属线槽及其金属支架和引入引出的金属导管必须接地可靠。

⑧线槽经过建筑物的变形缝(伸缩缝、沉降缝)时,线槽本身应断开,槽内用内连接板搭接,不需固定。保护地线和槽内导线均应留有补偿余量。

⑨敷设在竖井、吊顶、通道、夹层及设备层等处的线槽应符合现行国家标准《高层民用建筑设计防火规范》GB 50016 的有关防火要求。

⑩桥架、线槽在穿过防火分区及楼板时,采取防火隔离措施,防止火灾沿线路延燃,如图 8 - 1 所示。

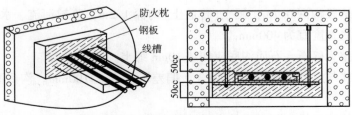

图 8 - 1　线槽穿过防火墙示意图

三、线缆敷设

（一）搬运及支架架设

①短距离搬运，一般采用滚动电缆轴的方法。滚动时应按电缆轴上箭头指示方向滚动。如无箭头时，可按电缆缠绕方向滚动，切不可反缠绕方向滚动，以免电缆松弛。

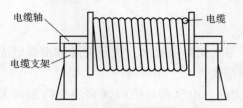

②电缆支架的架设地点一般应在电缆起止点附近为宜。架设时，应注意电缆轴的转动方向，电缆引出端应在电缆轴的上方。如图 8-2 所示。

图 8-2　电缆支架的架设示意图

（二）敷设

线缆敷设通常采用水平敷设、垂直辐射、直埋敷设三种方式。

1. 水平敷设

①敷设方法可用人力或机械牵引。如图 8-3 所示。

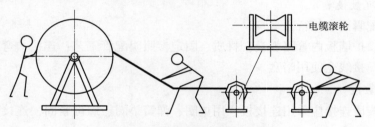

图 8-3　水平敷设方法示意图

②沿桥架或线槽敷设时，应单层敷设、排列整齐，不得有交叉。拐弯处应以最大截面电缆允许弯曲半径为准。电缆严禁绞拧、护层断裂和表面严重划伤。

③不同的线缆应分层敷设。

④线缆转弯和分支不紊乱，走向整齐清楚。

2. 垂直敷设

①宜自上而下敷设。

②自下而上敷设时，可用滑轮大绳人力牵引敷设。

③沿桥架或线槽敷设时，每层至少加装两道卡固支架。敷设时，应放一根立即卡固一根。

④线缆穿过楼板时，应装套管，敷设完后应将套管与楼板之间缝隙用防火材料堵死。

3. 直埋敷设

（1）技术要求如下：

①软、坚石地段沟深 0.7m，硬土（普通土）沟深 1.2m，跨越河流、水渠处沟深 l.5m。人工开沟时，沟底宽度宜为 400mm。

②沟底应平整无碎石，石质沟底应加垫 10cm 细土。

③沟底中心线与设计路由中心线吻合，偏差不能大于 100mm。沟底高度允许偏差为 +50 ~ -100mm。

④缆沟与其他建筑最小距离应符合设计及有关规范的要求。

⑤遇梯田、陡坡等起伏地形，这些地段不能挖成直上直下成直角弯的沟底，应使沟底成缓坡。

⑥线缆穿越深0.8m以上的沟、陡坡时，需做护坡(坎)保护。

（2）施工安全措施如下：

①挖沟时应设专人监护，遇到地下电缆、管道时应立即停止施工，向现场负责人汇报。

②遇坚石地段，需炸药爆破时，要做好疏散和隔离工作，禁止非工作人员进入爆破地段。半径200m以内、公路200m以外的两端，由专人执旗看管。爆破应由专业人员操作，禁止无爆破证人员盲目施工。爆破沟附近有房屋、电缆等建筑时，应采取防护措施避免石块飞出。

③路过村镇在沟挖好后，应设明显易见的标识，以防人员、车辆误入。

④线缆盘"8"字时，内径应不小于2m。

⑤线缆敷设在坡度大于20°、坡长大于30m的斜坡上时，宜采用"S"形敷设或按设计要求的措施处理。

⑥敷设线缆时应匀速牵引，牵引力不要过大，机械牵引时牵引力不宜超过线缆允许张力的80%；人工牵引时，应使放缆人员均匀排开，防止线缆受力不均。

⑦线缆应平放于沟底，不得腾空或拱起。

⑧在线缆接头、过桥、过路、顶管、进局等处应做预留。

⑨线缆敷设后，应密封好缆头，以防进水。

（3）回填土、埋标石与砌护坡：

①线缆布设后，应立即预回填土。首先回填30cm细土，然后布放排流线，之后再大回填。不能将砖头、石块、冻土等推入沟内。

②回填土应略高于地表，以备填土下沉时与地面持平；非农田地段光缆线路上方培土高出自然地面20~30cm。

③标石应埋设在线缆正上方，接头点的标石埋设在线缆路由上，标石有字的一面对准光缆接头；转弯处标石应埋设在转弯点上，有字的面向光缆转弯较小的方向。当光缆沿公路敷设间距不大于100m时，标石可朝向公路。标石埋深为60cm，露出地面为40cm，标石周围的土应夯实。

④线缆穿越0.8m以上(含0.8m)的沟坎、梯田时应做护坡(挡墙)。高低差1m以上采用石砌护坡(挡墙)，并用水泥沙浆沟缝；高低差为0.8m以下时，一般不做护坡(挡土墙)，但必须分层夯实恢复原状。线缆敷设在易受洪水冲刷的山坡时，应做堵塞。堵塞上下宽度应比线缆沟上下宽度每侧增加0.2~0.4m，比沟底增深0.3m；砌筑时下部比上部纵向略许放宽，以加强稳固性；堵塞间隔一般为20m左右，在坡度大于30°的地段视冲刷情况减至5~10m。

（三）布放

①线缆规格、位置、路由和走向符合施工图规定。

②线缆完好无损，外皮完整，中间严禁有接头和打结的地方。线缆布放时保持其顺直、整齐、按一定顺序。线缆拐弯应均匀、圆滑一致。

③施工穿线时做好临时绑扎，避免垂直拉紧后再绑扎，以减少重力下垂对线缆性能的

影响。主干线穿完后进行整体绑扎，要求绑扎间距≤1.5m。光缆应进行单独绑扎。绑扎时如有弯曲应满足不小于10cm的弯曲半径。

④线缆走线方便、美观，每期工程线缆沿线缆走道一侧布放，尽量留出扩容空间，以便于维护和将来扩容。

⑤布放线缆时，每条线缆的两端有明显标志，以便于连接和检查，线缆标签应贴(绑)于线缆两端的明显处且不易脱落。

⑥信号线与电源线分开敷设，不互相缠绕，平行走线，并避免在同一线束内。在同一线缆走道上布放时，间距不小于200mm。信号线及电源线在机架内布放时，分别在两侧走线。

⑦线缆布放时应有冗余。在交接间、设备间预留长度一般为3~6m，工作区为0.3~0.6m。有特殊要求的应按设计要求预留长度。

⑧线缆的弯曲半径应遵照下列规定：

a. 双绞电缆的弯曲半径应至少为外径的4倍。

b. 电缆的弯曲半径不小于电缆外径的15倍，避免不必要的信号损失。

⑨信号线绑扎在垂直桥架上，线缆互相紧密靠拢，外观平直整齐，线扣间距均匀，松紧适度。在水平桥架内布放信号线不绑扎，线缆应顺直、尽量不交叉。在线缆进出线槽部位和转弯处应绑扎或用塑料扎带捆扎。静电地板下布放的线缆，注意顺直不凌乱、避免交叉，并且不得堵住空调送风通道。

四、走线桥架安装

桥架安装前认真检查电缆桥架的直线段、弯通、桥架附件及支、吊架立柱及型钢等产品是否齐全，规格型号必须符合设计要求，桥架内外应光滑平整、无棱刺，不应有扭曲翘边等变形现象。

(一)定位放线

根据设计或施工图确定始端到终端位置，沿图纸标定走向，找好水平、垂直、弯通，用粉线袋或画线沿桥架走向在墙壁、顶棚、地面、梁、板、柱等处弹线或画线，并均匀档距画出支、吊、托架位置。

(二)预埋铁件或膨胀螺栓

①预埋铁件的自制加工不应小于120mm×80mm×6mm，其锚固圆钢直径不小于10mm。

②紧密配合土建结构的施工，将预埋铁件平面紧贴模板，将锚固圆钢用绑扎或焊接的方法固定在结构内的钢筋上；待混凝土模板拆除后，预埋铁件平面外露，将支架、吊架或托架焊接在上面进行固定。

③根据支架负荷重，选择相应的膨胀螺栓及钻头；埋好螺栓后，可用螺母配上相应的垫圈将支架或吊架直接固定在金属膨胀螺栓上。

(三)支、吊架安装

①钢支架与吊架应焊接牢固，无显著变形，焊接前厚度超过4mm的支架、铁件应打坡口，焊缝均匀平整，焊缝长度应符合要求，不得出现裂纹、咬边、气孔、凹陷、漏焊等缺项。

②支架与吊架安装横平竖直，在有坡度的建筑物上安装，应与建筑物的坡度、角度一致。

③严禁用电气焊切割钢结构或轻钢龙骨任何部位。

④万能吊具应采用定型产品，并应有各自独立的吊装卡具或支撑系统。

⑤固定支点间距一般不应大于 1.5～2m。在进出接线盒、箱、柜、转角、转弯、变形缝两端及丁字接头的三端 500mm 以内应设固定支持点。

⑥严禁用木砖固定支架与吊架。

（四）桥架安装

①走线架安装及路径必须按图纸要求进行安装。

②电缆桥架水平敷设时，支撑跨距一般为 1.5～3m，电缆桥架垂直辐射时固定点间距不宜大于 2m。桥架弯通弯曲半径不大于 300mm 时，应在距弯段与直线段结合处 300～600mm 的址线段侧设置一个支、吊架。当弯曲半径大于 300mm 时，还应在弯通中部增设一个支、吊架。支、吊架和桥架安装必须考虑电缆敷设弯曲半径满足规范最小弯曲半径。

③室外架空桥架安装：

a. 走线架跨度不宜太大，当跨度大于 8m 时，应增设钢支柱或从铁塔上加设斜拉线，以缩小走线架的跨度，达到节省钢材、提高安全性的目的。

b. 走线架横档间距不大于 0.8m，横档厚度不小于 5mm。

c. 在拐弯处 40cm 处设立横档，使馈线在弯曲后能固定。

d. 走线架和馈线避雷带焊接，焊接点必须在走线架上方。

e. 走线架始末两端均应作接地连接，在机房馈线口处的接地应单独引接地线至地网，不能与馈线接地排相连，也不能与馈线接地排合用接地线。

f. 走线架全部装好后，要对每一颗螺栓进行检查和紧固。

（五）室内走线架安装

①走线架应可靠固定，横平竖直，水平偏差不得大于 ±2mm，垂直偏差不得大于 ±5mm，无明显扭曲和歪斜。走线架的位置、高度应符合工程设计要求。

②走线架应与机房内钢筋保持绝缘，经过梁、柱时，就近与梁、柱加固。

③走线架接头处要做好接地处理，采用 16mm² 保护地线，单侧进行接地，接地螺丝方向向内，接地线端接在走线架的外侧。

第二节　箱、柜组配及安装

生产信息化的箱（柜）主要包括数据采集柜、UPS 电源柜、通信箱、PLC 柜等，虽然安装部位不同，但组配要求基本一致。防爆要求在第七章的"防爆技术"一节里有详细说明，本节不再重复叙述。

一、箱、柜安装要求

①机柜安装前必须检查机柜及设备托板数量是否齐全完好；机柜的各种零件不得脱落或碰坏，漆面如有脱落应予以补漆，各种标志应完整、清晰。

②机柜型号、规格、安装位置应符合设计要求。

③机柜安装垂直偏差度应不大于 3mm，水平误差不应大于 2mm。多个机柜并排在一起，面板应在同一平面上并与基准线平行，前后偏差不得大于 3mm；两个机柜中间缝隙不得大于 3mm。对于相互有一定间隔而排成一列的设备，其面板前后偏差不得大于 5mm。

④安装机柜面板，架前应预留有 800mm 空间，机柜背面离墙距离应大于 600mm，以便于安装和施工。

⑤机柜安装应牢固，有抗震要求时，按施工图的抗震设计进行加固。

⑥机柜内的设备、部件的安装，应在机柜定位完毕后进行，安装在机柜内的设备应牢固。

⑦机柜上的固定螺丝、垫片和弹簧垫圈均应按要求紧固，不得遗漏。

⑧落地式柜体安装，安装基座时要综合考虑机柜的开门方向和操作便利性，优先考虑配线舱的开门方向。设备舱门和配线舱门必须能完全开启。

⑨柜体安装完毕应做好标识，标识应统一、清晰、美观。机箱安装完毕后，柜体进出线缆孔洞应采用防火胶泥封堵。做好防鼠、防虫、防水和防潮处理。

二、箱、柜设备安装布局

箱、柜设备由上到下一般分为四个区域：交流分配单元、配线架、有源设备、光缆终端盒。

①交流配电单元按安全性的要求放在机柜的最上端。

②语音及网络配线架安装在易于操作的位置，放在交流配电单元下面。

③配线架往下为有源设备区，设备根据功能及线缆连接需要安排位置。大设备安装在机柜下部，并且使用机柜托盘承重。光纤收发器由于体积小、数量多，在托盘上安装。

④最底层放光缆终端盒，在托盘上安装。

三、机柜内走线

①缆线的布放应自然平直，不得产生扭绞、打圈接头等现象，不受外力的挤压。

②缆线两端应贴有标签，标明编号，标签书写清晰。标签应选用不易损坏的材料。

③机柜预留线应预留在可以隐蔽的地方，长度为 1～1.5m。可移动机柜在连入机柜入口处应至少预留 1m，各种线缆的预留长度之间差别应不超过 0.5m。

④缆线终接后，应有余量。

⑤不同电压等级、不同电流类别的线路应分开布置，分隔敷设。

⑥引入机柜内的缆线从机柜下方进入机柜，沿机柜后方两侧立杆向上引入配线架；卡入跳线架连接块内的单根线缆色标应和跳线架的色标一致，大对数线缆按标准色谱的组合规定进行排序。

⑦接线端子标志应齐全，数据配线架及交换机设备安装完成后，标贴机打标签注明对应房间号以及端口号。

⑧缆线在终接前，必须核对缆线标识内容是否正确。

⑨缆线中间不允许有接头，缆线终接处必须牢固、接触良好。

⑩对绞电缆与插接件连接应认准线号、线位色标，不得颠倒和错接。尾纤应使用专用绑扎带。

第三节 通信杆组立

通信杆是安装生产信息化视频监控、无线传输设备的重要载体，其现场施工主要涉及土建、焊接、吊装作业，具有一定的危险性。

一、测量放线定位

基坑放线定位应根据设计提供平、断面图和勘测地形图等，确定线路的走向，再确定耐张杆、转角杆、终端杆等位置，最后确定直线杆的位置。

二、基坑开挖

杆坑有梯形和圆形两种。圆形坑适用于不带卡盘或底盘的杆坑，挖掘工作量小，对电杆的稳定性较好；梯形坑适用于杆身较高、较重及带有卡盘的杆坑，便于立杆。

三、底盘安装

水泥杆底盘一般采用 C30 混凝土、HRB400 级钢筋提前预制，底盘的最外层钢筋保护层厚度为 40mm。如图 8-4 所示。

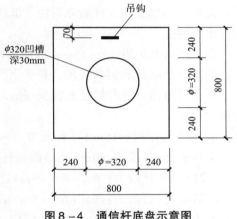

图 8-4 通信杆底盘示意图

(一)底盘入坑

①底盘质量小于 300kg 时，可采用人工作业，用撬棍将底盘撬入坑内，若地面土质松软时，应在地面铺设木板或平行木棍，然后将底盘撬入基坑内。

②底盘质量大于 300kg 时，可采用吊装方式将底盘就位。

(二)底盘找正

1. 单杆底盘找正方法

底盘入坑后，采用 20 号或 22 号钢丝，在前后辅助桩中心点上连成一线，用钢尺在连线的钢丝上测出中心点，从中心点吊挂线锤，使线锤尖端对准底盘中心，如产生偏差应调整底盘，直到中心对准为止。然后用土将底盘四周填实，使底盘固定牢固。

2. 拉线盘找正方法

拉线盘安装后，将拉线棒方向对准杆坑中心的标杆或已立好的电杆，使拉线棒与拉线盘成垂直，如产生偏差应找正拉线盘垂直于拉线棒（或已立好的电杆），直到符合要求为止。拉线盘找正后，应按设计要求将拉线棒埋入规定角度槽内，填土夯实固定牢固。

四、通信杆组立

使用机械设备吊装立杆，使电杆下落安放在水泥底座的中心圆形凹槽处。如图 8-5 所示。

通信杆组立涉及电焊、吊装作业，应注意以下事项：

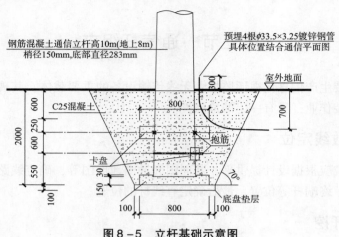

图 8-5　立杆基础示意图

①水泥杆单杆可任意方向排杆，如无障碍时，顺线路方向排杆。

②在排杆和组装的作业区范围内，场地应平整，特别是节横担、地线支架安装位置附近应清除妨碍组装和立杆的障碍物。低洼地面垫土且必须夯实，防止因地面不平整导致通信杆出现裂纹。

③将焊口及附近 10～15mm 范围内清理干净，焊口处要打磨出金属光泽。电杆焊接后，应用钢丝刷清除钢圈铁锈，并在钢圈表面刷油漆防腐。

④由杆身吊点处开始至抱杆头部的 U 形环为止的起吊点绳系统，吊点位置必须符合立杆布置规定。

a. 两点起吊时，18m 杆(杆段为：9m + 9m)直线杆吊点分别为焊口、斜吊杆。

b. 18m 杆(杆段为：9m + 9m)耐张杆吊点分别为焊口、斜吊杆。

c. 21m 杆(杆段为：6m + 6m + 9m)直线杆吊点分别为两口中间、斜吊杆。

d. 21m 杆(杆段为：6m + 6m + 9m)耐张杆吊点分别为两焊口中间、斜吊杆。

⑤为了减少高处作业，避免通信杆立起后登杆解吊点绳，在试点取得检验的基础上可采用自动脱落卸扣代替普通的卸扣。自动脱落卸扣的脱落销钉尾部连一根麻绳以便地面操作；每个脱落环必须与吊点绳绑扎在一起，防止抽销钉脱落环飞出伤人。

⑥随着通信杆的缓缓起立，制动绳操作人员应根据看杆根人的指挥缓慢松出制动绳，使杆根逐渐靠近底盘。两侧拉线应根据指挥人员的命令进行收紧或放松，使拉线呈松弛状态。

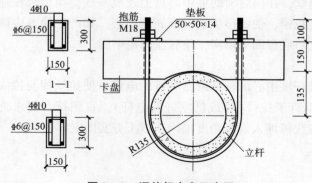

图 8-6　通信杆卡盘示意图

五、卡盘安装

卡盘一般采用 C30 混凝土、HRB400 级钢筋提前预制，底盘的最外层钢筋保护层厚度为 40mm。如图 8-6 所示。

基坑内下入水泥卡盘，在距地表 850mm 处使用钢筋 U 形卡将通信杆与卡盘牢固连接。

六、回填土及养护

①埋入地下金属件(镀锌件除外)在回填土前均应作防腐处理,严禁采用冻土块及含有机物的杂土,回填应采用干土。

②回填时应将结块干土打碎后方可回填,回填土时每步(层)回填土500mm,经夯实后再回填下一步,松软土应增加夯实遍数,以确保回填土的密实度。

③回填土夯实后应留有高出地坪300mm的防沉土台,沥青路面、砌有水泥花砖的路面不留防沉土台。在地下水位高的地域如有水流冲刷埋没的通信杆时,应在周围埋设立桩并以石块砌成水围子。

第四节　接地装置

接地装置由埋入土中的接地体(圆钢、角钢、扁钢、钢管等)和连接用的接地线构成。接地装置的制作、安装是现场设备安全管理的重要环节。

一、加工制作垂直接地体

采用符合规格的角钢制作接地极,长度不小于2.5m,将接地极一端切割成锥形,如图8-7所示。镀锌角钢作为垂直接地体时,其切割面需进行防腐处理。

为防止端头打裂,制作成如图8-8所示的保护帽,套在顶部施工。

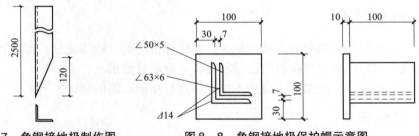

图8-7　角钢接地极制作图　　　　图8-8　角钢接地极保护帽示意图

二、接地沟开挖

①根据设计图纸要求,测准坐标位置,画出开沟的线。

②按划线位置进行开挖,沟宽度上面0.7m为宜、沟底不宜小于0.5m;深度一般在0.7~1.1m,沟底应平整,不应有石子。

三、安装垂直接地体

①接地极一般采用大锤打入,接地极间距不小于5m,距地坪不小于0.6m。

②在接地体未埋入接地沟之前焊接一段水平接地体,水平接地体必须预制成弧形或直角形进行搭接。

③接地体埋入深度必须满足设计或规范要求,安装结束后在上端敲击部位进行防腐处理。

四、安装水平接地体

①水平接地体采用扁钢。

②接地体埋设深度应符合设计规定，一般不宜小于 0.6m，接地体与建筑物的距离不宜小于 1.5m。

③接地体的连接方式应采用焊接方式，焊接必须牢固、无虚焊。扁钢与角钢焊接时紧贴角钢外侧两面，上下两侧施焊，如图 8－9 所示。

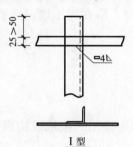

I 型

图8－9　垂直与水平接地体的焊接示意图

五、防腐

①接地装置安装完成后应进行防腐，在土壤、砖墙内的焊接处以及镀锌层破坏的部位，一律应进行防腐。刷两遍沥青漆或防锈漆，刷漆前应清除焊渣。

②接地体的引出线应作防腐处理；使用镀锌扁钢时，引出线的螺栓连接部分应补刷防腐漆。

六、复土夯实

①隐蔽工程完成后应回填土，底层 300mm 回填土应将石子、杂物去掉，土质差应筛选，回填后夯实。

②进行接地电阻测试，每组接地装置单独测试，然后再连成一体进行系统测试，达到设计要求后继续回填分层夯实。

七、检查测试

①整个接地网外露部分的连接可靠，接地线规格正确，油漆完好，标志齐全明显。

②连接临时接地线用连接板的数量和位置符合设计要求。

③进行工频接地电阻测试，雨后不应立即进行接地电阻的测试。

八、其他要求

①降低接地电阻的措施：

a. 在电阻系数较高的土壤(如岩石、砂质及长期冰冻的土壤)中，采用电阻系数较低的黏土、黑土及砂质土代替原有，换掉接地体上部 1/3 长度、周围 0.5m 以内的土壤。

b. 对含砂土壤可增加接地体的埋设深度。

c. 对土壤进行人工处理，采取在土壤中适当加入食盐的方法。若仍达不到要求，最好把接地体埋在建筑物的下面，或在冬天采用填泥炭的方法。

②电气设备金属外壳均应可靠接地，接地电阻不大于 10Ω。

③设备的接地线应尽可能短，避免弯曲敷设。所有接地的设备设施均采用断接卡与新增地网相连，断接卡采用 40×4 热镀锌扁钢制作，用两个型号为 M12 的不锈钢螺栓加防松垫片连接，并在连接处涂抹导电膏。断接卡应采取有效的防锈措施。

④地网的连接采用放热焊接，根据现场实际情况，可在地沟内敷设适量的降阻剂，达到进一步减少接地电阻的效果。

⑤接地装置制作安装按照国标 14D504《接地装置安装》执行，安装测试表格见附录 3。

附录 名词解释

1. 微处理器

微处理器与传统的中央处理器相比，具有体积小、质量轻和容易模块化等优点。微处理器的基本组成部分有寄存器堆、运算器、时序控制电路，以及数据和地址总线。中央处理器是指计算机内部对数据进行处理并对处理过程进行控制的部件，伴随着大规模集成电路技术的迅速发展，芯片集成密度越来越高，CPU 可以集成在一个半导体芯片上，这种具有中央处理器功能的大规模集成电路器件，被统称为"微处理器"。需要注意的是：微处理器本身并不等于微型计算机，仅仅是微型计算机的中央处理器。

2. 弹性合金

弹性合金是精密合金的一类，用于制作精密仪器仪表中弹性敏感元件、储能元件和频率元件等弹性元件。除了具有良好的弹性性能之外，还具有无磁性、微塑性变形抗力高、硬度高、电阻率低、弹性模量温度系数小、内耗小等性能。弹性合金包括高弹性合金和恒弹性合金。前者弹性极限高，滞弹性效应低，耐热性好；后者在一定温度范围内弹性模量几乎不随温度变化，又称为"艾林瓦（Elinvar）合金"。弹性合金一般在真空中冶炼，半成品或成品亦多在真空或保护性气氛中进行热处理。

附录 1 CPU401 – 1101 油井点表

序号	名称	描述	序号	名称	描述
M0001		油井运行状态	M0020		召唤仿真示功图
M0002		远程本地：0 本地，1 远程	M0021		站内 1# 总电表通信故障
M0003		远程起停井：1 启动，0 停止	M0022		混输泵 1 电表通信故障
M0004		井口电表通信故障：1 故障，0 正常	M0023		混输泵 2 电表通信故障
M0010		井口套压使能标志位：RS485 型；	M0024		混输泵 3 电表通信故障
M0011		井口套压使能标志位：ZB 型；	M0025		混输泵 4 电表通信故障
M0012		井口回压使能标志位 RS485 型；	M0026		混输泵 1 运行状态
M0013		井口回压使能标志位 ZB 型；	M0027		混输泵 2 运行状态
M0014		井口套压 RS 型通信故障标志	M0028		混输泵 3 运行状态
M0015		井口回压 RS 型通信故障标志	M0029		混输泵 4 运行状态
M0019		手动召唤实际示功图	M0030		计量站 DI 点预留 1

序号	名称	描述	序号	名称	描述
M0031		计量站 DI 点预留 2	M0075		自控仪 11 通信故障
M0032		计量站 DI 点预留 3	M0076		自控仪 12 通信故障
M0033		计量站 DI 点预留 4	M0077		自控仪 13 通信故障
M0034		计量站 DI 点预留 5	M0078		自控仪 14 通信故障
M0035		计量站 DI 点预留 6	M0079		自控仪 15 通信故障
M0036		计量站 DI 点预留 7	M0080		自控仪 16 通信故障
M0037		计量站 DI 点预留 8	M0081		自控仪 17 通信故障
M0038		计量站 DI 点预留 9	M0082		自控仪 18 通信故障
M0039		计量站 DI 点预留 10	M0083		自控仪 19 通信故障
M0040		站内 2#总电表通信故障	M0084		自控仪 20 通信故障
M0051		注水泵 1 电表通信故障	M0085		自控仪 21 通信故障
M0052		注水泵 2 电表通信故障	M0086		自控仪 22 通信故障
M0053		注水泵 3 电表通信故障	M0087		自控仪 23 通信故障
M0054		注水泵 4 电表通信故障	M0088		自控仪 24 通信故障
M0055		注水泵 5 电表通信故障	M0089		自控仪 25 通信故障
M0056		注水泵 6 电表通信故障	M0090		自控仪 26 通信故障
M0057		注水泵 7 电表通信故障	M0091		自控仪 27 通信故障
M0058		注水泵 8 电表通信故障	M0092		自控仪 28 通信故障
M0059		注水泵 9 电表通信故障	M0093		自控仪 29 通信故障
M0060		注水泵 10 电表通信故障	M0094		自控仪 30 通信故障
M0061		注水泵 11 电表通信故障	M0095		注水泵 1 运行状态
M0062		注水泵 12 电表通信故障	M0096		注水泵 2 运行状态
M0063		注水泵 13 电表通信故障	M0097		注水泵 3 运行状态
M0064		注水泵 14 电表通信故障	M0098		注水泵 4 运行状态
M0065		自控仪 1 通信故障	M0099		注水泵 5 运行状态
M0066		自控仪 2 通信故障	M0100		注水泵 6 运行状态
M0067		自控仪 3 通信故障	M0101		注水泵 7 运行状态
M0068		自控仪 4 通信故障	M0102		注水泵 8 运行状态
M0069		自控仪 5 通信故障	M0103		注水泵 9 运行状态
M0070		自控仪 6 通信故障	M0104		注水泵 10 运行状态
M0071		自控仪 7 通信故障	M0105		注水泵 11 运行状态
M0072		自控仪 8 通信故障	M0106		注水泵 12 运行状态
M0073		自控仪 9 通信故障	M0107		注水泵 13 运行状态
M0074		自控仪 10 通信故障	M0108		注水泵 14 运行状态

续表

序号	名称	描述	序号	名称	描述
M0109		注水站 DI 点预留	MW0025		一体化温压变压力
M0110		注水站 DI 点预留	MW0026		一体化温压变温度
M0111		注水站 DI 点预留	MW0027		
M0112		注水站 DI 点预留	MW0028		
M0113		注水站 DI 点预留	MW0029		
M0114		注水站 DI 点预留	MW0030		
M0115		注水站 DI 点预留	MW0031		水套炉出口温变剩余电量
M0116		注水站 DI 点预留	MW0032		水套炉出口温变休眠时间
M0117		注水站 DI 点预留	MW0033		水套炉出口温变仪表状态
M0118		注水站 DI 点预留	MW0034		水套炉出口温变运行时间
MW0001		RTU 当前时钟年	MW0035		水套炉出口温变温度
MW0002		RTU 当前时钟月	MW0036		
MW0003		RTU 当前时钟日	MW0037		
MW0004		RTU 当前时钟时	MW0038		
MW0005		RTU 当前时钟分	MW0039		
MW0006		RTU 当前时钟秒	MW0040		
MW0007			MW0041		ZB 井口套压剩余电量
MW0008			MW0042		ZB 井口套压休眠时间
MW0009			MW0043		ZB 井口套压仪表状态
MW0010			MW0044		ZB 井口套压运行时间
MW0011		井场数据：一体化载荷位移剩余电量	MW0045		ZB 井口套压实际值
MW0012		一体化载荷位移休眠时间	MW0046		
MW0013		一体化载荷位移仪表状态	MW0047		
MW0014		一体化载荷位移运行时间	MW0048		
MW0015		一体化载荷位移加速度 g	MW0049		
MW0016		一体化载荷位移载荷 kN	MW0050		
MW0017		一体化载荷位移冲程周期	MW0051		多功能罐压变剩余电量
MW0018			MW0052		多功能罐压变休眠时间
MW0019			MW0053		多功能罐压变仪表状态
MW0020			MW0054		多功能罐压变运行时间
MW0021		一体化温压变剩余电量	MW0055		多功能罐压变实际值
MW0022		一体化温压变休眠时间	MW0056		
MW0023		一体化温压变仪表状态	MW0057		
MW0024		一体化温压变运行时间	MW0058		

序号	名称	描述	序号	名称	描述
MW0059			MW0093		预留 4 设备仪表状态
MW0060			MW0094		预留 4 设备运行时间
MW0061		ZB 井口回压剩余电量	MW0095		预留 4 设备实际值
MW0062		ZB 井口回压休眠时间	MW0096		
MW0063		ZB 井口回压仪表状态	MW0097		
MW0064		ZB 井口回压运行时间	MW0098		
MW0065		ZB 井口回压实际值	MW0099		
MW0066			MW0100		
MW0067			MW0101		预留 5 设备剩余电量
MW0068			MW0102		预留 5 设备休眠时间
MW0069			MW0103		预留 5 设备仪表状态
MW0070			MW0104		预留 5 设备运行时间
MW0071		预留 2 设备剩余电量	MW0105		预留 5 设备实际值
MW0072		预留 2 设备休眠时间	MW0106		
MW0073		预留 2 设备仪表状态	MW0107		
MW0074		预留 2 设备运行时间	MW0108		
MW0075		预留 2 设备实际值	MW0109		
MW0076			MW0110		
MW0077			MW0111		预留 6 设备剩余电量
MW0078			MW0112		预留 6 设备休眠时间
MW0079			MW0113		预留 6 设备仪表状态
MW0080			MW0114		预留 6 设备运行时间
MW0081		预留 3 设备剩余电量	MW0115		预留 6 设备实际值
MW0082		预留 3 设备休眠时间	MW0116		
MW0083		预留 3 设备仪表状态	MW0117		
MW0084		预留 3 设备运行时间	MW0118		
MW0085		预留 3 设备实际值	MW0119		
MW0086			MW0120		
MW0087			MW0121		预留 7 设备剩余电量
MW0088			MW0122		预留 7 设备休眠时间
MW0089			MW0123		预留 7 设备仪表状态
MW0090			MW0124		预留 7 设备运行时间
MW0091		预留 4 设备剩余电量	MW0125		预留 7 设备实际值
MW0092		预留 4 设备休眠时间	MW0126		

序号	名称	描述	序号	名称	描述
MW0127			MW0161		预留11 设备剩余电量
MW0128			MW0162		预留11 设备休眠时间
MW0129			MW0163		预留11 设备仪表状态
MW0130			MW0164		预留11 设备运行时间
MW0131		预留8 设备剩余电量	MW0165		预留11 设备实际值
MW0132		预留8 设备休眠时间	MW0166		
MW0133		预留8 设备仪表状态	MW0167		
MW0134		预留8 设备运行时间	MW0168		
MW0135		预留8 设备实际值	MW0169		
MW0136			MW0170		
MW0137			MW0171		井口点表：电表电参数模块型号
MW0138			MW0172		
MW0139			MW0173		
MW0140			MW0174		
MW0141		预留9 设备剩余电量	MW0175		电压量程
MW0142		预留9 设备休眠时间	MW0176		电流量程
MW0143		预留9 设备仪表状态	MW0177		电压变比
MW0144		预留9 设备运行时间	MW0178		电流变比
MW0145		预留9 设备实际值	MW0179		
MW0146			MW0180		
MW0147			MW0181		RS 井口套压
MW0148			MW0182		RS 井口套压电池电压
MW0149			MW0183		RS 井口回压
MW0150			MW0184		RS 井口回压电池电压
MW0151		预留10 设备剩余电量	MW0185		上行井口套压实际值
MW0152		预留10 设备休眠时间	MW0186		上行井口套压电池电压
MW0153		预留10 设备仪表状态	MW0187		上行井口回压实际值
MW0154		预留10 设备运行时间	MW0188		上行井口回压电池电压
MW0155		预留10 设备实际值	MW0189		
MW0156			MW0190		
MW0157			MW0191		
MW0158			MW0192		
MW0159			MW0193		
MW0160			MW0194		

序号	名称	描述	序号	名称	描述
MW0195			MW0229		A 相无功功率
MW0196			MW0230		B 相无功功率
MW0197			MW0231		C 相无功功率
MW0198		正向有功总电能（高位）	MW0232		A 相视在功率
MW0199		正向有功总电能（低位）	MW0233		B 相视在功率
MW0200		反向有功总电能（高位）	MW0234		C 相视在功率
MW0201		反向有功总电能（低位）	MW0235		A 相功率因数
MW0202		正向无功总电能（高位）	MW0236		B 相功率因数
MW0203		正向无功总电能（低位）	MW0237		C 相功率因数
MW0204		反向无功总电能（高位）	MW0238		电压不平衡度
MW0205		反向无功总电能（低位）	MW0239		电流不平衡度
MW0206			MW0240		
MW0207			MW0241		电示功图采集完成标志
MW0208			MW0242		上冲程 A 相电流周期平均值
MW0209		A 相电压	MW0243		上冲程 B 相电流周期平均值
MW0210		B 相电压	MW0244		上冲程 C 相电流周期平均值
MW0211		C 相电压	MW0245		上冲程有功功率周期平均值
MW0212		平均相电压	MW0246		上冲程无功功率周期平均值
MW0213		AB 线电压	MW0247		上冲程功率因数周期平均值
MW0214		BC 线电压	MW0248		下冲程 A 相电流周期平均值
MW0215		CA 线电压	MW0249		下冲程 B 相电流周期平均值
MW0216		平均线电压	MW0250		下冲程 C 相电流周期平均值
MW0217		A 相电流	MW0251		下冲程有功功率周期平均值
MW0218		B 相电流	MW0252		下冲程无功功率周期平均值
MW0219		C 相电流	MW0253		下冲程功率因数周期平均值
MW0220		平均相电流	MW0254		
MW0221		有功功率	MW0255		
MW0222		无功功率	MW0256		
MW0223		视在功率	MW0257		
MW0224			MW0258		上冲程 A 相电流周期最大值
MW0225		功率因数	MW0259		上冲程 B 相电流周期最大值
MW0226		A 相有功功率	MW0260		上冲程 C 相电流周期最大值
MW0227		B 相有功功率	MW0261		上冲程有功功率周期最大值
MW0228		C 相有功功率	MW0262		上冲程无功功率周期最大值

序号	名称	描述	序号	名称	描述
MW0263		上冲程功率因数周期最大值	MW0297		B 相基波有功功率
MW0264		下冲程 A 相电流周期最大值	MW0298		C 相基波有功功率
MW0265		下冲程 B 相电流周期最大值	MW0299		合相基波有功
MW0266		下冲程 C 相电流周期最大值	MW0300		A 相基波无功功率
MW0267		下冲程有功功率周期最大值	MW0301		B 相基波无功功率
MW0268		下冲程无功功率周期最大值	MW0302		C 相基波无功功率
MW0269		下冲程功率因数周期最大值	MW0303		合相基波无功
MW0270			MW0304		A 相基波视在功率
MW0271			MW0305		B 相基波视在功率
MW0272			MW0306		C 相基波视在功率
MW0273			MW0307		合相基波视在
MW0274		上冲程 A 相电流周期最小值	MW0308		A 相基波功率因数
MW0275		上冲程 B 相电流周期最小值	MW0309		B 相基波功率因数
MW0276		上冲程 C 相电流周期最小值	MW0310		C 相基波功率因数
MW0277		上冲程有功功率周期最小值	MW0311		合相基波功率因数
MW0278		上冲程无功功率周期最小值	MW0312		A 相谐波电压
MW0279		上冲程功率因数周期最小值	MW0313		B 相谐波电压
MW0280		下冲程 A 相电流周期最小值	MW0314		C 相谐波电压
MW0281		下冲程 B 相电流周期最小值	MW0315		A 相谐波电流
MW0282		下冲程 C 相电流周期最小值	MW0316		B 相谐波电流
MW0283		下冲程有功功率周期最小值	MW0317		C 相谐波电流
MW0284		下冲程无功功率周期最小值	MW0318		
MW0285		下冲程功率因数周期最小值	MW0319		
MW0286			MW0320		
MW0287			MW0321		
MW0288			MW0322		
MW0289			MW0323		
MW0290		A 相基波电压	MW0324		
MW0291		B 相基波电压	MW0325		电示功图状态
MW0292		C 相基波电压	MW0326		电示功图采集时间：月、日
MW0293		A 相基波电流	MW0327		电示功图采集时间：时、分
MW0294		B 相基波电流	MW0328		电表冲程周期
MW0295		C 相基波电流	MW0329		
MW0296		A 相基波有功功率	MW0330		电流点数 1

序号	名称	描述	序号	名称	描述
MW0331		电流点数 2	MW0365		电流点数 36
MW0332		电流点数 3	MW0366		电流点数 37
MW0333		电流点数 4	MW0367		电流点数 38
MW0334		电流点数 5	MW0368		电流点数 39
MW0335		电流点数 6	MW0369		电流点数 40
MW0336		电流点数 7	MW0370		电流点数 41
MW0337		电流点数 8	MW0371		电流点数 42
MW0338		电流点数 9	MW0372		电流点数 43
MW0339		电流点数 10	MW0373		电流点数 44
MW0340		电流点数 11	MW0374		电流点数 45
MW0341		电流点数 12	MW0375		电流点数 46
MW0342		电流点数 13	MW0376		电流点数 47
MW0343		电流点数 14	MW0377		电流点数 48
MW0344		电流点数 15	MW0378		电流点数 49
MW0345		电流点数 16	MW0379		电流点数 50
MW0346		电流点数 17	MW0380		电流点数 51
MW0347		电流点数 18	MW0381		电流点数 52
MW0348		电流点数 19	MW0382		电流点数 53
MW0349		电流点数 20	MW0383		电流点数 54
MW0350		电流点数 21	MW0384		电流点数 55
MW0351		电流点数 22	MW0385		电流点数 56
MW0352		电流点数 23	MW0386		电流点数 57
MW0353		电流点数 24	MW0387		电流点数 58
MW0354		电流点数 25	MW0388		电流点数 59
MW0355		电流点数 26	MW0389		电流点数 60
MW0356		电流点数 27	MW0390		电流点数 61
MW0357		电流点数 28	MW0391		电流点数 62
MW0358		电流点数 29	MW0392		电流点数 63
MW0359		电流点数 30	MW0393		电流点数 64
MW0360		电流点数 31	MW0394		电流点数 65
MW0361		电流点数 32	MW0395		电流点数 66
MW0362		电流点数 33	MW0396		电流点数 67
MW0363		电流点数 34	MW0397		电流点数 68
MW0364		电流点数 35	MW0398		电流点数 69

序号	名称	描述	序号	名称	描述
MW0399		电流点数 70	MW0433		电流点数 104
MW0400		电流点数 71	MW0434		电流点数 105
MW0401		电流点数 72	MW0435		电流点数 106
MW0402		电流点数 73	MW0436		电流点数 107
MW0403		电流点数 74	MW0437		电流点数 108
MW0404		电流点数 75	MW0438		电流点数 109
MW0405		电流点数 76	MW0439		电流点数 110
MW0406		电流点数 77	MW0440		电流点数 111
MW0407		电流点数 78	MW0441		电流点数 112
MW0408		电流点数 79	MW0442		电流点数 113
MW0409		电流点数 80	MW0443		电流点数 114
MW0410		电流点数 81	MW0444		电流点数 115
MW0411		电流点数 82	MW0445		电流点数 116
MW0412		电流点数 83	MW0446		电流点数 117
MW0413		电流点数 84	MW0447		电流点数 118
MW0414		电流点数 85	MW0448		电流点数 119
MW0415		电流点数 86	MW0449		电流点数 120
MW0416		电流点数 87	MW0450		电流点数 121
MW0417		电流点数 88	MW0451		电流点数 122
MW0418		电流点数 89	MW0452		电流点数 123
MW0419		电流点数 90	MW0453		电流点数 124
MW0420		电流点数 91	MW0454		电流点数 125
MW0421		电流点数 92	MW0455		电流点数 126
MW0422		电流点数 93	MW0456		电流点数 127
MW0423		电流点数 94	MW0457		电流点数 128
MW0424		电流点数 95	MW0458		电流点数 129
MW0425		电流点数 96	MW0459		电流点数 130
MW0426		电流点数 97	MW0460		电流点数 131
MW0427		电流点数 98	MW0461		电流点数 132
MW0428		电流点数 99	MW0462		电流点数 133
MW0429		电流点数 100	MW0463		电流点数 134
MW0430		电流点数 101	MW0464		电流点数 135
MW0431		电流点数 102	MW0465		电流点数 136
MW0432		电流点数 103	MW0466		电流点数 137

序号	名称	描述	序号	名称	描述
MW0467		电流点数 138	MW0501		电流点数 172
MW0468		电流点数 139	MW0502		电流点数 173
MW0469		电流点数 140	MW0503		电流点数 174
MW0470		电流点数 141	MW0504		电流点数 175
MW0471		电流点数 142	MW0505		电流点数 176
MW0472		电流点数 143	MW0506		电流点数 177
MW0473		电流点数 144	MW0507		电流点数 178
MW0474		电流点数 145	MW0508		电流点数 179
MW0475		电流点数 146	MW0509		电流点数 180
MW0476		电流点数 147	MW0510		电流点数 181
MW0477		电流点数 148	MW0511		电流点数 182
MW0478		电流点数 149	MW0512		电流点数 183
MW0479		电流点数 150	MW0513		电流点数 184
MW0480		电流点数 151	MW0514		电流点数 185
MW0481		电流点数 152	MW0515		电流点数 186
MW0482		电流点数 153	MW0516		电流点数 187
MW0483		电流点数 154	MW0517		电流点数 188
MW0484		电流点数 155	MW0518		电流点数 189
MW0485		电流点数 156	MW0519		电流点数 190
MW0486		电流点数 157	MW0520		电流点数 191
MW0487		电流点数 158	MW0521		电流点数 192
MW0488		电流点数 159	MW0522		电流点数 193
MW0489		电流点数 160	MW0523		电流点数 194
MW0490		电流点数 161	MW0524		电流点数 195
MW0491		电流点数 162	MW0525		电流点数 196
MW0492		电流点数 163	MW0526		电流点数 197
MW0493		电流点数 164	MW0527		电流点数 198
MW0494		电流点数 165	MW0528		电流点数 199
MW0495		电流点数 166	MW0529		电流点数 200
MW0496		电流点数 167	MW0530		电流点数 201
MW0497		电流点数 168	MW0531		电流点数 202
MW0498		电流点数 169	MW0532		电流点数 203
MW0499		电流点数 170	MW0533		电流点数 204
MW0500		电流点数 171	MW0534		电流点数 205

序号	名称	描述	序号	名称	描述
MW0535		电流点数 206	MW0569		电流点数 240
MW0536		电流点数 207	MW0570		电流点数 241
MW0537		电流点数 208	MW0571		电流点数 242
MW0538		电流点数 209	MW0572		电流点数 243
MW0539		电流点数 210	MW0573		电流点数 244
MW0540		电流点数 211	MW0574		电流点数 245
MW0541		电流点数 212	MW0575		电流点数 246
MW0542		电流点数 213	MW0576		电流点数 247
MW0543		电流点数 214	MW0577		电流点数 248
MW0544		电流点数 215	MW0578		电流点数 249
MW0545		电流点数 216	MW0579		电流点数 250
MW0546		电流点数 217	MW0580		功率点数 1
MW0547		电流点数 218	MW0581		功率点数 2
MW0548		电流点数 219	MW0582		功率点数 3
MW0549		电流点数 220	MW0583		功率点数 4
MW0550		电流点数 221	MW0584		功率点数 5
MW0551		电流点数 222	MW0585		功率点数 6
MW0552		电流点数 223	MW0586		功率点数 7
MW0553		电流点数 224	MW0587		功率点数 8
MW0554		电流点数 225	MW0588		功率点数 9
MW0555		电流点数 226	MW0589		功率点数 10
MW0556		电流点数 227	MW0590		功率点数 11
MW0557		电流点数 228	MW0591		功率点数 12
MW0558		电流点数 229	MW0592		功率点数 13
MW0559		电流点数 230	MW0593		功率点数 14
MW0560		电流点数 231	MW0594		功率点数 15
MW0561		电流点数 232	MW0595		功率点数 16
MW0562		电流点数 233	MW0596		功率点数 17
MW0563		电流点数 234	MW0597		功率点数 18
MW0564		电流点数 235	MW0598		功率点数 19
MW0565		电流点数 236	MW0599		功率点数 20
MW0566		电流点数 237	MW0600		功率点数 21
MW0567		电流点数 238	MW0601		功率点数 22
MW0568		电流点数 239	MW0602		功率点数 23

序号	名称	描述	序号	名称	描述
MW0603		功率点数 24	MW0637		功率点数 58
MW0604		功率点数 25	MW0638		功率点数 59
MW0605		功率点数 26	MW0639		功率点数 60
MW0606		功率点数 27	MW0640		功率点数 61
MW0607		功率点数 28	MW0641		功率点数 62
MW0608		功率点数 29	MW0642		功率点数 63
MW0609		功率点数 30	MW0643		功率点数 64
MW0610		功率点数 31	MW0644		功率点数 65
MW0611		功率点数 32	MW0645		功率点数 66
MW0612		功率点数 33	MW0646		功率点数 67
MW0613		功率点数 34	MW0647		功率点数 68
MW0614		功率点数 35	MW0648		功率点数 69
MW0615		功率点数 36	MW0649		功率点数 70
MW0616		功率点数 37	MW0650		功率点数 71
MW0617		功率点数 38	MW0651		功率点数 72
MW0618		功率点数 39	MW0652		功率点数 73
MW0619		功率点数 40	MW0653		功率点数 74
MW0620		功率点数 41	MW0654		功率点数 75
MW0621		功率点数 42	MW0655		功率点数 76
MW0622		功率点数 43	MW0656		功率点数 77
MW0623		功率点数 44	MW0657		功率点数 78
MW0624		功率点数 45	MW0658		功率点数 79
MW0625		功率点数 46	MW0659		功率点数 80
MW0626		功率点数 47	MW0660		功率点数 81
MW0627		功率点数 48	MW0661		功率点数 82
MW0628		功率点数 49	MW0662		功率点数 83
MW0629		功率点数 50	MW0663		功率点数 84
MW0630		功率点数 51	MW0664		功率点数 85
MW0631		功率点数 52	MW0665		功率点数 86
MW0632		功率点数 53	MW0666		功率点数 87
MW0633		功率点数 54	MW0667		功率点数 88
MW0634		功率点数 55	MW0668		功率点数 89
MW0635		功率点数 56	MW0669		功率点数 90
MW0636		功率点数 57	MW0670		功率点数 91

序号	名称	描述	序号	名称	描述
MW0671		功率点数 92	MW0705		功率点数 126
MW0672		功率点数 93	MW0706		功率点数 127
MW0673		功率点数 94	MW0707		功率点数 128
MW0674		功率点数 95	MW0708		功率点数 129
MW0675		功率点数 96	MW0709		功率点数 130
MW0676		功率点数 97	MW0710		功率点数 131
MW0677		功率点数 98	MW0711		功率点数 132
MW0678		功率点数 99	MW0712		功率点数 133
MW0679		功率点数 100	MW0713		功率点数 134
MW0680		功率点数 101	MW0714		功率点数 135
MW0681		功率点数 102	MW0715		功率点数 136
MW0682		功率点数 103	MW0716		功率点数 137
MW0683		功率点数 104	MW0717		功率点数 138
MW0684		功率点数 105	MW0718		功率点数 139
MW0685		功率点数 106	MW0719		功率点数 140
MW0686		功率点数 107	MW0720		功率点数 141
MW0687		功率点数 108	MW0721		功率点数 142
MW0688		功率点数 109	MW0722		功率点数 143
MW0689		功率点数 110	MW0723		功率点数 144
MW0690		功率点数 111	MW0724		功率点数 145
MW0691		功率点数 112	MW0725		功率点数 146
MW0692		功率点数 113	MW0726		功率点数 147
MW0693		功率点数 114	MW0727		功率点数 148
MW0694		功率点数 115	MW0728		功率点数 149
MW0695		功率点数 116	MW0729		功率点数 150
MW0696		功率点数 117	MW0730		功率点数 151
MW0697		功率点数 118	MW0731		功率点数 152
MW0698		功率点数 119	MW0732		功率点数 153
MW0699		功率点数 120	MW0733		功率点数 154
MW0700		功率点数 121	MW0734		功率点数 155
MW0701		功率点数 122	MW0735		功率点数 156
MW0702		功率点数 123	MW0736		功率点数 157
MW0703		功率点数 124	MW0737		功率点数 158
MW0704		功率点数 125	MW0738		功率点数 159

序号	名称	描述	序号	名称	描述
MW0739		功率点数 160	MW0773		功率点数 194
MW0740		功率点数 161	MW0774		功率点数 195
MW0741		功率点数 162	MW0775		功率点数 196
MW0742		功率点数 163	MW0776		功率点数 197
MW0743		功率点数 164	MW0777		功率点数 198
MW0744		功率点数 165	MW0778		功率点数 199
MW0745		功率点数 166	MW0779		功率点数 200
MW0746		功率点数 167	MW0780		功率点数 201
MW0747		功率点数 168	MW0781		功率点数 202
MW0748		功率点数 169	MW0782		功率点数 203
MW0749		功率点数 170	MW0783		功率点数 204
MW0750		功率点数 171	MW0784		功率点数 205
MW0751		功率点数 172	MW0785		功率点数 206
MW0752		功率点数 173	MW0786		功率点数 207
MW0753		功率点数 174	MW0787		功率点数 208
MW0754		功率点数 175	MW0788		功率点数 209
MW0755		功率点数 176	MW0789		功率点数 210
MW0756		功率点数 177	MW0790		功率点数 211
MW0757		功率点数 178	MW0791		功率点数 212
MW0758		功率点数 179	MW0792		功率点数 213
MW0759		功率点数 180	MW0793		功率点数 214
MW0760		功率点数 181	MW0794		功率点数 215
MW0761		功率点数 182	MW0795		功率点数 216
MW0762		功率点数 183	MW0796		功率点数 217
MW0763		功率点数 184	MW0797		功率点数 218
MW0764		功率点数 185	MW0798		功率点数 219
MW0765		功率点数 186	MW0799		功率点数 220
MW0766		功率点数 187	MW0800		功率点数 221
MW0767		功率点数 188	MW0801		功率点数 222
MW0768		功率点数 189	MW0802		功率点数 223
MW0769		功率点数 190	MW0803		功率点数 224
MW0770		功率点数 191	MW0804		功率点数 225
MW0771		功率点数 192	MW0805		功率点数 226
MW0772		功率点数 193	MW0806		功率点数 227

序号	名称	描述	序号	名称	描述
MW0807		功率点数 228	MW0841		上 2 天开井时间累计
MW0808		功率点数 229	MW0842		上 2 天正向有功总电能(高位)
MW0809		功率点数 230	MW0843		上 2 天正向有功总电能(低位)
MW0810		功率点数 231	MW0844		上 2 天反向有功总电能(高位)
MW0811		功率点数 232	MW0845		上 2 天反向有功总电能(低位)
MW0812		功率点数 233	MW0846		上 2 天正向无功总电能(高位)
MW0813		功率点数 234	MW0847		上 2 天正向无功总电能(低位)
MW0814		功率点数 235	MW0848		上 2 天反向无功总电能(高位)
MW0815		功率点数 236	MW0849		上 2 天反向无功总电能(低位)
MW0816		功率点数 237	MW0850		上 3 天开井日期
MW0817		功率点数 238	MW0851		上 3 天开井时间累计
MW0818		功率点数 239	MW0852		上 3 天正向有功总电能(高位)
MW0819		功率点数 240	MW0853		上 3 天正向有功总电能(低位)
MW0820		功率点数 241	MW0854		上 3 天反向有功总电能(高位)
MW0821		功率点数 242	MW0855		上 3 天反向有功总电能(低位)
MW0822		功率点数 243	MW0856		上 3 天正向无功总电能(高位)
MW0823		功率点数 244	MW0857		上 3 天正向无功总电能(低位)
MW0824		功率点数 245	MW0858		上 3 天反向无功总电能(高位)
MW0825		功率点数 246	MW0859		上 3 天反向无功总电能(低位)
MW0826		功率点数 247	MW0860		上 4 天开井日期
MW0827		功率点数 248	MW0861		上 4 天开井时间累计
MW0828		功率点数 249	MW0862		上 4 天正向有功总电能(高位)
MW0829		功率点数 250	MW0863		上 4 天正向有功总电能(低位)
MW0830		上 1 天开井日期	MW0864		上 4 天反向有功总电能(高位)
MW0831		上 1 天开井时间累计	MW0865		上 4 天反向有功总电能(低位)
MW0832		上 1 天正向有功总电能(高位)	MW0866		上 4 天正向无功总电能(高位)
MW0833		上 1 天正向有功总电能(低位)	MW0867		上 4 天正向无功总电能(低位)
MW0834		上 1 天反向有功总电能(高位)	MW0868		上 4 天反向无功总电能(高位)
MW0835		上 1 天反向有功总电能(低位)	MW0869		上 4 天反向无功总电能(低位)
MW0836		上 1 天正向无功总电能(高位)	MW0870		上 5 天开井日期
MW0837		上 1 天正向无功总电能(低位)	MW0871		上 5 天开井时间累计
MW0838		上 1 天反向无功总电能(高位)	MW0872		上 5 天正向有功总电能(高位)
MW0839		上 1 天反向无功总电能(低位)	MW0873		上 5 天正向有功总电能(低位)
MW0840		上 2 天开井日期	MW0874		上 5 天反向有功总电能(高位)

序号	名称	描述	序号	名称	描述
MW0875		上 5 天反向有功总电能（低位）	MW0909		示功图最小载荷
MW0876		上 5 天正向无功总电能（高位）	MW0910		
MW0877		上 5 天正向无功总电能（低位）	MW0911		示功图载荷点数 1
MW0878		上 5 天反向无功总电能（高位）	MW0912		示功图载荷点数 2
MW0879		上 5 天反向无功总电能（低位）	MW0913		示功图载荷点数 3
MW0880		上 6 天开井日期	MW0914		示功图载荷点数 4
MW0881		上 6 天开井时间累计	MW0915		示功图载荷点数 5
MW0882		上 6 天正向有功总电能（高位）	MW0916		示功图载荷点数 6
MW0883		上 6 天正向有功总电能（低位）	MW0917		示功图载荷点数 7
MW0884		上 6 天反向有功总电能（高位）	MW0918		示功图载荷点数 8
MW0885		上 6 天反向有功总电能（低位）	MW0919		示功图载荷点数 9
MW0886		上 6 天正向无功总电能（高位）	MW0920		示功图载荷点数 10
MW0887		上 6 天正向无功总电能（低位）	MW0921		示功图载荷点数 11
MW0888		上 6 天反向无功总电能（高位）	MW0922		示功图载荷点数 12
MW0889		上 6 天反向无功总电能（低位）	MW0923		示功图载荷点数 13
MW0890		上 7 天开井日期	MW0924		示功图载荷点数 14
MW0891		上 7 天开井时间累计	MW0925		示功图载荷点数 15
MW0892		上 7 天正向有功总电能（高位）	MW0926		示功图载荷点数 16
MW0893		上 7 天正向有功总电能（低位）	MW0927		示功图载荷点数 17
MW0894		上 7 天反向有功总电能（高位）	MW0928		示功图载荷点数 18
MW0895		上 7 天反向有功总电能（低位）	MW0929		示功图载荷点数 19
MW0896		上 7 天正向无功总电能（高位）	MW0930		示功图载荷点数 20
MW0897		上 7 天正向无功总电能（低位）	MW0931		示功图载荷点数 21
MW0898		上 7 天反向无功总电能（高位）	MW0932		示功图载荷点数 22
MW0899		上 7 天反向无功总电能（低位）	MW0933		示功图载荷点数 23
MW0900			MW0934		示功图载荷点数 24
MW0901		示功图下死点标记	MW0935		示功图载荷点数 25
MW0902		示功图点数	MW0936		示功图载荷点数 26
MW0903		示功图采集时间年/月	MW0937		示功图载荷点数 27
MW0904		示功图采集时间日/时	MW0938		示功图载荷点数 28
MW0905		示功图采集时间分/秒	MW0939		示功图载荷点数 29
MW0906		示功图冲程	MW0940		示功图载荷点数 30
MW0907		示功图冲次	MW0941		示功图载荷点数 31
MW0908		示功图最大载荷	MW0942		示功图载荷点数 32

序号	名称	描述	序号	名称	描述
MW0943		示功图载荷点数 33	MW0977		示功图载荷点数 67
MW0944		示功图载荷点数 34	MW0978		示功图载荷点数 68
MW0945		示功图载荷点数 35	MW0979		示功图载荷点数 69
MW0946		示功图载荷点数 36	MW0980		示功图载荷点数 70
MW0947		示功图载荷点数 37	MW0981		示功图载荷点数 71
MW0948		示功图载荷点数 38	MW0982		示功图载荷点数 72
MW0949		示功图载荷点数 39	MW0983		示功图载荷点数 73
MW0950		示功图载荷点数 40	MW0984		示功图载荷点数 74
MW0951		示功图载荷点数 41	MW0985		示功图载荷点数 75
MW0952		示功图载荷点数 42	MW0986		示功图载荷点数 76
MW0953		示功图载荷点数 43	MW0987		示功图载荷点数 77
MW0954		示功图载荷点数 44	MW0988		示功图载荷点数 78
MW0955		示功图载荷点数 45	MW0989		示功图载荷点数 79
MW0956		示功图载荷点数 46	MW0990		示功图载荷点数 80
MW0957		示功图载荷点数 47	MW0991		示功图载荷点数 81
MW0958		示功图载荷点数 48	MW0992		示功图载荷点数 82
MW0959		示功图载荷点数 49	MW0993		示功图载荷点数 83
MW0960		示功图载荷点数 50	MW0994		示功图载荷点数 84
MW0961		示功图载荷点数 51	MW0995		示功图载荷点数 85
MW0962		示功图载荷点数 52	MW0996		示功图载荷点数 86
MW0963		示功图载荷点数 53	MW0997		示功图载荷点数 87
MW0964		示功图载荷点数 54	MW0998		示功图载荷点数 88
MW0965		示功图载荷点数 55	MW0999		示功图载荷点数 89
MW0966		示功图载荷点数 56	MW1000		示功图载荷点数 90
MW0967		示功图载荷点数 57	MW1001		示功图载荷点数 91
MW0968		示功图载荷点数 58	MW1002		示功图载荷点数 92
MW0969		示功图载荷点数 59	MW1003		示功图载荷点数 93
MW0970		示功图载荷点数 60	MW1004		示功图载荷点数 94
MW0971		示功图载荷点数 61	MW1005		示功图载荷点数 95
MW0972		示功图载荷点数 62	MW1006		示功图载荷点数 96
MW0973		示功图载荷点数 63	MW1007		示功图载荷点数 97
MW0974		示功图载荷点数 64	MW1008		示功图载荷点数 98
MW0975		示功图载荷点数 65	MW1009		示功图载荷点数 99
MW0976		示功图载荷点数 66	MW1010		示功图载荷点数 100

续表

序号	名称	描述	序号	名称	描述
MW1011		示功图载荷点数 101	MW1045		示功图载荷点数 135
MW1012		示功图载荷点数 102	MW1046		示功图载荷点数 136
MW1013		示功图载荷点数 103	MW1047		示功图载荷点数 137
MW1014		示功图载荷点数 104	MW1048		示功图载荷点数 138
MW1015		示功图载荷点数 105	MW1049		示功图载荷点数 139
MW1016		示功图载荷点数 106	MW1050		示功图载荷点数 140
MW1017		示功图载荷点数 107	MW1051		示功图载荷点数 141
MW1018		示功图载荷点数 108	MW1052		示功图载荷点数 142
MW1019		示功图载荷点数 109	MW1053		示功图载荷点数 143
MW1020		示功图载荷点数 110	MW1054		示功图载荷点数 144
MW1021		示功图载荷点数 111	MW1055		示功图载荷点数 145
MW1022		示功图载荷点数 112	MW1056		示功图载荷点数 146
MW1023		示功图载荷点数 113	MW1057		示功图载荷点数 147
MW1024		示功图载荷点数 114	MW1058		示功图载荷点数 148
MW1025		示功图载荷点数 115	MW1059		示功图载荷点数 149
MW1026		示功图载荷点数 116	MW1060		示功图载荷点数 150
MW1027		示功图载荷点数 117	MW1061		示功图载荷点数 151
MW1028		示功图载荷点数 118	MW1062		示功图载荷点数 152
MW1029		示功图载荷点数 119	MW1063		示功图载荷点数 153
MW1030		示功图载荷点数 120	MW1064		示功图载荷点数 154
MW1031		示功图载荷点数 121	MW1065		示功图载荷点数 155
MW1032		示功图载荷点数 122	MW1066		示功图载荷点数 156
MW1033		示功图载荷点数 123	MW1067		示功图载荷点数 157
MW1034		示功图载荷点数 124	MW1068		示功图载荷点数 158
MW1035		示功图载荷点数 125	MW1069		示功图载荷点数 159
MW1036		示功图载荷点数 126	MW1070		示功图载荷点数 160
MW1037		示功图载荷点数 127	MW1071		示功图载荷点数 161
MW1038		示功图载荷点数 128	MW1072		示功图载荷点数 162
MW1039		示功图载荷点数 129	MW1073		示功图载荷点数 163
MW1040		示功图载荷点数 130	MW1074		示功图载荷点数 164
MW1041		示功图载荷点数 131	MW1075		示功图载荷点数 165
MW1042		示功图载荷点数 132	MW1076		示功图载荷点数 166
MW1043		示功图载荷点数 133	MW1077		示功图载荷点数 167
MW1044		示功图载荷点数 134	MW1078		示功图载荷点数 168

序号	名称	描述	序号	名称	描述
MW1079		示功图载荷点数 169	MW1143		示功图采集时间年/月
MW1080		示功图载荷点数 170	MW1144		示功图采集时间日/时
MW1081		示功图载荷点数 171	MW1145		示功图采集时间分/秒
MW1082		示功图载荷点数 172	MW1146		示功图冲程
MW1083		示功图载荷点数 173	MW1147		示功图冲次
MW1084		示功图载荷点数 174	MW1148		示功图最大位移
MW1085		示功图载荷点数 175	MW1149		示功图最小位移
MW1086		示功图载荷点数 176	MW1150		预留
MW1087		示功图载荷点数 177	MW1151		示功图位移点数 1
MW1088		示功图载荷点数 178	MW1152		示功图位移点数 2
MW1089		示功图载荷点数 179	MW1153		示功图位移点数 3
MW1090		示功图载荷点数 180	MW1154		示功图位移点数 4
MW1091		示功图载荷点数 181	MW1155		示功图位移点数 5
MW1092		示功图载荷点数 182	MW1156		示功图位移点数 6
MW1093		示功图载荷点数 183	MW1157		示功图位移点数 7
MW1094		示功图载荷点数 184	MW1158		示功图位移点数 8
MW1095		示功图载荷点数 185	MW1159		示功图位移点数 9
MW1096		示功图载荷点数 186	MW1160		示功图位移点数 10
MW1097		示功图载荷点数 187	MW1161		示功图位移点数 11
MW1098		示功图载荷点数 188	MW1162		示功图位移点数 12
MW1099		示功图载荷点数 189	MW1163		示功图位移点数 13
MW1100		示功图载荷点数 190	MW1164		示功图位移点数 14
MW1101		示功图载荷点数 191	MW1165		示功图位移点数 15
MW1102		示功图载荷点数 192	MW1166		示功图位移点数 16
MW1103		示功图载荷点数 193	MW1167		示功图位移点数 17
MW1104		示功图载荷点数 194	MW1168		示功图位移点数 18
MW1105		示功图载荷点数 195	MW1169		示功图位移点数 19
MW1106		示功图载荷点数 196	MW1170		示功图位移点数 20
MW1107		示功图载荷点数 197	MW1171		示功图位移点数 21
MW1108		示功图载荷点数 198	MW1172		示功图位移点数 22
MW1109		示功图载荷点数 199	MW1173		示功图位移点数 23
MW1110		示功图载荷点数 200	MW1174		示功图位移点数 24
MW1141		示功图下死点标记	MW1175		示功图位移点数 25
MW1142		示功图点数	MW1176		示功图位移点数 26

续表

序号	名称	描述	序号	名称	描述
MW1177		示功图位移点数 27	MW1211		示功图位移点数 61
MW1178		示功图位移点数 28	MW1212		示功图位移点数 62
MW1179		示功图位移点数 29	MW1213		示功图位移点数 63
MW1180		示功图位移点数 30	MW1214		示功图位移点数 64
MW1181		示功图位移点数 31	MW1215		示功图位移点数 65
MW1182		示功图位移点数 32	MW1216		示功图位移点数 66
MW1183		示功图位移点数 33	MW1217		示功图位移点数 67
MW1184		示功图位移点数 34	MW1218		示功图位移点数 68
MW1185		示功图位移点数 35	MW1219		示功图位移点数 69
MW1186		示功图位移点数 36	MW1220		示功图位移点数 70
MW1187		示功图位移点数 37	MW1221		示功图位移点数 71
MW1188		示功图位移点数 38	MW1222		示功图位移点数 72
MW1189		示功图位移点数 39	MW1223		示功图位移点数 73
MW1190		示功图位移点数 40	MW1224		示功图位移点数 74
MW1191		示功图位移点数 41	MW1225		示功图位移点数 75
MW1192		示功图位移点数 42	MW1226		示功图位移点数 76
MW1193		示功图位移点数 43	MW1227		示功图位移点数 77
MW1194		示功图位移点数 44	MW1228		示功图位移点数 78
MW1195		示功图位移点数 45	MW1229		示功图位移点数 79
MW1196		示功图位移点数 46	MW1230		示功图位移点数 80
MW1197		示功图位移点数 47	MW1231		示功图位移点数 81
MW1198		示功图位移点数 48	MW1232		示功图位移点数 82
MW1199		示功图位移点数 49	MW1233		示功图位移点数 83
MW1200		示功图位移点数 50	MW1234		示功图位移点数 84
MW1201		示功图位移点数 51	MW1235		示功图位移点数 85
MW1202		示功图位移点数 52	MW1236		示功图位移点数 86
MW1203		示功图位移点数 53	MW1237		示功图位移点数 87
MW1204		示功图位移点数 54	MW1238		示功图位移点数 88
MW1205		示功图位移点数 55	MW1239		示功图位移点数 89
MW1206		示功图位移点数 56	MW1240		示功图位移点数 90
MW1207		示功图位移点数 57	MW1241		示功图位移点数 91
MW1208		示功图位移点数 58	MW1242		示功图位移点数 92
MW1209		示功图位移点数 59	MW1243		示功图位移点数 93
MW1210		示功图位移点数 60	MW1244		示功图位移点数 94

序号	名称	描述	序号	名称	描述
MW1245		示功图位移点数 95	MW1279		示功图位移点数 129
MW1246		示功图位移点数 96	MW1280		示功图位移点数 130
MW1247		示功图位移点数 97	MW1281		示功图位移点数 131
MW1248		示功图位移点数 98	MW1282		示功图位移点数 132
MW1249		示功图位移点数 99	MW1283		示功图位移点数 133
MW1250		示功图位移点数 100	MW1284		示功图位移点数 134
MW1251		示功图位移点数 101	MW1285		示功图位移点数 135
MW1252		示功图位移点数 102	MW1286		示功图位移点数 136
MW1253		示功图位移点数 103	MW1287		示功图位移点数 137
MW1254		示功图位移点数 104	MW1288		示功图位移点数 138
MW1255		示功图位移点数 105	MW1289		示功图位移点数 139
MW1256		示功图位移点数 106	MW1290		示功图位移点数 140
MW1257		示功图位移点数 107	MW1291		示功图位移点数 141
MW1258		示功图位移点数 108	MW1292		示功图位移点数 142
MW1259		示功图位移点数 109	MW1293		示功图位移点数 143
MW1260		示功图位移点数 110	MW1294		示功图位移点数 144
MW1261		示功图位移点数 111	MW1295		示功图位移点数 145
MW1262		示功图位移点数 112	MW1296		示功图位移点数 146
MW1263		示功图位移点数 113	MW1297		示功图位移点数 147
MW1264		示功图位移点数 114	MW1298		示功图位移点数 148
MW1265		示功图位移点数 115	MW1299		示功图位移点数 149
MW1266		示功图位移点数 116	MW1300		示功图位移点数 150
MW1267		示功图位移点数 117	MW1301		示功图位移点数 151
MW1268		示功图位移点数 118	MW1302		示功图位移点数 152
MW1269		示功图位移点数 119	MW1303		示功图位移点数 153
MW1270		示功图位移点数 120	MW1304		示功图位移点数 154
MW1271		示功图位移点数 121	MW1305		示功图位移点数 155
MW1272		示功图位移点数 122	MW1306		示功图位移点数 156
MW1273		示功图位移点数 123	MW1307		示功图位移点数 157
MW1274		示功图位移点数 124	MW1308		示功图位移点数 158
MW1275		示功图位移点数 125	MW1309		示功图位移点数 159
MW1276		示功图位移点数 126	MW1310		示功图位移点数 160
MW1277		示功图位移点数 127	MW1311		示功图位移点数 161
MW1278		示功图位移点数 128	MW1312		示功图位移点数 162

序号	名称	描述	序号	名称	描述
MW1313		示功图位移点数 163	MW1347		示功图位移点数 197
MW1314		示功图位移点数 164	MW1348		示功图位移点数 198
MW1315		示功图位移点数 165	MW1349		示功图位移点数 199
MW1316		示功图位移点数 166	MW1350		示功图位移点数 200
MW1317		示功图位移点数 167	MW1381		无线仪表在线状态字
MW1318		示功图位移点数 168	MW1382		井场多功能罐液位
MW1319		示功图位移点数 169	MW1383		井场 AI 点预留 1
MW1320		示功图位移点数 170	MW1384		井场 AI 点预留 2
MW1321		示功图位移点数 171	MW1385		井场 AI 点预留 3
MW1322		示功图位移点数 172	MW1386		井场 AI 点预留 4
MW1323		示功图位移点数 173	MW1387		井场 AI 点预留 5
MW1324		示功图位移点数 174	MW1388		井场 AI 点预留 6
MW1325		示功图位移点数 175	MW1389		井场 AI 点预留 7
MW1326		示功图位移点数 176	MW1390		井场 AI 点预留 8
MW1327		示功图位移点数 177	MW1391		井场 AI 点预留 9
MW1328		示功图位移点数 178	MW1392		井场 AI 点预留 10
MW1329		示功图位移点数 179	MW1501		配水间：自控仪 1 瞬时流量高字
MW1330		示功图位移点数 180	MW1502		自控仪 1 瞬时流量低字
MW1331		示功图位移点数 181	MW1503		自控仪 1 累计流量高字
MW1332		示功图位移点数 182	MW1504		自控仪 1 累计流量低字
MW1333		示功图位移点数 183	MW1505		自控仪 1 设定流量高字
MW1334		示功图位移点数 184	MW1506		自控仪 1 设定流量低字
MW1335		示功图位移点数 185	MW1521		自控仪 2 瞬时流量高字
MW1336		示功图位移点数 186	MW1522		自控仪 2 瞬时流量低字
MW1337		示功图位移点数 187	MW1523		自控仪 2 累计流量高字
MW1338		示功图位移点数 188	MW1524		自控仪 2 累计流量低字
MW1339		示功图位移点数 189	MW1525		自控仪 2 设定流量高字
MW1340		示功图位移点数 190	MW1526		自控仪 2 设定流量低字
MW1341		示功图位移点数 191	MW1541		自控仪 3 瞬时流量高字
MW1342		示功图位移点数 192	MW1542		自控仪 3 瞬时流量低字
MW1343		示功图位移点数 193	MW1543		自控仪 3 累计流量高字
MW1344		示功图位移点数 194	MW1544		自控仪 3 累计流量低字
MW1345		示功图位移点数 195	MW1545		自控仪 3 设定流量高字
MW1346		示功图位移点数 196	MW1546		自控仪 3 设定流量低字

序号	名称	描述	序号	名称	描述
MW1561		自控仪 4 瞬时流量高字	MW1665		自控仪 9 设定流量高字
MW1562		自控仪 4 瞬时流量低字	MW1666		自控仪 9 设定流量低字
MW1563		自控仪 4 累计流量高字	MW1681		自控仪 10 瞬时流量高字
MW1564		自控仪 4 累计流量低字	MW1682		自控仪 10 瞬时流量低字
MW1565		自控仪 4 设定流量高字	MW1683		自控仪 10 累计流量高字
MW1566		自控仪 4 设定流量低字	MW1684		自控仪 10 累计流量低字
MW1581		自控仪 5 瞬时流量高字	MW1685		自控仪 10 设定流量高字
MW1582		自控仪 5 瞬时流量低字	MW1686		自控仪 10 设定流量低字
MW1583		自控仪 5 累计流量高字	MW1701		自控仪 11 瞬时流量高字
MW1584		自控仪 5 累计流量低字	MW1702		自控仪 11 瞬时流量低字
MW1585		自控仪 5 设定流量高字	MW1703		自控仪 11 累计流量高字
MW1586		自控仪 5 设定流量低字	MW1704		自控仪 11 累计流量低字
MW1601		自控仪 6 瞬时流量高字	MW1705		自控仪 11 设定流量高字
MW1602		自控仪 6 瞬时流量低字	MW1706		自控仪 11 设定流量低字
MW1603		自控仪 6 累计流量高字	MW1721		自控仪 12 瞬时流量高字
MW1604		自控仪 6 累计流量低字	MW1722		自控仪 12 瞬时流量低字
MW1605		自控仪 6 设定流量高字	MW1723		自控仪 12 累计流量高字
MW1606		自控仪 6 设定流量低字	MW1724		自控仪 12 累计流量低字
MW1621		自控仪 7 瞬时流量高字	MW1725		自控仪 12 设定流量高字
MW1622		自控仪 7 瞬时流量低字	MW1726		自控仪 12 设定流量低字
MW1623		自控仪 7 累计流量高字	MW1741		自控仪 13 瞬时流量高字
MW1624		自控仪 7 累计流量低字	MW1742		自控仪 13 瞬时流量低字
MW1625		自控仪 7 设定流量高字	MW1743		自控仪 13 累计流量高字
MW1626		自控仪 7 设定流量低字	MW1744		自控仪 13 累计流量低字
MW1641		自控仪 8 瞬时流量高字	MW1745		自控仪 13 设定流量高字
MW1642		自控仪 8 瞬时流量低字	MW1746		自控仪 13 设定流量低字
MW1643		自控仪 8 累计流量高字	MW1761		自控仪 14 瞬时流量高字
MW1644		自控仪 8 累计流量低字	MW1762		自控仪 14 瞬时流量低字
MW1645		自控仪 8 设定流量高字	MW1763		自控仪 14 累计流量高字
MW1646		自控仪 8 设定流量低字	MW1764		自控仪 14 累计流量低字
MW1661		自控仪 9 瞬时流量高字	MW1765		自控仪 14 设定流量高字
MW1662		自控仪 9 瞬时流量低字	MW1766		自控仪 14 设定流量低字
MW1663		自控仪 9 累计流量高字	MW1781		自控仪 15 瞬时流量高字
MW1664		自控仪 9 累计流量低字	MW1782		自控仪 15 瞬时流量低字

序号	名称	描述	序号	名称	描述
MW1783		自控仪 15 累计流量高字	MW1901		自控仪 21 瞬时流量高字
MW1784		自控仪 15 累计流量低字	MW1902		自控仪 21 瞬时流量低字
MW1785		自控仪 15 设定流量高字	MW1903		自控仪 21 累计流量高字
MW1786		自控仪 15 设定流量低字	MW1904		自控仪 21 累计流量低字
MW1801		自控仪 16 瞬时流量高字	MW1905		自控仪 21 设定流量高字
MW1802		自控仪 16 瞬时流量低字	MW1906		自控仪 21 设定流量低字
MW1803		自控仪 16 累计流量高字	MW1921		自控仪 22 瞬时流量高字
MW1804		自控仪 16 累计流量低字	MW1922		自控仪 22 瞬时流量低字
MW1805		自控仪 16 设定流量高字	MW1923		自控仪 22 累计流量高字
MW1806		自控仪 16 设定流量低字	MW1924		自控仪 22 累计流量低字
MW1821		自控仪 17 瞬时流量高字	MW1925		自控仪 22 设定流量高字
MW1822		自控仪 17 瞬时流量低字	MW1926		自控仪 22 设定流量低字
MW1823		自控仪 17 累计流量高字	MW1941		自控仪 23 瞬时流量高字
MW1824		自控仪 17 累计流量低字	MW1942		自控仪 23 瞬时流量低字
MW1825		自控仪 17 设定流量高字	MW1943		自控仪 23 累计流量高字
MW1826		自控仪 17 设定流量低字	MW1944		自控仪 23 累计流量低字
MW1841		自控仪 18 瞬时流量高字	MW1945		自控仪 23 设定流量高字
MW1842		自控仪 18 瞬时流量低字	MW1946		自控仪 23 设定流量低字
MW1843		自控仪 18 累计流量高字	MW1961		自控仪 24 瞬时流量高字
MW1844		自控仪 18 累计流量低字	MW1962		自控仪 24 瞬时流量低字
MW1845		自控仪 18 设定流量高字	MW1963		自控仪 24 累计流量高字
MW1846		自控仪 18 设定流量低字	MW1964		自控仪 24 累计流量低字
MW1861		自控仪 19 瞬时流量高字	MW1965		自控仪 24 设定流量高字
MW1862		自控仪 19 瞬时流量低字	MW1966		自控仪 24 设定流量低字
MW1863		自控仪 19 累计流量高字	MW1981		自控仪 25 瞬时流量高字
MW1864		自控仪 19 累计流量低字	MW1982		自控仪 25 瞬时流量低字
MW1865		自控仪 19 设定流量高字	MW1983		自控仪 25 累计流量高字
MW1866		自控仪 19 设定流量低字	MW1984		自控仪 25 累计流量低字
MW1881		自控仪 20 瞬时流量高字	MW1985		自控仪 25 设定流量高字
MW1882		自控仪 20 瞬时流量低字	MW1986		自控仪 25 设定流量低字
MW1883		自控仪 20 累计流量高字	MW2001		自控仪 26 瞬时流量高字
MW1884		自控仪 20 累计流量低字	MW2002		自控仪 26 瞬时流量低字
MW1885		自控仪 20 设定流量高字	MW2003		自控仪 26 累计流量高字
MW1886		自控仪 20 设定流量低字	MW2004		自控仪 26 累计流量低字

序号	名称	描述	序号	名称	描述
MW2005		自控仪 26 设定流量高字	MW2109		高压 3 来水汇管压力
MW2006		自控仪 26 设定流量低字	MW2110		自控仪 1 注水压力
MW2021		自控仪 27 瞬时流量高字	MW2111		自控仪 2 注水压力
MW2022		自控仪 27 瞬时流量低字	MW2112		自控仪 3 注水压力
MW2023		自控仪 27 累计流量高字	MW2113		自控仪 4 注水压力
MW2024		自控仪 27 累计流量低字	MW2114		自控仪 5 注水压力
MW2025		自控仪 27 设定流量高字	MW2115		自控仪 6 注水压力
MW2026		自控仪 27 设定流量低字	MW2116		自控仪 7 注水压力
MW2041		自控仪 28 瞬时流量高字	MW2117		自控仪 8 注水压力
MW2042		自控仪 28 瞬时流量低字	MW2118		自控仪 9 注水压力
MW2043		自控仪 28 累计流量高字	MW2119		自控仪 10 注水压力
MW2044		自控仪 28 累计流量低字	MW2120		自控仪 11 注水压力
MW2045		自控仪 28 设定流量高字	MW2121		自控仪 12 注水压力
MW2046		自控仪 28 设定流量低字	MW2122		自控仪 13 注水压力
MW2061		自控仪 29 瞬时流量高字	MW2123		自控仪 14 注水压力
MW2062		自控仪 29 瞬时流量低字	MW2124		自控仪 15 注水压力
MW2063		自控仪 29 累计流量高字	MW2125		自控仪 16 注水压力
MW2064		自控仪 29 累计流量低字	MW2126		自控仪 17 注水压力
MW2065		自控仪 29 设定流量高字	MW2127		自控仪 18 注水压力
MW2066		自控仪 29 设定流量低字	MW2128		自控仪 19 注水压力
MW2081		自控仪 30 瞬时流量高字	MW2129		自控仪 20 注水压力
MW2082		自控仪 30 瞬时流量低字	MW2130		自控仪 21 注水压力
MW2083		自控仪 30 累计流量高字	MW2131		自控仪 22 注水压力
MW2084		自控仪 30 累计流量低字	MW2132		自控仪 23 注水压力
MW2085		自控仪 30 设定流量高字	MW2133		自控仪 24 注水压力
MW2086		自控仪 30 设定流量低字	MW2134		自控仪 25 注水压力
MW2101		常压 1 来水汇管压力	MW2135		自控仪 26 注水压力
MW2102		常压 2 来水汇管压力	MW2136		自控仪 27 注水压力
MW2103		常压 3 来水汇管压力	MW2137		自控仪 28 注水压力
MW2104		中压 1 来水汇管压力	MW2138		自控仪 29 注水压力
MW2105		中压 2 来水汇管压力	MW2139		自控仪 30 注水压力
MW2106		中压 3 来水汇管压力	MW2140		注水泵 1 进口压力
MW2107		高压 1 来水汇管压力	MW2141		注水泵 2 进口压力
MW2108		高压 2 来水汇管压力	MW2142		注水泵 3 进口压力

序号	名称	描述	序号	名称	描述
MW2143		注水泵 4 进口压力	MW2177		注水站 AI 点预留 6
MW2144		注水泵 5 进口压力	MW2178		注水站 AI 点预留 7
MW2145		注水泵 6 进口压力	MW2179		注水站 AI 点预留 8
MW2146		注水泵 7 进口压力	MW2180		注水站 AI 点预留 9
MW2147		注水泵 8 进口压力	MW2181		注水站 AI 点预留 10
MW2148		注水泵 9 进口压力	MW2201		站内 1#总电表报警状态字
MW2149		注水泵 10 进口压力	MW2202		站内 1#总电表报警电量值 – 零序相
MW2150		注水泵 11 进口压力	MW2203		站内 1#总电表报警电量值 – A 相
MW2151		注水泵 12 进口压力	MW2204		站内 1#总电表报警电量值 – B 相
MW2152		注水泵 13 进口压力	MW2205		站内 1#总电表报警电量值 – C 相
MW2153		注水泵 14 进口压力	MW2206		站内 1#总电表报警指示标志
MW2154		注水泵 1 出口压力	MW2207		站内 1#总电表 A 相电流有效值
MW2155		注水泵 2 出口压力	MW2208		站内 1#总电表 B 相电流有效值
MW2156		注水泵 3 出口压力	MW2209		站内 1#总电表 C 相电流有效值
MW2157		注水泵 4 出口压力	MW2210		站内 1#总电表 3 相不平衡电压
MW2158		注水泵 5 出口压力	MW2211		站内 1#总电表 3 相不平衡电流
MW2159		注水泵 6 出口压力	MW2212		站内 1#总电表 A 相电压有效值
MW2160		注水泵 7 出口压力	MW2213		站内 1#总电表 B 相电压有效值
MW2161		注水泵 8 出口压力	MW2214		站内 1#总电表 C 相电压有效值
MW2162		注水泵 9 出口压力	MW2215		站内 1#总电表 AB 线电压有效值
MW2163		注水泵 10 出口压力	MW2216		站内 1#总电表 BC 线电压有效值
MW2164		注水泵 11 出口压力	MW2217		站内 1#总电表 CA 线电压有效值
MW2165		注水泵 12 出口压力	MW2218		站内 1#总电表有功功率
MW2166		注水泵 13 出口压力	MW2219		站内 1#总电表无功功率
MW2167		注水泵 14 出口压力	MW2220		站内 1#总电表视在功率
MW2168		污水回收泵压力	MW2221		站内 1#总电表功率因数
MW2169		储水罐 1 液位	MW2222		站内 1#总电表周波
MW2170		储水罐 2 液位	MW2223		站内 1#总电表 A 相有功功率
MW2171		储水罐 3 液位	MW2224		站内 1#总电表 B 相有功功率
MW2172		注水站 AI 点预留 1	MW2225		站内 1#总电表 C 相有功功率
MW2173		注水站 AI 点预留 2	MW2226		站内 1#总电表 A 相无功功率
MW2174		注水站 AI 点预留 3	MW2227		站内 1#总电表 B 相无功功率
MW2175		注水站 AI 点预留 4	MW2228		站内 1#总电表 C 相无功功率
MW2176		注水站 AI 点预留 5	MW2229		站内 1#总电表 A 相视在功率

续表

序号	名称	描述	序号	名称	描述
MW2230		站内 1#总电表 B 相视在功率	MW2252		站内 1#总电表平时反向总有功电能低字
MW2231		站内 1#总电表 C 相视在功率			
MW2232		站内 1#总电表 A 相功率因数	MW2253		站内 1#总电表谷时反向总有功电能高字
MW2233		站内 1#总电表 B 相功率因数			
MW2234		站内 1#总电表 C 相功率因数	MW2254		站内 1#总电表谷时反向总有功电能低字
MW2235		站内 1#总电表正向总有功电能高字			
MW2236		站内 1#总电表正向总有功电能低字	MW2255		计量站：站内多功能罐压力
MW2237		站内 1#总电表尖时正向总有功电能高字	MW2256		站内多功能罐温度
			MW2257		站内多功能罐液位
MW2238		站内 1#总电表尖时正向总有功电能低字	MW2258		加热炉出口压力
			MW2259		加热炉出口温度
MW2239		站内 1#总电表峰时正向总有功电能高字	MW2260		集油汇管 1 压力
			MW2261		集油汇管 2 压力
MW2240		站内 1#总电表峰时正向总有功电能低字	MW2262		集油汇管 3 压力
			MW2263		回水汇管 1 压力
MW2241		站内 1#总电表平时正向总有功电能高字	MW2264		回水汇管 2 压力
			MW2265		回水汇管 3 压力
MW2242		站内 1#总电表平时正向总有功电能低字	MW2266		分气包 1 压力
			MW2267		分气包 2 压力
MW2243		站内 1#总电表谷时正向总有功电能高字	MW2268		分气包 3 压力
			MW2269		分气包 4 压力
MW2244		站内 1#总电表谷时正向总有功电能低字	MW2270		分气包 5 压力
			MW2271		分气包 6 压力
MW2245		站内 1#总电表反向总有功电能高字	MW2272		分气包 7 压力
MW2246		站内 1#总电表反向总有功电能低字	MW2273		加药泵出口压力
MW2247		站内 1#总电表尖时反向总有功电能高字	MW2274		药剂罐液位
MW2248		站内 1#总电表尖时反向总有功电能低字	MW2275		混输泵 1 进口压力
			MW2276		混输泵 2 进口压力
MW2249		站内 1#总电表峰时反向总有功电能高字	MW2277		混输泵 3 进口压力
			MW2278		混输泵 4 进口压力
MW2250		站内 1#总电表峰时反向总有功电能低字	MW2279		混输泵 1 出口压力
			MW2280		混输泵 2 出口压力
MW2251		站内 1#总电表平时反向总有功电能高字	MW2281		混输泵 3 出口压力
			MW2282		混输泵 4 出口压力

序号	名称	描述	序号	名称	描述
MW2283		计量站 AI 点预留 1	MW2335		混输泵 1#电表 C 相有功功率
MW2284		计量站 AI 点预留 2	MW2336		混输泵 1#电表 A 相无功功率
MW2285		计量站 AI 点预留 3	MW2337		混输泵 1#电表 B 相无功功率
MW2286		计量站 AI 点预留 4	MW2338		混输泵 1#电表 C 相无功功率
MW2287		计量站 AI 点预留 5	MW2339		混输泵 1#电表 A 相视在功率
MW2288		计量站 AI 点预留 6	MW2340		混输泵 1#电表 B 相视在功率
MW2289		计量站 AI 点预留 7	MW2341		混输泵 1#电表 C 相视在功率
MW2290		计量站 AI 点预留 8	MW2342		混输泵 1#电表 A 相功率因数
MW2291		计量站 AI 点预留 9	MW2343		混输泵 1#电表 B 相功率因数
MW2292		计量站 AI 点预留 10	MW2344		混输泵 1#电表 C 相功率因数
MW2311		混输泵 1#电表电表报警状态字	MW2345		混输泵 1#电表正向总有功电能高字
MW2312		混输泵 1#电表报警电量值－零序相	MW2346		混输泵 1#电表正向总有功电能低字
MW2313		混输泵 1#电表报警电量值－A 相	MW2347		混输泵 1#电表尖时正向总有功电能高字
MW2314		混输泵 1#电表报警电量值－B 相	MW2348		混输泵 1#电表尖时正向总有功电能低字
MW2315		混输泵 1#电表报警电量值－C 相	MW2349		混输泵 1#电表峰时正向总有功电能高字
MW2316		混输泵 1#电表报警指示标志			
MW2317		混输泵 1#电表 A 相电流有效值	MW2350		混输泵 1#电表峰时正向总有功电能低字
MW2318		混输泵 1#电表 B 相电流有效值			
MW2319		混输泵 1#电表 C 相电流有效值	MW2351		混输泵 1#电表平时正向总有功电能高字
MW2320		混输泵 1#电表 3 相不平衡电压			
MW2321		混输泵 1#电表 3 相不平衡电流	MW2352		混输泵 1#电表平时正向总有功电能低字
MW2322		混输泵 1#电表 A 相电压有效值			
MW2323		混输泵 1#电表 B 相电压有效值	MW2353		混输泵 1#电表谷时正向总有功电能高字
MW2324		混输泵 1#电表 C 相电压有效值			
MW2325		混输泵 1#电表 AB 线电压有效值	MW2354		混输泵 1#电表谷时正向总有功电能低字
MW2326		混输泵 1#电表 BC 线电压有效值			
MW2327		混输泵 1#电表 CA 线电压有效值	MW2355		混输泵 1#电表反向总有功电能高字
MW2328		混输泵 1#电表有功功率	MW2356		混输泵 1#电表反向总有功电能低字
MW2329		混输泵 1#电表无功功率	MW2357		混输泵 1#电表尖时反向总有功电能高字
MW2330		混输泵 1#电表视在功率			
MW2331		混输泵 1#电表功率因数			
MW2332		混输泵 1#电表周波	MW2358		混输泵 1#电表尖时反向总有功电能低字
MW2333		混输泵 1#电表 A 相有功功率			
MW2334		混输泵 1#电表 B 相有功功率			

序号	名称	描述	序号	名称	描述
MW2359		混输泵1#电表峰时反向总有功电能高字	MW2387		混输泵2#电表A相有功功率
			MW2388		混输泵2#电表B相有功功率
MW2360		混输泵1#电表峰时反向总有功电能低字	MW2389		混输泵2#电表C相有功功率
			MW2390		混输泵2#电表A相无功功率
MW2361		混输泵1#电表平时反向总有功电能高字	MW2391		混输泵2#电表B相无功功率
			MW2392		混输泵2#电表C相无功功率
MW2362		混输泵1#电表平时反向总有功电能低字	MW2393		混输泵2#电表A相视在功率
			MW2394		混输泵2#电表B相视在功率
MW2363		混输泵1#电表谷时反向总有功电能高字	MW2395		混输泵2#电表C相视在功率
			MW2396		混输泵2#电表A相功率因数
MW2364		混输泵1#电表谷时反向总有功电能低字	MW2397		混输泵2#电表B相功率因数
			MW2398		混输泵2#电表C相功率因数
MW2365		混输泵2#电表电表报警状态字	MW2399		混输泵2#电表正向总有功电能高字
MW2366		混输泵2#电表报警电量值－零序相	MW2400		混输泵2#电表正向总有功电能低字
MW2367		混输泵2#电表报警电量值－A相	MW2401		混输泵2#电表尖时正向总有功电能高字
MW2368		混输泵2#电表报警电量值－B相			
MW2369		混输泵2#电表报警电量值－C相	MW2402		混输泵2#电表尖时正向总有功电能低字
MW2370		混输泵2#电表报警指示标志			
MW2371		混输泵2#电表A相电流有效值	MW2403		混输泵2#电表峰时正向总有功电能高字
MW2372		混输泵2#电表B相电流有效值			
MW2373		混输泵2#电表C相电流有效值	MW2404		混输泵2#电表峰时正向总有功电能低字
MW2374		混输泵2#电表3相不平衡电压			
MW2375		混输泵2#电表3相不平衡电流	MW2405		混输泵2#电表平时正向总有功电能高字
MW2376		混输泵2#电表A相电压有效值			
MW2377		混输泵2#电表B相电压有效值	MW2406		混输泵2#电表平时正向总有功电能低字
MW2378		混输泵2#电表C相电压有效值			
MW2379		混输泵2#电表AB线电压有效值	MW2407		混输泵2#电表谷时正向总有功电能高字
MW2380		混输泵2#电表BC线电压有效值			
MW2381		混输泵2#电表CA线电压有效值	MW2408		混输泵2#电表谷时正向总有功电能低字
MW2382		混输泵2#电表有功功率			
MW2383		混输泵2#电表无功功率	MW2409		混输泵2#电表反向总有功电能高字
MW2384		混输泵2#电表视在功率	MW2410		混输泵2#电表反向总有功电能低字
MW2385		混输泵2#电表功率因数	MW2411		混输泵2#电表尖时反向总有功电能高字
MW2386		混输泵2#电表周波			

序号	名称	描述	序号	名称	描述
MW2412		混输泵 2#电表尖时反向总有功电能低字	MW2439		混输泵 3#电表功率因数
			MW2440		混输泵 3#电表周波
MW2413		混输泵 2#电表峰时反向总有功电能高字	MW2441		混输泵 3#电表 A 相有功功率
			MW2442		混输泵 3#电表 B 相有功功率
MW2414		混输泵 2#电表峰时反向总有功电能低字	MW2443		混输泵 3#电表 C 相有功功率
			MW2444		混输泵 3#电表 A 相无功功率
MW2415		混输泵 2#电表平时反向总有功电能高字	MW2445		混输泵 3#电表 B 相无功功率
			MW2446		混输泵 3#电表 C 相无功功率
MW2416		混输泵 2#电表平时反向总有功电能低字	MW2447		混输泵 3#电表 A 相视在功率
			MW2448		混输泵 3#电表 B 相视在功率
MW2417		混输泵 2#电表谷时反向总有功电能高字	MW2449		混输泵 3#电表 C 相视在功率
			MW2450		混输泵 3#电表 A 相功率因数
MW2418		混输泵 2#电表谷时反向总有功电能低字	MW2451		混输泵 3#电表 B 相功率因数
			MW2452		混输泵 3#电表 C 相功率因数
MW2419		混输泵 3#电表电表报警状态字	MW2453		混输泵 3#电表正向总有功电能高字
MW2420		混输泵 3#电表报警电量值 – 零序相	MW2454		混输泵 3#电表正向总有功电能低字
MW2421		混输泵 3#电表报警电量值 – A 相	MW2455		混输泵 3#电表尖时正向总有功电能高字
MW2422		混输泵 3#电表报警电量值 – B 相			
MW2423		混输泵 3#电表报警电量值 – C 相	MW2456		混输泵 3#电表尖时正向总有功电能低字
MW2424		混输泵 3#电表报警指示标志			
MW2425		混输泵 3#电表 A 相电流有效值	MW2457		混输泵 3#电表峰时正向总有功电能高字
MW2426		混输泵 3#电表 B 相电流有效值			
MW2427		混输泵 3#电表 C 相电流有效值	MW2458		混输泵 3#电表峰时正向总有功电能低字
MW2428		混输泵 3#电表 3 相不平衡电压			
MW2429		混输泵 3#电表 3 相不平衡电流	MW2459		混输泵 3#电表平时正向总有功电能高字
MW2430		混输泵 3#电表 A 相电压有效值			
MW2431		混输泵 3#电表 B 相电压有效值	MW2460		混输泵 3#电表平时正向总有功电能低字
MW2432		混输泵 3#电表 C 相电压有效值			
MW2433		混输泵 3#电表 AB 线电压有效值	MW2461		混输泵 3#电表谷时正向总有功电能高字
MW2434		混输泵 3#电表 BC 线电压有效值			
MW2435		混输泵 3#电表 CA 线电压有效值	MW2462		混输泵 3#电表谷时正向总有功电能低字
MW2436		混输泵 3#电表有功功率			
MW2437		混输泵 3#电表无功功率	MW2463		混输泵 3#电表反向总有功电能高字
MW2438		混输泵 3#电表视在功率	MW2464		混输泵 3#电表反向总有功电能低字

序号	名称	描述	序号	名称	描述
MW2465		混输泵 3#电表尖时反向总有功电能高字	MW2491		混输泵 4#电表无功功率
			MW2492		混输泵 4#电表视在功率
MW2466		混输泵 3#电表尖时反向总有功电能低字	MW2493		混输泵 4#电表功率因数
			MW2494		混输泵 4#电表周波
MW2467		混输泵 3#电表峰时反向总有功电能高字	MW2495		混输泵 4#电表 A 相有功功率
			MW2496		混输泵 4#电表 B 相有功功率
MW2468		混输泵 3#电表峰时反向总有功电能低字	MW2497		混输泵 4#电表 C 相有功功率
			MW2498		混输泵 4#电表 A 相无功功率
MW2469		混输泵 3#电表平时反向总有功电能高字	MW2499		混输泵 4#电表 B 相无功功率
			MW2500		混输泵 4#电表 C 相无功功率
MW2470		混输泵 3#电表平时反向总有功电能低字	MW2501		混输泵 4#电表 A 相视在功率
			MW2502		混输泵 4#电表 B 相视在功率
MW2471		混输泵 3#电表谷时反向总有功电能高字	MW2503		混输泵 4#电表 C 相视在功率
			MW2504		混输泵 4#电表 A 相功率因数
MW2472		混输泵 3#电表谷时反向总有功电能低字	MW2505		混输泵 4#电表 B 相功率因数
			MW2506		混输泵 4#电表 C 相功率因数
MW2473		混输泵 4#电表电表报警状态字	MW2507		混输泵 4#电表正向总有功电能高字
MW2474		混输泵 4#电表报警电量值－零序相	MW2508		混输泵 4#电表正向总有功电能低字
MW2475		混输泵 4#电表报警电量值－A 相	MW2509		混输泵 4#电表尖时正向总有功电能高字
MW2476		混输泵 4#电表报警电量值－B 相			
MW2477		混输泵 4#电表报警电量值－C 相	MW2510		混输泵 4#电表尖时正向总有功电能低字
MW2478		混输泵 4#电表报警指示标志			
MW2479		混输泵 4#电表 A 相电流有效值	MW2511		混输泵 4#电表峰时正向总有功电能高字
MW2480		混输泵 4#电表 B 相电流有效值			
MW2481		混输泵 4#电表 C 相电流有效值	MW2512		混输泵 4#电表峰时正向总有功电能低字
MW2482		混输泵 4#电表 3 相不平衡电压			
MW2483		混输泵 4#电表 3 相不平衡电流	MW2513		混输泵 4#电表平时正向总有功电能高字
MW2484		混输泵 4#电表 A 相电压有效值			
MW2485		混输泵 4#电表 B 相电压有效值	MW2514		混输泵 4#电表平时正向总有功电能低字
MW2486		混输泵 4#电表 C 相电压有效值			
MW2487		混输泵 4#电表 AB 线电压有效值	MW2515		混输泵 4#电表谷时正向总有功电能高字
MW2488		混输泵 4#电表 BC 线电压有效值			
MW2489		混输泵 4#电表 CA 线电压有效值	MW2516		混输泵 4#电表谷时正向总有功电能低字
MW2490		混输泵 4#电表有功功率			

续表

序号	名称	描述	序号	名称	描述
MW2517		混输泵 4#电表反向总有功电能高字	MW2543		注水泵 1#电表 CA 线电压有效值
MW2518		混输泵 4#电表反向总有功电能低字	MW2544		注水泵 1#电表有功功率
MW2519		混输泵 4#电表尖时反向总有功电能高字	MW2545		注水泵 1#电表无功功率
			MW2546		注水泵 1#电表视在功率
MW2520		混输泵 4#电表尖时反向总有功电能低字	MW2547		注水泵 1#电表功率因数
			MW2548		注水泵 1#电表周波
MW2521		混输泵 4#电表峰时反向总有功电能高字	MW2549		注水泵 1#电表 A 相有功功率
			MW2550		注水泵 1#电表 B 相有功功率
MW2522		混输泵 4#电表峰时反向总有功电能低字	MW2551		注水泵 1#电表 C 相有功功率
			MW2552		注水泵 1#电表 A 相无功功率
MW2523		混输泵 4#电表平时反向总有功电能高字	MW2553		注水泵 1#电表 B 相无功功率
			MW2554		注水泵 1#电表 C 相无功功率
MW2524		混输泵 4#电表平时反向总有功电能低字	MW2555		注水泵 1#电表 A 相视在功率
			MW2556		注水泵 1#电表 B 相视在功率
MW2525		混输泵 4#电表谷时反向总有功电能高字	MW2557		注水泵 1#电表 C 相视在功率
			MW2558		注水泵 1#电表 A 相功率因数
MW2526		混输泵 4#电表谷时反向总有功电能低字	MW2559		注水泵 1#电表 B 相功率因数
			MW2560		注水泵 1#电表 C 相功率因数
MW2527		注水泵 1#电表电表报警状态字	MW2561		注水泵 1#电表正向总有功电能高字
MW2528		注水泵 1#电表报警电量值 – 零序相	MW2562		注水泵 1#电表正向总有功电能低字
MW2529		注水泵 1#电表报警电量值 – A 相	MW2563		注水泵 1#电表尖时正向总有功电能高字
MW2530		注水泵 1#电表报警电量值 – B 相			
MW2531		注水泵 1#电表报警电量值 – C 相	MW2564		注水泵 1#电表尖时正向总有功电能低字
MW2532		注水泵 1#电表报警指示标志			
MW2533		注水泵 1#电表 A 相电流有效值	MW2565		注水泵 1#电表峰时正向总有功电能高字
MW2534		注水泵 1#电表 B 相电流有效值			
MW2535		注水泵 1#电表 C 相电流有效值	MW2566		注水泵 1#电表峰时正向总有功电能低字
MW2536		注水泵 1#电表 3 相不平衡电压			
MW2537		注水泵 1#电表 3 相不平衡电流	MW2567		注水泵 1#电表平时正向总有功电能高字
MW2538		注水泵 1#电表 A 相电压有效值			
MW2539		注水泵 1#电表 B 相电压有效值	MW2568		注水泵 1#电表平时正向总有功电能低字
MW2540		注水泵 1#电表 C 相电压有效值			
MW2541		注水泵 1#电表 AB 线电压有效值	MW2569		注水泵 1#电表谷时正向总有功电能高字
MW2542		注水泵 1#电表 BC 线电压有效值			

序号	名称	描述	序号	名称	描述
MW2570		注水泵 1#电表谷时正向总有功电能低字	MW2595		注水泵 2#电表 AB 线电压有效值
MW2571		注水泵 1#电表反向总有功电能高字	MW2596		注水泵 2#电表 BC 线电压有效值
MW2572		注水泵 1#电表反向总有功电能低字	MW2597		注水泵 2#电表 CA 线电压有效值
MW2573		注水泵 1#电表尖时反向总有功电能高字	MW2598		注水泵 2#电表有功功率
MW2574		注水泵 1#电表尖时反向总有功电能低字	MW2599		注水泵 2#电表无功功率
			MW2600		注水泵 2#电表视在功率
MW2575		注水泵 1#电表峰时反向总有功电能高字	MW2601		注水泵 2#电表功率因数
			MW2602		注水泵 2#电表周波
MW2576		注水泵 1#电表峰时反向总有功电能低字	MW2603		注水泵 2#电表 A 相有功功率
			MW2604		注水泵 2#电表 B 相有功功率
MW2577		注水泵 1#电表平时反向总有功电能高字	MW2605		注水泵 2#电表 C 相有功功率
			MW2606		注水泵 2#电表 A 相无功功率
MW2578		注水泵 1#电表平时反向总有功电能低字	MW2607		注水泵 2#电表 B 相无功功率
			MW2608		注水泵 2#电表 C 相无功功率
MW2579		注水泵 1#电表谷时反向总有功电能高字	MW2609		注水泵 2#电表 A 相视在功率
			MW2610		注水泵 2#电表 B 相视在功率
MW2580		注水泵 1#电表谷时反向总有功电能低字	MW2611		注水泵 2#电表 C 相视在功率
			MW2612		注水泵 2#电表 A 相功率因数
MW2581		注水泵 2#电表电表报警状态字	MW2613		注水泵 2#电表 B 相功率因数
MW2582		注水泵 2#电表报警电量值 – 零序相	MW2614		注水泵 2#电表 C 相功率因数
MW2583		注水泵 2#电表报警电量值 – A 相	MW2615		注水泵 2#电表正向总有功电能高字
MW2584		注水泵 2#电表报警电量值 – B 相	MW2616		注水泵 2#电表正向总有功电能低字
MW2585		注水泵 2#电表报警电量值 – C 相	MW2617		注水泵 2#电表尖时正向总有功电能高字
MW2586		注水泵 2#电表报警指示标志	MW2618		注水泵 2#电表尖时正向总有功电能低字
MW2587		注水泵 2#电表 A 相电流有效值	MW2619		注水泵 2#电表峰时正向总有功电能高字
MW2588		注水泵 2#电表 B 相电流有效值			
MW2589		注水泵 2#电表 C 相电流有效值	MW2620		注水泵 2#电表峰时正向总有功电能低字
MW2590		注水泵 2#电表 3 相不平衡电压			
MW2591		注水泵 2#电表 3 相不平衡电流	MW2621		注水泵 2#电表平时正向总有功电能高字
MW2592		注水泵 2#电表 A 相电压有效值			
MW2593		注水泵 2#电表 B 相电压有效值	MW2622		注水泵 2#电表平时正向总有功电能低字
MW2594		注水泵 2#电表 C 相电压有效值			

序号	名称	描述	序号	名称	描述
MW2623		注水泵 2#电表谷时正向总有功电能高字	MW2647		注水泵 3#电表 B 相电压有效值
			MW2648		注水泵 3#电表 C 相电压有效值
MW2624		注水泵 2#电表谷时正向总有功电能低字	MW2649		注水泵 3#电表 AB 线电压有效值
			MW2650		注水泵 3#电表 BC 线电压有效值
MW2625		注水泵 2#电表反向总有功电能高字	MW2651		注水泵 3#电表 CA 线电压有效值
MW2626		注水泵 2#电表反向总有功电能低字	MW2652		注水泵 3#电表有功功率
MW2627		注水泵 2#电表尖时反向总有功电能高字	MW2653		注水泵 3#电表无功功率
			MW2654		注水泵 3#电表视在功率
MW2628		注水泵 2#电表尖时反向总有功电能低字	MW2655		注水泵 3#电表功率因数
			MW2656		注水泵 3#电表周波
MW2629		注水泵 2#电表峰时反向总有功电能高字	MW2657		注水泵 3#电表 A 相有功功率
			MW2658		注水泵 3#电表 B 相有功功率
MW2630		注水泵 2#电表峰时反向总有功电能低字	MW2659		注水泵 3#电表 C 相有功功率
			MW2660		注水泵 3#电表 A 相无功功率
MW2631		注水泵 2#电表平时反向总有功电能高字	MW2661		注水泵 3#电表 B 相无功功率
			MW2662		注水泵 3#电表 C 相无功功率
MW2632		注水泵 2#电表平时反向总有功电能低字	MW2663		注水泵 3#电表 A 相视在功率
			MW2664		注水泵 3#电表 B 相视在功率
MW2633		注水泵 2#电表谷时反向总有功电能高字	MW2665		注水泵 3#电表 C 相视在功率
			MW2666		注水泵 3#电表 A 相功率因数
MW2634		注水泵 2#电表谷时反向总有功电能低字	MW2667		注水泵 3#电表 B 相功率因数
			MW2668		注水泵 3#电表 C 相功率因数
MW2635		注水泵 3#电表电表报警状态字	MW2669		注水泵 3#电表正向总有功电能高字
MW2636		注水泵 3#电表报警电量值 – 零序相	MW2670		注水泵 3#电表正向总有功电能低字
MW2637		注水泵 3#电表报警电量值 – A 相	MW2671		注水泵 3#电表尖时正向总有功电能高字
MW2638		注水泵 3#电表报警电量值 – B 相			
MW2639		注水泵 3#电表报警电量值 – C 相	MW2672		注水泵 3#电表尖时正向总有功电能低字
MW2640		注水泵 3#电表报警指示标志			
MW2641		注水泵 3#电表 A 相电流有效值	MW2673		注水泵 3#电表峰时正向总有功电能高字
MW2642		注水泵 3#电表 B 相电流有效值			
MW2643		注水泵 3#电表 C 相电流有效值	MW2674		注水泵 3#电表峰时正向总有功电能低字
MW2644		注水泵 3#电表 3 相不平衡电压			
MW2645		注水泵 3#电表 3 相不平衡电流	MW2675		注水泵 3#电表平时正向总有功电能高字
MW2646		注水泵 3#电表 A 相电压有效值			

序号	名称	描述	序号	名称	描述
MW2676		注水泵 3#电表平时正向总有功电能低字	MW2699		注水泵 4#电表 3 相不平衡电流
MW2677		注水泵 3#电表谷时正向总有功电能高字	MW2700		注水泵 4#电表 A 相电压有效值
			MW2701		注水泵 4#电表 B 相电压有效值
			MW2702		注水泵 4#电表 C 相电压有效值
MW2678		注水泵 3#电表谷时正向总有功电能低字	MW2703		注水泵 4#电表 AB 线电压有效值
			MW2704		注水泵 4#电表 BC 线电压有效值
MW2679		注水泵 3#电表反向总有功电能高字	MW2705		注水泵 4#电表 CA 线电压有效值
MW2680		注水泵 3#电表反向总有功电能低字	MW2706		注水泵 4#电表有功功率
MW2681		注水泵 3#电表尖时反向总有功电能高字	MW2707		注水泵 4#电表无功功率
			MW2708		注水泵 4#电表视在功率
MW2682		注水泵 3#电表尖时反向总有功电能低字	MW2709		注水泵 4#电表功率因数
			MW2710		注水泵 4#电表周波
MW2683		注水泵 3#电表峰时反向总有功电能高字	MW2711		注水泵 4#电表 A 相有功功率
			MW2712		注水泵 4#电表 B 相有功功率
MW2684		注水泵 3#电表峰时反向总有功电能低字	MW2713		注水泵 4#电表 C 相有功功率
			MW2714		注水泵 4#电表 A 相无功功率
MW2685		注水泵 3#电表平时反向总有功电能高字	MW2715		注水泵 4#电表 B 相无功功率
			MW2716		注水泵 4#电表 C 相无功功率
MW2686		注水泵 3#电表平时反向总有功电能低字	MW2717		注水泵 4#电表 A 相视在功率
			MW2718		注水泵 4#电表 B 相视在功率
MW2687		注水泵 3#电表谷时反向总有功电能高字	MW2719		注水泵 4#电表 C 相视在功率
			MW2720		注水泵 4#电表 A 相功率因数
MW2688		注水泵 3#电表谷时反向总有功电能低字	MW2721		注水泵 4#电表 B 相功率因数
			MW2722		注水泵 4#电表 C 相功率因数
MW2689		注水泵 4#电表电表报警状态字	MW2723		注水泵 4#电表正向总有功电能高字
MW2690		注水泵 4#电表报警电量值 – 零序相	MW2724		注水泵 4#电表正向总有功电能低字
MW2691		注水泵 4#电表报警电量值 – A 相	MW2725		注水泵 4#电表尖时正向总有功电能高字
MW2692		注水泵 4#电表报警电量值 – B 相			
MW2693		注水泵 4#电表报警电量值 – C 相	MW2726		注水泵 4#电表尖时正向总有功电能低字
MW2694		注水泵 4#电表报警指示标志			
MW2695		注水泵 4#电表 A 相电流有效值	MW2727		注水泵 4#电表峰时正向总有功电能高字
MW2696		注水泵 4#电表 B 相电流有效值			
MW2697		注水泵 4#电表 C 相电流有效值	MW2728		注水泵 4#电表峰时正向总有功电能低字
MW2698		注水泵 4#电表 3 相不平衡电压			

序号	名称	描述	序号	名称	描述
MW2729		注水泵 4#电表平时正向总有功电能高字	MW2751		注水泵 5#电表 C 相电流有效值
			MW2752		注水泵 5#电表 3 相不平衡电压
MW2730		注水泵 4#电表平时正向总有功电能低字	MW2753		注水泵 5#电表 3 相不平衡电流
			MW2754		注水泵 5#电表 A 相电压有效值
MW2731		注水泵 4#电表谷时正向总有功电能高字	MW2755		注水泵 5#电表 B 相电压有效值
			MW2756		注水泵 5#电表 C 相电压有效值
MW2732		注水泵 4#电表谷时正向总有功电能低字	MW2757		注水泵 5#电表 AB 线电压有效值
			MW2758		注水泵 5#电表 BC 线电压有效值
MW2733		注水泵 4#电表反向总有功电能高字	MW2759		注水泵 5#电表 CA 线电压有效值
MW2734		注水泵 4#电表反向总有功电能低字	MW2760		注水泵 5#电表有功功率
MW2735		注水泵 4#电表尖时反向总有功电能高字	MW2761		注水泵 5#电表无功功率
			MW2762		注水泵 5#电表视在功率
MW2736		注水泵 4#电表尖时反向总有功电能低字	MW2763		注水泵 5#电表功率因数
			MW2764		注水泵 5#电表周波
MW2737		注水泵 4#电表峰时反向总有功电能高字	MW2765		注水泵 5#电表 A 相有功功率
			MW2766		注水泵 5#电表 B 相有功功率
MW2738		注水泵 4#电表峰时反向总有功电能低字	MW2767		注水泵 5#电表 C 相有功功率
			MW2768		注水泵 5#电表 A 相无功功率
MW2739		注水泵 4#电表平时反向总有功电能高字	MW2769		注水泵 5#电表 B 相无功功率
			MW2770		注水泵 5#电表 C 相无功功率
MW2740		注水泵 4#电表平时反向总有功电能低字	MW2771		注水泵 5#电表 A 相视在功率
			MW2772		注水泵 5#电表 B 相视在功率
MW2741		注水泵 4#电表谷时反向总有功电能高字	MW2773		注水泵 5#电表 C 相视在功率
			MW2774		注水泵 5#电表 A 相功率因数
MW2742		注水泵 4#电表谷时反向总有功电能低字	MW2775		注水泵 5#电表 B 相功率因数
			MW2776		注水泵 5#电表 C 相功率因数
MW2743		注水泵 5#电表电表报警状态字	MW2777		注水泵 5#电表正向总有功电能高字
MW2744		注水泵 5#电表报警电量值－零序相	MW2778		注水泵 5#电表正向总有功电能低字
MW2745		注水泵 5#电表报警电量值－A 相	MW2779		注水泵 5#电表尖时正向总有功电能高字
MW2746		注水泵 5#电表报警电量值－B 相			
MW2747		注水泵 5#电表报警电量值－C 相	MW2780		注水泵 5#电表尖时正向总有功电能低字
MW2748		注水泵 5#电表报警指示标志			
MW2749		注水泵 5#电表 A 相电流有效值	MW2781		注水泵 5#电表峰时正向总有功电能高字
MW2750		注水泵 5#电表 B 相电流有效值			

序号	名称	描述	序号	名称	描述
MW2782		注水泵 5#电表峰时正向总有功电能低字	MW2803		注水泵 6#电表 A 相电流有效值
			MW2804		注水泵 6#电表 B 相电流有效值
MW2783		注水泵 5#电表平时正向总有功电能高字	MW2805		注水泵 6#电表 C 相电流有效值
			MW2806		注水泵 6#电表 3 相不平衡电压
MW2784		注水泵 5#电表平时正向总有功电能低字	MW2807		注水泵 6#电表 3 相不平衡电流
			MW2808		注水泵 6#电表 A 相电压有效值
MW2785		注水泵 5#电表谷时正向总有功电能高字	MW2809		注水泵 6#电表 B 相电压有效值
			MW2810		注水泵 6#电表 C 相电压有效值
MW2786		注水泵 5#电表谷时正向总有功电能低字	MW2811		注水泵 6#电表 AB 线电压有效值
			MW2812		注水泵 6#电表 BC 线电压有效值
MW2787		注水泵 5#电表反向总有功电能高字	MW2813		注水泵 6#电表 CA 线电压有效值
MW2788		注水泵 5#电表反向总有功电能低字	MW2814		注水泵 6#电表有功功率
MW2789		注水泵 5#电表尖时反向总有功电能高字	MW2815		注水泵 6#电表无功功率
			MW2816		注水泵 6#电表视在功率
MW2790		注水泵 5#电表尖时反向总有功电能低字	MW2817		注水泵 6#电表功率因数
			MW2818		注水泵 6#电表周波
MW2791		注水泵 5#电表峰时反向总有功电能高字	MW2819		注水泵 6#电表 A 相有功功率
			MW2820		注水泵 6#电表 B 相有功功率
MW2792		注水泵 5#电表峰时反向总有功电能低字	MW2821		注水泵 6#电表 C 相有功功率
			MW2822		注水泵 6#电表 A 相无功功率
MW2793		注水泵 5#电表平时反向总有功电能高字	MW2823		注水泵 6#电表 B 相无功功率
			MW2824		注水泵 6#电表 C 相无功功率
MW2794		注水泵 5#电表平时反向总有功电能低字	MW2825		注水泵 6#电表 A 相视在功率
			MW2826		注水泵 6#电表 B 相视在功率
MW2795		注水泵 5#电表谷时反向总有功电能高字	MW2827		注水泵 6#电表 C 相视在功率
			MW2828		注水泵 6#电表 A 相功率因数
MW2796		注水泵 5#电表谷时反向总有功电能低字	MW2829		注水泵 6#电表 B 相功率因数
			MW2830		注水泵 6#电表 C 相功率因数
MW2797		注水泵 6#电表电表报警状态字	MW2831		注水泵 6#电表正向总有功电能高字
MW2798		注水泵 6#电表报警电量值 – 零序相	MW2832		注水泵 6#电表正向总有功电能低字
MW2799		注水泵 6#电表报警电量值 – A 相	MW2833		注水泵 6#电表尖时正向总有功电能高字
MW2800		注水泵 6#电表报警电量值 – B 相			
MW2801		注水泵 6#电表报警电量值 – C 相	MW2834		注水泵 6#电表尖时正向总有功电能低字
MW2802		注水泵 6#电表报警指示标志			

序号	名称	描述	序号	名称	描述
MW2835		注水泵6#电表峰时正向总有功电能高字	MW2855		注水泵7#电表报警电量值－C相
			MW2856		注水泵7#电表报警指示标志
MW2836		注水泵6#电表峰时正向总有功电能低字	MW2857		注水泵7#电表A相电流有效值
			MW2858		注水泵7#电表B相电流有效值
MW2837		注水泵6#电表平时正向总有功电能高字	MW2859		注水泵7#电表C相电流有效值
			MW2860		注水泵7#电表3相不平衡电压
MW2838		注水泵6#电表平时正向总有功电能低字	MW2861		注水泵7#电表3相不平衡电流
			MW2862		注水泵7#电表A相电压有效值
MW2839		注水泵6#电表谷时正向总有功电能高字	MW2863		注水泵7#电表B相电压有效值
			MW2864		注水泵7#电表C相电压有效值
MW2840		注水泵6#电表谷时正向总有功电能低字	MW2865		注水泵7#电表AB线电压有效值
			MW2866		注水泵7#电表BC线电压有效值
MW2841		注水泵6#电表反向总有功电能高字	MW2867		注水泵7#电表CA线电压有效值
MW2842		注水泵6#电表反向总有功电能低字	MW2868		注水泵7#电表有功功率
MW2843		注水泵6#电表尖时反向总有功电能高字	MW2869		注水泵7#电表无功功率
			MW2870		注水泵7#电表视在功率
MW2844		注水泵6#电表尖时反向总有功电能低字	MW2871		注水泵7#电表功率因数
			MW2872		注水泵7#电表周波
MW2845		注水泵6#电表峰时反向总有功电能高字	MW2873		注水泵7#电表A相有功功率
			MW2874		注水泵7#电表B相有功功率
MW2846		注水泵6#电表峰时反向总有功电能低字	MW2875		注水泵7#电表C相有功功率
			MW2876		注水泵7#电表A相无功功率
MW2847		注水泵6#电表平时反向总有功电能高字	MW2877		注水泵7#电表B相无功功率
			MW2878		注水泵7#电表C相无功功率
MW2848		注水泵6#电表平时反向总有功电能低字	MW2879		注水泵7#电表A相视在功率
			MW2880		注水泵7#电表B相视在功率
MW2849		注水泵6#电表谷时反向总有功电能高字	MW2881		注水泵7#电表C相视在功率
			MW2882		注水泵7#电表A相功率因数
MW2850		注水泵6#电表谷时反向总有功电能低字	MW2883		注水泵7#电表B相功率因数
			MW2884		注水泵7#电表C相功率因数
MW2851		注水泵7#电表电表报警状态字	MW2885		注水泵7#电表正向总有功电能高字
MW2852		注水泵7#电表报警电量值－零序相	MW2886		注水泵7#电表正向总有功电能低字
MW2853		注水泵7#电表报警电量值－A相	MW2887		注水泵7#电表尖时正向总有功电能高字
MW2854		注水泵7#电表报警电量值－B相			

序号	名称	描述	序号	名称	描述
MW2888		注水泵 7#电表尖时正向总有功电能低字	MW2907		注水泵 8#电表报警电量值 – A 相
			MW2908		注水泵 8#电表报警电量值 – B 相
MW2889		注水泵 7#电表峰时正向总有功电能高字	MW2909		注水泵 8#电表报警电量值 – C 相
			MW2910		注水泵 8#电表报警指示标志
MW2890		注水泵 7#电表峰时正向总有功电能低字	MW2911		注水泵 8#电表 A 相电流有效值
			MW2912		注水泵 8#电表 B 相电流有效值
MW2891		注水泵 7#电表平时正向总有功电能高字	MW2913		注水泵 8#电表 C 相电流有效值
			MW2914		注水泵 8#电表 3 相不平衡电压
MW2892		注水泵 7#电表平时正向总有功电能低字	MW2915		注水泵 8#电表 3 相不平衡电流
			MW2916		注水泵 8#电表 A 相电压有效值
MW2893		注水泵 7#电表谷时正向总有功电能高字	MW2917		注水泵 8#电表 B 相电压有效值
			MW2918		注水泵 8#电表 C 相电压有效值
MW2894		注水泵 7#电表谷时正向总有功电能低字	MW2919		注水泵 8#电表 AB 线电压有效值
			MW2920		注水泵 8#电表 BC 线电压有效值
MW2895		注水泵 7#电表反向总有功电能高字	MW2921		注水泵 8#电表 CA 线电压有效值
MW2896		注水泵 7#电表反向总有功电能低字	MW2922		注水泵 8#电表有功功率
MW2897		注水泵 7#电表尖时反向总有功电能高字	MW2923		注水泵 8#电表无功功率
			MW2924		注水泵 8#电表视在功率
MW2898		注水泵 7#电表尖时反向总有功电能低字	MW2925		注水泵 8#电表功率因数
			MW2926		注水泵 8#电表周波
MW2899		注水泵 7#电表峰时反向总有功电能高字	MW2927		注水泵 8#电表 A 相有功功率
			MW2928		注水泵 8#电表 B 相有功功率
MW2900		注水泵 7#电表峰时反向总有功电能低字	MW2929		注水泵 8#电表 C 相有功功率
			MW2930		注水泵 8#电表 A 相无功功率
MW2901		注水泵 7#电表平时反向总有功电能高字	MW2931		注水泵 8#电表 B 相无功功率
			MW2932		注水泵 8#电表 C 相无功功率
MW2902		注水泵 7#电表平时反向总有功电能低字	MW2933		注水泵 8#电表 A 相视在功率
			MW2934		注水泵 8#电表 B 相视在功率
MW2903		注水泵 7#电表谷时反向总有功电能高字	MW2935		注水泵 8#电表 C 相视在功率
			MW2936		注水泵 8#电表 A 相功率因数
MW2904		注水泵 7#电表谷时反向总有功电能低字	MW2937		注水泵 8#电表 B 相功率因数
			MW2938		注水泵 8#电表 C 相功率因数
MW2905		注水泵 8#电表电表报警状态字	MW2939		注水泵 8#电表正向总有功电能高字
MW2906		注水泵 8#电表报警电量值 – 零序相	MW2940		注水泵 8#电表正向总有功电能低字

序号	名称	描述	序号	名称	描述
MW2941		注水泵 8#电表尖时正向总有功电能高字	MW2959		注水泵 9#电表电表报警状态字
			MW2960		注水泵 9#电表报警电量值－零序相
MW2942		注水泵 8#电表尖时正向总有功电能低字	MW2961		注水泵 9#电表报警电量值－A 相
			MW2962		注水泵 9#电表报警电量值－B 相
MW2943		注水泵 8#电表峰时正向总有功电能高字	MW2963		注水泵 9#电表报警电量值－C 相
			MW2964		注水泵 9#电表报警指示标志
MW2944		注水泵 8#电表峰时正向总有功电能低字	MW2965		注水泵 9#电表 A 相电流有效值
			MW2966		注水泵 9#电表 B 相电流有效值
MW2945		注水泵 8#电表平时正向总有功电能高字	MW2967		注水泵 9#电表 C 相电流有效值
			MW2968		注水泵 9#电表 3 相不平衡电压
MW2946		注水泵 8#电表平时正向总有功电能低字	MW2969		注水泵 9#电表 3 相不平衡电流
			MW2970		注水泵 9#电表 A 相电压有效值
MW2947		注水泵 8#电表谷时正向总有功电能高字	MW2971		注水泵 9#电表 B 相电压有效值
			MW2972		注水泵 9#电表 C 相电压有效值
MW2948		注水泵 8#电表谷时正向总有功电能低字	MW2973		注水泵 9#电表 AB 线电压有效值
			MW2974		注水泵 9#电表 BC 线电压有效值
MW2949		注水泵 8#电表反向总有功电能高字	MW2975		注水泵 9#电表 CA 线电压有效值
MW2950		注水泵 8#电表反向总有功电能低字	MW2976		注水泵 9#电表有功功率
MW2951		注水泵 8#电表尖时反向总有功电能高字	MW2977		注水泵 9#电表无功功率
			MW2978		注水泵 9#电表视在功率
MW2952		注水泵 8#电表尖时反向总有功电能低字	MW2979		注水泵 9#电表功率因数
			MW2980		注水泵 9#电表周波
MW2953		注水泵 8#电表峰时反向总有功电能高字	MW2981		注水泵 9#电表 A 相有功功率
			MW2982		注水泵 9#电表 B 相有功功率
MW2954		注水泵 8#电表峰时反向总有功电能低字	MW2983		注水泵 9#电表 C 相有功功率
			MW2984		注水泵 9#电表 A 相无功功率
MW2955		注水泵 8#电表平时反向总有功电能高字	MW2985		注水泵 9#电表 B 相无功功率
			MW2986		注水泵 9#电表 C 相无功功率
MW2956		注水泵 8#电表平时反向总有功电能低字	MW2987		注水泵 9#电表 A 相视在功率
			MW2988		注水泵 9#电表 B 相视在功率
MW2957		注水泵 8#电表谷时反向总有功电能高字	MW2989		注水泵 9#电表 C 相视在功率
			MW2990		注水泵 9#电表 A 相功率因数
MW2958		注水泵 8#电表谷时反向总有功电能低字	MW2991		注水泵 9#电表 B 相功率因数
			MW2992		注水泵 9#电表 C 相功率因数

序号	名称	描述	序号	名称	描述
MW2993		注水泵 9#电表正向总有功电能高字	MW3012		注水泵 9#电表谷时反向总有功电能低字
MW2994		注水泵 9#电表正向总有功电能低字			
MW2995		注水泵 9#电表尖时正向总有功电能高字	MW3013		注水泵 10#电表电表报警状态字
			MW3014		注水泵 10#电表报警电量值 – 零序相
MW2996		注水泵 9#电表尖时正向总有功电能低字	MW3015		注水泵 10#电表报警电量值 – A 相
			MW3016		注水泵 10#电表报警电量值 – B 相
MW2997		注水泵 9#电表峰时正向总有功电能高字	MW3017		注水泵 10#电表报警电量值 – C 相
			MW3018		注水泵 10#电表报警指示标志
MW2998		注水泵 9#电表峰时正向总有功电能低字	MW3019		注水泵 10#电表 A 相电流有效值
			MW3020		注水泵 10#电表 B 相电流有效值
MW2999		注水泵 9#电表平时正向总有功电能高字	MW3021		注水泵 10#电表 C 相电流有效值
			MW3022		注水泵 10#电表 3 相不平衡电压
MW3000		注水泵 9#电表平时正向总有功电能低字	MW3023		注水泵 10#电表 3 相不平衡电流
			MW3024		注水泵 10#电表 A 相电压有效值
MW3001		注水泵 9#电表谷时正向总有功电能高字	MW3025		注水泵 10#电表 B 相电压有效值
			MW3026		注水泵 10#电表 C 相电压有效值
MW3002		注水泵 9#电表谷时正向总有功电能低字	MW3027		注水泵 10#电表 AB 线电压有效值
			MW3028		注水泵 10#电表 BC 线电压有效值
MW3003		注水泵 9#电表反向总有功电能高字	MW3029		注水泵 10#电表 CA 线电压有效值
MW3004		注水泵 9#电表反向总有功电能低字	MW3030		注水泵 10#电表有功功率
MW3005		注水泵 9#电表尖时反向总有功电能高字	MW3031		注水泵 10#电表无功功率
			MW3032		注水泵 10#电表视在功率
MW3006		注水泵 9#电表尖时反向总有功电能低字	MW3033		注水泵 10#电表功率因数
			MW3034		注水泵 10#电表周波
MW3007		注水泵 9#电表峰时反向总有功电能高字	MW3035		注水泵 10#电表 A 相有功功率
			MW3036		注水泵 10#电表 B 相有功功率
MW3008		注水泵 9#电表峰时反向总有功电能低字	MW3037		注水泵 10#电表 C 相有功功率
			MW3038		注水泵 10#电表 A 相无功功率
MW3009		注水泵 9#电表平时反向总有功电能高字	MW3039		注水泵 10#电表 B 相无功功率
			MW3040		注水泵 10#电表 C 相无功功率
MW3010		注水泵 9#电表平时反向总有功电能低字	MW3041		注水泵 10#电表 A 相视在功率
			MW3042		注水泵 10#电表 B 相视在功率
MW3011		注水泵 9#电表谷时反向总有功电能高字	MW3043		注水泵 10#电表 C 相视在功率
			MW3044		注水泵 10#电表 A 相功率因数

序号	名称	描述	序号	名称	描述
MW3045		注水泵 10#电表 B 相功率因数	MW3065		注水泵 10#电表谷时反向总有功电能高字
MW3046		注水泵 10#电表 C 相功率因数			
MW3047		注水泵 10#电表正向总有功电能高字	MW3066		注水泵 10#电表谷时反向总有功电能低字
MW3048		注水泵 10#电表正向总有功电能低字			
MW3049		注水泵 10#电表尖时正向总有功电能高字	MW3067		注水泵 11#电表电表报警状态字
			MW3068		注水泵 11#电表报警电量值 – 零序相
MW3050		注水泵 10#电表尖时正向总有功电能低字	MW3069		注水泵 11#电表报警电量值 – A 相
			MW3070		注水泵 11#电表报警电量值 – B 相
MW3051		注水泵 10#电表峰时正向总有功电能高字	MW3071		注水泵 11#电表报警电量值 – C 相
			MW3072		注水泵 11#电表报警指示标志
MW3052		注水泵 10#电表峰时正向总有功电能低字	MW3073		注水泵 11#电表 A 相电流有效值
			MW3074		注水泵 11#电表 B 相电流有效值
MW3053		注水泵 10#电表平时正向总有功电能高字	MW3075		注水泵 11#电表 C 相电流有效值
			MW3076		注水泵 11#电表 3 相不平衡电压
MW3054		注水泵 10#电表平时正向总有功电能低字	MW3077		注水泵 11#电表 3 相不平衡电流
			MW3078		注水泵 11#电表 A 相电压有效值
MW3055		注水泵 10#电表谷时正向总有功电能高字	MW3079		注水泵 11#电表 B 相电压有效值
			MW3080		注水泵 11#电表 C 相电压有效值
MW3056		注水泵 10#电表谷时正向总有功电能低字	MW3081		注水泵 11#电表 AB 线电压有效值
			MW3082		注水泵 11#电表 BC 线电压有效值
MW3057		注水泵 10#电表反向总有功电能高字	MW3083		注水泵 11#电表 CA 线电压有效值
MW3058		注水泵 10#电表反向总有功电能低字	MW3084		注水泵 11#电表有功功率
MW3059		注水泵 10#电表尖时反向总有功电能高字	MW3085		注水泵 11#电表无功功率
			MW3086		注水泵 11#电表视在功率
MW3060		注水泵 10#电表尖时反向总有功电能低字	MW3087		注水泵 11#电表功率因数
			MW3088		注水泵 11#电表周波
MW3061		注水泵 10#电表峰时反向总有功电能高字	MW3089		注水泵 11#电表 A 相有功功率
			MW3090		注水泵 11#电表 B 相有功功率
MW3062		注水泵 10#电表峰时反向总有功电能低字	MW3091		注水泵 11#电表 C 相有功功率
			MW3092		注水泵 11#电表 A 相无功功率
MW3063		注水泵 10#电表平时反向总有功电能高字	MW3093		注水泵 11#电表 B 相无功功率
			MW3094		注水泵 11#电表 C 相无功功率
MW3064		注水泵 10#电表平时反向总有功电能低字	MW3095		注水泵 11#电表 A 相视在功率
			MW3096		注水泵 11#电表 B 相视在功率

序号	名称	描述	序号	名称	描述
MW3097		注水泵 11#电表 C 相视在功率	MW3118		注水泵 11#电表平时反向总有功电能低字
MW3098		注水泵 11#电表 A 相功率因数			
MW3099		注水泵 11#电表 B 相功率因数	MW3119		注水泵 11#电表谷时反向总有功电能高字
MW3100		注水泵 11#电表 C 相功率因数			
MW3101		注水泵 11#电表正向总有功电能高字	MW3120		注水泵 11#电表谷时反向总有功电能低字
MW3102		注水泵 11#电表正向总有功电能低字			
MW3103		注水泵 11#电表尖时正向总有功电能高字	MW3121		注水泵 12#电表电表报警状态字
			MW3122		注水泵 12#电表报警电量值－零序相
MW3104		注水泵 11#电表尖时正向总有功电能低字	MW3123		注水泵 12#电表报警电量值－A 相
			MW3124		注水泵 12#电表报警电量值－B 相
MW3105		注水泵 11#电表峰时正向总有功电能高字	MW3125		注水泵 12#电表报警电量值－C 相
			MW3126		注水泵 12#电表报警指示标志
MW3106		注水泵 11#电表峰时正向总有功电能低字	MW3127		注水泵 12#电表 A 相电流有效值
			MW3128		注水泵 12#电表 B 相电流有效值
MW3107		注水泵 11#电表平时正向总有功电能高字	MW3129		注水泵 12#电表 C 相电流有效值
			MW3130		注水泵 12#电表 3 相不平衡电压
MW3108		注水泵 11#电表平时正向总有功电能低字	MW3131		注水泵 12#电表 3 相不平衡电流
			MW3132		注水泵 12#电表 A 相电压有效值
MW3109		注水泵 11#电表谷时正向总有功电能高字	MW3133		注水泵 12#电表 B 相电压有效值
			MW3134		注水泵 12#电表 C 相电压有效值
MW3110		注水泵 11#电表谷时正向总有功电能低字	MW3135		注水泵 12#电表 AB 线电压有效值
			MW3136		注水泵 12#电表 BC 线电压有效值
MW3111		注水泵 11#电表反向总有功电能高字	MW3137		注水泵 12#电表 CA 线电压有效值
MW3112		注水泵 11#电表反向总有功电能低字	MW3138		注水泵 12#电表有功功率
MW3113		注水泵 11#电表尖时反向总有功电能高字	MW3139		注水泵 12#电表无功功率
			MW3140		注水泵 12#电表视在功率
MW3114		注水泵 11#电表尖时反向总有功电能低字	MW3141		注水泵 12#电表功率因数
			MW3142		注水泵 12#电表周波
MW3115		注水泵 11#电表峰时反向总有功电能高字	MW3143		注水泵 12#电表 A 相有功功率
			MW3144		注水泵 12#电表 B 相有功功率
MW3116		注水泵 11#电表峰时反向总有功电能低字	MW3145		注水泵 12#电表 C 相有功功率
			MW3146		注水泵 12#电表 A 相无功功率
MW3117		注水泵 11#电表平时反向总有功电能高字	MW3147		注水泵 12#电表 B 相无功功率
			MW3148		注水泵 12#电表 C 相无功功率

序号	名称	描述	序号	名称	描述
MW3149		注水泵 12#电表 A 相视在功率	MW3171		注水泵 12#电表平时反向总有功电能高字
MW3150		注水泵 12#电表 B 相视在功率			
MW3151		注水泵 12#电表 C 相视在功率	MW3172		注水泵 12#电表平时反向总有功电能低字
MW3152		注水泵 12#电表 A 相功率因数			
MW3153		注水泵 12#电表 B 相功率因数	MW3173		注水泵 12#电表谷时反向总有功电能高字
MW3154		注水泵 12#电表 C 相功率因数			
MW3155		注水泵 12#电表正向总有功电能高字	MW3174		注水泵 12#电表谷时反向总有功电能低字
MW3156		注水泵 12#电表正向总有功电能低字			
MW3157		注水泵 12#电表尖时正向总有功电能高字	MW3175		注水泵 13#电表电表报警状态字
			MW3176		注水泵 13#电表报警电量值－零序相
MW3158		注水泵 12#电表尖时正向总有功电能低字	MW3177		注水泵 13#电表报警电量值－A 相
			MW3178		注水泵 13#电表报警电量值－B 相
MW3159		注水泵 12#电表峰时正向总有功电能高字	MW3179		注水泵 13#电表报警电量值－C 相
			MW3180		注水泵 13#电表报警指示标志
MW3160		注水泵 12#电表峰时正向总有功电能低字	MW3181		注水泵 13#电表 A 相电流有效值
			MW3182		注水泵 13#电表 B 相电流有效值
MW3161		注水泵 12#电表平时正向总有功电能高字	MW3183		注水泵 13#电表 C 相电流有效值
			MW3184		注水泵 13#电表 3 相不平衡电压
MW3162		注水泵 12#电表平时正向总有功电能低字	MW3185		注水泵 13#电表 3 相不平衡电流
			MW3186		注水泵 13#电表 A 相电压有效值
MW3163		注水泵 12#电表谷时正向总有功电能高字	MW3187		注水泵 13#电表 B 相电压有效值
			MW3188		注水泵 13#电表 C 相电压有效值
MW3164		注水泵 12#电表谷时正向总有功电能低字	MW3189		注水泵 13#电表 AB 线电压有效值
			MW3190		注水泵 13#电表 BC 线电压有效值
MW3165		注水泵 12#电表反向总有功电能高字	MW3191		注水泵 13#电表 CA 线电压有效值
MW3166		注水泵 12#电表反向总有功电能低字	MW3192		注水泵 13#电表有功功率
MW3167		注水泵 12#电表尖时反向总有功电能高字	MW3193		注水泵 13#电表无功功率
			MW3194		注水泵 13#电表视在功率
MW3168		注水泵 12#电表尖时反向总有功电能低字	MW3195		注水泵 13#电表功率因数
			MW3196		注水泵 13#电表周波
MW3169		注水泵 12#电表峰时反向总有功电能高字	MW3197		注水泵 13#电表 A 相有功功率
			MW3198		注水泵 13#电表 B 相有功功率
MW3170		注水泵 12#电表峰时反向总有功电能低字	MW3199		注水泵 13#电表 C 相有功功率
			MW3200		注水泵 13#电表 A 相无功功率

序号	名称	描述	序号	名称	描述
MW3201		注水泵 13#电表 B 相无功功率	MW3222		注水泵 13#电表尖时反向总有功电能低字
MW3202		注水泵 13#电表 C 相无功功率			
MW3203		注水泵 13#电表 A 相视在功率	MW3223		注水泵 13#电表峰时反向总有功电能高字
MW3204		注水泵 13#电表 B 相视在功率			
MW3205		注水泵 13#电表 C 相视在功率	MW3224		注水泵 13#电表峰时反向总有功电能低字
MW3206		注水泵 13#电表 A 相功率因数			
MW3207		注水泵 13#电表 B 相功率因数	MW3225		注水泵 13#电表平时反向总有功电能高字
MW3208		注水泵 13#电表 C 相功率因数			
MW3209		注水泵 13#电表正向总有功电能高字	MW3226		注水泵 13#电表平时反向总有功电能低字
MW3210		注水泵 13#电表正向总有功电能低字			
MW3211		注水泵 13#电表尖时正向总有功电能高字	MW3227		注水泵 13#电表谷时反向总有功电能高字
MW3212		注水泵 13#电表尖时正向总有功电能低字	MW3228		注水泵 13#电表谷时反向总有功电能低字
MW3213		注水泵 13#电表峰时正向总有功电能高字	MW3229		注水泵 14#电表电表报警状态字
			MW3230		注水泵 14#电表报警电量值 – 零序相
MW3214		注水泵 13#电表峰时正向总有功电能低字	MW3231		注水泵 14#电表报警电量值 – A 相
			MW3232		注水泵 14#电表报警电量值 – B 相
MW3215		注水泵 13#电表平时正向总有功电能高字	MW3233		注水泵 14#电表报警电量值 – C 相
			MW3234		注水泵 14#电表报警指示标志
MW3216		注水泵 13#电表平时正向总有功电能低字	MW3235		注水泵 14#电表 A 相电流有效值
			MW3236		注水泵 14#电表 B 相电流有效值
MW3217		注水泵 13#电表谷时正向总有功电能高字	MW3237		注水泵 14#电表 C 相电流有效值
			MW3238		注水泵 14#电表 3 相不平衡电压
MW3218		注水泵 13#电表谷时正向总有功电能低字	MW3239		注水泵 14#电表 3 相不平衡电流
			MW3240		注水泵 14#电表 A 相电压有效值
MW3219		注水泵 13#电表反向总有功电能高字	MW3241		注水泵 14#电表 B 相电压有效值
MW3220		注水泵 13#电表反向总有功电能低字	MW3242		注水泵 14#电表 C 相电压有效值
MW3221		注水泵 13#电表尖时反向总有功电能高字	MW3243		注水泵 14#电表 AB 线电压有效值
			MW3244		注水泵 14#电表 BC 线电压有效值

序号	名称	描述	序号	名称	描述
MW3245		注水泵 14#电表 CA 线电压有效值	MW3270		注水泵 14#电表平时正向总有功电能低字
MW3246		注水泵 14#电表有功功率			
MW3247		注水泵 14#电表无功功率	MW3271		注水泵 14#电表谷时正向总有功电能高字
MW3248		注水泵 14#电表视在功率			
MW3249		注水泵 14#电表功率因数	MW3272		注水泵 14#电表谷时正向总有功电能低字
MW3250		注水泵 14#电表周波			
MW3251		注水泵 14#电表 A 相有功功率	MW3273		注水泵 14#电表反向总有功电能高字
MW3252		注水泵 14#电表 B 相有功功率	MW3274		注水泵 14#电表反向总有功电能低字
MW3253		注水泵 14#电表 C 相有功功率	MW3275		注水泵 14#电表尖时反向总有功电能高字
MW3254		注水泵 14#电表 A 相无功功率			
MW3255		注水泵 14#电表 B 相无功功率	MW3276		注水泵 14#电表尖时反向总有功电能低字
MW3256		注水泵 14#电表 C 相无功功率			
MW3257		注水泵 14#电表 A 相视在功率	MW3277		注水泵 14#电表峰时反向总有功电能高字
MW3258		注水泵 14#电表 B 相视在功率			
MW3259		注水泵 14#电表 C 相视在功率	MW3278		注水泵 14#电表峰时反向总有功电能低字
MW3260		注水泵 14#电表 A 相功率因数			
MW3261		注水泵 14#电表 B 相功率因数	MW3279		注水泵 14#电表平时反向总有功电能高字
MW3262		注水泵 14#电表 C 相功率因数			
MW3263		注水泵 14#电表正向总有功电能高字	MW3280		注水泵 14#电表平时反向总有功电能低字
MW3264		注水泵 14#电表正向总有功电能低字			
MW3265		注水泵 14#电表尖时正向总有功电能高字	MW3281		注水泵 14#电表谷时反向总有功电能高字
MW3266		注水泵 14#电表尖时正向总有功电能低字	MW3282		注水泵 14#电表谷时反向总有功电能低字
MW3267		注水泵 14#电表峰时正向总有功电能高字	MW3291		站内 2#总电表报警状态字
			MW3292		站内 2#总电表报警电量值 – 零序相
MW3268		注水泵 14#电表峰时正向总有功电能低字	MW3293		站内 2#总电表报警电量值 – A 相
			MW3294		站内 2#总电表报警电量值 – B 相
MW3269		注水泵 14#电表平时正向总有功电能高字	MW3295		站内 2#总电表报警电量值 – C 相
			MW3296		站内 2#总电表报警指示标志

序号	名称	描述	序号	名称	描述
MW3297		站内 2#总电表 A 相电流有效值	MW3328		站内 2#总电表尖时正向总有功电能低字
MW3298		站内 2#总电表 B 相电流有效值	MW3329		站内 2#总电表峰时正向总有功电能高字
MW3299		站内 2#总电表 C 相电流有效值	MW3330		站内 2#总电表峰时正向总有功电能低字
MW3300		站内 2#总电表 3 相不平衡电压			
MW3301		站内 2#总电表 3 相不平衡电流	MW3331		站内 2#总电表平时正向总有功电能高字
MW3302		站内 2#总电表 A 相电压有效值	MW3332		站内 2#总电表平时正向总有功电能低字
MW3303		站内 2#总电表 B 相电压有效值			
MW3304		站内 2#总电表 C 相电压有效值	MW3333		站内 2#总电表谷时正向总有功电能高字
MW3305		站内 2#总电表 AB 线电压有效值			
MW3306		站内 2#总电表 BC 线电压有效值	MW3334		站内 2#总电表谷时正向总有功电能低字
MW3307		站内 2#总电表 CA 线电压有效值			
MW3308		站内 2#总电表有功功率	MW3335		站内 2#总电表反向总有功电能高字
MW3309		站内 2#总电表无功功率	MW3336		站内 2#总电表反向总有功电能低字
MW3310		站内 2#总电表视在功率			
MW3311		站内 2#总电表功率因数	MW3337		站内 2#总电表尖时反向总有功电能高字
MW3312		站内 2#总电表周波			
MW3313		站内 2#总电表 A 相有功功率	MW3338		站内 2#总电表尖时反向总有功电能低字
MW3314		站内 2#总电表 B 相有功功率			
MW3315		站内 2#总电表 C 相有功功率	MW3339		站内 2#总电表峰时反向总有功电能高字
MW3316		站内 2#总电表 A 相无功功率			
MW3317		站内 2#总电表 B 相无功功率	MW3340		站内 2#总电表峰时反向总有功电能低字
MW3318		站内 2#总电表 C 相无功功率			
MW3319		站内 2#总电表 A 相视在功率	MW3341		站内 2#总电表平时反向总有功电能高字
MW3320		站内 2#总电表 B 相视在功率			
MW3321		站内 2#总电表 C 相视在功率	MW3342		站内 2#总电表平时反向总有功电能低字
MW3322		站内 2#总电表 A 相功率因数			
MW3323		站内 2#总电表 B 相功率因数	MW3343		站内 2#总电表谷时反向总有功电能高字
MW3324		站内 2#总电表 C 相功率因数			
MW3325		站内 2#总电表正向总有功电能高字			
MW3326		站内 2#总电表正向总有功电能低字			
MW3327		站内 2#总电表尖时正向总有功电能高字	MW3344		站内 2#总电表谷时反向总有功电能低字

附录 2　RTU – SL304 指示灯说明

附表 2 – 1　RTU – SL304 系统状态指示灯

LED	颜色	显示状态	含义
运行	黄色	闪烁	应用程序运行正常
		常亮/常灭	应用程序运行异常或无程序运行
故障	红色	亮	系统诊断到错误
		灭	系统未诊断到错误
调试	黄色	亮	系统处于现场调试中
		灭	系统未处于现场调试中
备电	黄色	亮	备用电源接入
		灭	备用电源未接入

附表 2 – 2　数字输入通道(DI)状态指示灯

LED	颜色	功能
DI1	黄色	"亮"表示该通道输入电压大于 8V
DI2	黄色	"亮"表示该通道输入电压大于 8V
DI3	黄色	"亮"表示该通道输入电压大于 8V
DI4	黄色	"亮"表示该通道输入电压大于 8V
DI5	黄色	"亮"表示该通道输入电压大于 8V
DI6	黄色	"亮"表示该通道输入电压大于 8V
DI7	黄色	"亮"表示该通道输入电压大于 8V
DI8	黄色	"亮"表示该通道输入电压大于 8V
DI9	黄色	"亮"表示该通道输入电压大于 8V
DI10	黄色	"亮"表示该通道输入电压大于 8V
DI11	黄色	"亮"表示该通道输入电压大于 8V
DI12	黄色	"亮"表示该通道输入电压大于 8V

附表 2 - 3 数字量输出通道(DO)指示灯

LED	颜色	功能
DO1	黄色	"亮"表示该通道输出为 ON 状态
DO2	黄色	"亮"表示该通道输出为 ON 状态
DO3	黄色	"亮"表示该通道输出为 ON 状态
DO4	黄色	"亮"表示该通道输出为 ON 状态
DO5	黄色	"亮"表示该通道输出为 ON 状态
DO6	黄色	"亮"表示该通道输出为 ON 状态
DO7	黄色	"亮"表示该通道输出为 ON 状态
DO8	黄色	"亮"表示该通道输出为 ON 状态
DO9	黄色	"亮"表示该通道输出为 ON 状态
DO10	黄色	"亮"表示该通道输出为 ON 状态

附表 2 - 4 通信指示灯

LED		颜色	显示状态	含义
Zigbee		黄色	闪烁	Zigbee 有数据收发
			常亮/常灭	Zigbee 无数据收发
COM1		黄色	闪烁	RS232 接口有数据收发
			常亮/常灭	RS232 接口无数据收发
COM2		黄色	闪烁	第 1 路 RS485 接口有数据收发
			常亮/常灭	第 1 路 RS485 接口无数据收发
COM3		黄色	闪烁	第 2 路 RS485 接口有数据收发
			常亮/常灭	第 2 路 RS485 接口无数据收发
COM4		黄色	闪烁	第 3 路 RS485 接口有数据收发
			常亮/常灭	第 3 路 RS485 接口无数据收发
以太网口	LINK	黄色	亮	网口通信连接成功
			灭	网口通信未连接成功
	DATA	黄色	闪烁	网口有数据收发
			常亮/常灭	网口无数据收发

附录3　非屏蔽对绞电缆系统测试记录样表

STD			测试总结果：PASS		
地点：A			电缆识别名：9F - 1D		
操作人员：B			日期/时间：××/××/200×　××：××：××am		
NVP：69.0%　阻抗异常临界值：15%			测试标准：TIA Cat 5E Channel		
FLUKE DSP - 100		S/N：7459025	电缆类型：UTP 100 Ohm Cat 5E		
余量：10.3dB		标准版本：5.5	软件版本：5.5		
联机图 PASS 结果		RJ45 PIN：	1 2 3 4 5 6 7 8 S		
			‖‖‖‖‖‖‖‖		
		RJ45 PIN：	1 2 3 4 5 6 7 8		

线对			1，2	3，6	4，5	7，8
特性阻抗/ohms		极限值 80 ~ 120	107	107	105	105
长度/m		极限值 100.0	41.0	40.1	39.7	40.3
传输延迟/ns			198	194	192	195
延迟偏离/ns		极限值 50		6	2	0
电阻值/ohms			9.6	7.4	7.8	8.2
衰减/dB			8.4	8.1	8.4	8.4
极限值/dB			24.0	24.0	24.0	24.0
余量/dB			15.6	15.9	15.6	15.6
频率/MHz			100.0	100.0	100.0	100.0

线对	1，2 - 3，6	1，2 - 4，5	1，2 - 7，8	3，6 - 4，5	3，6 - 7，8	4，5 - 7，8
近端串扰/dB	42.9	47.0	47.6	40.2	42.3	55.8
极限值/dB	27.6	32.7	29.6	29.9	27.7	42.0
余量/dB	15.3	14.3	18.0	10.3	14.6	13.8
频率/MHz	94.3	47.8	72.3	69.4	92.8	13.3